Autodesk 3ds Max 2018 标准教材 II

王琦　主编　　　火星时代教育　编著

人民邮电出版社
北京

图书在版编目（CIP）数据

Autodesk 3ds Max 2018标准教材. II / 王琦主编 ; 火星时代教育编著. -- 北京 : 人民邮电出版社, 2021.7
ISBN 978-7-115-54985-3

Ⅰ. ①A… Ⅱ. ①王… ②火… Ⅲ. ①三维动画软件－高等学校－教材 Ⅳ. ①TP391.41

中国版本图书馆CIP数据核字(2021)第021191号

内容提要

本书是 Autodesk 官方认证的标准教材。本书在编写过程中注重实际操作技能的培养，采用理论和案例相结合的方式，详细讲解了使用 3ds Max 软件进行三维动画制作的高级操作方法和流程，其中包括 3ds Max 的高级操作功能、高级材质贴图与渲染、布料系统、高级动画、角色动画系统、粒子流系统、毛发制作系统及编程技术。

本套 Autodesk 授权培训中心（ATC）认证教材由 Autodesk 公司与火星时代联合编写，集权威性、标准性、实用性和实践性于一体。本书由国内动画界教育专家王琦任主编，由业内具有多年教育和创作经验的专业人士倾力打造。本书内容丰富翔实，语言生动，是学习三维动画创作不可多得的教材。

本书附带学习资源，内容包括书中案例用到的场景文件和贴图文件，以及在线教学视频。读者可通过在线方式获取这些资源，具体方法请参看本书前言。

本书可作为高等院校三维设计相关专业的教材，也可作为 3ds Max 爱好者的自学用书。

◆ 主　　编　王　琦
编　　著　火星时代教育
责任编辑　张丹丹
责任印制　马振武

◆ 人民邮电出版社出版发行　　北京市丰台区成寿寺路 11 号
邮编　100164　　电子邮件　315@ptpress.com.cn
网址　https://www.ptpress.com.cn
北京市艺辉印刷有限公司印刷

◆ 开本：787×1092　1/16
印张：20.25
字数：509 千字　　　2021 年 7 月第 1 版
印数：1 – 2 000 册　　　2021 年 7 月北京第 1 次印刷

定价：89.90 元

读者服务热线：(010)81055410　印装质量热线：(010)81055316
反盗版热线：(010)81055315
广告经营许可证：京东市监广登字 20170147 号

本书为 Autodesk 授权培训中心（ATC）的标准教材，完全依照标准教学大纲进行编写。与《Autodesk 3ds Max 2018 标准教材 I》相比，本书从 3ds Max 的高级操作功能开始，详细介绍了各个高级功能模块的使用方法。无论对于立志进入三维创作领域的初学者，还是徘徊在初级应用、无法继续提高的业内人员，本书都将起到极大的帮助作用。

每章结构

【知识重点】说明本章的知识重点及学习要求。

【要点详解】对本章讲解的功能模块进行整体分析，并且对重要参数进行介绍。

【应用案例】以实际案例的形式引导读者进行学习，熟悉各种功能和参数的使用技巧。

【本章小结】对本章的学习内容进行归纳总结。

【参考习题】以习题的形式对学习成果进行测试。

每章主要内容

【第 1 章 3ds Max 高级操作功能】主要介绍了对 3ds Max 系统进行各种高级配置的方法，以及在大场景中多人协同创作时使用各种管理场景和文件功能的技巧。

【第 2 章 高级材质贴图与渲染】详细讲解了 3ds Max 中高级材质的使用方法，以及一些高级渲染设置。

【第 3 章 3ds Max 布料系统】讲解了布料系统的使用方法，包括如何创建布料并调整属性，并且对模拟真实布料动力学效果的方法进行了介绍。

【第 4 章 3ds Max 高级动画】讲解了如何使用 3ds Max 中的骨骼工具为角色设置骨骼，以及调整动画的各种方法，并且对各种常用的动画控制器进行了详细讲解。

【第 5 章 3ds Max 角色动画系统】讲解了 3ds Max 内置的两个高级角色动画模块，即 Character Studio 和 CAT 角色动画系统。Character Studio 中包括 Biped 骨骼、Physique 蒙皮模块和制作大规模群组动画的群组和代理功能；而 CAT 角色动画系统中则包括骨骼搭建、IK 调整、层管理器、动画姿态管理和肌肉处理等模块。本章对这两个角色动画系统做了深入的探讨和讲解。

【第 6 章 3ds Max 粒子流系统】粒子流是一种事件驱动型的粒子系统，本章介绍了粒子流系统的基本概念和使用方法，并且对常用操作符和测试进行了详细讲解。

【第 7 章 3ds Max 毛发制作系统】讲解了使用毛发制作系统创建毛发的各种方法，并且对梳理毛发及调整毛发材质的方法进行了介绍。

【第 8 章 3ds Max 编程技术】讲解了 MAXScript 脚本语言的基本概念和原理，以及在 3ds Max 中的使用方法。灵活掌握 MAXScript 脚本语言可以省去很多重复性的劳动，并且可以实现 3ds Max 软件没有提供的很多功能。

火星时代具有多年 CG 类图书写作经验，全书以精心设计的案例充分讲解了 3ds Max 的各种高级功能模块的使用方法，凝聚了众多业内教师的心血。读者在阅读本书时，不要受各种晦涩参数的困扰，只需跟着书中的案例进行练习，便可掌握 3ds Max 这款大型三维软件。

学习资源

本书附带学习资源，内容包括书中案例用到的场景文件和贴图文件，以及可在线观看的教学视频。扫描右侧或者封底的“资源获取”二维码，关注“数艺设”的微信公众号，即可得到资源文件获取方法。如需资源获取技术支持，请致函 szys@ptpress.com.cn。

资 源 获 取

目录

第 3 章 3ds Max 布料系统

第 4 章 3ds Max 高级动画

第 5 章 3ds Max 角色动画系统

第 6 章 3ds Max 粒子流系统

第 7 章 3ds Max 毛发制作系统

第 8 章 3ds Max 编程技术

第 1 章 3ds Max 高级操作功能

1.1 知识重点

本章主要介绍对 3ds Max 系统进行各种高级配置的方法，以及在大场景中多人协同创作时使用各种管理场景和文件功能的技巧，其中包括用户界面定制、高级系统参数设置等的方法，还包括[文件链接管理器]、[管理场景状态]、[图解视图] 等高级管理功能的使用方法，并且对实用程序面板下的常用功能进行了详细介绍。

- 掌握各种文件和场景管理工具的使用方法。
- 熟练掌握 3ds Max 系统配置的各种方法。
- 掌握实用程序面板下各种功能的使用方法。

1.2 要点详解

1.2.1 文件与场景管理

1. 外部参照对象

[外部参照对象] 以特殊的外部参照方式将其他场景中的对象调入当前场景，但与 [合并] 命令不一样，使用 [外部参照对象] 导入的模型、对象及动画会随着源场景模型的修改及动画的变化而在当前场景中做出相应的更新，如图 1.001 所示。在加入容器功能之前，这是在 3ds Max 中集体制作大型场景的首选方式，例如，可以使用 [外部参照对象] 将几个人制作的角色组合在一个动画场景中，安排它们的动作和情节，如果要修改某个角色的形态，可以在原始的模型场景中进行修改，修改后会自动影响所有的动画场景。[外部参照对象] 和 [外部参照场景] 的优点是易于修改和反复利用，这对大规模的制作尤其重要。一个模型可以参照到不同的场景中，并且继续添加新的形态修改和不同的材质，以适应不同场景的需要。

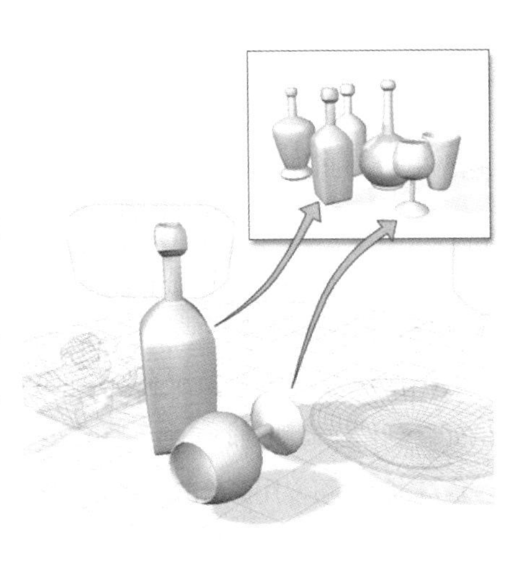

图 1.001

通过在［外部参照对象］窗口中进行参数设置，既可以直接将外部参照对象合并到当前场景中，对［外部参照对象］的修改参数或操纵器进行重新设置，也可冻结［外部参照对象］的修改设置，禁止对对象的堆栈层级进行编辑（但可以添加新的修改命令），还可以像编辑其他对象一样进行［移动］、［旋转］和［缩放］等基本操作，如图 1.002 所示。

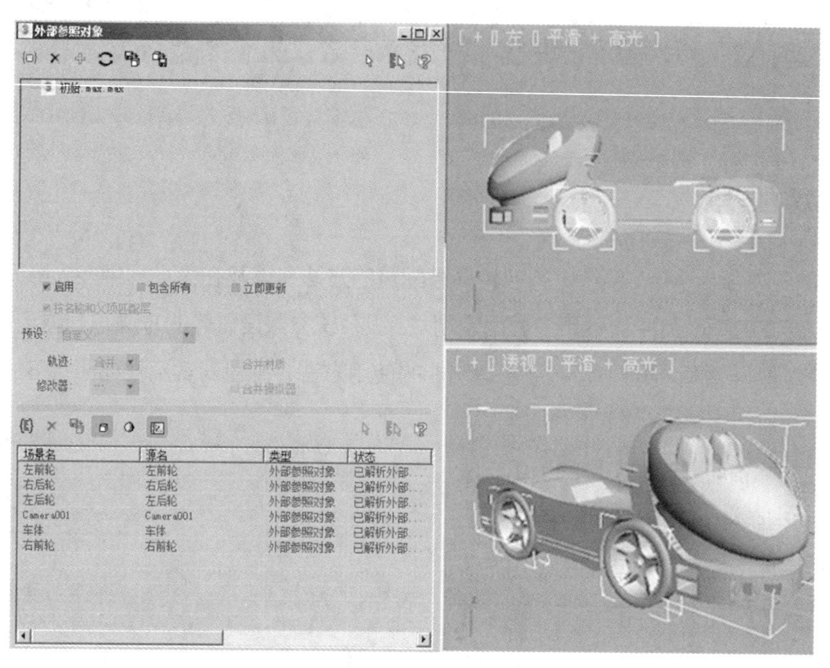

图 1.002

提示

①在当前场景中对外部参照对象所做的任何修改都不会对外部参照对象的源文件产生影响。

②［光晕］、［光环］等渲染特效和［雾］、［体积光］等环境特效不能随外部参照对象一同被引入，可以在［渲染设置］对话框和［环境和效果］对话框中使用合并功能输入。

如果［外部参照对象］与源场景中的其他对象有链接属性关系，如指定了路径控制器对象或绑定了其他对象的［空间扭曲］等，则会保留这种关系。

在使用［外部参照对象］和场景方式的同时，还可使用一些简化的几何体模型（如长方体、圆柱体）来代理外部参照对象，以此来降低场景显示的复杂程度，加快屏幕刷新和操作速度，如图 1.003 所示。例如，制作建筑动画时，将多栋房屋整合到一个大建筑场景中，可以用简单的长方体来定位这些房屋，这样就能流畅地操作视图，高效率地制作摄影机的飞行动画效果。

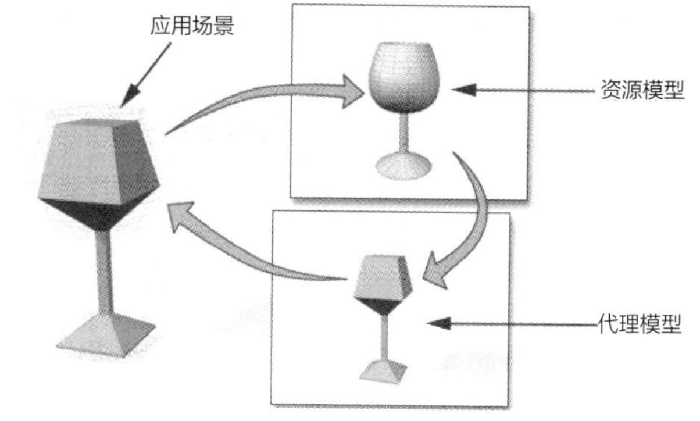

图 1.003

2. 外部参照场景

［外部参照场景］功能类似于［外部参照对象］，可调用其他 3ds Max 的场景文件到当前场景中，主要作为参照，但只针对整个场景。利用这个命令可以使分工协作的动画制作者的沟通非常方便。例如，场景建模师创建外景和环境场景，角色建模师创建角色场景，动画师在最终动画场景中将这两个场景参照合并进来，进行最后角色动画的制作，而且不会改变原始的外部参照场景，但如果在参照的原始场景中进行修改（如调整外景、修改角色模型），都会立刻反映到最终的动画场景中，如图 1.004 所示。

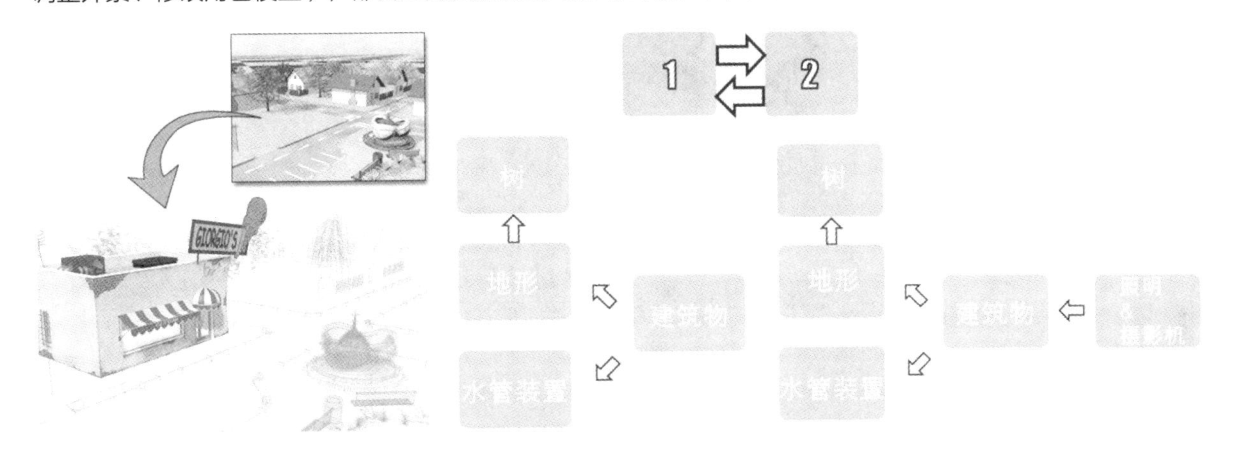

图 1.004

外部参照场景不能在［从场景选择］对话框、运动轨迹、修改堆栈中显示出名称。如果要在当前场景中移动、缩放或旋转外部参照场景，则需要在场景中建立一个父对象，然后在［外部参照场景］对话框中选择该参照文件，将其绑定到父对象上，通过移动、缩放或旋转父对象来达到改变外部参照场景的目的。［外部参照场景］对话框如图 1.005 所示。

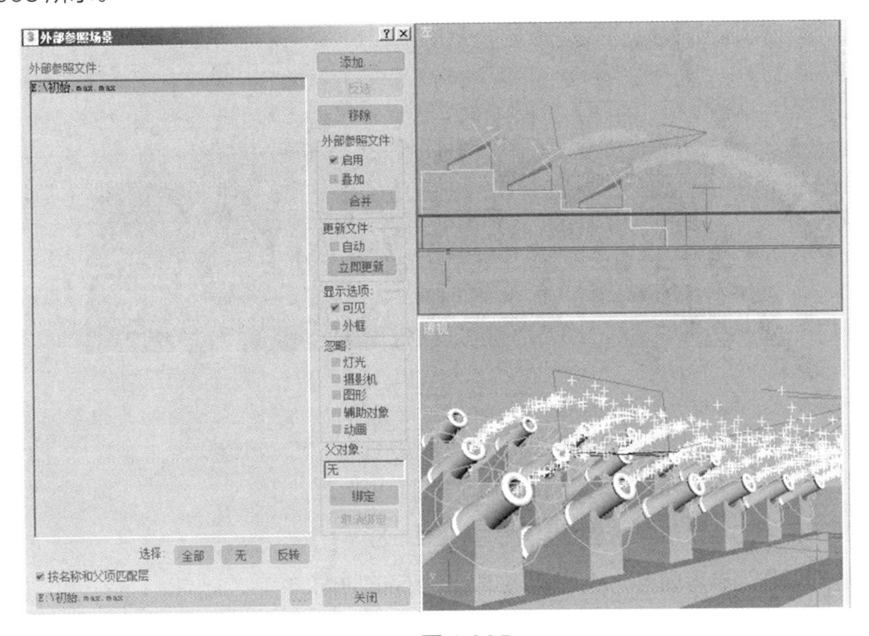

图 1.005

3. 文件链接管理器

[文件链接管理器] 可以在 AutoCAD 软件与 3ds Max 软件之间建立单向的链接关系。AutoCAD 文件被置入 3ds Max 环境，可以像编辑其他对象一样进行修改和材质指定。在 AutoCAD 中修改源文件时，3ds Max 中被置入的对象可以做出相应的更新，但在 3ds Max 软件中对置入对象的修改不会影响 AutoCAD 源文件，如图 1.006 所示。

图 1.006

4. 容器

[容器] 是一种虚拟对象，用于组织和管理场景对象。它可以将对象分门别类地存储在单独的文件（*.maxc）中，然后使用这些文件来组织大型的 3D 场景。我们可以对这些文件中的对象进行变换、删除、加载、克隆等操作，还可以设置容器的编辑权限，极大地方便了多人团队共同创建大型 3D 场景的工作，如为游戏创建繁华的大都市场景，如图 1.007 所示。具体而言，[容器] 辅助对象可以完成以下工作。

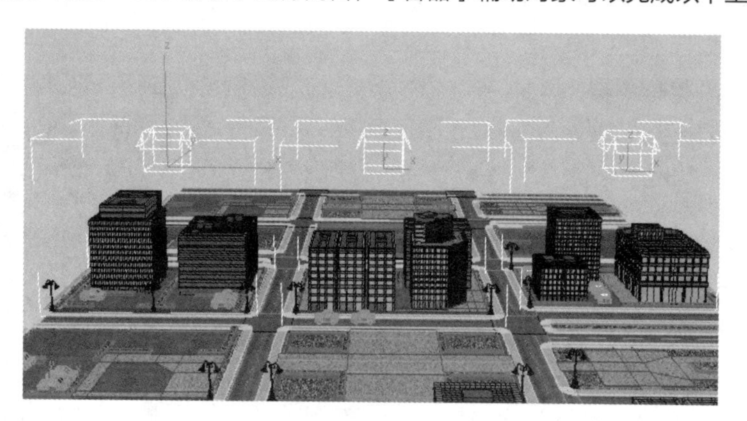

图 1.007

- 将场景对象组织成逻辑组，从而降低场景的复杂程度。
- 覆盖对象显示属性，而忽略对象属性和层属性中的显示设置。
- 临时卸载暂不使用的场景对象，从而提高视图交互性能。
- 将非编辑的对象作为参考内容，从而减少加载和存储的时间。
- 与其他成员共享当前内容，并且能继承其他成员场景中的系列变化。

- 可以允许或禁止其他用户编辑容器属性。
- 允许其他用户在另外的场景中编辑当前容器，并将变化反馈到当前场景中。

5. 资源追踪

3ds Max 的［资源追踪］功能简单地说就是一个对文件资源进行综合管理的库，在多人共享文件资源的情况下，可以保证文件本身不被随意地修改，从而防止源文件被覆盖而导致以前的数据丢失。举例来说，读取库中文件的第一个用户将获得一个本地副本，他可以在自己的机器上对文件进行修改，并可以将修改后的文件放回到库中，在使用该文件的过程中，任何其他试图使用该文件的用户都会得到该文件正在被使用的通知，这样就可以有效地避免工作的重复，其他用户可以获得第一个用户更新后的文件副本并对其进行编辑修改，从而可以极大地提高工作效率，保证工作的有序进行，如图 1.008 所示。 同时［资源追踪］提供了各种管理工具，这样就可以对文件本身所使用的数据进行有效的管理，如对文件使用的贴图进行统一的管理等。

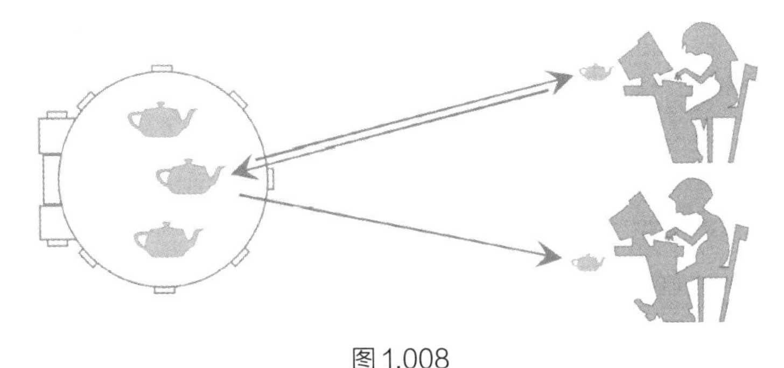

图 1.008

6. 灯光列表

［灯光列表］可以集中调整场景中灯光的属性和设置参数，可以针对个体，也可以针对所有的灯光。要显示灯光的列表信息，场景中至少要创建一盏灯光。对于选择的灯光，在这里调节参数与在修改面板中调节参数基本上是一样的，不同的是在这里可以宏观调节一批灯光的参数，如同时关闭所有聚光灯的投影，如图 1.009 所示。

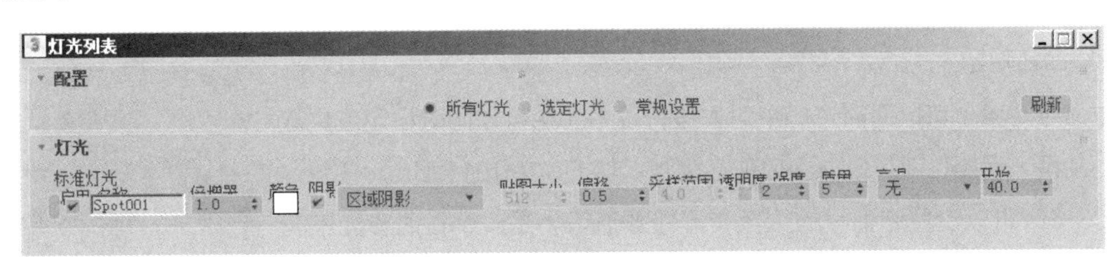

图 1.009

提示

［灯光列表］每次控制的独立灯光对象最多不能超过 150 个（不包括［实例］类型的灯光）。如果超出了这个范围，将按创建的顺序显示前 150 个灯光对象的参数设置，并且给出警告提示。

7. 管理场景状态

［管理场景状态］可以让用户快速保存和恢复场景中所有元素的特定属性，其最主要的用途是可以创建同一场景不同版本的内容，而不用实际创建出独立的场景，如图 1.010 所示。

图 1.010

它可以在不复制新文件的情况下改变场景中的灯光、摄影机、材质、环境等元素，并可随时调出用户保存的场景库，这样便于用户快速比较不同参数下的场景效果。

以下是可以存储为场景库的内容。

- 灯光属性：记录场景中每盏灯光或每个光源的颜色和阴影属性设置等。
- 灯光变换：记录每盏灯光的位置、方向和缩放等信息。
- 对象属性：记录每个对象的属性值（包括高级照明和 Mental Ray 的设置）。
- 摄影机变换：记录每架摄影机的位置、方向和缩放等设置。
- 摄影机属性：为每架摄影机记录摄影机参数（如 FOV 和景深），包括摄影机校正修改器所做的任何校正。
- 层属性：记录保存场景状态时［层属性］对话框中每个层的设置。
- 材质：记录场景中使用的所有材质和材质指定。
- 环境：记录环境设置，包括背景、环境光和颜色、全局照明、环境贴图、环境贴图启用 / 禁用状态、［曝光控制］卷展栏的设置等。

8. 重命名对象

［重命名对象］可以同时对多个对象进行改名，也可以同时设定或更改为相同的前缀、后缀，还可以自动增加序列号，如 Bone001、Bone002、Bone003……可以设置序列号的位数、起始数值等，是一个省时省力的管理工具，如图 1.011 所示。例如，创建了左手的整套骨骼，起好了特定的名称（通常会加入“L”代表左侧），使用镜像复制出右手的骨骼，可以直接使用这个工具对所有骨骼的名称进行修改（同时将字母“L”改为“R”，并且重新编排序号）。

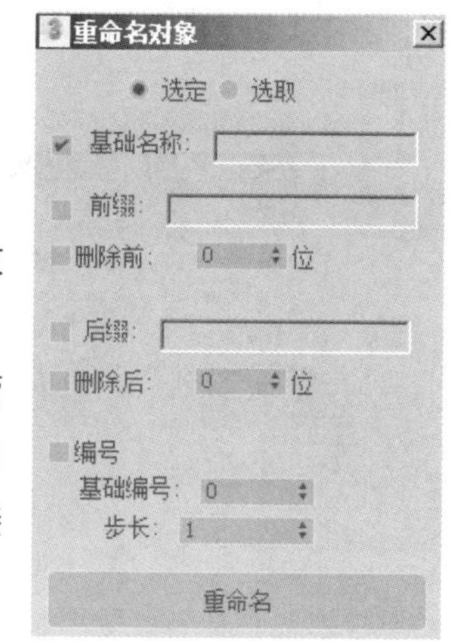

图 1.011

9. 通道信息

在 3ds Max 中，所有的对象都包含一系列的［通道信息］，这些信息包括纹理贴图、顶点颜色、照明及 Alpha 等通道的设置，网格对象还具有几何体对象和顶点选择通道。使用［通道信息］工具可以方便地查看对象的各项通道信息，并可以添加通道，对通道进行重命名、删除、复制、粘贴等操作。这个工具适用于游戏及其他动画制作领域，用来优化模型、减少资源占用。灵活运用通道工具，可以使一些棘手的编辑工作变得更简单。

执行［工具 > 通道信息］命令，打开［贴图通道信息］窗口，该窗口由顶部的工具栏和下面的通道信息表构成，如图 1.012 所示。通道信息表显示选中的对象的各个通道数据，包括通道的名称、ID 号、顶点数、面数及使用的内存数量。通过工具栏或者鼠标右键菜单可以对通道进行编辑操作。除重命名外，执行其他操作（删除、添加、粘贴）都会在堆栈上产生一个相应的修改器。例如，添加通道会在该对象的堆栈上增加一个［UVW 贴图添加］修改器。

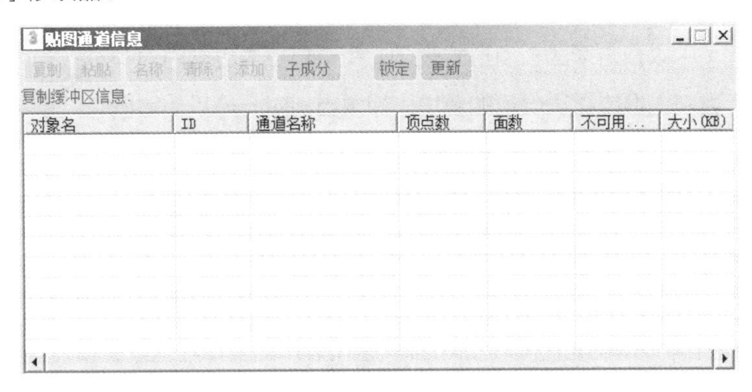

图 1.012

提示

［通道信息］工具支持网格、多边形和面片对象，但是不支持 NURBS 对象。

10. 图解视图

［图解视图］将所有对象以名称节点的形式显示在同一个列表中，它提供了一种直观的方式，用来对场景中的对象进行选择、命名或其他操作，如图 1.013 所示。

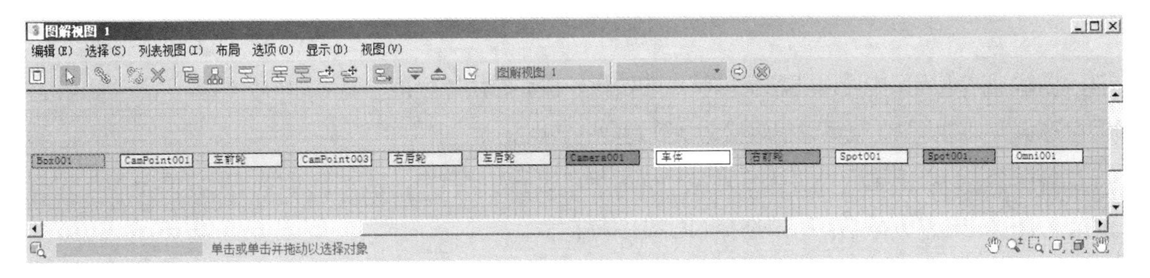

图 1.013

通过 [图解视图] 可以完成以下操作：

● 重命名对象；

● 快速选取场景对象；

● 快速选取修改堆栈中的修改器；

● 在对象之间复制、粘贴修改器；

● 重新排列修改堆栈中的修改器顺序；

● 检视和选取场景中所有共享修改器命令、材质或控制器对象；

● 快速选择对象的材质和贴图，并且进行各种贴图的快速切换；

● 将一个对象的材质复制、粘贴给另外的对象，但不支持拖动指定；

● 查看和选择共享一个材质或修改器的所有对象（单击右侧三角标志）；

● 对复杂的合成对象进行子级导航，例如进行多次布尔运算的对象；

● 链接对象，定义层级关系。

对象在 [图解视图] 中以长方形的节点形式表示，每个节点内包含对对象进行描述的标签或对象名称，以及基于对象类型显示当前线框或材质颜色的色块。如果当前对象与其他对象有共享关系，节点的右侧显示一个方向箭头。有参考关系的节点之间的层级关系用带有箭头的方向线表示。

在 [图解视图] 中，允许显示和隐藏下一层的节点，如果节点的下部有一个灰色倒三角，则表示含有隐藏的下一层的节点，如图 1.014 所示。

在打开 [图解视图] 窗口时，还会自动弹出一个 [显示] 面板，它用于控制视图中显示的节点的类别，并且可以从左侧的激活按钮上分辨出各种长方形节点颜色所表示的实体类别或关系种类，如图 1.015 所示。

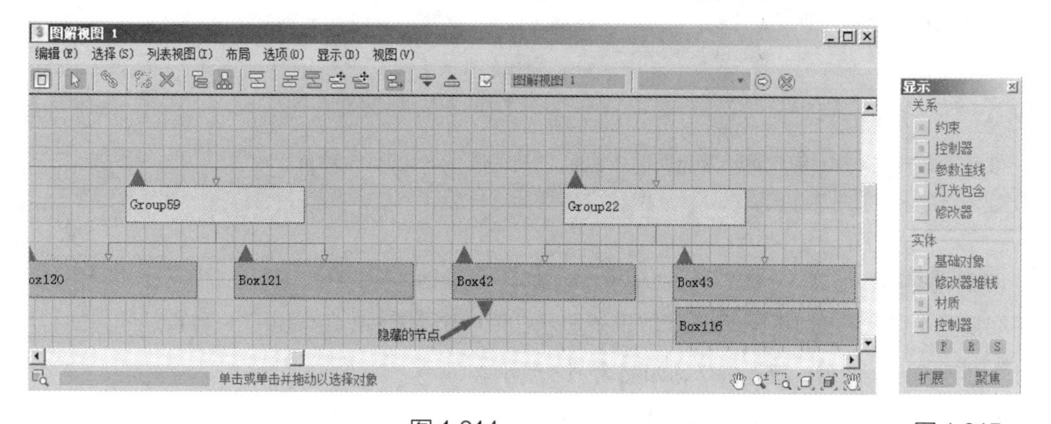

图 1.014　　图 1.015

在 [图解视图] 窗口中可以随意安排节点的位置，移动时用鼠标拖动节点即可。例如，将它们安排成与场景对象形状类似的样子，就可以很轻松地找到需要的节点。

[图解视图] 可以像显示 NURBS 对象一样显示它的子对象结构，完成下列 NURBS 操作。

● 双击 NURBS 子对象名称可以选择 NURBS 子对象；

● 单击 NURBS 子对象后，再次单击它（不要因单击得太快而变成双击），可以修改子对象名称，按 Enter 键完成。

在［图解视图］中，不同类型对象的节点颜色各不相同，例如，当前选定的节点显示为白色，修改器节点为绿色，几何体对象节点为浅蓝色，辅助对象节点为黄色，灯光节点的边框为深黄色，等等。另外，用户也可以执行［自定义 > 自定义用户界面］命令，根据自己的习惯，在［颜色］选项卡中指定节点的颜色。

1.2.2 高级配置——自定义用户界面

1.［键盘］设置

在这里可以根据用户的使用习惯设置命令项目的快捷方式，如图 1.016（左）所示。快捷键的设置有很大的灵活性，可以为多个命令项目设置同一快捷键，只要这些命令项目在不同的命令面板下，例如，是运动轨迹或材质编辑器即可。虽然一个快捷键对应多个命令选项，但每次只执行当前活动面板中相应的命令选项。只有在当前活动的面板中没有这个快捷键的设定时，3ds Max 才会自动在主用户界面搜索该快捷键对应的命令项目。

2.［鼠标］设置

提示

主工具栏中有一个快捷键切换按钮 。按下这个按钮时，启动主用户界面的快捷键操作和子级用户界面的快捷键操作。如果两者出现冲突，则优先启动子级用户界面的快捷键操作。不按下这个按钮时，只启动主用户界面的快捷键操作。

通过［鼠标］选项卡可以自定义鼠标行为，如图 1.016（右）所示。

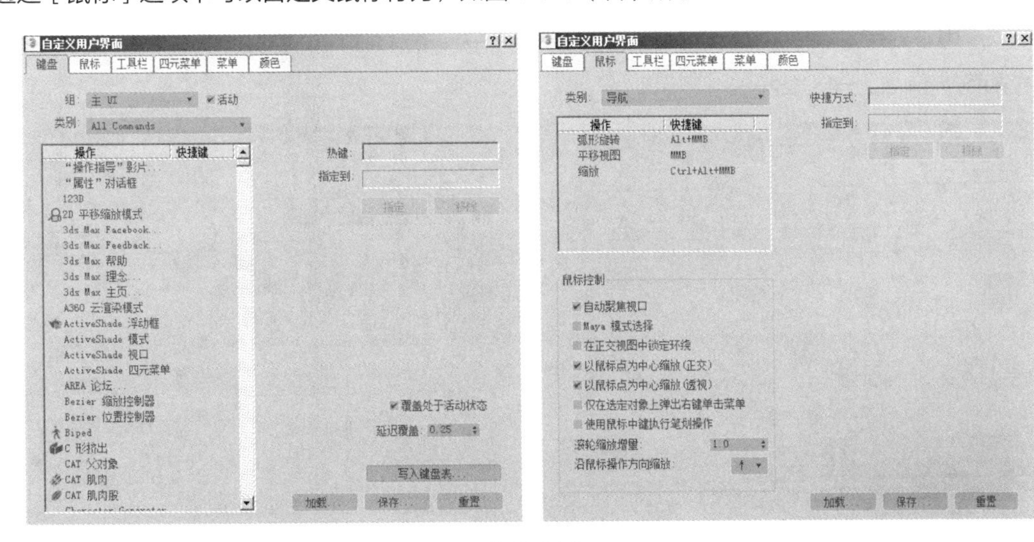

图 1.016

3.［工具栏］设置

该选项卡用于编辑现有的工具栏或创建自己的工具栏，可以增加、删除及编辑图标等，如图1.017（左）所示。

4.［四元菜单］设置

该选项卡用于四元菜单的设置，可以创建自己的四元菜单或编辑现有的四元菜单。对现有四元菜单的编辑包括设置菜单标签、功能、布局及快捷键等，如图 1.017（右）所示。

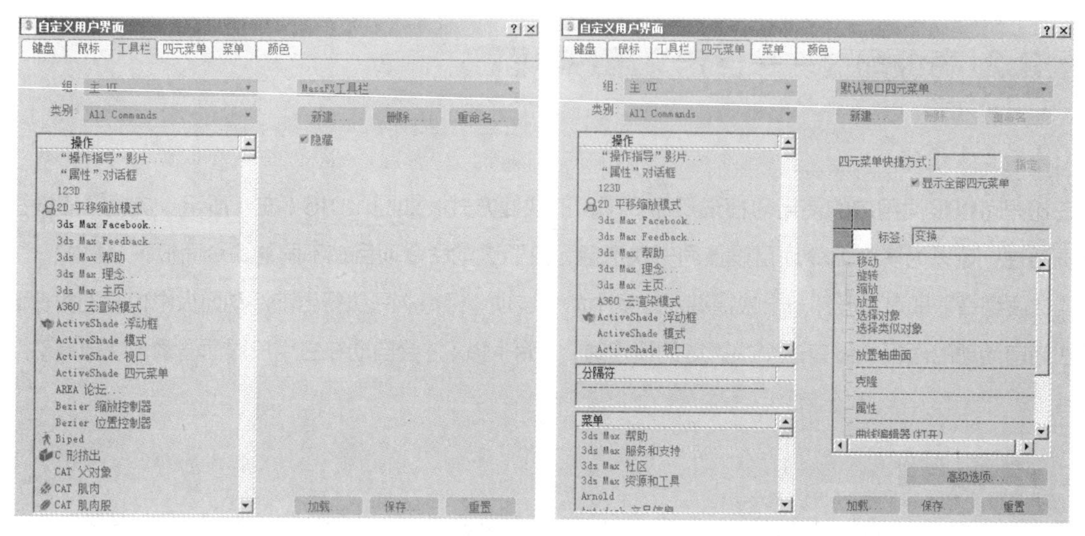

图 1.017

5.［菜单］设置

该选项卡用于自定义菜单栏，可以编辑现有的菜单或者创建新的菜单命令，如图 1.018（左）所示。

6.［颜色］设置

该选项卡用于自定义软件界面的外观，可以调整界面中几乎所有元素的颜色设置，自由设计具有自己独特风格的界面外观，如图 1.018（右）所示。

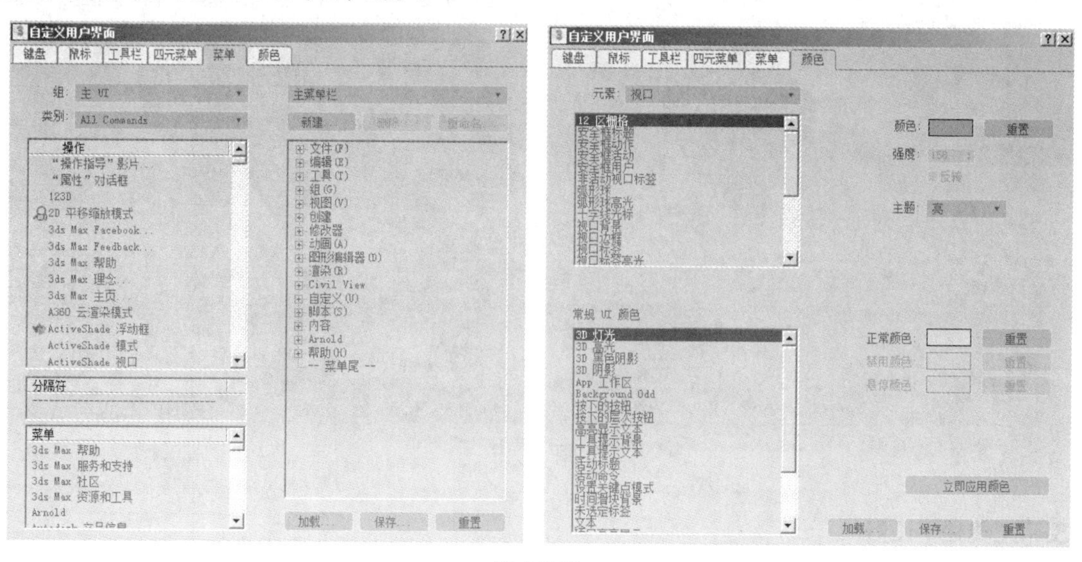

图 1.018

1.2.3 首选项设置

首选项可以在启动 3ds Max 时优先进行设置。如果不熟悉此设置的含义，先不要擅自改动，否则会影响到整个使用过程。[首选项设置] 中包含了 13 项内容，分别是 [常规]、[文件]、[视口]、[交互模式]、[Gamma 和 LUT]、[渲染]、[光能传递]、[动画]、[反向运动学]、[Gizmos]、[MAXScript]、[容器] 和 [帮助]。

1. [常规] 设置

在该选项卡中可以设置 [场景撤销] 次数、[绘制选择笔刷大小]、微调器的 [精度]、[捕捉] 和 [使用大工具栏按钮] 等，如图 1.019（左）所示。

2. [文件] 设置

在该选项卡中可以设置 [保存时备份]、[增量保存]、[保存视口缩略图]、[显示过时文件消息]、[文件菜单中最近打开的文件] 数目和 [自动备份] 等，如图 1.019（右）所示。

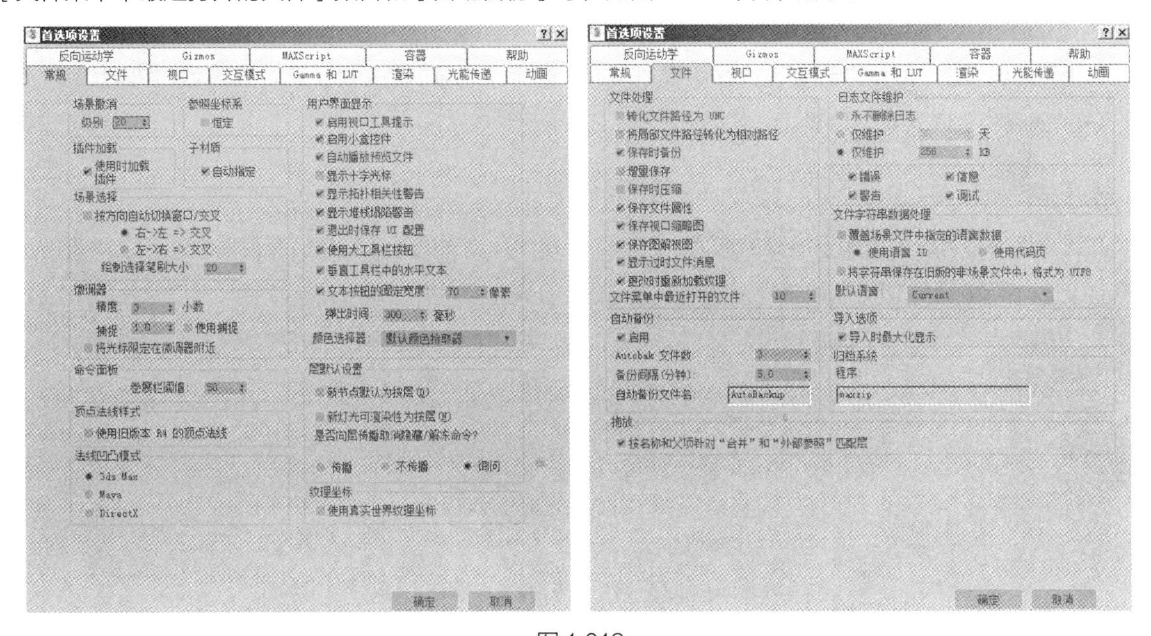

图 1.019

3. [视口] 设置

在该选项卡中可以设置 [播放时更新背景]、[过滤环境背景]、[重影] 和 [显示驱动程序] 等，如图 1.020（左）所示。

4. [交互模式] 设置

在 [首选项设置] 对话框的 [交互模式] 选项卡中，可以选择鼠标和键盘的快捷键行为是与早期版本的 3ds Max 匹配，还是与 Autodesk Maya 匹配，如图 1.020（右）所示。

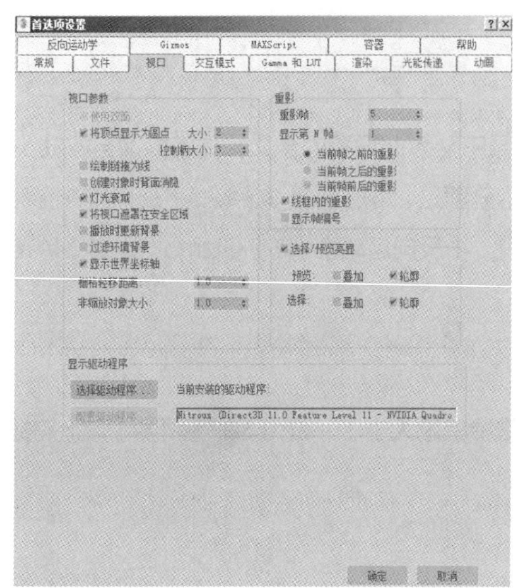

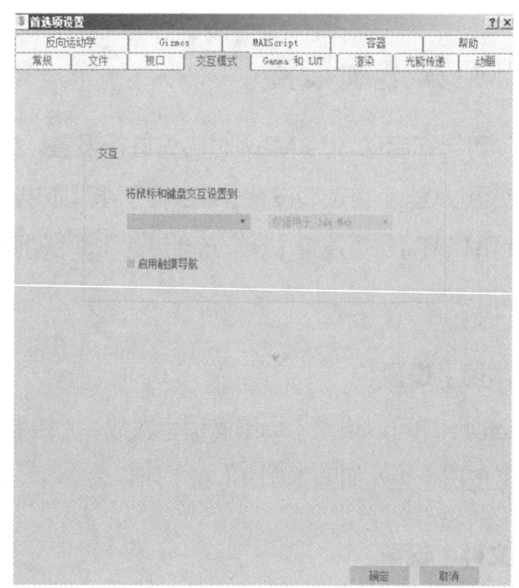

图 1.020

5.［Gamma 和 LUT］设置

在［首选项设置］对话框的［Gamma 和 LUT］选项卡中，可以调整用于输入和输出图像以及监视器显示的 Gamma 和查询表 (LUT) 的值，如图 1.021（左）所示。

6.［渲染］设置

在该选项卡中可以设置用于渲染的选项，如渲染场景中环境光的默认颜色。有很多选项可以重新指定用于产品级渲染和草图级渲染的渲染器，如图 1.021（右）所示。

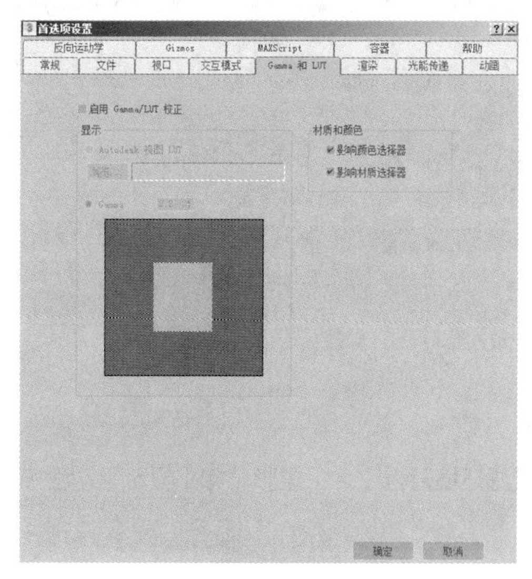

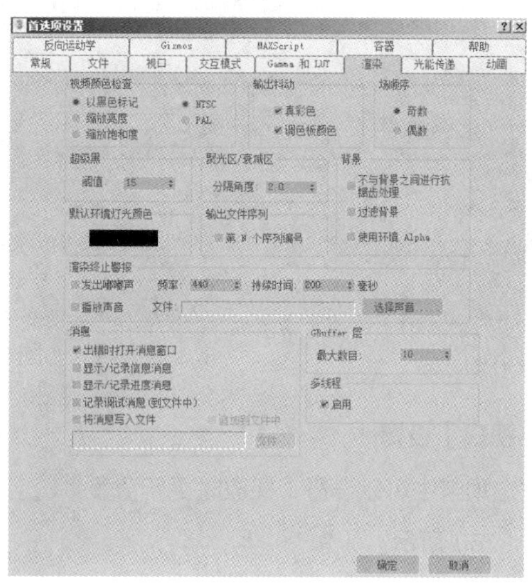

图 1.021

7.［光能传递］设置

在［首选项设置］对话框的［光能传递］选项卡中，可以设置光能传递解决方案选项，如图 1.022（左）所示。

8. [动画] 设置

使用 [首选项设置] 对话框的 [动画] 选项卡可以设置与动画相关的选项，这些选项包括在线框视口中显示的已设置动画的对象、声音插件的指定和控制器默认值，如图 1.022 (右) 所示。

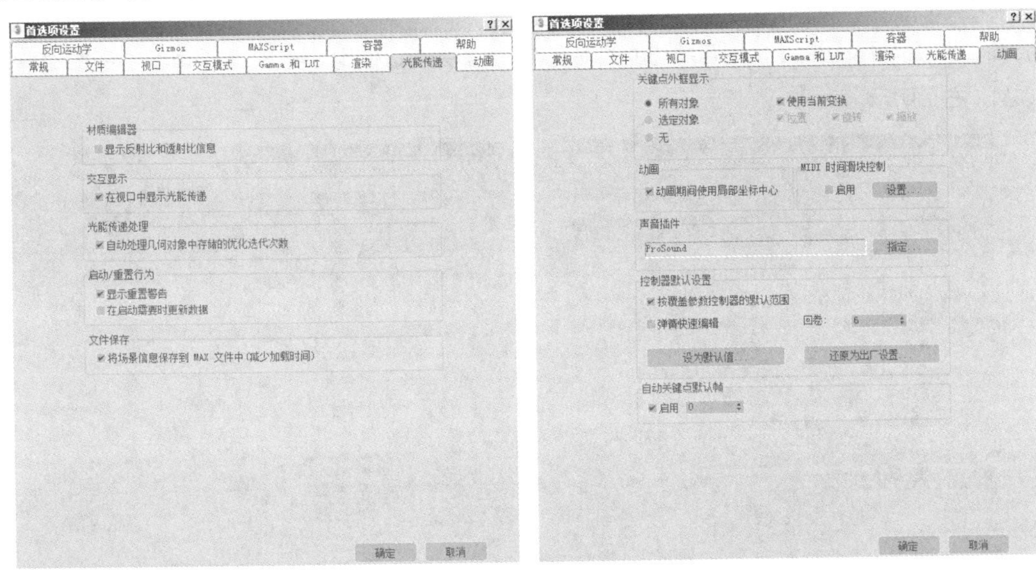

图 1.022

9. [反向运动学] 设置

在该选项卡中可以设置应用式和交互式反向运动学的选项，如图 1.023 (左) 所示。

10. [Gizmos] 设置

在该选项卡中可以设置变换 Gizmo 的显示和行为方式，如图 1.023 (右) 所示。

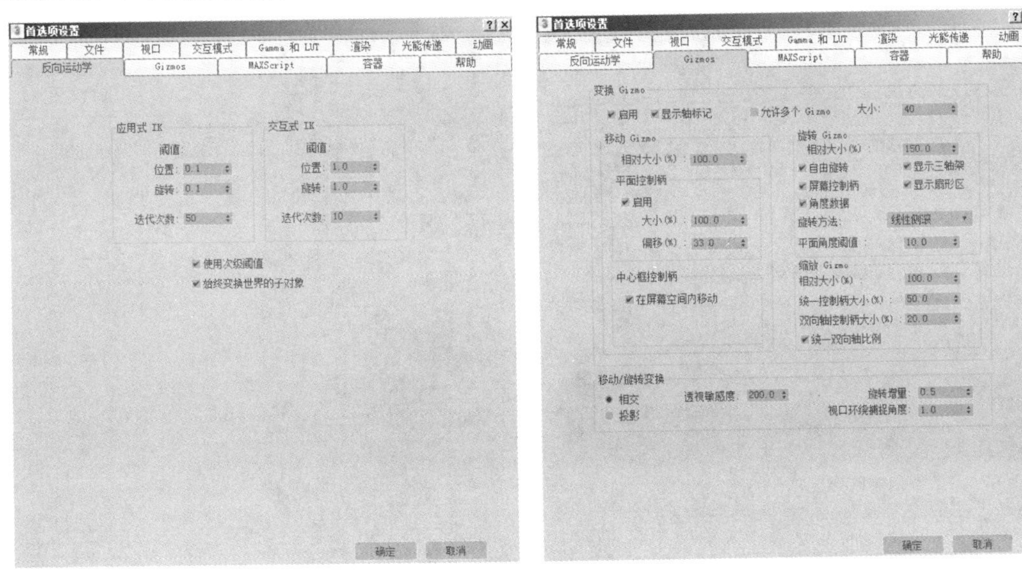

图 1.023

11. [MAXScript] 设置

在该选项卡中可以设置 [MAXScript] 窗口中的 [字体] 和 [字体大小] 等，如图 1.024（左）所示。

12. [容器] 设置

[容器] 选项卡可设置用于使用容器功能的首选项，尤其是可以使用 [状态] 和 [更新] 设置来提高性能，如图 1.024（右）所示。

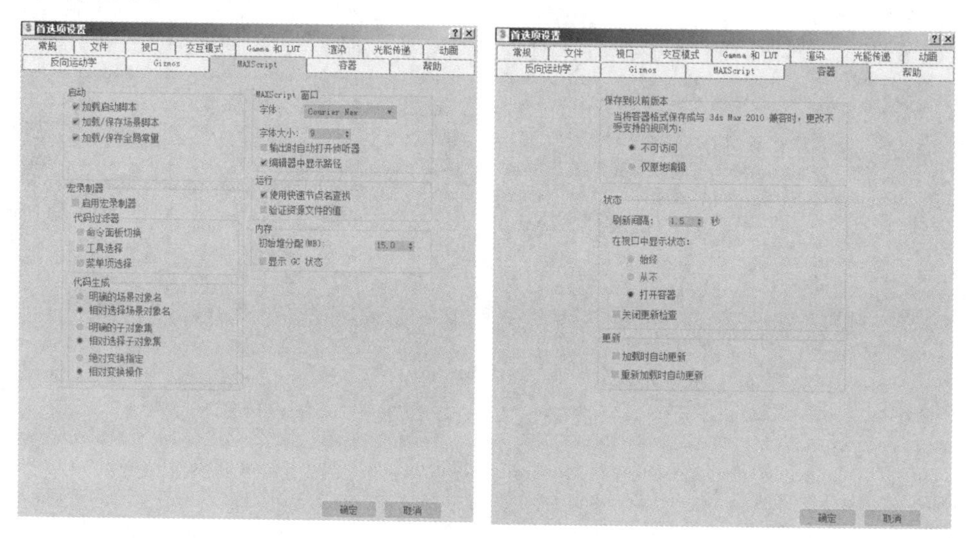

图 1.024

13. [帮助] 设置

默认情况下，帮助将从 Autodesk 网站上打开。通过此选项卡，可以在帮助系统被下载或提取到的本地或网络驱动器的情况下打开帮助，如图 1.025 所示。

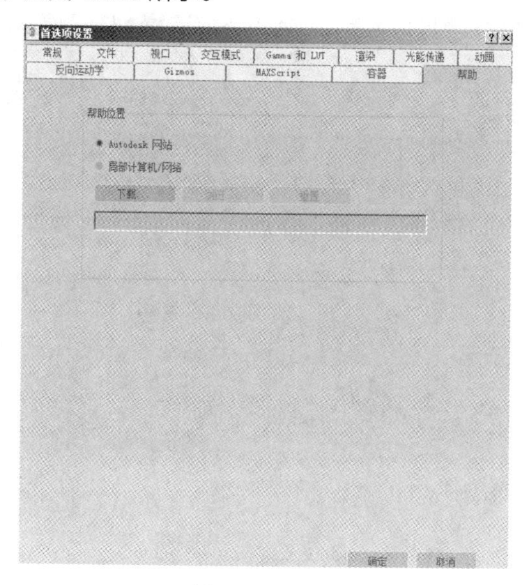

图 1.025

1.2.4 ［实用程序］面板

［实用程序］面板集合了许多外部工具程序，一些小型的脚本插件也是在这里调用的，如图 1.026 所示。在默认状态下，3ds Max 中提供了 39 个外部程序，用于完成一些特殊的操作，包括［MAXScript］脚本语言、［摄影机匹配］、［摄影机跟踪器］、［测量］、［运动捕捉］和［资源收集器］等。

在默认状态下只列出了 8 个项目，单击 更多... 按钮，会弹出［实用程序］对话框，这里列出了其他的应用程序项目，如图 1.027 所示。选择了相应的程序之后，在命令面板下方会显示出相应的参数控制面板。

［配置按钮集］按钮 用来自行规划工具命令面板，单击它会弹出［配置按钮集］对话框，如图 1.028 所示。

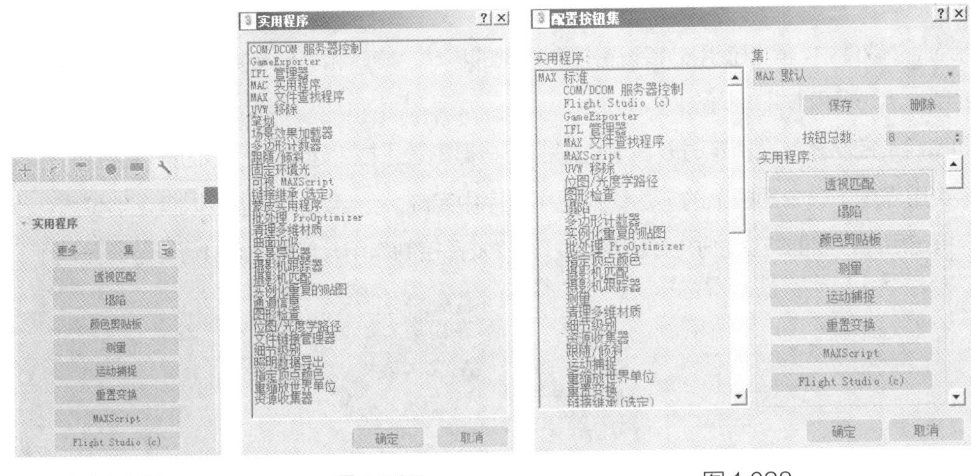

图 1.026　　图 1.027　　图 1.028

该对话框的左侧列出了所有的程序项目，右侧下方为设定的按钮布局，通过［按钮总数］可以设置命令面板上显示出的程序数目，默认值为 8 个，最多可以设置为 32 个。在完成设置后，最好在［集］项目下输入一个名称，用来命名当前的设置，单击［保存］按钮即可保存当前设置。

单击命令面板上的［集］按钮，会弹出所有的设置集列表，可以使用它来改变命令面板的布局。如果想恢复为默认状态，选择［MAX 默认］选项即可。

1. 资源收集器

［资源收集器］是一个图像和模型的文件浏览器，提供文件的快速检索功能，它的特点是可以直接访问互联网中的资源，实现在 3ds Max 中直接通过网络浏览来使用材质纹理文件或产品模型库；可以浏览的文件类型包括位图文件（如 BMP、JPG、GIF、TIF、TGA）和三维模型文件（如 MAX、DWG 等），支持直接从浏览器中拖动这些网络资源到当前的场景中，并可以将三维模型拖动到场景中指定的位置，所有文件都可以用缩略图形式显示，且显示速度快，对图像和场景的检索也非常方便快捷，而且它还具有拖动操作的特殊功能，更加便于使用资源，如图 1.029 所示。

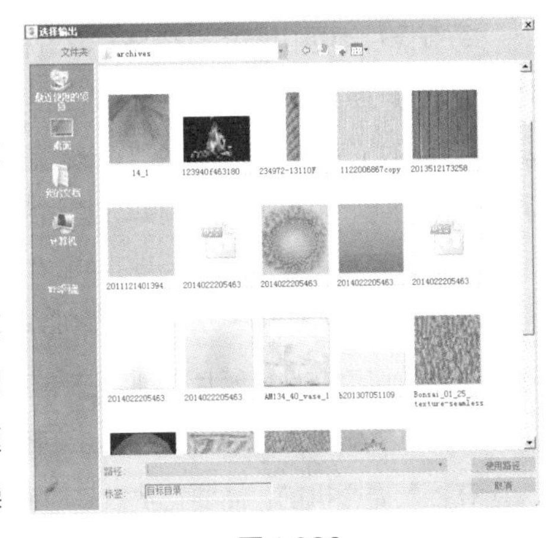

图 1.029

提示

如果网络图像是一个标明图形链接的 HTML 程序文本，则在资源收集器程序中不能将其拖动到指定的贴图选项中。另外，在使用网络资源时必须注意是否有使用权限和版权的约束。

2. 测量

［测量］用于提供当前选择的对象的各项测量数据，包括它的表面积、体积、质心和空间坐标等，同时该工具还可以测量曲线的长度，如图 1.030 所示。

3. 运动捕捉

在 3ds Max 软件中，可以使用外接设备控制对象的移动、旋转和其他参数动画，目前可用的外接设备包括鼠标、键盘、游戏杆和 MIDI 设备。

［运动捕捉］控制器首次指定时要在［轨迹视图 – 摄影表］或［运动］命令面板中完成，修改和调试动作时要在［实用程序］命令面板上的［运动捕捉］程序中完成。［运动捕捉］可以指定给位置、旋转、缩放等控制器，指定后原控制器将变为子一级控制器，同样发挥控制作用，如图 1.031 所示。

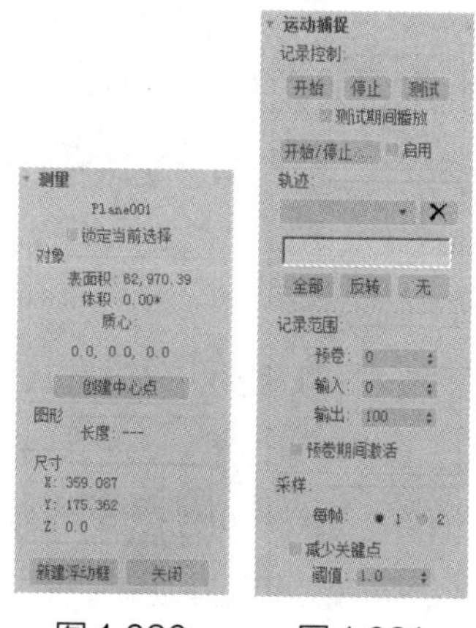

图 1.030　　图 1.031

4. 摄影机匹配

每张照片都是由照相机在某一位置和某一方向于某一瞬间拍摄的，在拍摄完成之后，对着照片是否还能够找出拍摄时照相机的位置呢？在现实世界中，这几乎是不可能实现的，但是在 3ds Max 创建的三维世界中却是可行的，使用［摄影机匹配］功能就可以找出拍摄照片时照相机的位置（不过这一位置是在计算机内的）。利用这个功能，用户可以将现实场景中的对象与三维图像完美地结合起来。

该功能是将一张照片作为场景的背景，然后根据 5 个（或更多）摄影机匹配点对象去创建一架摄影机，使它的位置、方向、视野与创建背景照片时的照相机一致，这样就可以创建与背景照片透视完美结合的三维景物。通常可以在地形照片上创建三维建筑，从而在施工前得到完工后的景观效果，以此来观察它是否与周围的建筑风格一致，是否会发生阻挡遮蔽。

在匹配摄影机前，需要花费很多时间来做准备工作，以确保产生精确的匹配效果。但最后的匹配过程完全是由计算机完成的，这样就省去了麻烦的参数调节过程。这里给出一些建议，可以帮助使用者更好地完成前期准备工作。

● 准备背景。如果要匹配的背景图像是由拍摄得来的，则在拍摄前期可以放置一些易于辨识的物体对象，物体对象的尺寸及物体对象之间的距离也应做测量记录；如果要匹配的背景图像不够清楚，可以先复制一份背景图像，然后使用 Photoshop 等绘图软件在该图像上对将要放置匹配点的位置进行标记，匹配结束后，只需替换一下背景即可。

● 场景中必须放置 5 个或更多的 [摄影机点]，而且 [摄影机点] 在场景中的位置应呈空间分布，在近处、远处、高处、低处分散地分布，不要位于同一平面之上。

● [摄影机点] 之间的距离应符合实际尺寸。例如，计划使放置的 [摄影机点] 与背景桌子的四角相匹配，在放置 [摄影机点] 时应首先明确背景桌子的实际尺寸，然后根据这个尺寸放置 [摄影机点] 。最简便的方法是在场景中创建一个与背景桌子尺寸一样的模型，然后使用捕捉工具就可以精确地放置 [摄影机点] 了。

提示

关于真实景观和三维场景的合成技术，目前已经有很多专业的软件提供这种功能，包括静态和动态的合成，目的都是通过拍摄好的图像求出原来拍摄时摄影机的三维空间坐标，且不需要设置太多，大部分都是依靠自动计算完成的。3ds Max 本身提供了 [摄影机匹配] 和 [摄影机跟踪器] 两个程序，前者针对静态图片合成，后者针对动态影像合成。同类的通过动态影像跟踪摄影机的软件还有 Boujou、Maya 软件中的 MatchMove 等。其中，Boujou（也称为 2d3）软件在应用时相对简单快捷，如图 1.032 所示。

图 1.032

5. 摄影机跟踪器

摄影机跟踪器用于将 3ds Max 中的摄影机与背景动画或视频的摄影机匹配，重现拍摄动画时摄影机的位置。正确的匹配将使当前场景和背景之间建立完美透视结合的动画场景。

[摄影机跟踪器] 和 [摄影机匹配] 的功能近似，主要是将二维图像的跟踪和摄影机匹配功能结合在一起使用。先对视频动画进行 6 个以上的标记点的二维跟踪，得到标记点的轨迹，这样就得到了每一帧标记点在背景图像上的位置，然后对这些标记点和 [摄影机点] 进行一对一的关联，再通过摄影机匹配算法求出每一帧摄影机所在的位置、角度和相应的镜头。图 1.033 所示为摄影机跟踪的流程图。

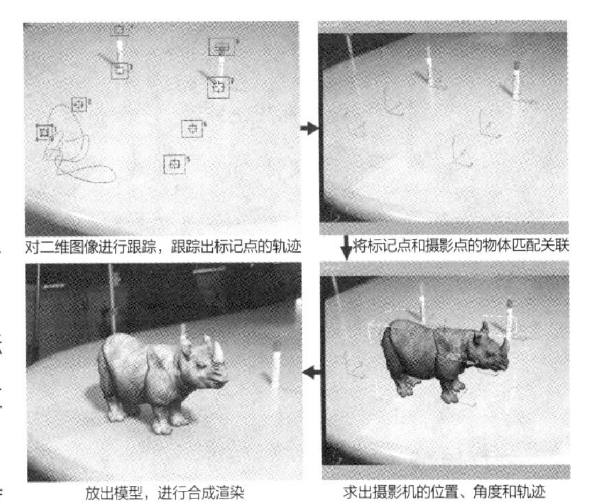

图 1.033

该功能是从 3ds Max 3 版本开始提供的，可以解决很多实景合成的问题，不过使用这个程序前需要做一些准备工作，例如，在图 1.033 所示的例子中，在拍摄时需要在桌面上打一些标记点，便于将来进行跟踪，这些标记点需要在后期合成软件中进行覆盖修饰，这也是一道必不可少的工序。另外，还需要提供这些标记点之间的实际距离，标记点不能全部处于同一个平面上，必须分散开来。图 1.033 中所示的标记点以及两支笔之间的实际距离都需要测量，然后利用这些测量的数据才能在 3ds Max 的空间中创建出对应的摄影机点。因此出现了一个问题，就是必须在摄影时把标记点的距离测量好，如果是一段没有标记点测量数据的视频图像，就无法使用这个方法进行跟踪。

这说明 3ds Max 提供的摄影机跟踪程序无法根据二维图像自动计算出深度。现在很多专业的三维跟踪软件都提供了自动计算深度的功能，只要给出一段视频图像，就可以自动跟踪出摄影机的运动轨迹，并且提供给专业的三维软件使用。这些专业三维跟踪软件包括 Boujou、MatchMove 等，在实际工作中建议使用这些专业的三维跟踪软件，它们效率高，结果精确，而且原理和 3ds Max 的摄影机跟踪程序基本相同。

1.3 应用案例——机器人

范例分析

在本案例中，我们使用 3ds Max 中的摄影机匹配功能来制作在一张做好的桌面图片上放置一个小机器人的效果，如图 1.034 所示。

图 1.034

制作思路

首先在场景中导入背景图片，然后创建一个用于对位当前新华字典的长方体模型，模型设置完毕后再创建摄影机点，此时要参考当前模型上每个顶点的位置，最后使用匹配摄影机点的工具对摄影机点和当前新华字典上面的各个顶点进行匹配。然后根据匹配的摄影机点来创建摄影机，再与机器人模型合并，最后创建地面并赋予材质，创建主光和辅光，并设置阴影，对当前场景进行渲染。

制作步骤

（1）添加桌面贴图

步骤 01： 执行菜单栏中的［渲染 > 曝光控制］命令，在打开的［环境和效果］窗口中单击［环境贴图］下的［无］按钮，在［材质 / 贴图浏览器］面板中选择［位图］，单击［确定］按钮，选择随书配套学习资源中的“场景文件 \ 第 1 章 \1.3\86447150.jpg”图片，单击［打开］按钮，如图 1.035 所示。

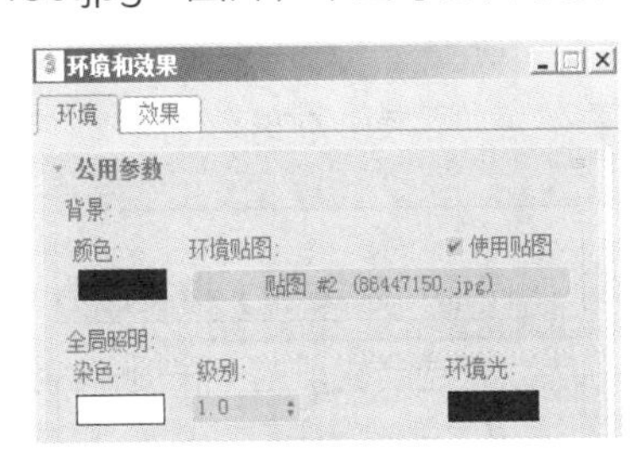

图 1.035

步骤 02： 将［环境和效果］窗口关闭，在透视图中按 Alt+B 组合键打开［视口配置］对话框，选择［背景］选项卡中的［使用环境背景］，单击［确定］按钮，如图 1.036 所示。

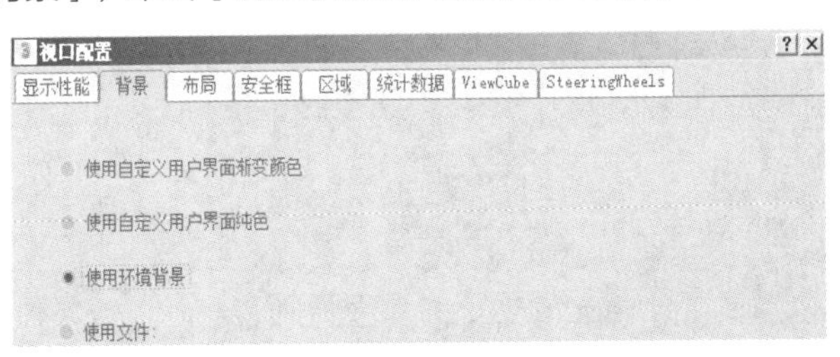

图 1.036

步骤 03： 此时场景中出现环境背景，执行菜单栏中的［渲染 > 曝光控制］命令，打开［环境和效果］窗口，并打开［材质编辑器］，将［环境和效果］窗口中的［公用参数］卷展栏下的［贴图］按钮拖曳到［材质编辑器］中的一个空材质球中，在弹出的［实例（副本）贴图］面板中选择［实例］后单击［确定］，如图 1.037 所示。

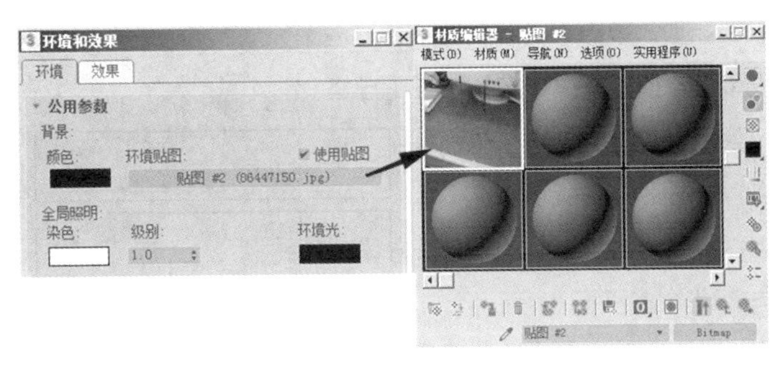

图 1.037

步骤 04：在［材质编辑器］中的［坐标］卷展栏下选择［屏幕］环境样式，关闭［环境和效果］窗口和［材质编辑器］，使用 Alt 键和鼠标中键调整栅格至如图 1.038 所示的效果。

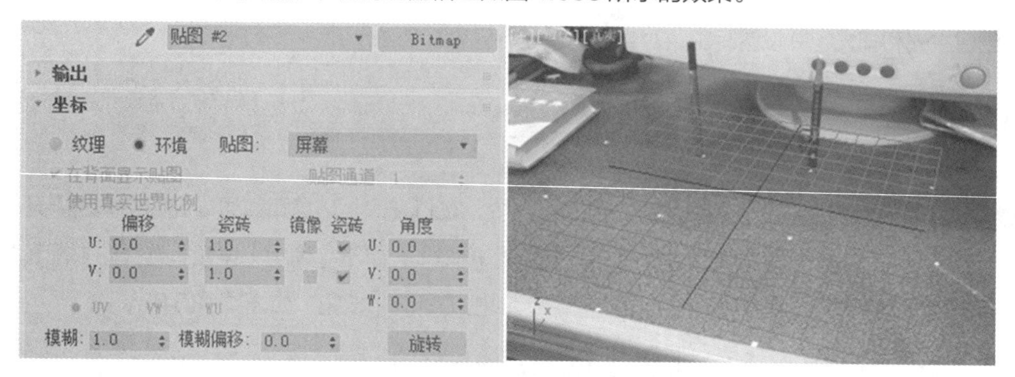

图 1.038

（2）创建用于对位的长方体

进入［创建］面板，选择［几何体］，在［对象类型］卷展栏下单击［长方体］按钮，在场景中创建一个长方体，调整长方体大小，设置右侧［参数］卷展栏下的［长度］约为 44.4，［宽度］约为 55.8，［高度］约为 14.2，使其与新华字典的大小一致，如图 1.039 所示。

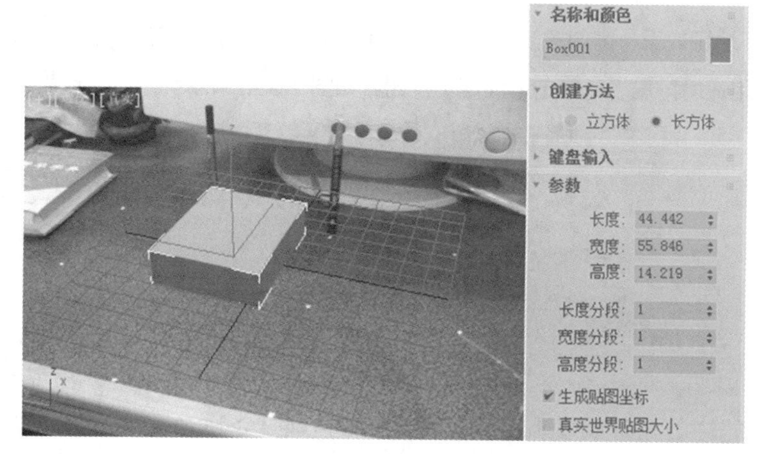

图 1.039

（3）将长方体与字典匹配

步骤 01：进入［创建］面板，单击［辅助对象］，在下拉列表中选择［摄影机匹配］，单击［对象类型］卷展栏下的［摄影机点］，右键单击［捕捉开关］按钮，在［栅格和捕捉设置］面板中将［顶点］勾选，依次单击模型中 1~5 号 5 个顶点创建摄影机点，如图 1.040 所示。

分析：因为图 1.040 所示的摄影机点是根据长方体位置创建的，所以都可以与新华字典匹配。

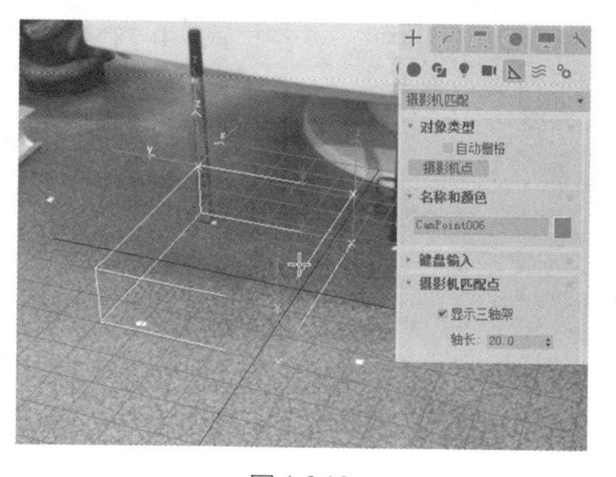

图 1.040

步骤 02：按 F3 键，观察摄影机点在长方体上的具体位置，进入［实用程序］面板，单击［配置按钮集］按钮，在［配置按钮集］对话框中选择［摄影机匹配］并将其拖曳到右侧［实用程序］中没有使用的按钮上，如图 1.041 所示。

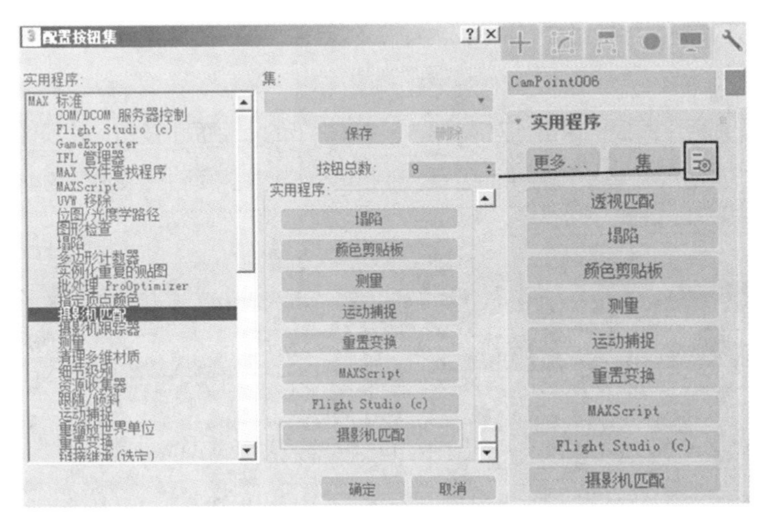

图 1.041

步骤 03：在［实用程序］面板中单击［摄影机匹配］按钮，然后单击［CamPoint 信息］卷展栏下的 CamPoint001，再单击［指定位置］按钮，将其指定到新华字典的可见点上，依次单击 CamPoint002~CamPoint005 4 个点，分别将其指定到新华字典对应的可见点上，如图 1.042 所示。

分析：因为新华字典的四角有些翘起，所以可以按照感觉进行指定。

步骤 04：如果需要调整某一点的位置，可单击该点，按住鼠标左键将其调整至合适的位置。然后单击［指定位置］按钮使其弹起，并单击［创建摄影机］按钮，此时在顶视图中可以观察到摄影机创建完成。单击透视图，按 C 键切换到摄影机视图，观察，此时长方体与新华字典完全匹配，如图 1.043 所示。

图 1.042

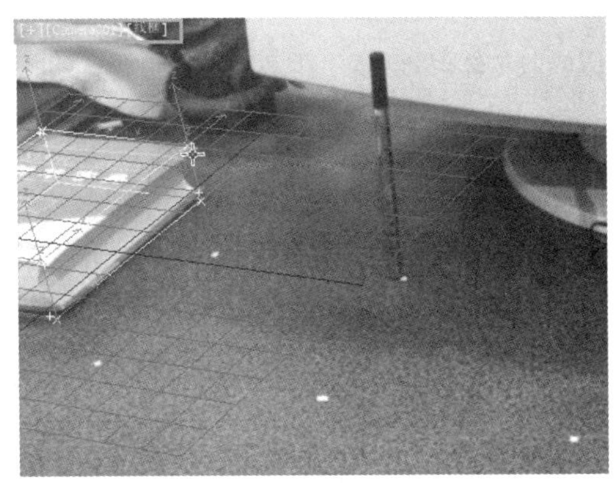

图 1.043

（4）将机器人模型导入

步骤 01：执行菜单栏中的［文件导入 > 合并］命令，在［合并文件］对话框中选择随书配套学习资源中的“场景文件 \ 第 1 章 \1.3\merge_robot.max”文件，单击［打开］，在［合并］对话框中选择［机器人］，单击［确定］将机器人模型导入，如图 1.044 所示。

步骤 02： 单击鼠标右键，选择［移动］工具，调整机器人至如图 1.045 所示的位置；单击鼠标右键，选择［旋转］工具，进入［层次］面板，选择［调整轴］卷展栏中的［仅影响轴］，并单击［对齐］参数组中的［居中到对象］按钮，将轴对齐到机器人中心，然后将机器人旋转至合适角度。

（5）在场景中创建地面

步骤 01： 进入［创建］面板，单击［对象类型］卷展栏下的［平面］按钮，在顶视图中创建一个平面，单击鼠标右键，选择［移动］工具，调整平面位置，使机器人模型在平面上，如图 1.045 所示。

图 1.044

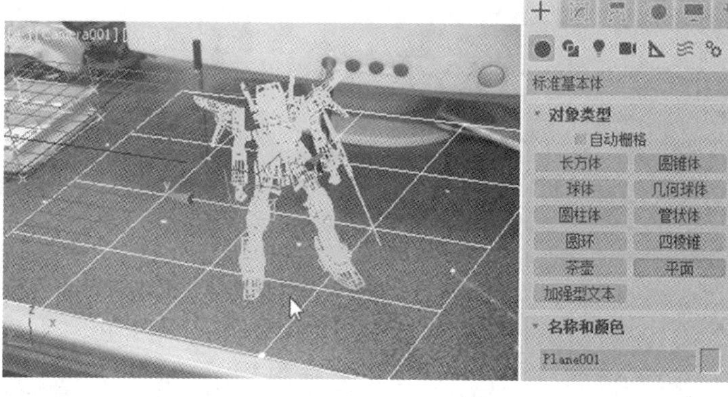

图 1.045

步骤 02： 打开［材质编辑器］窗口，选择第二个材质球，将其指定给平面，并更名为［zhuomian］，如图 1.046 所示。

分析：

①因为场景中的物体在地面上有阴影，所以机器人在地面上也需要有阴影；

②因为只需要在平面上显示机器人的阴影，所以其他位置不需要渲染。

步骤 03： 单击［Standard］按钮，在［材质 / 贴图浏览器］面板中选择［无光 / 投影］材质，该材质可以吸收物体阴影渲染，但其他位置透明，如图 1.047 所示。

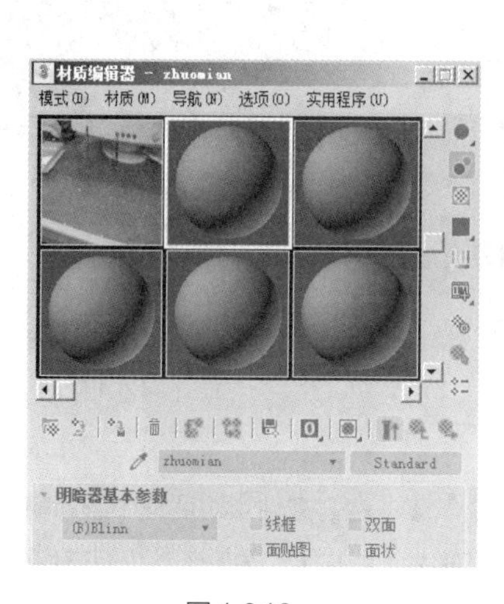

图 1.046

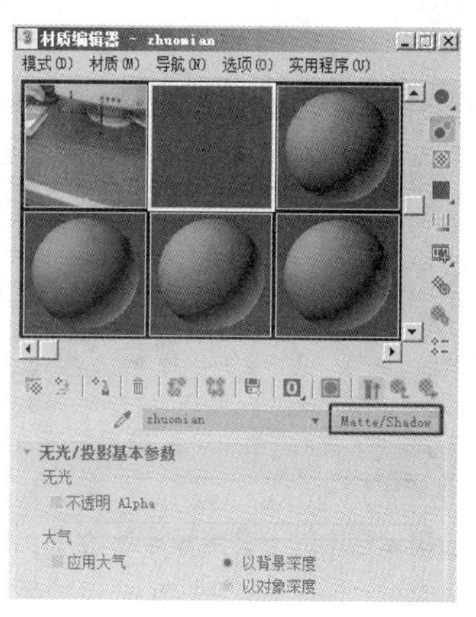

图 1.047

（6）为场景创建主光并设置投影

步骤 01： 进入［创建］面板，单击［灯光］按钮，选择［标准］灯光，单击［对象类型］卷展栏下的［目标聚光灯］按钮，在顶视图中靠近摄影机的位置创建一盏目标聚光灯，选择前视图，调整目标聚光灯高度，将其光源点拉高，将右侧［阴影］参数组中的［启用］勾选，并选择［阴影贴图］选项，如图 1.048 所示。

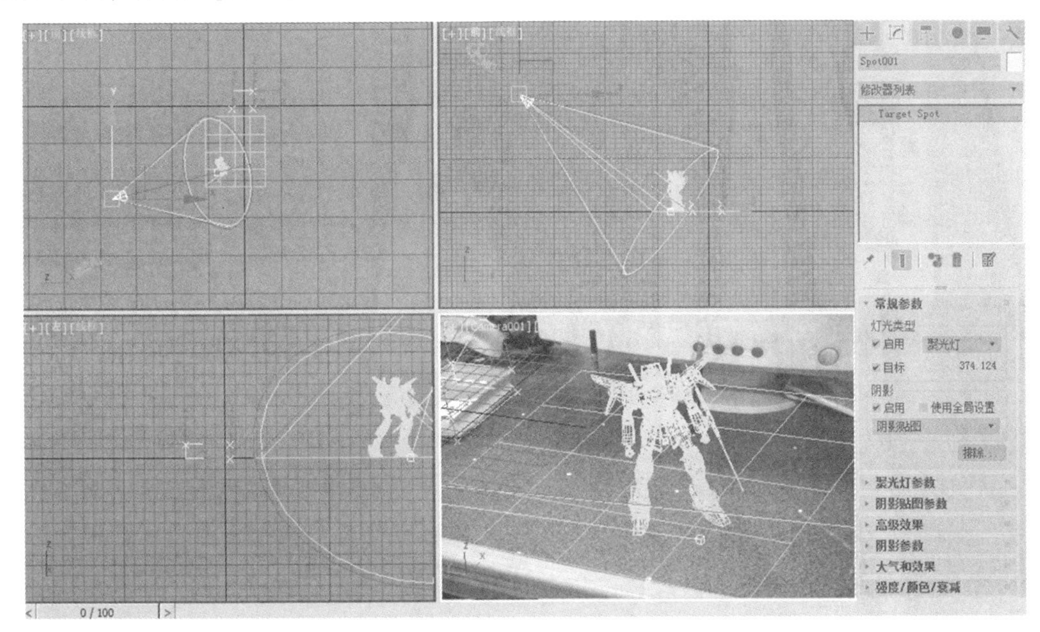

图 1.048

分析：

①观察场景中的灯光，有些向斜后方照射，所以需要参考当前摄影机位置进行灯光的创建；

②当前场景中的阴影看起来比较模糊，如果追求速度可选择［阴影贴图］，如果要保证质量则可选择［区域阴影］。

步骤 02： 单击［渲染产品］按钮进行测试，观察渲染结果，此时因为地面不够大导致阴影不完整，并且阴影比较黑，如图 1.049 所示。为了保证阴影效果真实，保持阴影颜色为黑色，在［阴影参数］卷展栏中设置［密度］为 0.25，观察渲染结果，此时阴影呈现我们需要的效果，如图 1.050 所示。

图 1.049

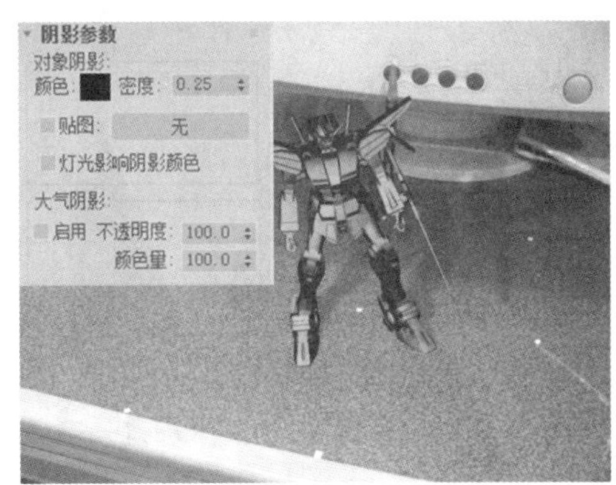

图 1.050

步骤 03： 为了增加地面长度，选择平面，设置［参数］卷展栏中的［长度］约为 175，设置［宽度］约为 359，如图 1.051 所示，并将其向后拖曳，再次单击主工具栏右侧的［渲染产品］进行渲染，观察渲染结果，此时阴影完全投到计算机上。

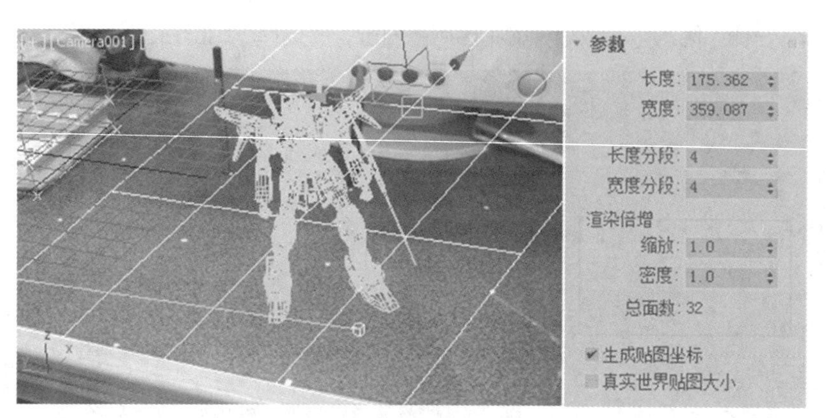

图 1.051

（7）为场景创建辅光

步骤 01： 因为此时场景中主光照射的模型出现一些死黑部位，所以需要在场景中创建一盏辅光，进入［创建］面板，单击［灯光］按钮，选择［标准］灯光，单击［对象类型］卷展栏下的［泛光］按钮，在顶视图中靠近摄影机位置创建一盏辅光，并单击鼠标右键，选择［移动］工具，将泛光灯向上调整至如图 1.052 所示的位置。

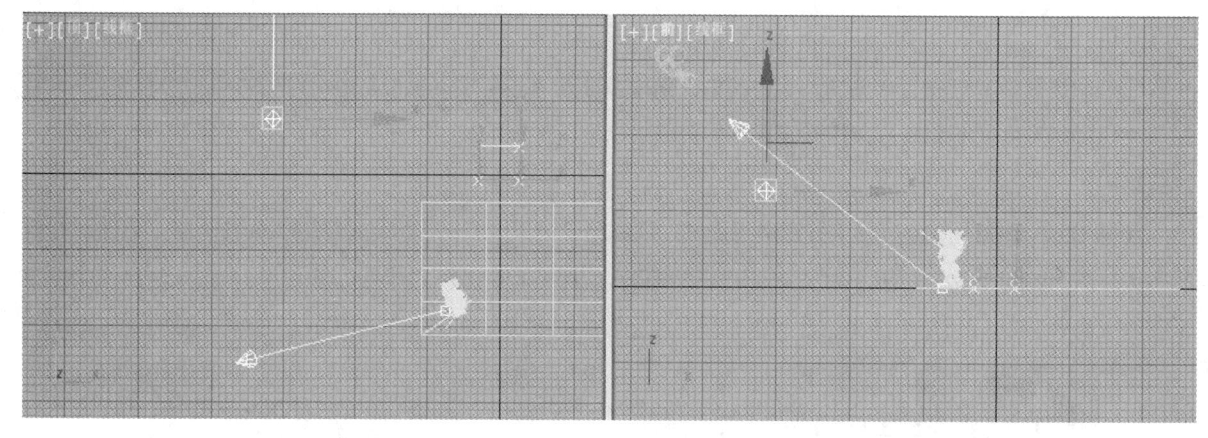

图 1.052

步骤 02： 进入［修改］面板，设置［强度 / 颜色 / 衰减］卷展栏下的［倍增］为 0.4，渲染效果如图 1.053 所示。

（8）调整机器人及阴影颜色

步骤 01： 打开［材质编辑器］窗口，选择一个空材质球，单击［从对象拾取材质］按钮，将场景中的机器人模型的材质吸到空材质球中，如图 1.054 所示。

图 1.053

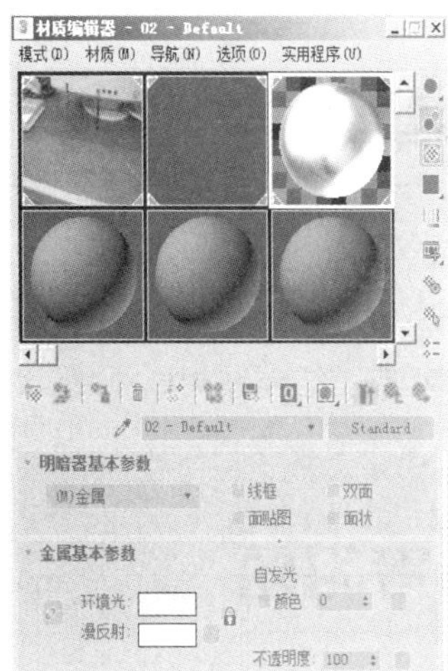

图 1.054

步骤 02：单击［漫反射］颜色按钮，在［颜色选择器］中设置颜色为暖色，如图 1.055 所示。观察渲染结果，此时机器人的颜色与当前场景匹配。

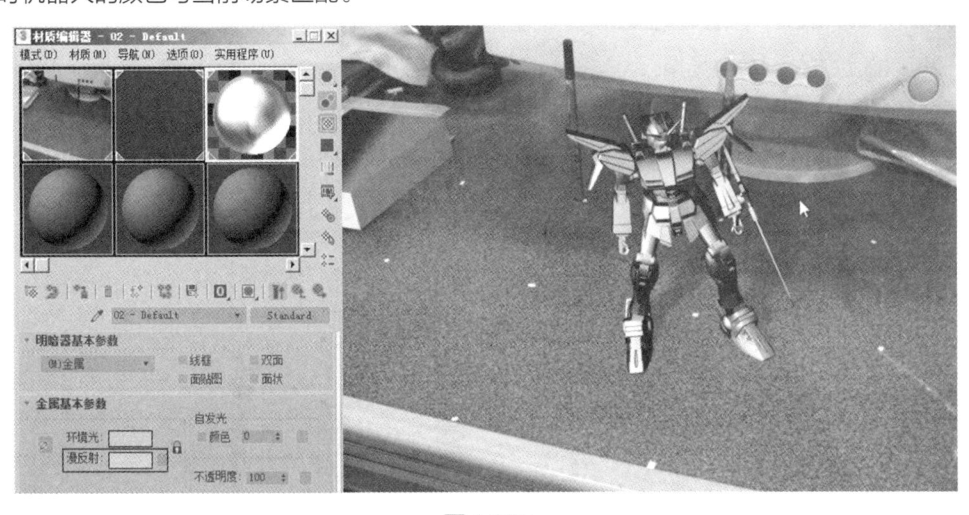

图 1.055

步骤 03：如果需要得到近实远虚的效果，则可设置主光［阴影］参数组中的投影方式为［区域阴影］，并设置［区域阴影］卷展栏下［区域灯光尺寸］参数组中的［长度］和［宽度］均为 10，设置［阴影参数］卷展栏下的［密度］为 0.5，参数设置及渲染效果如图 1.056 所示。

图 1.056

1.4 本章小结

在影视特效或者游戏动画的创作中，经常需要将真实场景与三维软件的虚拟场景合成，这样可以做出许多令人惊叹的效果。本章就使用一个实例详细讲解了如何利用 3ds Max 中的［摄影机匹配］工具来实现真实图像与三维模型完美结合的效果。熟练掌握其中的技巧可以制作出极具真实感的画面。

1.5 参考习题

1. 关于［资源追踪］可以跟踪的文件内容，下列说法中错误的是 ________。
   A. 可以跟踪材质的贴图信息
   B. 可以跟踪光度学灯光的光域网文件（*.ies）
   C. 可以跟踪［合并］的文件信息
   D. 可以跟踪［外部参照场景］
2. 以下选项可以在［灯光列表］中进行调整的是 ________。
   A. 阴影类型
   B. 灯光类型
   C. 灯光衰减区
   D. 添加投影贴图
3. 容器的保存格式为 ________。
   A. CONMAX
   B. CON
   C. CMAX
   D. MAXC

参考答案

1. C　2. A　3. D

第 2 章 高级材质贴图与渲染

2.1 知识重点

本章将详细讲解 3ds Max 中高级材质的使用方法，以及一些高级渲染设置。其中包括［无光 / 投影］材质、［建筑］材质、［Ink'n Paint］（卡通）材质，对模型进行 UVW 展开，从而正确赋予贴图、烘焙贴图、法线贴图，使用［Render Elements］（渲染元素）进行分层渲染，以及使用多台计算机进行网络渲染的技巧。

- 熟练掌握［无光 / 投影］材质、［建筑］材质及［Ink'n Paint］材质的使用方法。
- 熟练掌握对模型进行［UVW 展开］并赋予贴图的技巧。
- 熟练掌握［烘焙］贴图、［法线凹凸］贴图的使用方法。
- 掌握［全景导出器］、［打印大小向导］、［Render Elements］和［批处理渲染］的使用方法，并且了解 Quicksilver 硬件渲染器和 Arnold 渲染器。
- 熟练掌握使用多台计算机进行网络渲染的技巧。

2.2 要点详解

2.2.1 ［无光 / 投影］材质

［无光 / 投影］材质通常有两种用途：遮挡其他对象或作为其他对象的影子。一般使用［无光 / 投影］材质配合摄影机来实现三维对象与照片的合成。需要注意的是，［无光 / 投影］材质可以产生反射，而且［无光 / 投影］效果仅在渲染场景之后才可见，在视图中是不可见的，如图 2.001 所示。

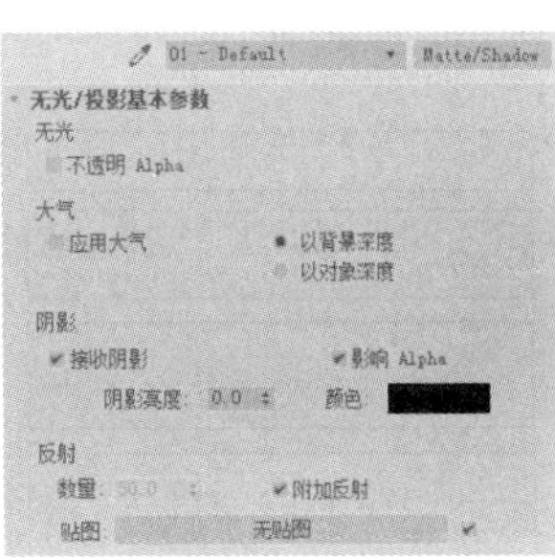

图 2.001

图 2.001 所示就是利用了［无光 / 投影］材质来实现三维实体与背景图的完美结合，注意观察，可以发现模型下方的地面上有淡淡的阴影效果。

2.2.2 ［建筑］材质

［建筑］材质是在 3ds Max 6 版本中加入的新的材质类型，它能够快速模拟真实世界中对象的物理属性，可使用［光能传递］或 Mental Ray 的［全局照明］进行渲染，适合制作建筑效果。

［建筑］材质是基于物理计算的，可设置的控制参数不是很多，其内置了光线追踪的反射、折射和衰减效果。

［建筑］材质支持任何类型的［漫反射颜色］贴图。根据选择的模板，透明度、反射、折射都能够自动设定，还可以完美地模拟菲涅耳反射现象，根据设定的颜色和反射等参数自动调整光能传递的设置，如图 2.002 所示。

Mental Ray 渲染器可以和［建筑］材质很好地配合，但 Mental Ray 渲染器会忽略材质的能量发射和采样设置，它使用的是自身的采样参数设置。

通过［建筑］材质内置的模板可以方便地完成很多常用材质的设定，如木头、石头、玻璃、水、大理石等效果，如图 2.003 所示。

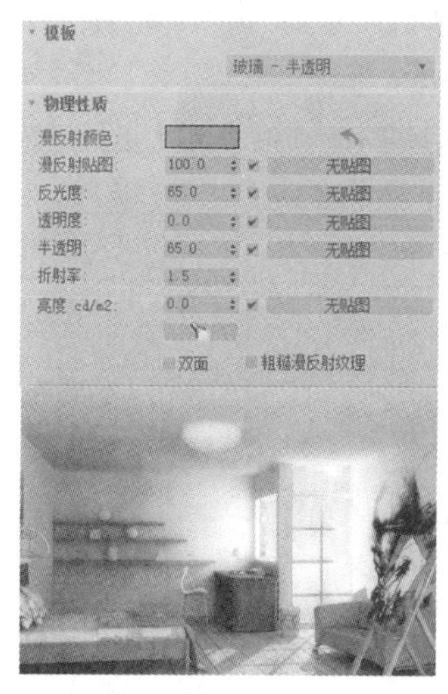

图 2.002

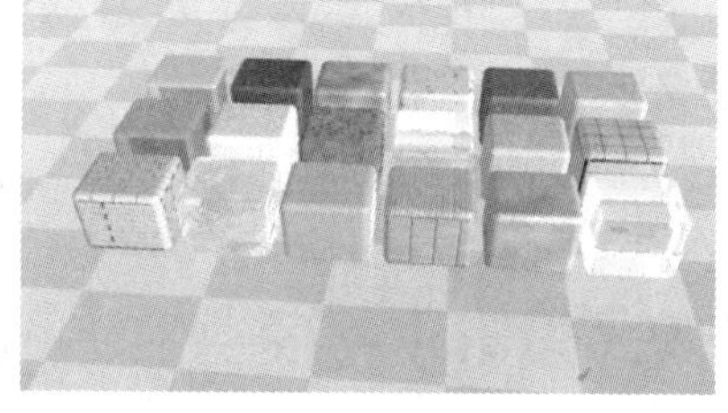

图 2.003

使用［建筑］材质时建议不要在 3ds Max 的［标准］灯光和［光跟踪器］条件下渲染，这种材质需要精确计算，最好使用［光度学］灯光和［光能传递］来计算。

分析：

①如果并不需要［建筑］材质提供的真实模拟，可以使用［标准］材质或其他材质代替。

②每次新建一个材质时，都可以选择一个模板来作为材质的起点，材质模板可以根据需要预先设置好材质的参数值。

③在 3ds Max 9 版本中，加入了 Mental Ray 专用的建筑材质——Arch&Design，尤其是 2018 版本中的 Mental Ray 渲染器已经变成了独立安装的渲染器，功能得到更大的提升，相比［建筑］材质，前者与 Mental Ray 结合得更加完美，如图 2.004 所示。

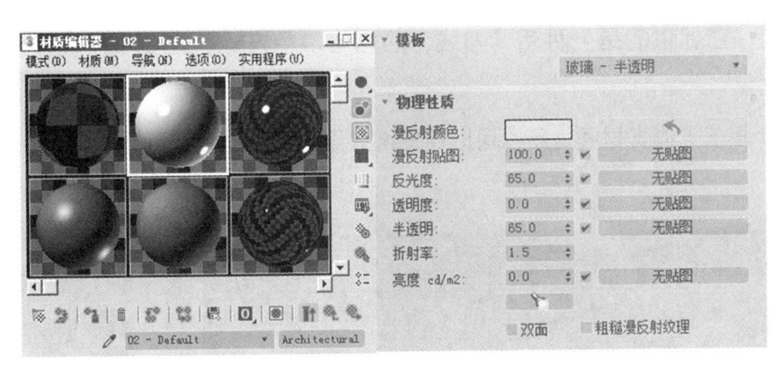

安装完成独立的 Mental Ray 渲染器后，可以看到专用建筑材质

图 2.004

④在 Mental Ray 中还有一类专门用于建筑和工业设计的材质，即 Autodesk 系列材质。它的优势是可以和其他 Autodesk 设计类软件（如 Autodesk Revit、AutoCAD 和 Inventor 等）实现材质共享，并且支持 Mental Ray、Quicksilver 和 iray 等渲染器。以 Autodesk 材质为基础，3ds Max 还内置了上百种材质类型，被称为 [Autodesk Material Library] (Autodesk 材质库)，它涵盖了建筑表现和工业设计中所有常见的物质类别，如地板、塑料、墙漆、墙面装饰面层、屋顶、护墙板、木材、油漆、液体、混凝土、灰泥、现场工作、玻璃、石料、砖石、织物、表面处理、金属、金属漆、镜子、陶瓷等，如图 2.005 所示。

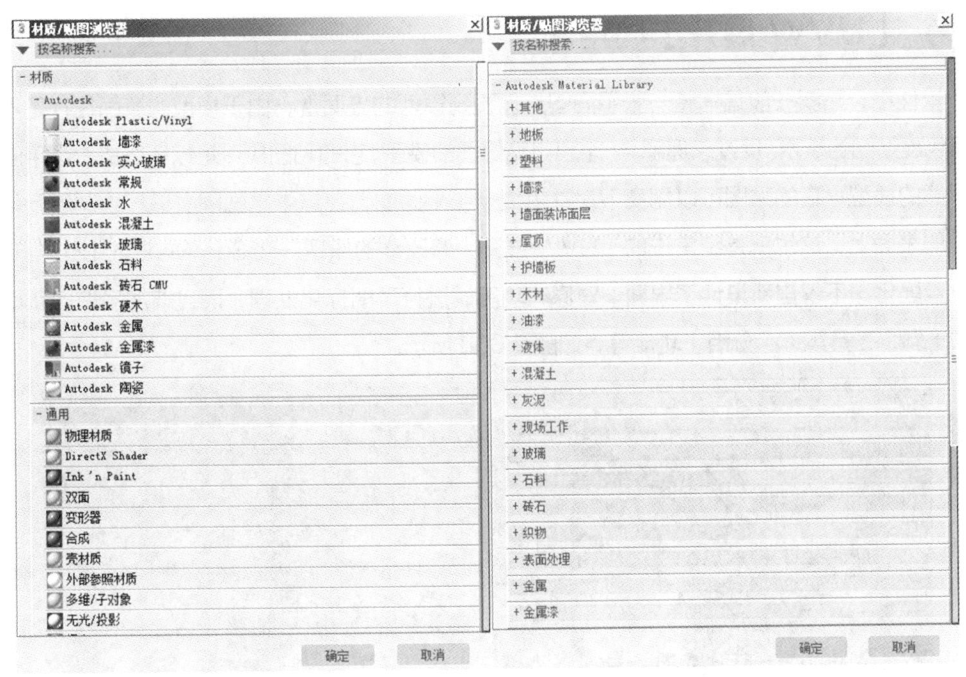

Autodesk 材质　　　　Autodesk 材质库

图 2.005

2.2.3 [Ink'n Paint] 材质

[Ink'n Paint] 材质是在 3ds Max 5 版本之后增加的一种材质类型。[Ink'n Paint] 材质与其他提供

仿真效果的材质不同，它提供的是一种带“勾线”的均匀填色方式，主要用于制作卡通渲染效果，如图 2.006 所示。

由于 Ink'n Paint 属于卡通类材质，所以可以将三维效果对象与二维卡通效果对象在同一个场景内渲染，如图 2.007 所示。

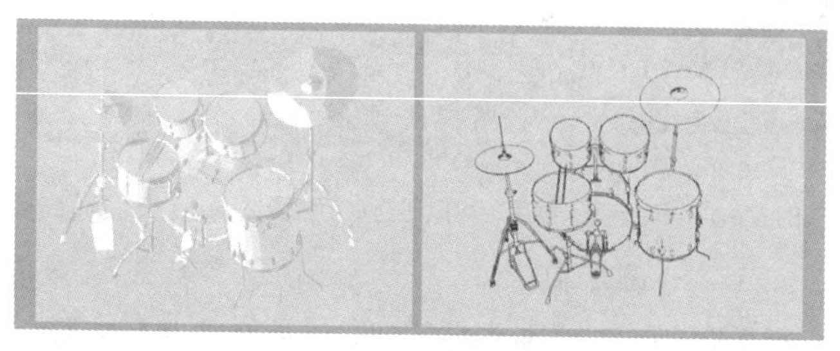

图 2.006

图 2.007

在调整［Ink'n Paint］材质的过程中，关闭［抗锯齿］设置可以有效地提高渲染速度，在渲染最终效果时再将［抗锯齿］设置打开即可。此外，关闭［墨水］设置也可以提高渲染速度。只有摄影机视图和透视图可以正确渲染出勾线的卡通效果。如采用其他视图，渲染时只能得到填充颜色而无勾线效果。

2.2.4 ［UVW 展开］的用法

在三维软件中，贴图一般是指将一张平面图片包裹到模型的表面上，由于模型的表面往往是不规则的，所以就涉及包裹贴图的技术。反过来理解，一个已经贴好图的模型，它的贴图应该可以还原成一张平面图。例如，有一只玩具熊的模型，它的贴图可以剥离下来并拼成一张平面图，在这张平面图上进行绘制后，可以再次包裹到熊模型的表面上，这也就是经常说的［UVW 展开］修改器的原理。在 3ds Max 2012 中，UVW 展开功能被进一步强化，不仅重新设计了界面，对原有功能键进行了图标化处理，而且增加了许多新型的 UV 展平工具，如［剥］工具集、［分组］功能等，如图 2.008 所示。

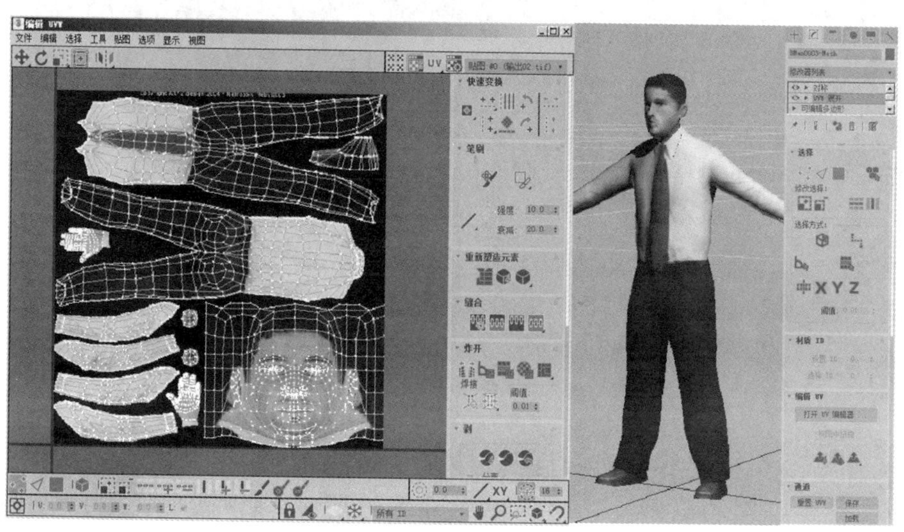

图 2.008

在 3ds Max 8 之前的版本中，展开游戏中的低精度角色模型的贴图会非常烦琐。而在 3ds Max 8 版本中新增的［毛皮］功能可以将模型的贴图一次性完整展开，如图 2.009 所示。在后续的版本中，3ds Max 又对［毛皮］进行了一系列优化，不仅可以一次性展平多个对象的贴图，还简化了工作流程，大大增强了 UVW 展开的控制能力。

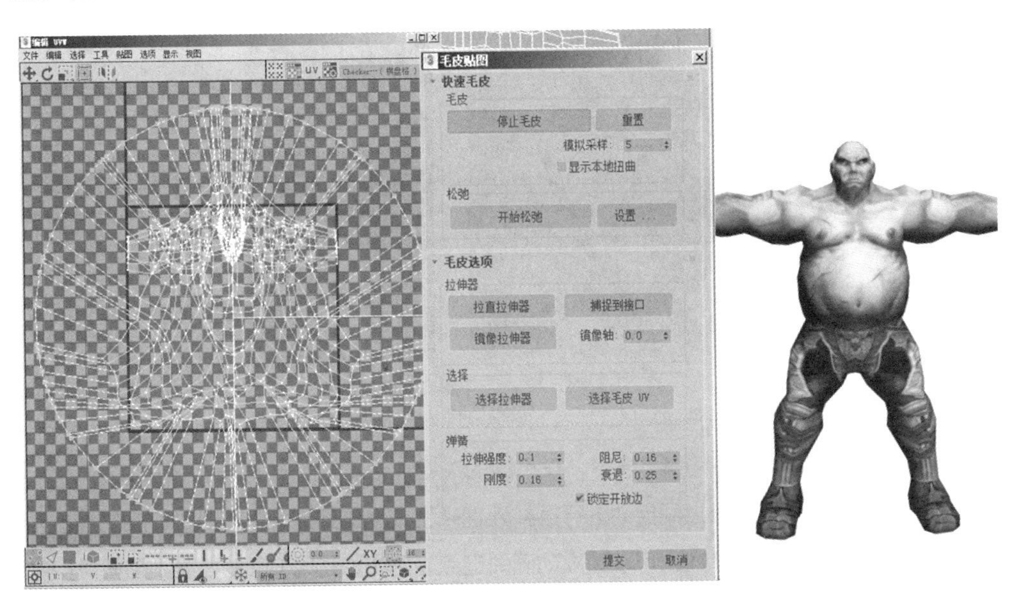

图 2.009

2.2.5 材质动画

材质动画在实际制作中经常会用到。材质动画大体有 3 种类型：UVW 贴图坐标动画、素材动画和材质编辑器参数动画。

UVW 贴图坐标动画：主要通过改变 UVW 贴图修改器的参数及 Gizmo 线框的位置、尺寸等来制作动画，图 2.010 所示就是利用 UVW 贴图修改器配合蒙版实现的材质过渡效果。

图 2.010

素材动画：其原理是利用各种现成的或自己制作的动态素材来制作动画，虽然方法各异，但是效果很好。例如，在一片沙漠中从某个位置向四周蔓延出绿色的效果，类似于电影《彗星撞地球》中地球上的海面在受彗星撞击后，整个地球从撞击点开始慢慢被炽热的火焰所覆盖的效果，还有电影《功夫》中如来神掌将钟的表面打得全是掌印的效果，都可以用素材动画来实现，如图 2.011 所示。

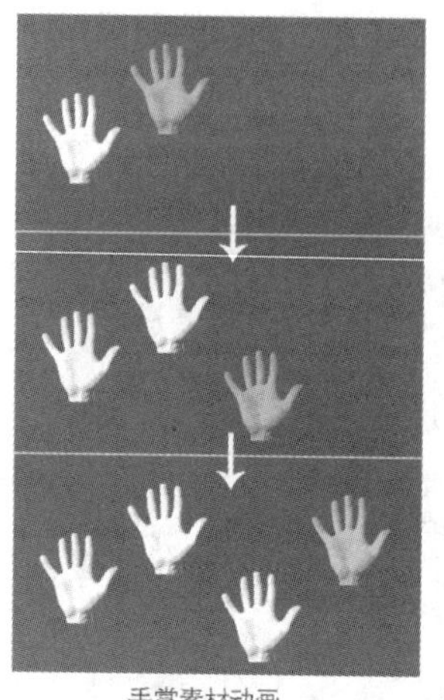
手掌素材动画

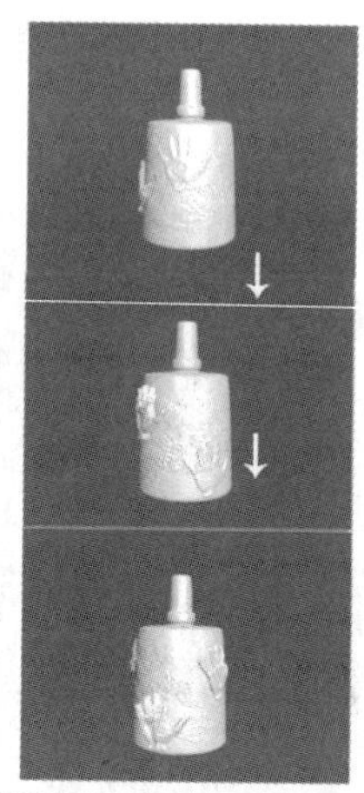
用手掌素材在钟上置换出掌印

图 2.011

材质编辑器参数动画：单击自动关键点按钮，在不同的关键点上更改基础材质参数，3ds Max 会像处理变换动画或修改器动画一样在关键点之间自动进行插补处理来生成动画效果。

和基础材质一样，利用贴图参数也可以建立动画关键点。例如，利用 [渐变坡度] 贴图类型中的 [相位] 参数就可以进行动画设置。图 2.012 所示是利用 [渐变坡度] 贴图类型中的 [相位] 参数来模拟天空中的流云效果。

制作一种材质变换为另一种材质的动画效果，最好的方法是创建一个 [混合] 材质，将需要做变换动画的两种材质作为它的子级材质，然后利用 [混合量] 参数设置动画效果，如图 2.013 所示。

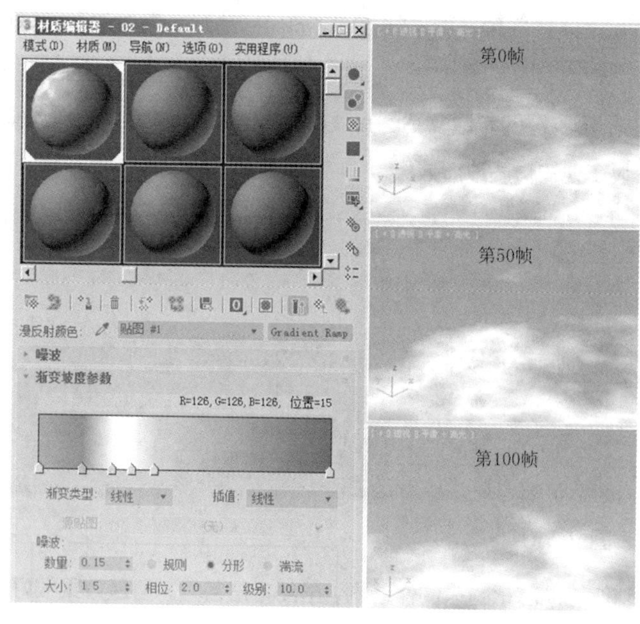

图 2.012

图 2.013

［变形器］材质可以与［变形器］修改器联合使用，以便实现模型变形的同时使它表面的材质也跟着变形。这在做角色表情动画的时候很常用，如一个人的表情由正常突然变为怒发冲冠，他的脸一般也会充血变红，这个效果就可以通过材质动画轻松实现，如图 2.014 所示。

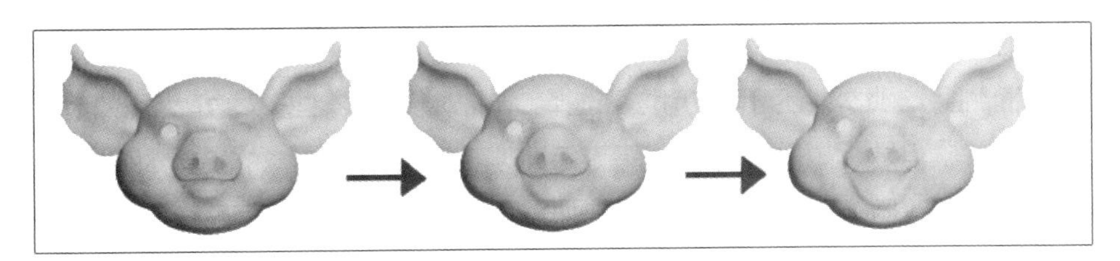

图 2.014

2.2.6 渲染到纹理（烘焙贴图）

［渲染到纹理］功能是 3ds Max 5 版本增加的一项技术，它能够根据对象在渲染场景中的外观创建纹理贴图，然后再将贴图回贴（烘焙）到场景中去，这项技术在游戏制作、动画漫游等领域的应用十分广泛。在渲染建筑漫游动画的时候，如果场景中应用了光能传递，则每一帧都要进行光能传递的求解计算，计算量是非常巨大的。但如果使用［渲染到纹理］的话，就可以将单帧渲染的光能传递结果变成贴图的形式贴到场景中，在整个渲染过程中只要进行一次光能传递的求解计算就可以了，大大节省了时间。但要注意的是，［渲染到纹理］技术一般只适合仅摄影机运动而其他对象静止的场景，而且灯光也不能设置动画。3ds Max 9 版本中的［渲染到纹理］功能被进一步加强，新增了浮动点图像的输出功能。如果使用 Mental Ray 渲染器，可以在保证烘焙图像尺寸不变的情况下提高图像的精细程度，增加更多的细节用于渲染，如图 2.015 所示。

［渲染到纹理］在游戏场景中的应用

［渲染到纹理］在工业设计中的应用

［渲染到纹理］在室内表现中的应用

［渲染到纹理］在室外表现中的应用

图 2.015

2.2.7 渲染曲面贴图

［渲染曲面贴图］工具可以根据模型自身的曲面属性和 UVW 贴图而自动创建位图贴图，生成的位图可以包括曲面的凹凸性质（空腔贴图）、网格密度（密度贴图）、曲面方向（烟尘贴图）、阻挡状况（阻光贴图）和对象厚度（子曲面贴图）。此外，还可以使用位图选择工具将对象中的某些子对象属性（如顶点、多边形等）以贴图的形式渲染出来。但是［渲染曲面贴图］是专门针对可编辑多边形对象的工具，即便在其他类型的对象上添加了编辑多边形修改器，也无法使用该工具。如果要使用该工具渲染曲面贴图，必须将模型转换为可编辑多边形对象，如图 2.016 所示。

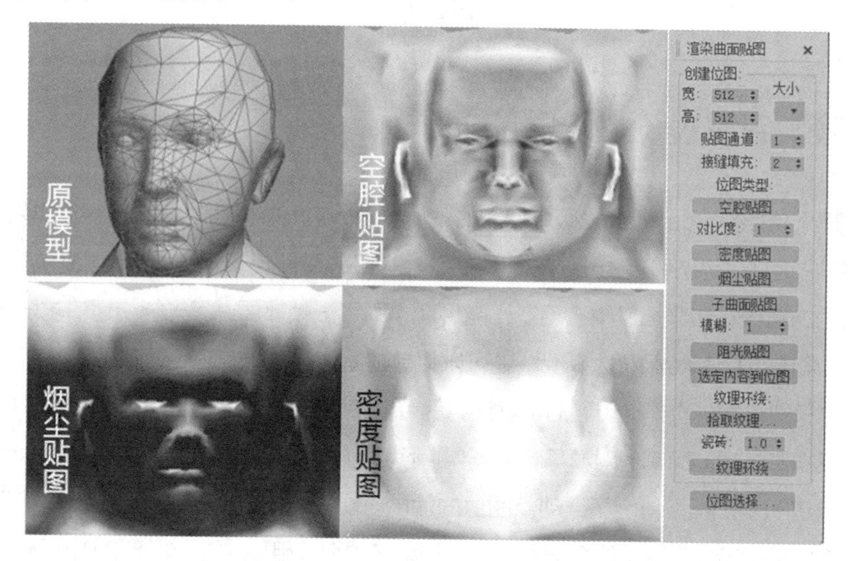

图 2.016

空腔贴图：生成一幅灰度图像，显示可编辑多边形对象表面的凹凸程度。表面越凹的地方，画面越暗；表面越凸的地方，画面越亮。该贴图可作为脏贴图，也可作为绘制纹理的参考图。

密度贴图：该贴图用于显示可编辑多边形模型的顶点密度。白色区域表示顶点间的距离小，黑色区域表示顶点间的距离大。

烟尘贴图：该贴图表示多边形表面中的每个点（法线）朝向世界坐标系 z 轴的方向。白色表示顶点完全指向 z 轴方向，黑色表示顶点（法线）指向偏离 z 轴 90°（与 xy 平面平行）或更大角度的方向。该贴图有如烟熏过一样的效果。

子曲面贴图：生成一幅灰度图像，显示给定点处多边形对象的相对体积估算值。白色表示最薄的部分，黑色表示最厚的部分，不同程度的灰色表示不同的厚度。将该贴图回贴到原来的模型上，可以表现较薄区域的半透明效果。

阻光贴图：生成一张表示自身相互遮挡程度的灰度图像，它与场景的灯光照明无关，主要表现对象不同部分相互阻碍光线传播的程度。

选定内容到位图：根据子对象选择的内容生成一张黑白位图，白色表示选择的子对象。如果在顶点层级，每个选择的顶点是一个小白点；如果在多边形层级，每个选择的多边形是一个白色的填充区域。

纹理环绕：该工具使用一个指定的纹理为模型创建贴图，它从各个方向投影输入纹理并根据曲面法线来混合结果，从而可以达到无缝环绕纹理的效果。该工具一般为模型提供一个基础的纹理（如人物的皮肤），然后在此基础上细致地绘制其他纹理。在使用［纹理环绕］工具时，首先单击［拾取纹理］按钮，为模型指定一个基础纹理，然后选择要环绕的对象模型，再单击［纹理环绕］按钮，此时就能用指定的纹理图案渲染出模型表面的贴图了。

2.2.8 法线贴图

法线贴图是 3ds Max 7 版本新增加的一项重要功能，它的作用简单地说就是将高分辨率模型表面的凹凸细节添加到低分辨率模型的表面上。对于游戏开发人员来说，此方法允许新一代引擎在实时环境中实现更多细节。视觉效果和可视化设计人员也可以使用 Mental Ray 和默认的扫描线渲染器渲染法线凹凸贴图。而在电影特效中，法线贴图应用得更加广泛，如场景中有大规模的群集时，一个模型的表面就够复杂了，如果有成千上万的角色同时存在于一个场景中，此时若不用法线贴图功能，那简直就是不可想象的。

法线贴图保存的是表示对象曲面法线方向的颜色渐变。使用法线贴图，配合 Direct3D 显示加速模式，可以使简单的几何体表面显得更加复杂，如图 2.017 所示。

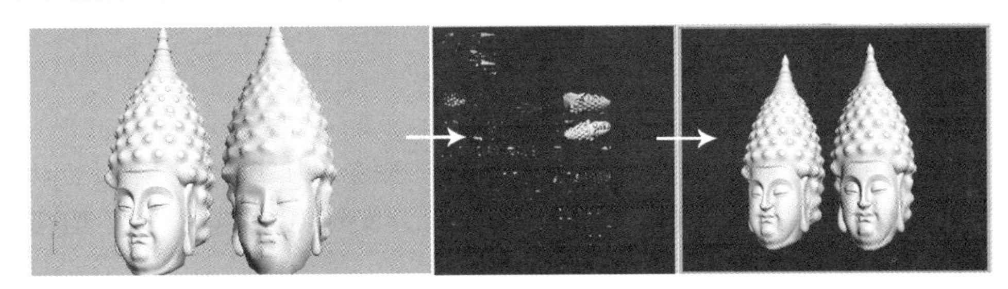

图 2.017

2.2.9 全景导出器

全景导出器可以渲染和查看 360° 球形全景图像。为了使用全景导出器，场景中至少应有一架摄影机。全景导出器界面与原理如图 2.018 所示。

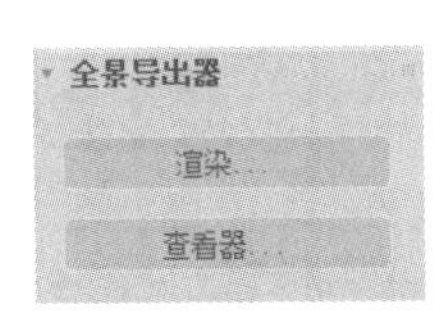

［全景导出器］界面

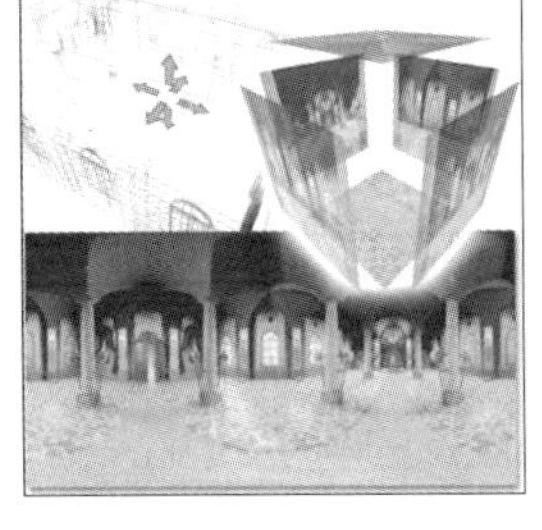

［全景导出器］原理

图 2.018

2.2.10 打印大小向导

当计划打印渲染的图像时，可使用［打印大小向导］功能来完成一些前期指定的工作。该功能可以指定所打印图像的输出大小、输出方向（横向或纵向）及输出分辨率。此外，还可以显示出图像文件未压缩前的近似大小，进行设置后可直接将场景渲染为 TIF 格式的图片，或将各项设置转入［渲染设置］对话框中进一步设置，如图 2.019 所示。

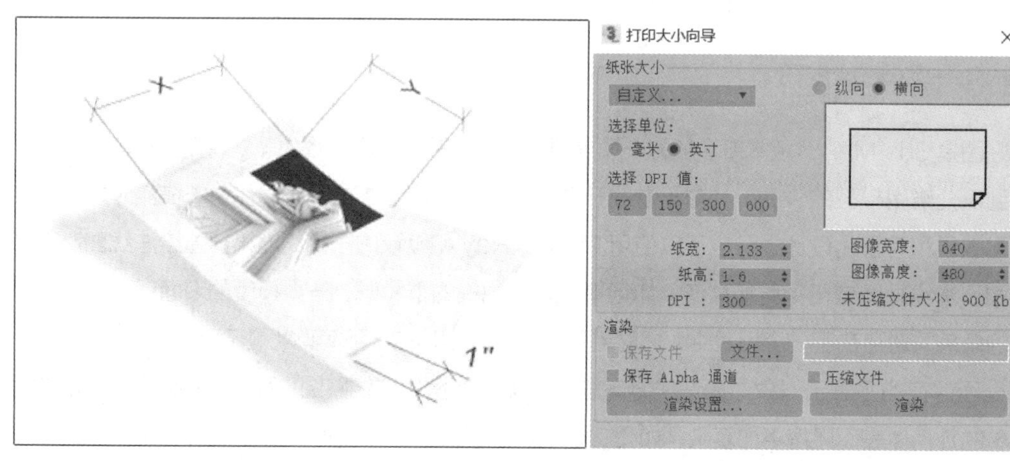

［打印大小向导］原理　　［打印大小向导］对话框

图 2.019

例如，准备渲染一张图片，是用于印刷的 A4 幅面的宣传页，要求图像分辨率为 300 dpi，那么直接在［打印大小向导］对话框中设置［纸张大小］为 A4，系统默认的图像分辨率为 300 dpi，因此［打印大小向导］会自动计算出［图像宽度］值为 3 507 像素，［图像高度］值为 2 480 像素，并可以按照此设置直接进行渲染。

2.2.11 ［Render Elements］

利用［Render Elements］可以将场景中的不同信息（如反射、折射、阴影、高光、Alpha 通道等）分别渲染为一个个单独的图像文件。这项功能的主要目的是方便后期合成，将这些单张的图像导入后期合成软件，用不同的方式叠加在一起。如果觉得阴影过暗，可以单独将它变亮一些；如果觉得反射过强，可以单独将它变弱一些。由于这些工作是在后期合成软件中进行的，所以运算速度极快，并且不会因为细微的修改就要重新渲染整个三维场景模型，如图 2.020 所示。

图 2.020

通常来说，元素在后期合成时没有固定的顺序，但［大气］、［背景］及黑白的［阴影］3 种元素除外。［背景］元素通常放置在合成文件的底层；［大气］元素通常放在合成文件的顶层；黑白的 [阴影] 元素通常放置在除 [大气] 元素之外的最上面一层，用于黯淡阴影区域的颜色，但这种方法并不考虑彩色照明的情况。

最终的元素合成顺序如下。

- 顶部：[大气] 元素。
- 从顶部数第二层：黑白的 [阴影] 元素。
- 中部：[漫反射]、[高光反射] 等元素。
- 底部：[背景] 元素。

2.2.12 批处理渲染

[渲染] 菜单中的 [批处理渲染] 是 3ds Max 8 版本中新增加的功能，针对的是一个场景中有多架摄影机的情况。它可以一次性对多架摄影机进行渲染，而不必像早期版本那样在一架摄影机渲染完成后再手动设置、渲染另一架摄影机，省去了手动切换摄影机的步骤。只要设置好批处理渲染，单击 [渲染] 按钮即可，收图时所有的摄影机动画都渲染完成了，如图 2.021 所示。

图 2.021

其实这也并不是一个纯粹的新功能，因为在早期版本中该功能就存在了，只不过不是在菜单中有这个命令，而是要运行一个脚本文件后才可以使用。而在 3ds Max 8 版本中，它开始作为[渲染]菜单中的一个子选项了。

2.2.13 网络渲染

1. 网络渲染简介

网络渲染是使用多台计算机，通过网络进行连接，共同完成渲染任务，既可以将动画中的成百上千帧图像分配给不同的计算机渲染，也可以将单帧的高精度图像分割成几部分，分别由不同的计算机渲染。即使是由三四台计算机组成的小型网络，也能够有效地节省渲染所花费的时间。在使用同样配置的计算机作为服务器时，通过网络渲染可以获得几乎与服务器数量成正比的渲染性能的提高。无论是视图、部分视图还是摄影机视图中的对象，网络渲染都可以渲染并保存场景文件中的所有内容。

即使在一台单独的计算机上，也可以使用网络渲染方式，将一系列渲染任务发送到本机的网络渲染服务器和管理器，实现类似批处理渲染的功能。

在 3ds Max 中，网络渲染是通过一个名叫 Backburner 的软件包实现的，Backburner 软件包含 3 个主要的程序模块，即 Manager（管理器）、Server（服务器）和 Monitor（监视器）。通常指定一台计算机作为渲染管理器，负责向网络中其他的计算机（渲染服务器）分配渲染任务。作为渲染管理器的计算机也可以同时作为渲染服务器使用，以充分利用资源。渲染任务开始后，用户可以通过 Queue Monitor（队列监视器）直接监视和控制网络渲染工作的进行情况，允许用户激活或禁止渲染任务的执行。

网络渲染的工作流程是：渲染管理器将渲染任务一帧一帧地分割开来，或者将一幅单帧图像分割成几个 Strip（条带），分别分配给各个渲染服务器；每台渲染服务器每次仅对一帧或一个条带进行渲染，渲染完的文件被存放到一个共享的目录中（也可以存储在渲染服务器的本地目录中）；这些帧或条带文件会按顺序进行编号，以便于以后的组合；渲染管理器能够自动侦测完成任务的空闲渲染服务器，并将新帧或条带的渲染任务指派给它；对于意外掉线的渲染服务器，渲染管理器会收回该渲染服务器正在渲染的任务，重新指定给下一个可用的渲染服务器。

使用网络渲染时，最好创建一个单纯用于渲染的局域网，不使用其他与渲染无关的局域网功能，以避免不必要的冲突发生。

2. 网络渲染的要求

（1）硬件配置

通常在一个网络渲染系统中，作为客户端的计算机应当采用较高的配置，而作为渲染节点的服务器只要满足最低标准就可以参与渲染任务，从而获得最高的渲染效率。

作为网络渲染节点（服务器）的计算机一般应满足以下硬件要求。

- 参与渲染的计算机应满足运行 3ds Max 软件的最低配置要求。
- 每台渲染节点计算机的显卡最好都能够保持一致，采用相同显卡的计算机通过网络渲染得到的图像可以确保与客户端计算机完全一致。仅作为服务器参加网络渲染的计算机可以不用单独配备鼠标、键盘、显示器。因此采用一台 KVM Switch（KVM 切换器）就可以控制很多台服务器了，从而节省了硬件投资。

对于运行 Manager 程序的计算机，在配置上有如下建议。

- 运行 Manager 的计算机用来控制整个渲染网络，为了提高渲染效率，尽量不要将此计算机作为渲染节点同时运行 Server。
- 当管理一个大型的渲染网络时，运行 Manager 的计算机应当使用较高的配置，以提高设备之间传输数据和分配任务的效率。要避免使用网络中配置较差的计算机作为管理器。

（2）网络要求

所有计算机都必须符合如下要求。

● 在 Windows XP Pro SP2/Vista（32 或 64 位）环境下运行，不支持 Windows 95、Windows 98 和 Windows 2000 操作系统。

● 安装正确的 TCP/IP。

（3）软件要求

至少应有一台计算机正确安装了经过授权认证的 3ds Max 软件，通过它提交、发放网络渲染任务，如图 2.022 所示。

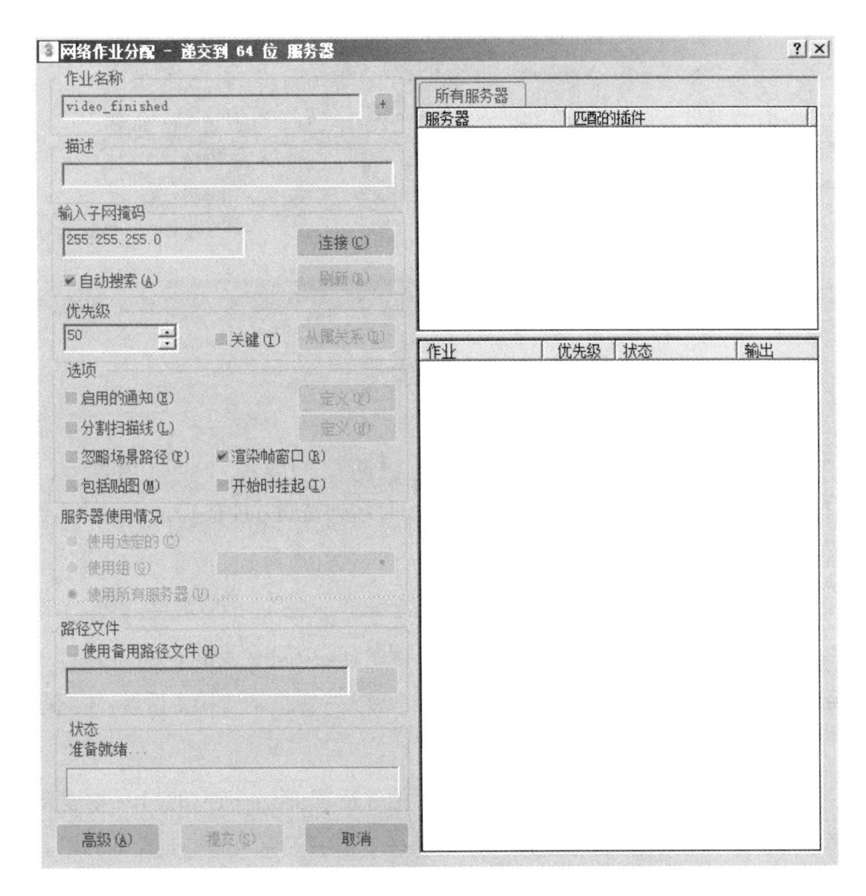

图 2.022

2.2.14 Quicksilver 硬件渲染器

Quicksilver 硬件渲染器是 3ds Max 2011 新增的渲染工具。它可以充分利用 GPU（图形处理器）的 3D 处理能力，将渲染的工作效率再提高一个层次。它的优点是渲染速度快，并且可以进行照明处理、反射透明控制，以及调整简单的景深效果。在 3ds Max 2012 中，该渲染器又加入了时间控制和样式化渲染功能，能够渲染出 Nitrous 驱动下的各种艺术化效果，即使当前显示驱动为 Direct3D 模式，只要计算机的显卡支持 Shader Model 2.0（SM 2.0）或更高版本，就能够渲染出各种视觉样式化效果，如图 2.023 所示。

图 2.023

Quicksilver 硬件渲染器并不支持所有的材质，只有［标准］材质、［双面］材质、［多维 / 子对象］材质，以及 Mental Ray 的 Arch & Design 材质、Autodesk 系列材质才能在 Quicksilver 硬件渲染器中使用，而且它不支持 Mental Ray 材质中的圆角和自发光设置。

Quicksilver 硬件渲染器支持大多数的标准贴图，除了［细胞］贴图、［渐变坡度］贴图、［输出］贴图、［合成］贴图和［顶点颜色］贴图外的所有标准贴图都可以使用，但是有些功能会受到一定的限制，例如，在使用［位图］贴图时必须保证［瓷砖］参数处于启用状态，在使用［衰减］贴图时支持主设置，但不支持［混合曲线］和［输出］设置。

Quicksilver 硬件渲染器同时还支持 MetaSL 明暗器组件及 Mental Ray 的［mr 物理天空］和［Gamma 和增益］等明暗器。除此以外，Quicksilver 硬件渲染器还支持一部分［渲染元素］，如 Alpha 通道、材质 ID、对象 ID 和 Z 深度等，但是不支持［渲染到纹理］功能。

提示

关于 Quicksilver 渲染器在材质、贴图和渲染功能方面的具体限制，请参见软件中的帮助文件。

［Quicksilver 硬件渲染器参数］卷展栏：自 3ds Max 2012 开始，Quicksilver 硬件渲染器可以像 iray 渲染器那样通过渲染时间或迭代次数设置来控制渲染质量。该卷展栏中提供了渲染时间长度和迭代次数的设置参数，这样可以提高测试渲染的工作效率。

［视觉样式和外观］卷展栏：在该卷展栏中可以设置渲染图像的风格样式，凡是在 Nitrous 驱动模式下

提供的视口显示样式，在这里都可以渲染出来，如图 2.024 所示。此外该卷展栏中还提供了灯光、阴影、间接照明及环境光阻挡（AO）等项目的参数。

图 2.024

[反射] 卷展栏：该卷展栏中提供了渲染反射效果的参数。

[景深] 卷展栏：该卷展栏中提供了渲染景深效果的参数。

[硬件缓存] 卷展栏：在该卷展栏中可以设置硬件缓存路径和文件夹。

2.2.15 Arnold 渲染器

Arnold 渲染器是基于物理算法的电影级别的渲染引擎，由 Solid Angle SL 开发，正在被越来越多的好莱坞电影公司以及工作室用作首选渲染器。与传统的用于 CG 动画的扫描线渲染器（Scanline Renderer）不同，Arnold 是效果真实、基于物理的光线追踪渲染器。Arnold 的设计构架能很容易地融入现有的制作流程。它建立在可插接的节点系统之上，用户可以通过编写新的 shader、摄影机、滤镜、输出节点、程序化模型、光线类型以及用户定义的几何数据来扩展和定制系统。Arnold 构架的目标是为动画及 VFX 渲染提供完整的解决方案。Arnold 与 Mental Ray 的渲染效果如图 2.025 所示。

图 2.025

2.3 应用案例

2.3.1 UVW 展开——卡通小人头

范例分析

本案例将演示［UVW 展开］的操作，最终效果中的小人头就是使用［UVW 展开］制作的。制作思路为先用一个［UVW 展开］指定贴图效果，然后使用对称修改器将模型与贴图一起镜像。

场景分析

打开随书配套学习资源中的“场景文件\第 2 章\2.3.1\video_start.max”文件，观察场景，此时场景中有一个使用［UVW 贴图］制作的卡通小人头，以及一个只有半边脸的小人头模型，如图 2.026 所示。因为在现在的版本中［UVW 展开］中已经存在相应功能，所以不需要先加［UVW 贴图］再加［UVW 展开］。

制作步骤

步骤 01： 选择右侧的卡通小人头，单击鼠标右键，在弹出的菜单中选择［隐藏选定对象］，现在场景中只剩下只有半边脸的小人头模型，进入［修改］面板，在［修改器列表］中添加一个［UVW 展开］修改器，如图 2.027 所示。

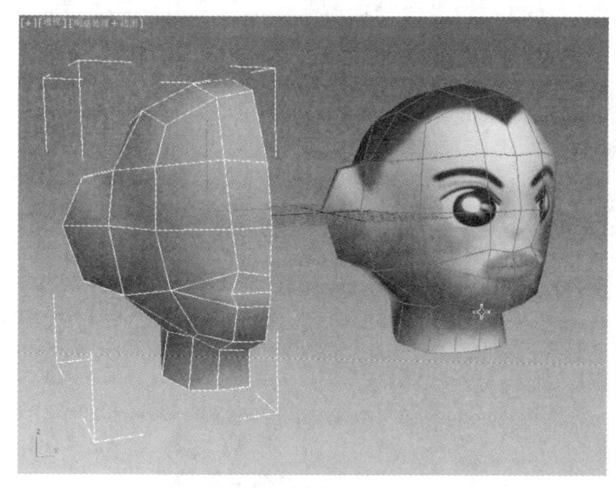

图 2.026

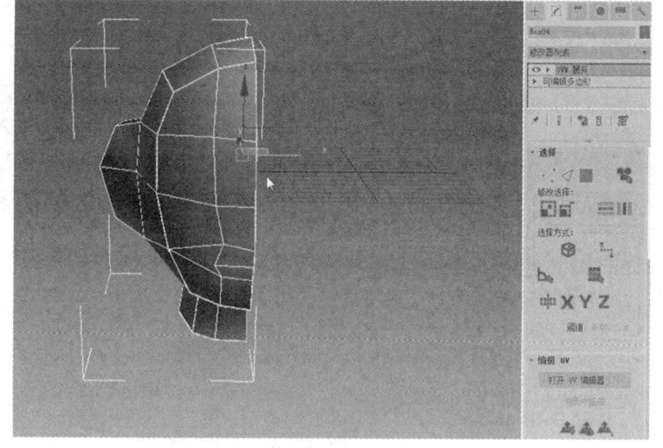

图 2.027

步骤 02： 单击［多边形］按钮进入多边形级别，框选场景中所有的多边形，单击［投影］卷展栏下的［柱形贴图］按钮，选择［对齐选项］参数组中的［对齐到 Z］，如图 2.028 所示。

步骤 03： 分别单击［居中］和［适配］按钮，此时需要将模型接缝线放在后面，单击［选择并旋转］按钮，将接缝线旋转至如图 2.029 所示的位置。

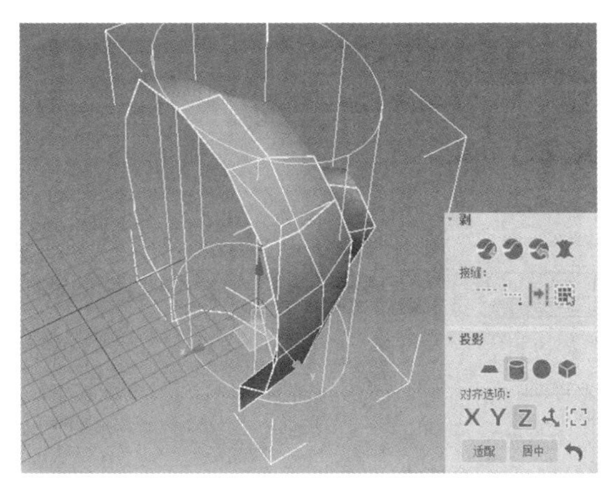

图 2.028

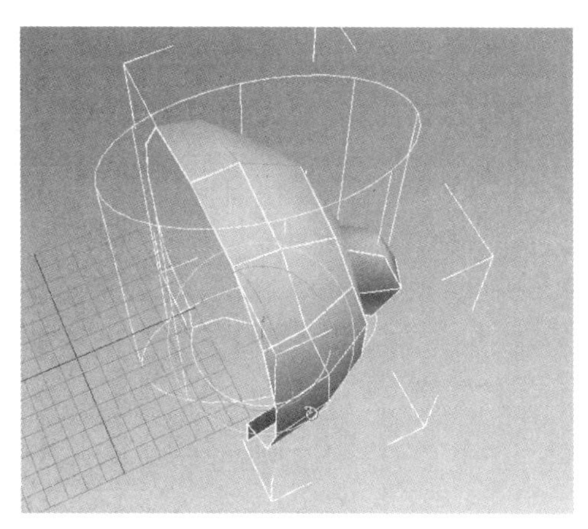

图 2.029

步骤 04：单击鼠标右键，选择［移动］工具，将接缝线移动至如图 2.030 所示的位置，使用［缩放］工具将其沿 x 轴缩放，包住当前模型，如图 2.030 所示。

步骤 05：打开［材质编辑器］窗口，选择一个空材质球，将其指定给当前模型，单击［漫反射］右侧的方块按钮，在弹出的［材质 / 贴图浏览器］中选择［位图］，单击［确定］按钮，在随书配套学习资源中选择“场景文件 \ 第 2 章 \2.3.1\ 输出 02.tif”文件，单击［打开］按钮，此时显示出现错误，效果如图 2.031 所示。

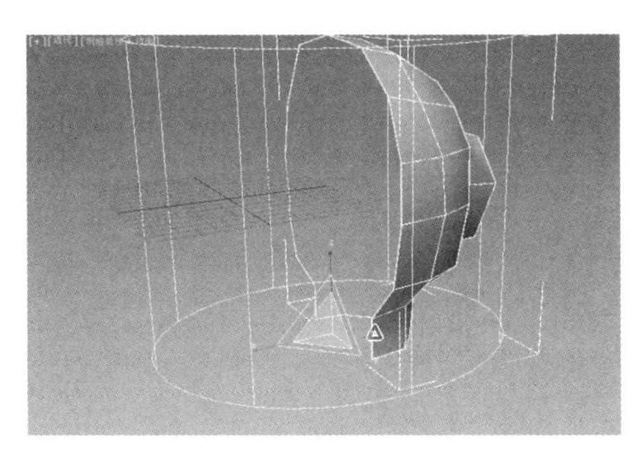

图 2.030

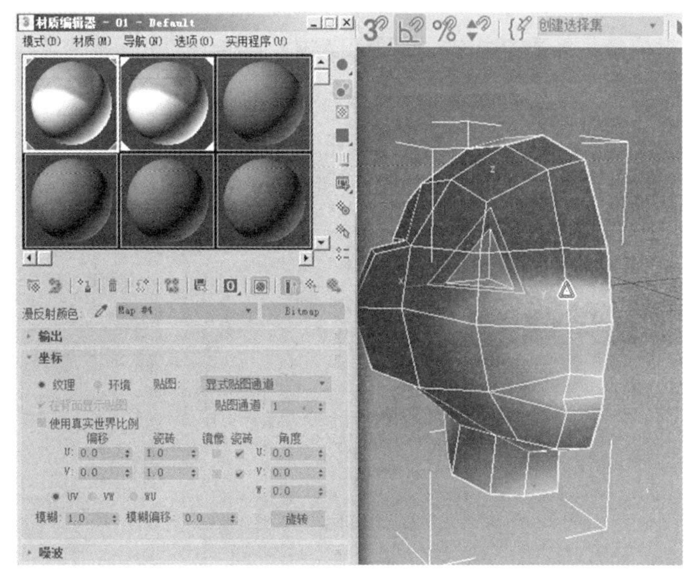

图 2.031

分析：本案例先进行贴图，根据贴图效果进行对位。

步骤 06：单击右侧［编辑 UV］卷展栏下的［打开 UV 编辑器］按钮，在［编辑 UVW］窗口右上角的下拉列表中选择［输出 02.tif］贴图，但是场景中的模型出现了问题，需要重新进行调整，单击［按元素 XY 切换选择］按钮 ，取消选择［忽略背面］选项 ，按 Ctrl+A 组合键，选择［对齐选项］中的［对齐到 Z］

并单击［居中］按钮，单击鼠标右键，选择［旋转］工具，对模型进行旋转，配合［移动］工具调整，如图 2.032 所示。

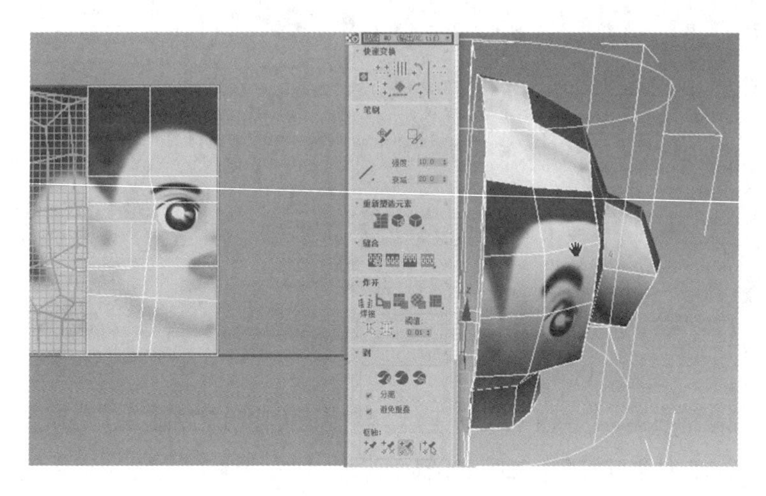

图 2.032

步骤 07： 确定［编辑 UVW］窗口的工具栏中的［自由形式模式］按钮处于被按下状态，单击［投影］卷展栏下的［平面贴图］按钮使其弹起，再回到［编辑 UVW］窗口中，将光标放在被选择的面的任意一个边角顶点上，此时切换成［缩放］工具。按住鼠标左键拖动，使所选区域变小，然后将光标放在线框内部，此时切换成［移动］工具，按住鼠标左键拖动，将其放置在棋盘格贴图外侧。将光标放在线框任意一条边的中部，此时切换成［旋转］工具，按住鼠标左键拖动，将其沿逆时针旋转 90°，最终效果如图 2.033 所示。

步骤 08： 单击［顶点］按钮进入顶点级别，在［编辑 UVW］窗口中框选 4 个边界的顶点，分别进行调整，使顶点在同一个平面上，接下来依次调整小人头脸部其他顶点至如图 2.034 所示的位置。

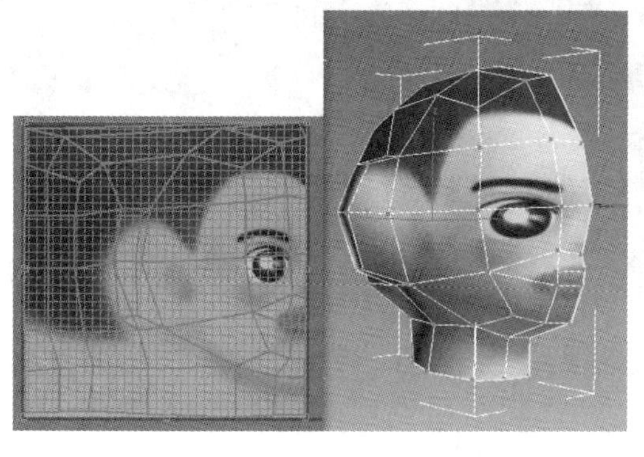

图 2.033

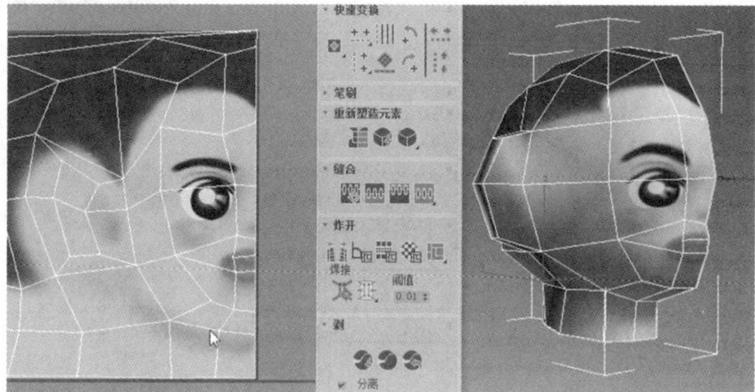

图 2.034

步骤 09： 退出顶点模式，选择只有半边脸的小人头模型，在［修改器列表］中添加一个［对称］修改器，并勾选右侧［镜像轴］参数组中的［翻转］复选框，此时小人头制作完成，效果如图 2.035 所示。

分析：［对称］修改器不仅能将模型镜像，同时还能对 UVW 展开进行镜像。

步骤 10： 此时小人头的嘴看起来较宽，单击［显示最终结果开 / 关切换］按钮，再单击［打开 UV

编辑器] 按钮，调整小人头嘴部的顶点，同时也可对小人头其他面部器官的顶点进行调整，最终效果如图 2.036 所示。

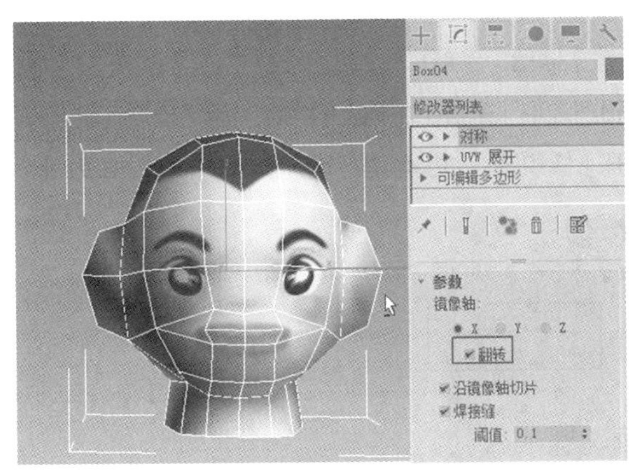

图 2.035

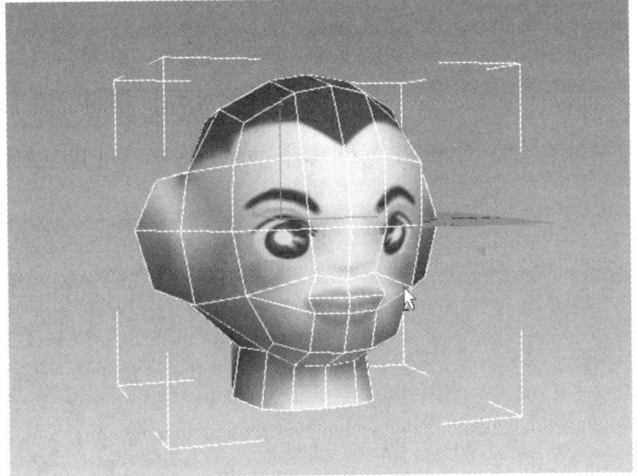

图 2.036

2.3.2 UVW 展开——木桶

范例分析

本案例将演示 3ds Max 中 [UVW 展开] 修改器的使用方法。[UVW 展开] 修改器主要针对非常复杂的多边形贴图工作，包括游戏角色模型贴图、游戏武器贴图及游戏中的场景和道具贴图等。本案例将制作如图 2.037 所示的木桶效果。该木桶由 [线] 、一个 [车削] 修改器、一个 [编辑多边形] 修改器制作而成，现在添加一个 [UVW 展开] 修改器进行制作。

在 [UVW 展开] 面板中观察当前效果，用不同的多边形面对应不同的位置，如图 2.037 所示。

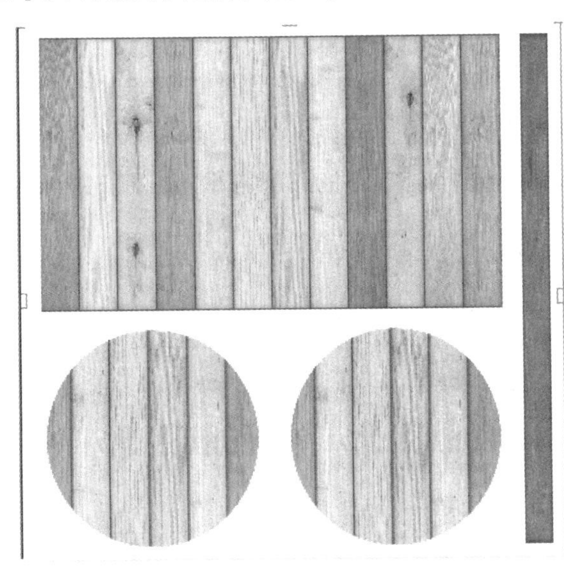

图 2.037

场景分析

打开配套学习资源中的“场景文件 \ 第 2 章 \2.3.2\unwrap_uvw_2012_start.max”文件，场景中有一个木桶，木桶的样条线绘制完成后加入了［车削］，设置［插值］卷展栏中的［步数］为 6，设置［车削］中的［分段］为 12，使木桶产生了一些棱角，并使用［编辑多边形］来挤出木桶上的木条，因为模型不便于贴图，所以最终需要在［修改器列表］中添加一个［UVW 展开］修改器，对模型进行展开操作，如图 2.038 所示。

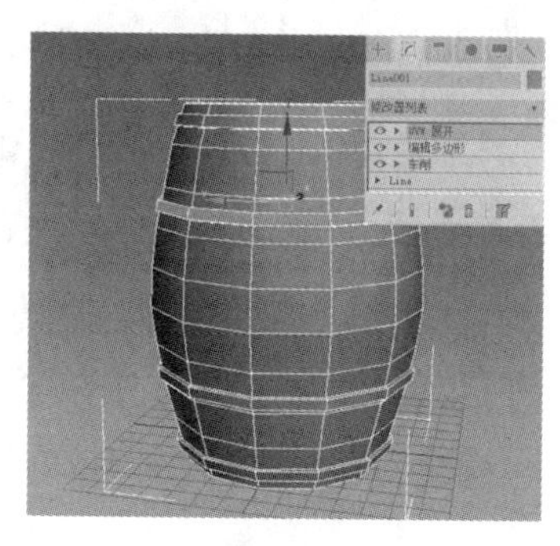

图 2.038

制作步骤

（1）将模型展开

步骤 01：选择木桶模型，为其添加一个［UVW 展开］修改器。

步骤 02：在修改面板下单击［选择］卷展栏下的［多边形］按钮，在木桶上选择一个多边形，并单击［按元素 XY 切换选择］按钮选择整个元素；再次单击［按元素 XY 切换选择］按钮使其弹起，在主工具栏中的［矩形选择区域］按钮上按住鼠标左键不放，在弹出的下拉列表中选择［圆形选择区域］，单击［忽略背面］按钮使其弹起，按住 Alt 键选择木桶中间的部分取消其被选择的状态，此时只剩下桶身部位被选择，如图 2.039 所示。

步骤 03：在［编辑 UV］卷展栏中单击［打开 UV 编辑器］按钮，在［编辑 UVW］窗口中执行［选项 > 首选项］命令，取消勾选［展开选项］面板中的［平铺位图］和［显示栅格］；在［编辑 UVW］窗口右上角的下拉列表中选择［移除纹理］，选择如图 2.040 所示的部分，将其向下拖曳，该部分对应场景中木桶的表面。

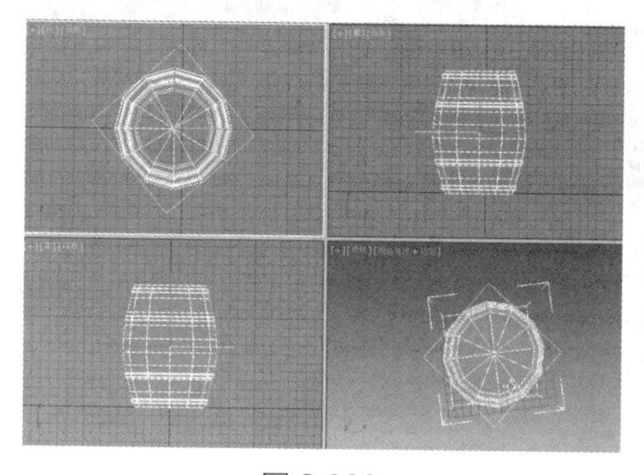

图 2.039

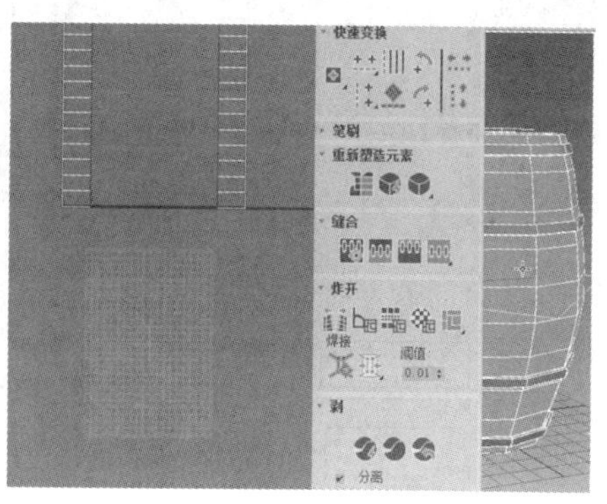

图 2.040

提示

在移动木桶表面部分的 UV 时，如果该 UV 其他部分的 UV 还连在一起，可以单击［编辑 UVW］窗口右侧的［炸开］卷展栏中的［断开］按钮将其断开，然后再进行移动。

步骤 04：保持拖曳出来的 UV 部分为被选中状态，单击［自由形式模式］按钮，并打开菜单栏中的［角度捕捉切换］工具，将光标放置在 UV 边界的中间处，切换为旋转工具时，将其旋转 90°。

步骤 05：框选其他 UV 部分，并将其拖曳到一侧，框选木桶表面 UV，调整其大小，并将其放进黑色框区域中，如图 2.041 所示。此时模型不要与黑线相交叉。

步骤 06：切换到顶视图，单击［忽略背面］按钮，使用［圆形选择区域］工具选择木桶的顶面，此时在［编辑 UVW］窗口中顶面部分的 UV 就被选择出来。

步骤 07：在［修改］面板中的［投影］卷展栏下单击［平面贴图］按钮，此时顶面 UV 被展开，再次单击［平面贴图］按钮使其弹起，使用［缩放］工具将其缩放至合适的大小，并将其移动至黑色框中，如图 2.042 所示。

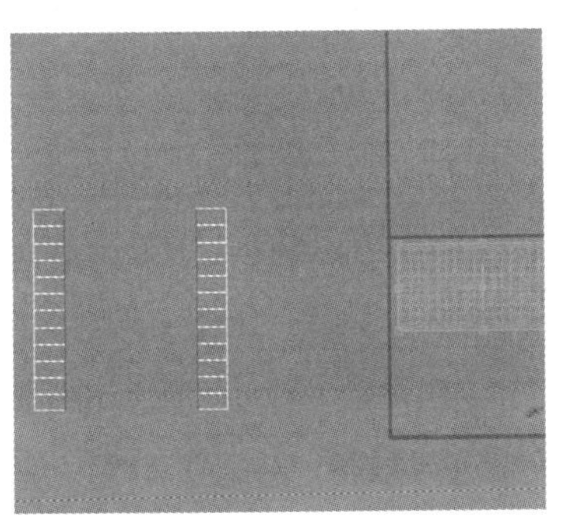

图 2.041

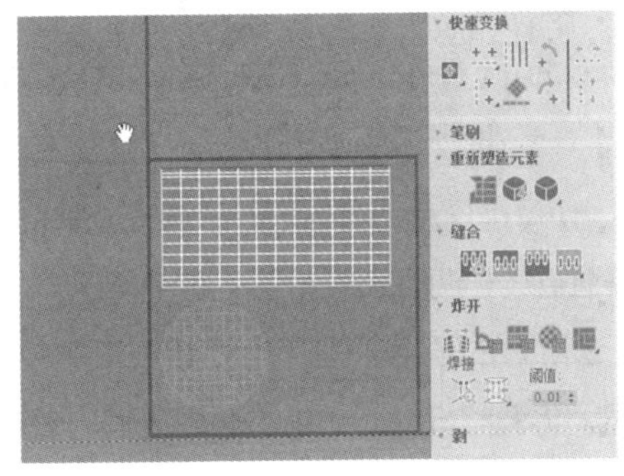

图 2.042

步骤 08：在［编辑 UVW］窗口中框选木桶底面部分的 UV，重复上述步骤对底面进行调整，使其与顶面大小一致，并将其移动至如图 2.043 所示的位置。

步骤 09：单击修改面板中的［按元素 XY 切换选择］按钮，选择木桶最上面的条带部分，单击［投影］卷展栏中的［平面贴图］按钮，根据场景调整［对齐选项］，这里单击［对齐到 X］，此时条带部分出现在［编辑 UVW］窗口中，再次单击［平面贴图］按钮使其弹起，将条带部分拖曳至图中空白处，如图 2.044 所示。

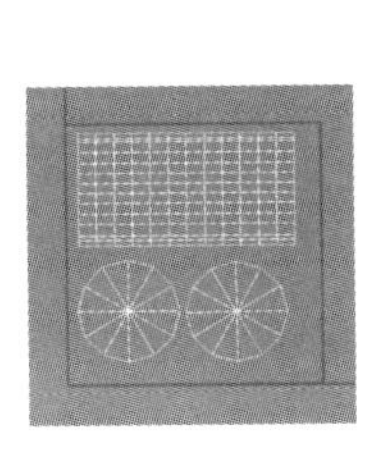

图 2.043

图 2.044

步骤 10： 单击［按元素 XY 切换选择］按钮使其弹起，选择木桶的一个条带，观察［编辑 UVW］中对应的位置，可以发现此时的条带 UV 有重叠，首先选择上面的一条绿色重叠边，将其向上移动展开，为了分辨重合的面，单击［多边形］按钮进入多边形级别，配合 Ctrl 键选择条带一半的面，单击鼠标右键，选择［断开］，并将其拖曳至旁边，单击［顶点］按钮进入顶点级别，选择如图 2.045 所示的顶点并观察，此时顶点紧密结合。

步骤 11： 框选右侧部分，单击［垂直镜像选定的子对象］按钮进行镜像，使用［移动］工具将其向左拖曳，选择一个顶点，单击鼠标右键，选择［目标焊接］工具，对图中几处顶点进行焊接，出现整个模型效果，此时顶点完全对应，如图 2.046 所示。

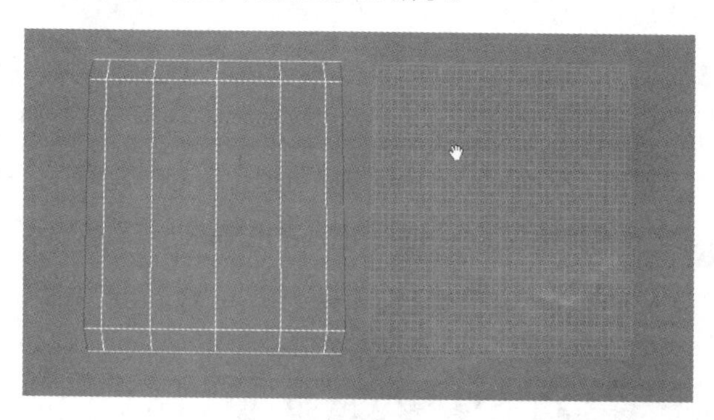

图 2.045

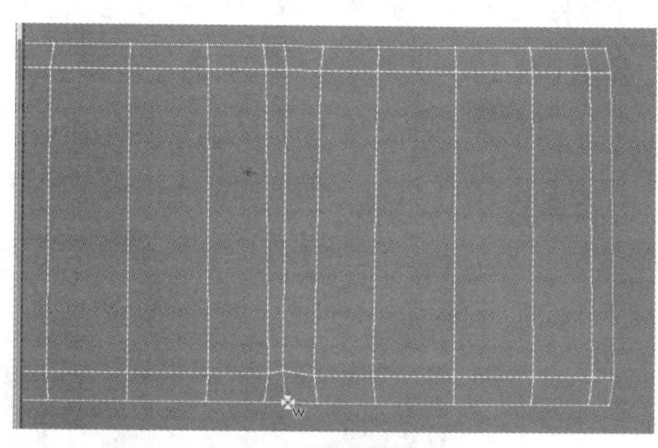

图 2.046

步骤 12： 为了使每排顶点距离均匀，分别框选顶点，单击［自由形式模式］按钮，将模型顶点所连成的线缩放成一条垂直直线，调整效果如图 2.047 所示。

步骤 13： 框选所有的顶点，使用［旋转］工具将其旋转 90°，再次对顶点进行调整，调整至如图 2.048 所示的效果，将调整好的 UV 拖曳到黑色框内，对大小进行微调，并调整其他顶点的位置及大小，如图 2.049 所示。

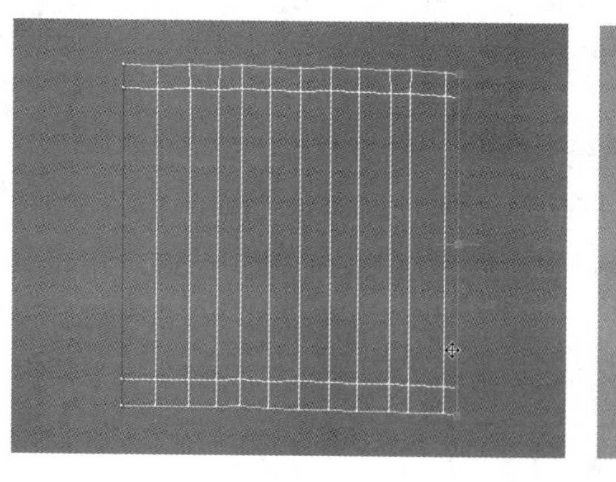

图 2.047

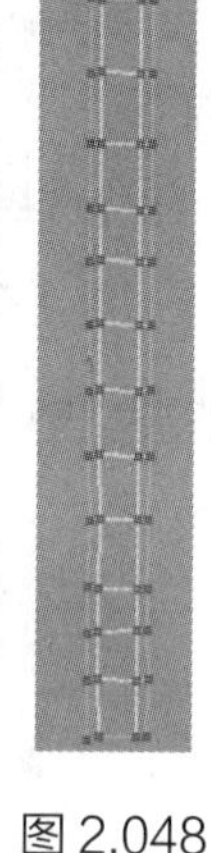

图 2.048

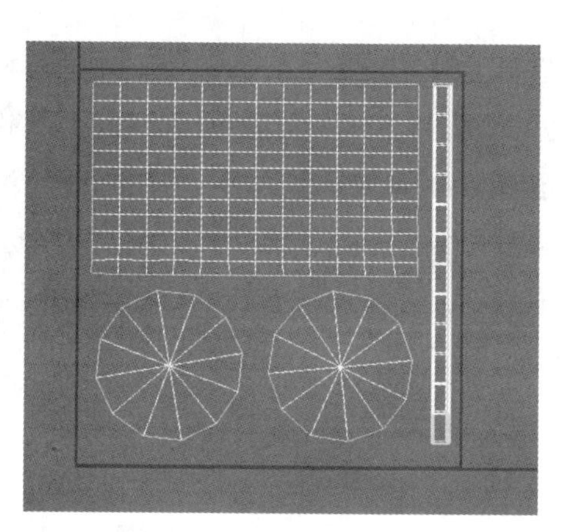

图 2.049

（2）模板的输出

步骤 01： 在［编辑 UVW］窗口中执行［工具 > 渲染 UVW 模板］命令，设置［渲染 UVs］窗口中［宽度］和［高度］均为 1024，［填充颜色］为黑色或灰色均可，单击底部的［渲染 UV 模板］按钮，一定要保证当前模板没有与黑色线框交叉，如图 2.050 所示。

步骤 02： 此时 UV 模板渲染完成，单击 UV 模板左上角的 [保存图像] 按钮进行保存，并更名为 [uvwmoban]，选择 [BMP] 格式，单击 [保存] 按钮。

步骤 03： 打开 Photoshop，将模板调入 Photoshop，同时添加一张木纹贴图，通过木纹贴图对当前效果进行绘制，将木纹贴图拖曳进 [uvwmoban] 图层，并设置其 [不透明度] 为 46%，以便于观察，按 Ctrl+T 组合键并配合 Shift 键对贴图进行等比缩放，使其与 [uvwmoban] 中木桶表面 UV 部分的位置重合，如图 2.051 所示。

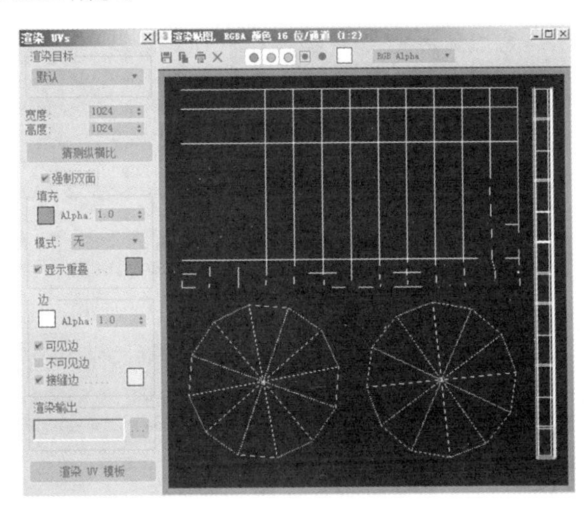

图 2.050

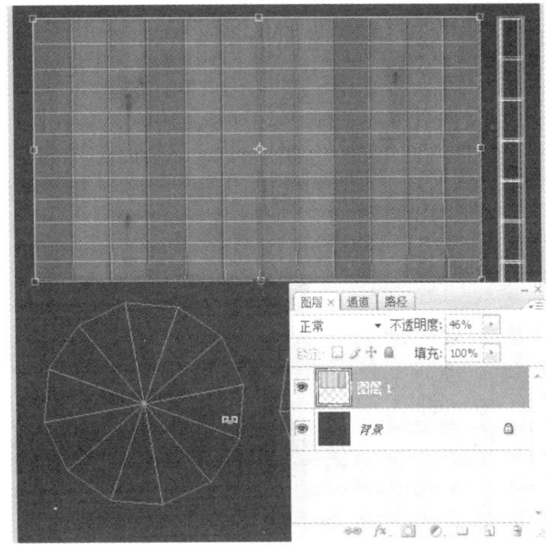

图 2.051

步骤 04： 复制 [图层 1] 得到一个新图层，将新图层中的图形向下拖曳至木桶顶部和底部的 UV 位置，选择 [椭圆选框工具]，设置 [羽化] 值为 0，配合 Alt+Shift 组合键，框选如图 2.052 所示的区域，使其包括当前选区，按 Ctrl+Shift+I 组合键反选，并按 Delete 键将其他区域删除，如图 2.052 所示。

步骤 05： 对 [图层 1 副本] 进行复制，按住 Shift 键将得到的新图层中的图形拖曳到如图 2.053 所示的位置，并再次对 [图层 1] 进行复制。

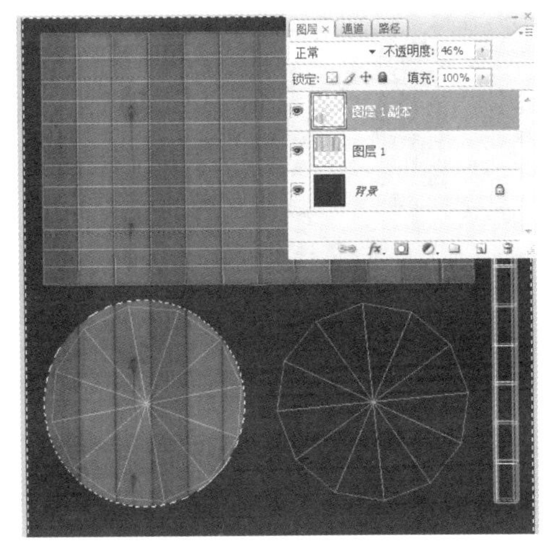

图 2.052

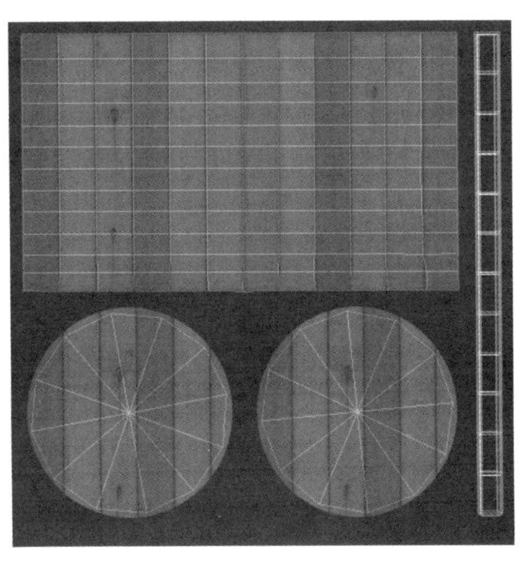

图 2.053

步骤 06：将复制出来的［图层 1 副本 3］移动出来，选择［矩形选框工具］，框选深色的一条木纹，如图 2.054 所示，按 Ctrl+Shift+I 组合键反选后进行删除，按 Ctrl+D 组合键取消选区，按 Ctrl+T 组合键，将其移动至木桶条带位置。

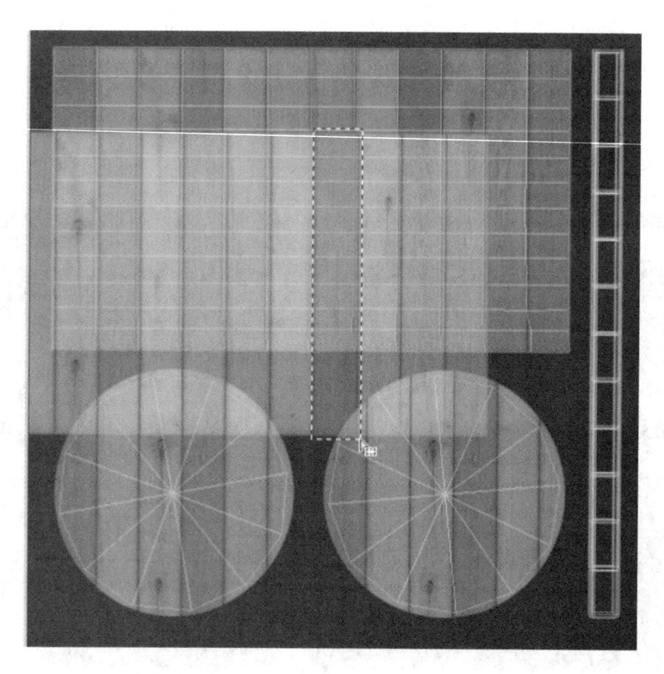

图 2.054

步骤 07：设置所有图层的［不透明度］为 100%，并隐藏背景图层，将文件命名为“uvw_modify”，保存为 BMP 格式，如图 2.055 所示。

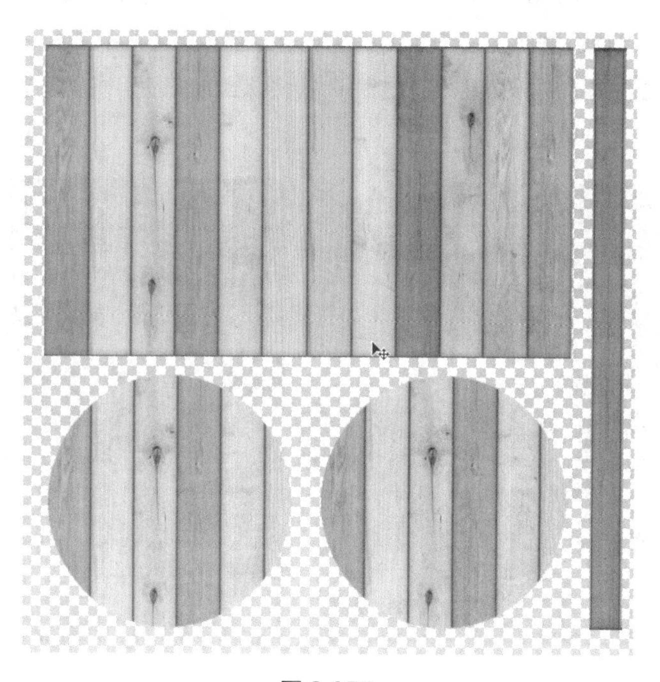

图 2.055

步骤 08： 回到 3ds Max 中，打开［材质编辑器］，选择一个空材质球，将其指定给当前模型，单击［漫反射］右侧的方块按钮，在［材质 / 贴图浏览器］面板中选择［位图］，单击［确定］按钮，选择保存的［uvw_modify］文件，单击［打开］按钮。

步骤 09： 单击［材质编辑器］中的［视口中显示明暗处理材质］，在［编辑 UVW］窗口右上角的下拉列表中选择［拾取纹理］，在［材质 / 贴图浏览器］面板中选择［位图］，单击［确定］按钮，选择前面保存的“uvw_modify.bmp”文件，单击［打开］按钮，如图 2.056 所示。

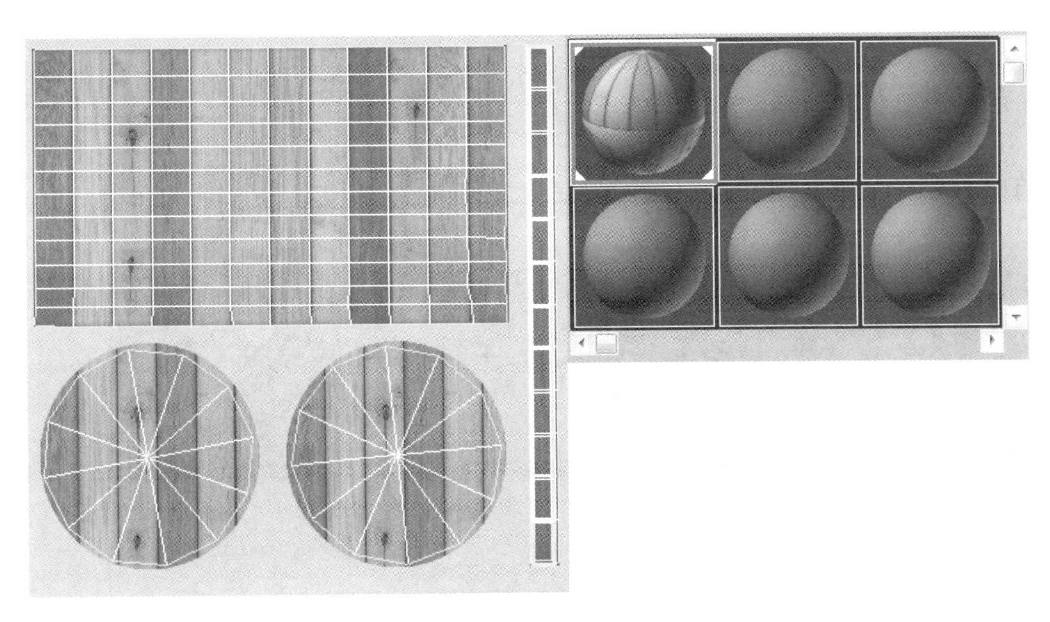

图 2.056

步骤 10： 在［材质编辑器］中单击［视口中显示明暗处理材质］按钮，观察此时场景中出现的木桶效果，如图 2.057 所示。

图 2.057

2.4 本章小结

在三维创作中，为模型制作并赋予贴图是非常重要的。本章通过几个案例深入讲解了 3ds Max 高级材质贴图与渲染的相关知识，案例虽然有限，但是覆盖的知识面还是很广泛的。好的材质是三维作品的灵魂，并且可以在一定程度上弥补模型和渲染的缺陷，达到事半功倍的效果。

2.5 参考习题

1. 图 2.058 中列举了 4 种贴图，可以作为法线贴图使用的是 ＿＿＿＿＿＿。

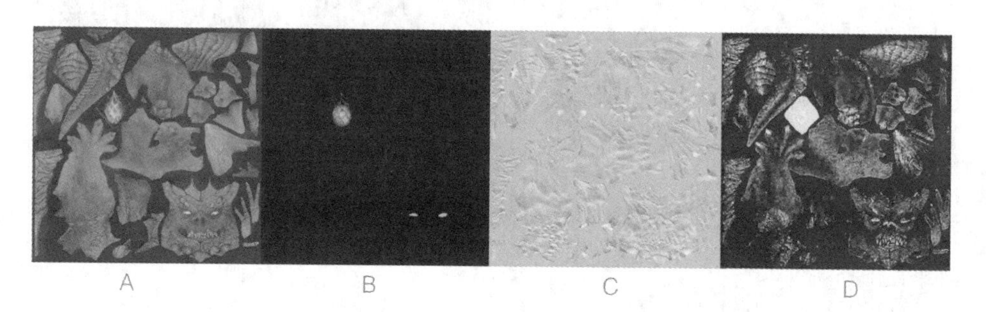

图 2.058

2. 下列项目中，＿＿＿＿＿＿ 不属于 [渲染元素] 可以输出的元素。

   A. 凹凸

   B. Z 深度

   C. 阴影

   D. 墨水

参考答案

1. C　2. A

第 3 章
3ds Max 布料系统

3.1 知识重点

3ds Max 的布料系统是一种高级的布料模拟引擎，用于为角色和其他生物创建真实的衣服。布料系统可以与 3ds Max 中的建模工具协同使用，并可将任意 3D 对象转换为衣服，也可从头开始构建服装。本章将详细介绍 [服装生成器] 修改器、[Cloth] 修改器、缝制衣服的注意事项、与空间扭曲的相互作用、衣服随角色运动等知识点。

- 熟练掌握使用 [服装生成器] 修改器生成布料的方法。
- 熟练掌握 [Cloth] 修改器的参数设置方法。
- 熟练掌握为角色制作衣服的各种技巧。

3.2 要点详解

3.2.1 [布料] 系统简介

3ds Max [布料] 系统的前身是 Digimation 公司开发的一款 3ds Max 插件 Stitch，后来改名为 Clothfx。在 3ds Max 7 版本推出几个月后，Clothfx 作为一个升级包被整合到了 3ds Max 软件中，到 3ds Max 8 版本时已经成为标准组件，功能上也有了改进和升级。使用这个强大的工具，可以在 3ds Max 中创建出逼真的布料效果，还可以像裁缝那样，将一块块裁好的面料缝制成衣服，它使 3ds Max 在布料表现方面有了质的提高，如图 3.001 所示。

[布料] 系统包括两个修改器：[Cloth] 和 [服装生成器]。其中 [Cloth] 修改器的作用是赋予布料属性，使布料表现出各种真实运动和变形效果，例如，布料与其他对象接触、碰撞发生的变形，衣服穿在角色身上并伴随角色的动作而发生的变形，以及受到重力和风力的作用而产生的变形；[服装生成器] 修改器主要作为 [Cloth] 修改器的辅助工具来使用，它可以将二维图形转化成适合用于模拟布料的不规则三角形网格对象，并通过类似于缝制真实衣服的方式，在三维空间中创建衣服模型。

到了 3ds Max 9 版本，布料功能得到了大幅度的提升。首先，更新了操作方式，在旧版本中修改衣服外形的操作要回到底部的层级进行，但在 3ds Max 9 及以后的版本中，可以通过在现有层级之上添加 [编辑多边形］等网格编辑修改器，直接修改对象的外形，然后进行布料的计算，使衣服的制作更加直观方便。在衣服的属性中设置［密度］参数，可模拟衣服被打湿的效果，如图 3.002 所示。

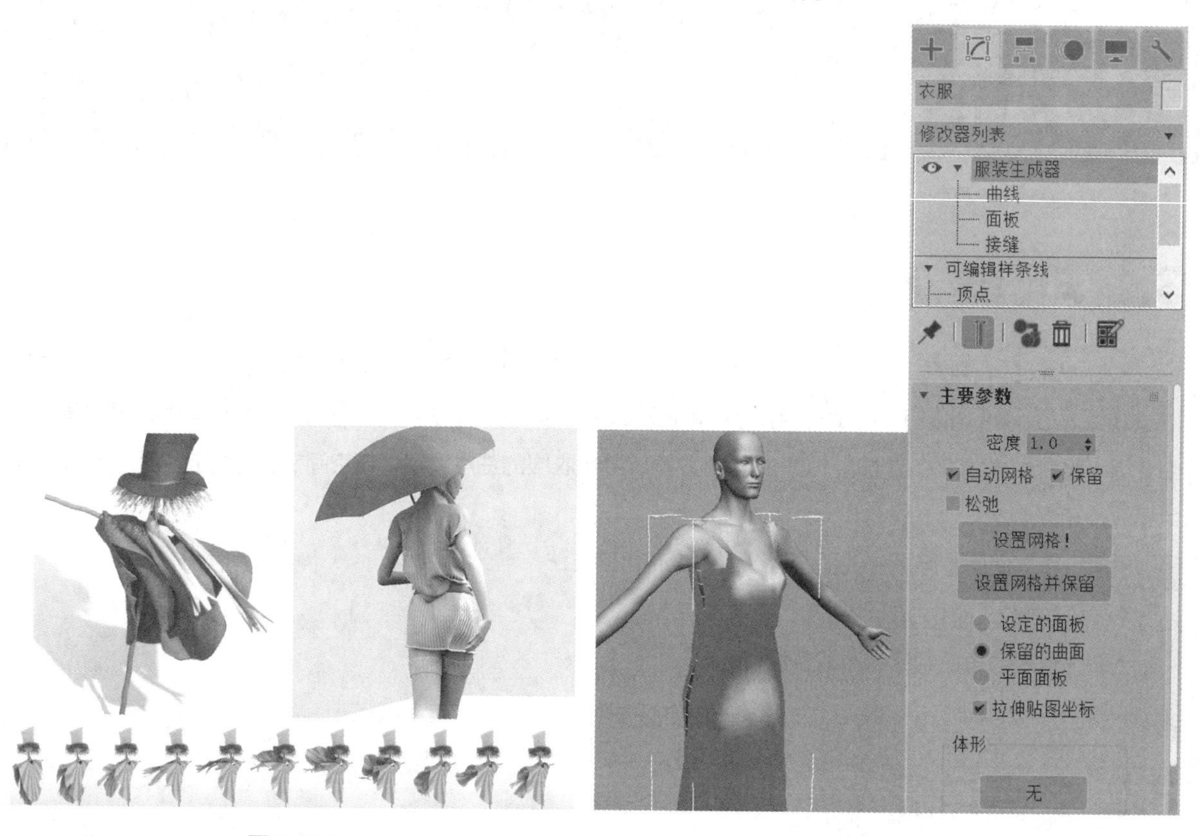

图 3.001

图 3.002

在 3ds Max 2010 版本中，布料模块得到了进一步的发展。新的［继承速度］属性可以使布料动画的分阶段模拟变得更加简单，新增的［压力］参数组可以使封闭的布料像填充了气体一样膨胀起来。最主要的是布料模块中引入了撕裂功能，这使得布料的模拟更加全面而真实，如图 3.003 所示。此外，对于组的选择操作，还增加了实用的加选、减选、循环等工具，极大地提高了制作效率。

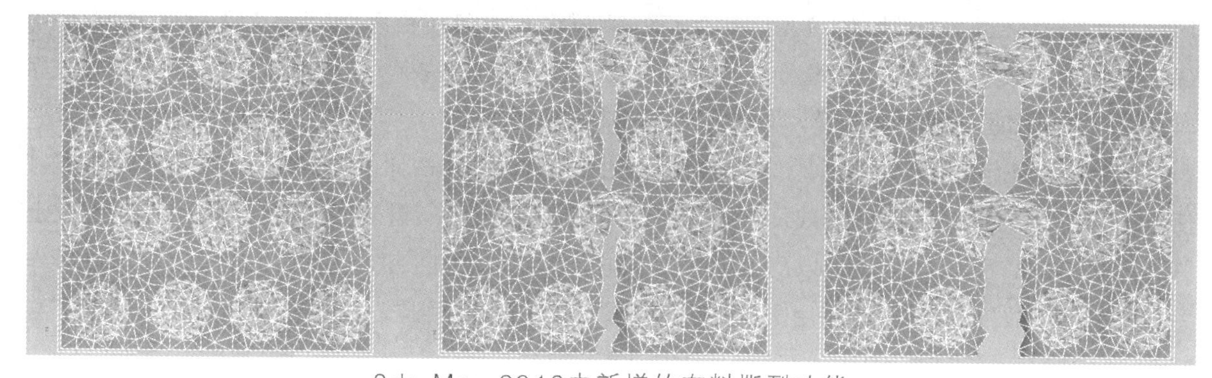

3ds Max 2010中新增的布料撕裂功能

图 3.003

图 3.004 给出了使用 3ds Max 的布料模块制作布料的流程，仅作为参考。为了保证生成的布料形状的

准确性，还必须将样条线从顶点处断开。这一原则在为衣服板型选择对应的边创建接缝时是非常重要的，可以通过下面的例子更好地理解其作用。

图 3.004

图3.005(左)所示的图形中有一条封闭的样条线，我们准备将其创建为布料，并将中间相邻的两条边缝合。当样条线未从顶点处断开时，使用［服装生成器］修改器获得了图 3.005（右）所示的布料，仔细观察可以看到布料的一些角产生了倒角效果，并且在选择相邻边进行缝合时，却选择了整条轮廓线，无法创建接缝，这不是我们想要达到的布料效果。

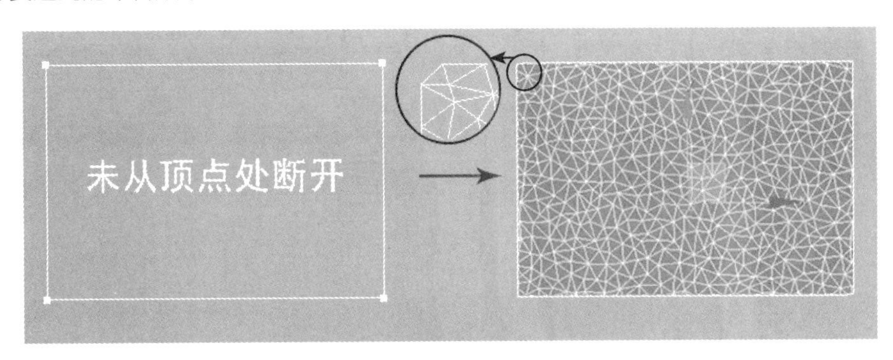

图 3.005

为了避免发生这种错误，正确的操作流程应该如下。

步骤 01： 进入样条线对象的［顶点］子对象层级。

步骤 02： 选择各缝合边的顶点。

步骤 03： 在［修改］面板中单击［断开］按钮，将样条线分割成为一条条可以独立进行缝合的边。如图 3.006 所示，生成的布料的各顶点位置不再出现倒角，并且可以选择需要的边创建接缝。

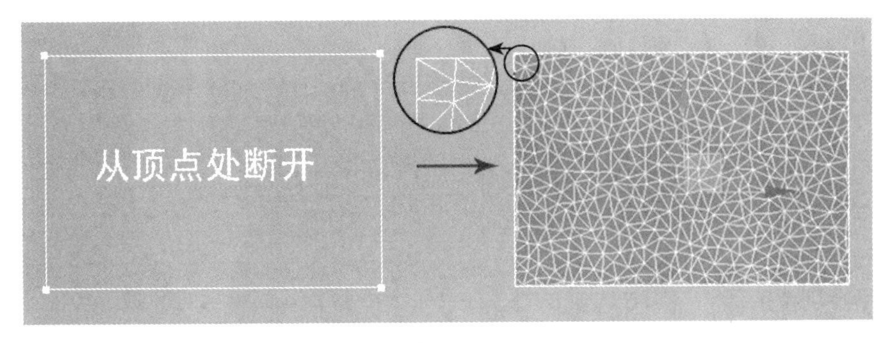

图 3.006

3.2.2 ［服装生成器］修改器

［服装生成器］修改器是［Cloth］修改器的辅助工具，它的作用包括将简单的二维平面图形转化为网格对象（通常用作［Cloth］修改器中的布料）、在空间中排列板型（即布料的各独立部分），以及创建接缝并将面板缝合到一起。自 3ds Max 8 版本后，还增加了自动摆放面板位置及为布料创建裂缝等功能。

1. 基本原则

在应用［服装生成器］修改器之前，首先要在 3ds Max 的顶视图中导入或创建 2D 图形，并且 2D 图形必须是封闭的。如果一条封闭的样条线中包含另一个封闭图形，则生成的布料是有洞的，如图 3.007 所示。

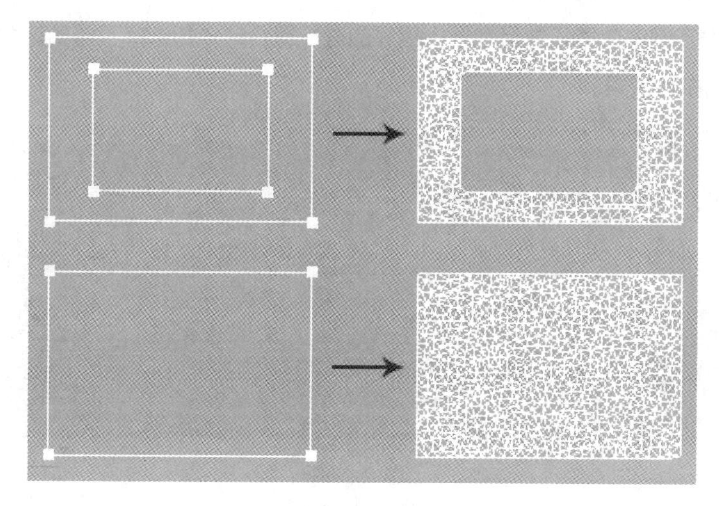

图 3.007

为了保证生成的布料形状的准确性，还必须将样条线从顶点处断开。前面讲过，这一原则在为衣服板型选择对应的边创建接缝时是非常重要的。

使用［服装生成器］修改器创建布料时，还应该注意以下两点。

- 建议在顶视图中创建 2D 图形，这是［服装生成器］修改器默认的创建布料的平面。
- 在使用［多段］缝合布料时，必须注意接缝的先后顺序。

提示

在使用［服装生成器］修改器创建的布料中，可以将两条或者两条以上的边定义为一条多段，作为一条独立的边与其他边进行缝合。

以下情况不能创建接缝。

- 有断口的多段。如果一条多段包含的边之间有断口，必须将断口两侧的边通过其他接缝连接起来，才可以与其他边进行缝合连接。

● 封闭的边或封闭的多段不能创建接缝。

2. ［服装生成器］修改器主层级修改面板的重要参数

在［服装生成器］修改器主层级修改面板中，可以设置网格和调整网格密度值。其中［密度］和［自动网格］两个参数是比较重要的，如图 3.008 所示。

密度：调整网格密度（或者说三角面的数量），允许的取值范围为 0.01 ~ 10，如图 3.009 所示。在满足效果要求的情况下，应设置尽可能小的值，以便加快模拟计算的速度，提高整体制作的效率。

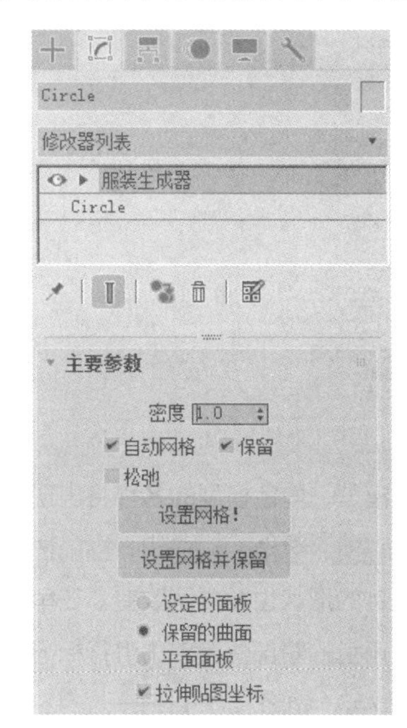

图 3.008

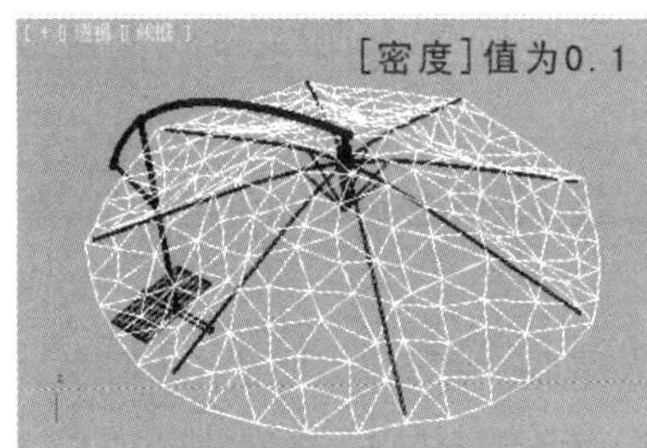

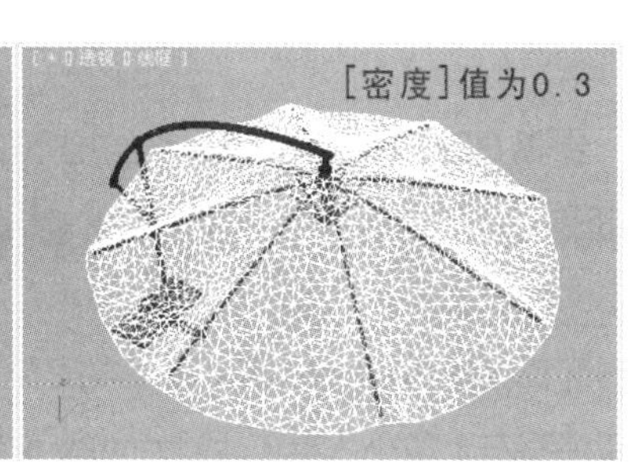

图 3.009

提示

①密度值不宜设置得过大，因为太多的三角面会造成系统停止响应。

②如果密度太低，则在模拟计算过程中布料会出现错误，而且还有可能使布料的效果不够细腻，所以密度值在调节时应根据不同的场景来决定。

自动网格：勾选此复选框，当改变［密度］值时，［服装生成器］修改器会自动更新对象网格的疏密程度。如果取消对此项的勾选，则改变［密度］值时，场景中对象网格的疏密程度不会自动更新，而需要用户单击 设置网格! 按钮来更新。

体形：这是 3ds Max 2018 新增加的一个参数组，可以通过它指定衣服的各块布料在角色身体（或其他对象）上的位置。

在实际制作中，这个功能要求衣服的各块组成布料很规则并且是对称的，而且上身前方部位要有一块布料。它的使用流程如下。

步骤 01： 为样条线添加［服装生成器］修改器，如图 3.010 所示。

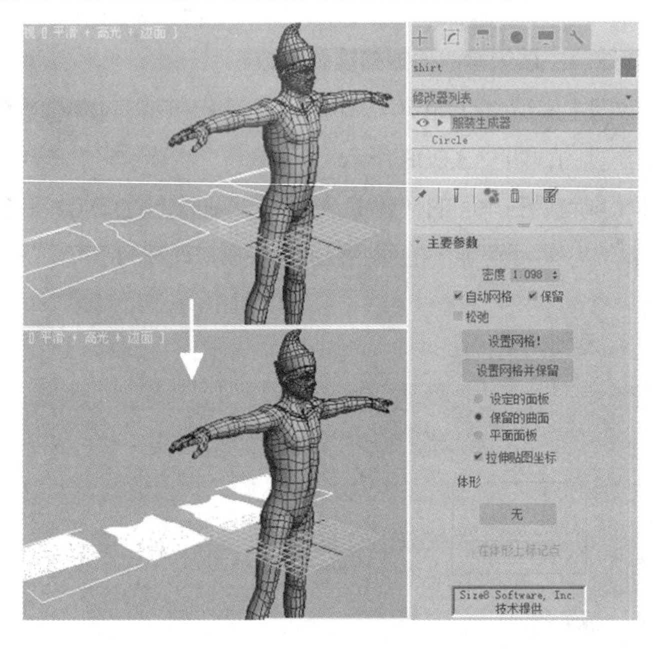

图 3.010

步骤 02： 单击［体形］参数组下的 无 按钮，在场景中选择角色模型，角色模型的名称将出现在按钮上，而且 无 按钮下方的 在体形上标记点 按钮变为可用状态。单击 在体形上标记点 按钮，当前选择的视图的左上角会出现一个小人标志，它的胸部出现了一个红色点，鼠标指针的形状也发生了改变。在角色的胸部位置单击进行标记，左上角的小人标志的腹部也出现了一个红点，在角色的腹部位置单击进行标记。不断观察左上角小人标志上红点的位置，使用鼠标依次单击角色身上对应的位置，如图 3.011 所示。

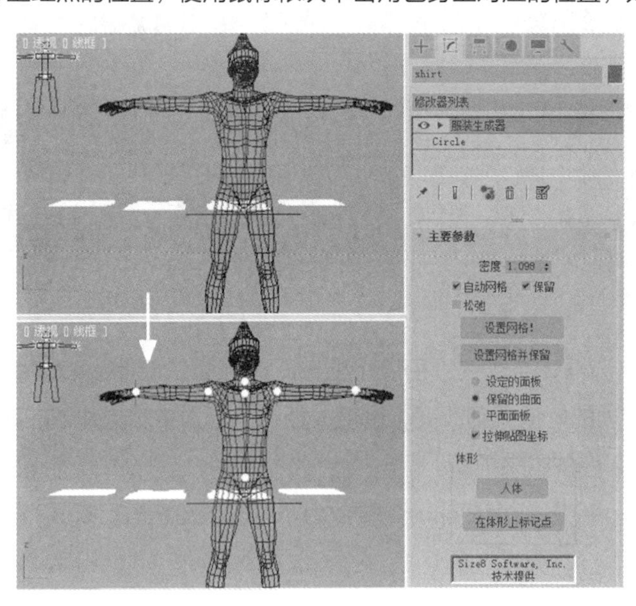

图 3.011

步骤 03： 进入［服装生成器］修改器的［面板］子对象级别，然后选择对应角色身体正前方的布料板型，在［修改］面板中单击 中心(前) 按钮，视图中对应角色身体正前方的布料板型会自动移动到角色的身体正前方，如图 3.012 所示。依次选择其他的各块板型，使用相同的方法将其移动到身体的对应部位附近。这样操作要比手工摆放布料板型的效率高。

3. ［曲线］子对象层级修改面板中的重要参数

在［曲线］子对象层级修改面板中，可以设置布料缝合的方式；可以创建、删除和反转接缝，以及调整接缝的属性。下面就其中常用的参数进行讲解，如图 3.013 所示。

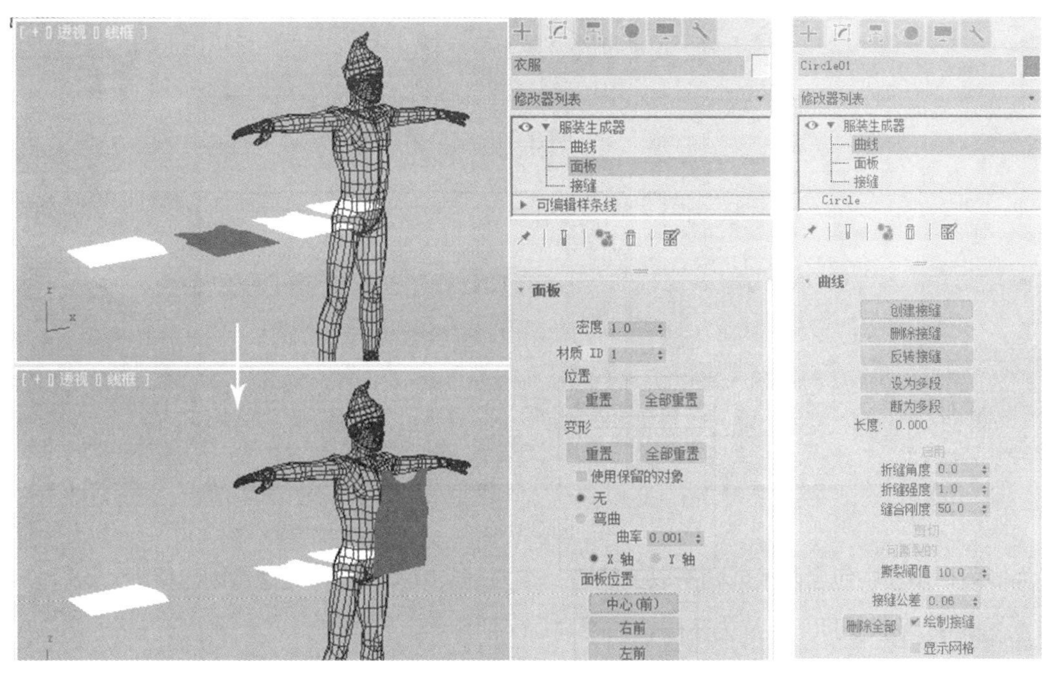

图 3.012　　　　图 3.013

创建接缝：在［修改］面板上选择需要缝合的两条边（可以是多段），单击 创建接缝 按钮，这两条边之间就会产生［接缝］，当在［Cloth］修改器中进行模拟计算时，布料相应的边会受到［接缝］的拉力结合到一起，如图 3.014 所示。

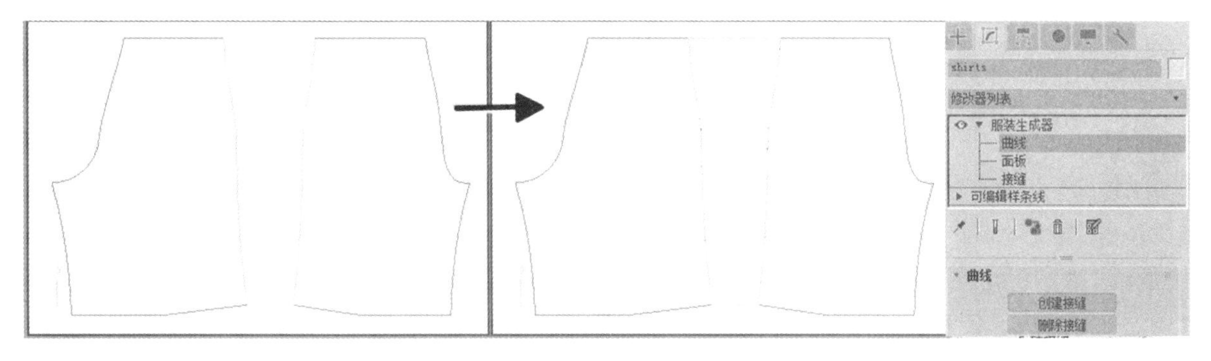

图 3.014

删除接缝：删除选择的接缝（选择的接缝显示为红色），如图 3.015 所示。

反转接缝：反转扭曲的接缝。在创建接缝时，两条边的首顶点将被连接，其他的缝合线依次生成，但有时这样生成的接缝是反的，这时就可以使用［反转接缝］工具来校正，如图 3.016 所示。

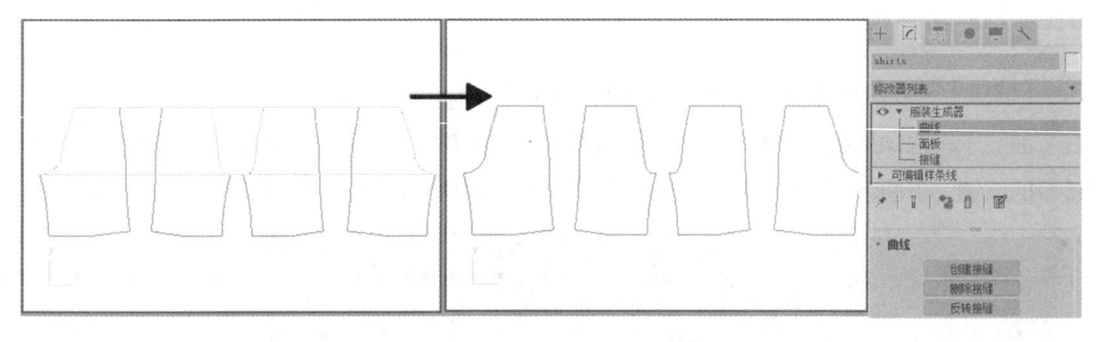

图 3.015

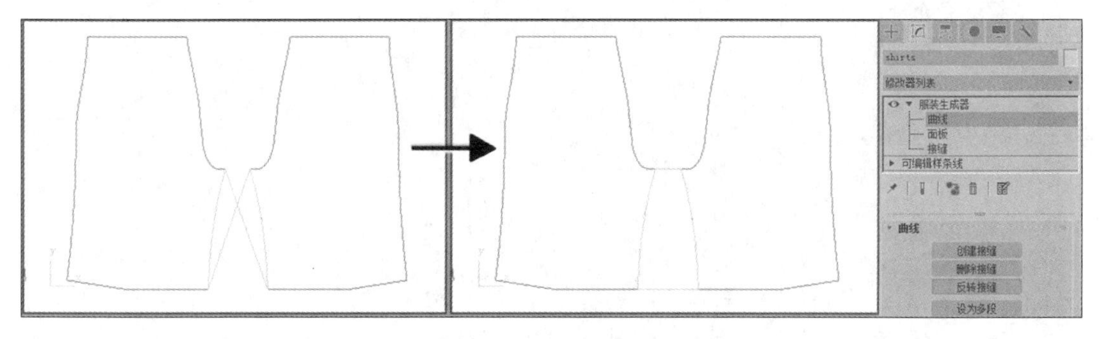

图 3.016

设为多段：多段中包含两条或两条以上的边，作为一条单独的边与其他边创建接缝。选择多条边，单击 设为多段 按钮即可定义为多段，如图 3.017 所示。

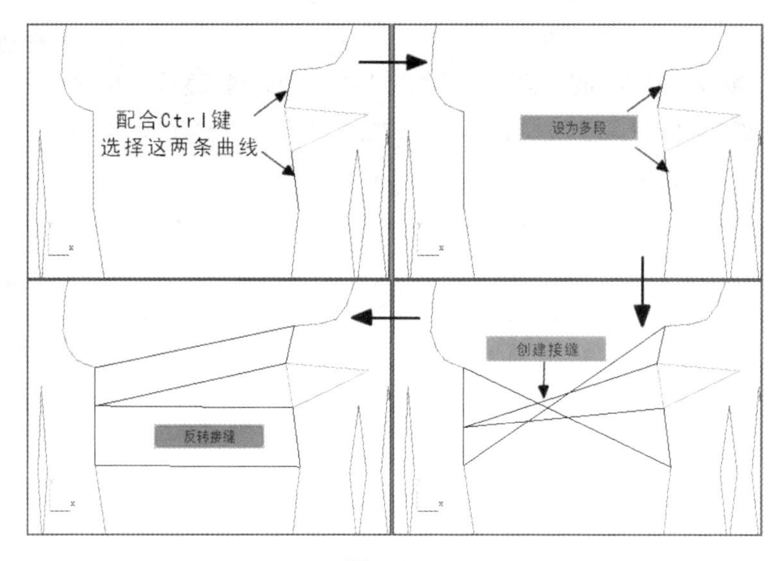

图 3.017

提示

如果多段的各条边是不连续的，必须将其通过接缝连接起来，才允许多段生成接缝。例如，图 3.017 第一幅分图中的两个箭头所指的曲线是不连续的，首先要将它们通过接缝连接起来，然后才可以将这两条曲线设为多段。

断为多段：将多段断开成单独的边。一般都是用于将误设置为多段的接缝打断。

4. [面板] 子对象层级修改面板的重要参数

在 [面板] 子对象层级修改面板中，可以调整板型的位置，弯曲板型以符合目标形体，还可以调整衣服的纹理贴图效果。下面就其中常用的参数进行讲解，如图 3.018 所示。

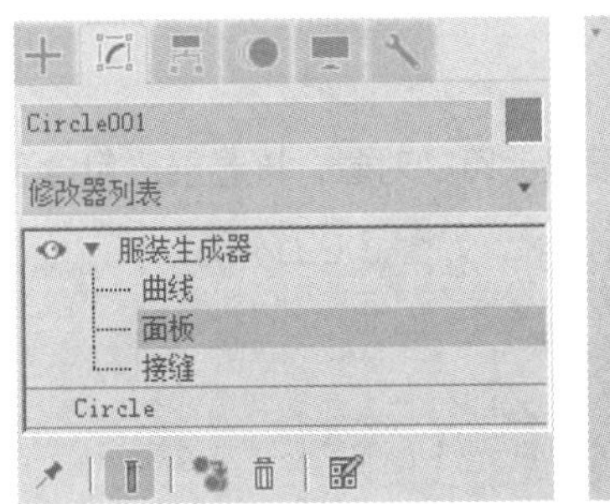

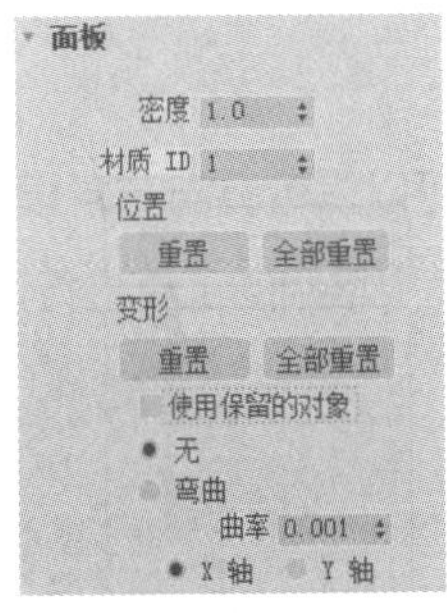

图 3.018

重置：将选择的板型恢复到初始位置，即添加 [服装生成器] 修改器时的位置。

弯曲：使用 [曲率] 参数的值弯曲板型。制作腰带等部分时，该选项用得比较多，如图 3.019 所示。

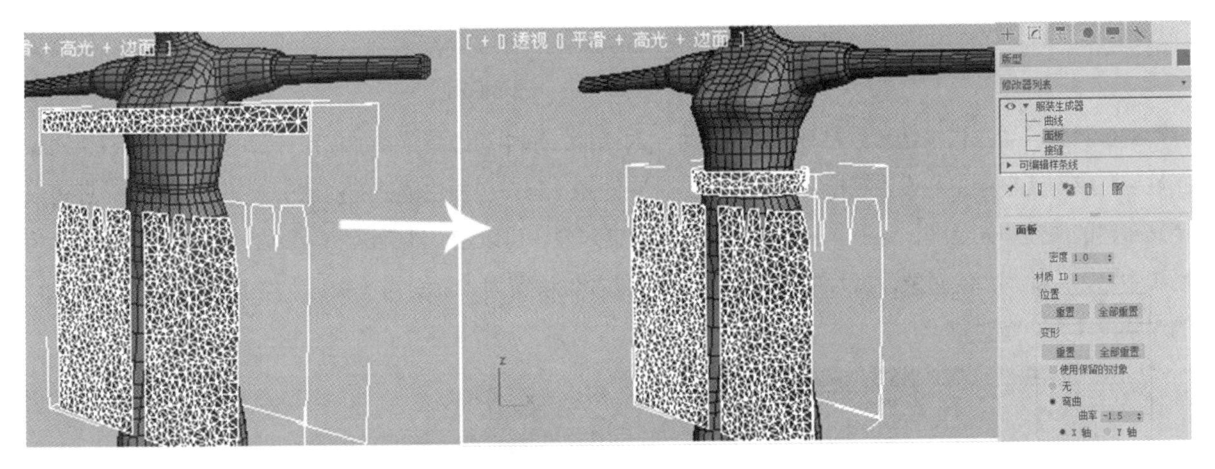

图 3.019

曲率：设置板型弯曲的程度，该值越大，板型弯曲变形效果越强。

X 轴：沿板型局部坐标系 x 轴产生弯曲变形。

Y 轴：沿板型局部坐标系 y 轴产生弯曲变形。

3.2.3 ［Cloth］修改器

［Cloth］修改器是布料系统的核心，通过［Cloth］修改器可以指定场景中哪些对象参与布料模拟的计算，并分别设置各个对象的属性，也可以为布料对象指定各种约束方式，如受到风等空间扭曲力场的影响，甚至还可以通过鼠标的拖动交互式地调整布料的形态等。

1. ［Cloth］修改器各层级修改面板

［Cloth］修改器包括主层级修改面板和 4 个子对象层级修改面板，即［组］、［面板］、［接缝］和［面］，其中比较常用的是［组］子对象层级修改面板。主层级修改面板下有［对象］、［选定对象］和［模拟参数］3 个卷展栏，其中比较常用的是［对象］和［模拟参数］两个卷展栏，如图 3.020 所示。

2. ［对象］卷展栏

通过［对象］卷展栏，可以指定参与布料模拟计算的对象，该卷展栏包含了大部分控制布料模拟计算的进程和状态的工具。下面就其中常用的工具进行讲解，如图 3.021 所示。

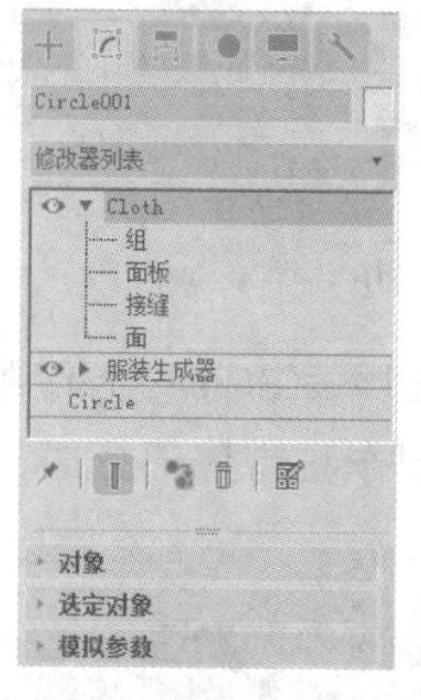

图 3.020

图 3.021

对象属性：单击该按钮可以打开［对象属性］对话框，从中可以指定参加模拟计算的对象，并设置对象属性。在该对话框中主要设置模拟对象为布料或冲突对象（与布料发生碰撞的对象）。如果是布料，还可以定义布料的属性，如丝绸、锦缎、皮革等；如果是冲突对象，可以定义冲突深度等参数。图 3.022 所示为将场景中名为“shirt”的对象设置为布料，并且将布料的质地设置为［Satin］（锦缎）类型，将名为“Jester”的对象设置为冲突对象。

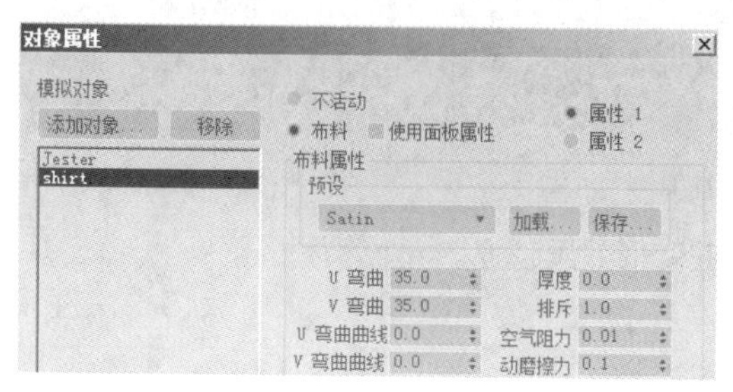

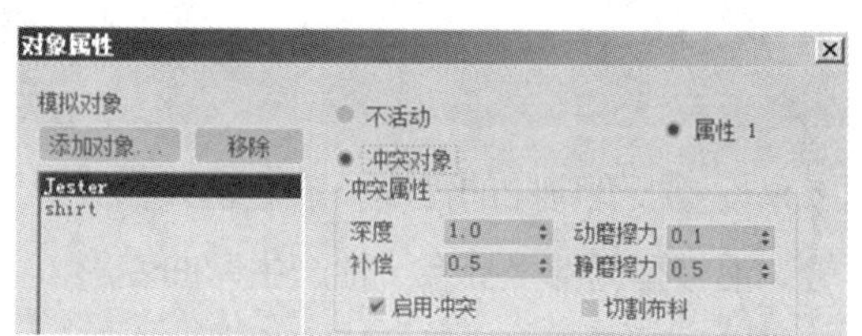

图 3.022

布料力：在布料系统中，除了计算对象间的碰撞，还可以加入一些空间扭曲力场的影响，如风力、推力等。打开［创建 > 空间扭曲 > 力］菜单，该菜单中有［推力］、［马达］、［粒子爆炸］、［重力］、［风］等命令，用它们创建的空间扭曲力场都能够参与布料模拟的计算。这其中使用得最多的是风力，图 3.023 所示的红旗就是受到了风力的作用而迎风飘扬的，而重力已经包含在［布料］系统中，因此通常不用再单独创建。

单击［布料力］按钮可打开［力］对话框，如图 3.023 所示。［场景中的力］对象会在左侧列表中列出，选择将要参与布料模拟计算的［力］对象，单击中间的 > 按钮，将［场景中的力］对象移到右侧的模拟中的力列表中，这个力就会对此模拟中的所有布料产生影响。反之，如果要在模拟计算中排除某个力的影响，只需在右侧模拟中的力列表中选择该［力］对象，单击 < 按钮，将其移到左侧场景中的力列表中即可。

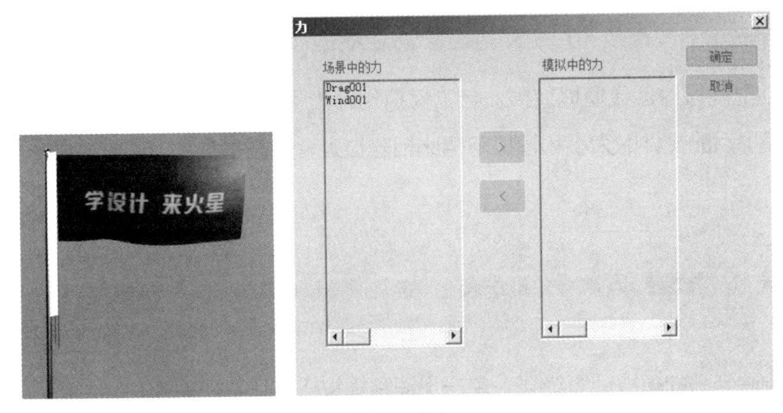

图 3.023

模拟局部：单击该按钮将在当前帧进行模拟计算，而不会将布料的运动记录为动画。通常使用此方式摆放布料，如图 3.024 所示。

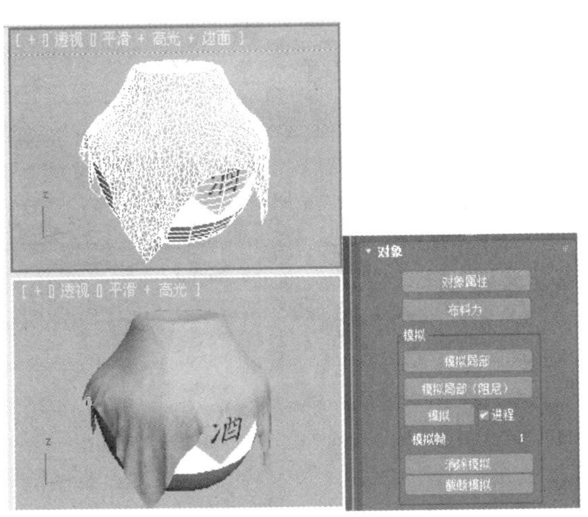

图 3.024

模拟局部（阻尼）：与［模拟局部］功能相同，只是在布料运动过程中阻尼会大大增加。有时在缝合衣服的过程中会由于布料运动过快而发生错误，使用阻尼模式在模拟计算中可以尽量避免错误的产生，如图 3.025 所示。

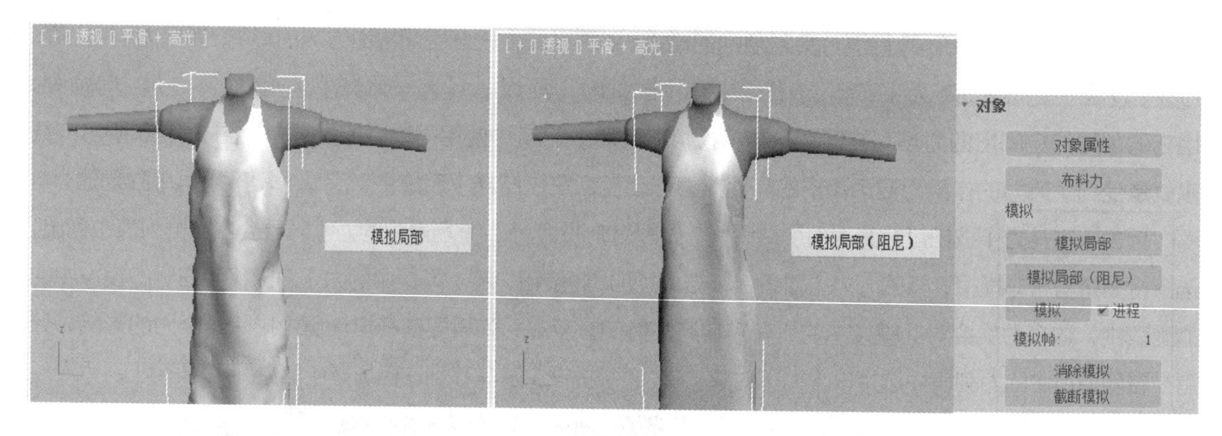

图 3.025

模拟：在活动时间段内创建模拟效果。与［模拟局部］不同之处在于该方式会将布料的运动效果存储在每一帧中。但是模拟后的文件的大小和模拟前相比相差很大，如图 3.026 所示。

提示

在以上3种模式的计算过程中，都可以随时按Esc键中止模拟计算。

消除模拟：删除当前的模拟计算结果。单击［消除模拟］按钮，所有布料对象的缓存数据都将被删除。

截断模拟：将当前帧之后的模拟计算结果删除，该帧及该帧之前的模拟结果仍然被保留。

设置初始状态：将当前帧的布料形态设置为第 1 帧形态，该工具只对选定的布料对象产生作用，如图 3.027 所示。

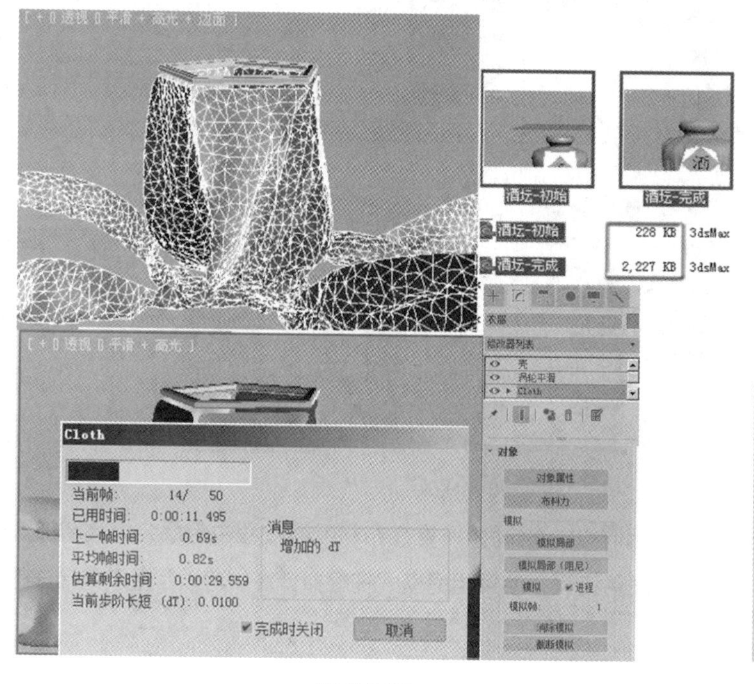

图 3.026

图 3.027

重设状态：将选定的布料对象的状态重置为添加 [Cloth] 修改器之前的状态。

删除对象高速缓存：删除选定的非布料对象的缓存数据。当一个对象作为布料参与模拟计算后，又将其属性改为 [冲突对象] 时，布料的运动结果仍将被保存在缓存区中，这个功能在进行分步模拟计算时很有用。例如，在模拟人物衣服时，会先单独调整裤子的布料运动效果，完成后再将裤子的属性设置为 [冲突对象]，参与上衣的布料模拟计算。如果想删除缓存区中的数据，就可以单击这个按钮。

创建关键点：单击该按钮，将使选定的对象塌陷为网格对象，而布料的运动也将被记录为顶点的关键点动画。该工具的操作是不可逆的，所以确认模拟计算达到理想的效果后才可以使用该工具。

3. [模拟参数] 卷展栏

在 [模拟参数] 卷展栏中可以设置模拟计算的基本参数，如长度单位换算、重力、模拟计算的开始和结束帧等，这些设置对该模拟集合中的所有对象有效。下面就其中常用的工具进行讲解，如图 3.028 所示。

厘米 / 单位：即在当前场景中，一个长度单位相当于多少厘米。在采用英制设置时，通常以英寸为基本长度单位，[厘米 / 单位] 参数默认设置为 2.54；在采用公制设置时，如果以厘米为基本长度单位，则该参数设置为 1，如果以毫米为基本长度单位，则该参数设置为 0.1。

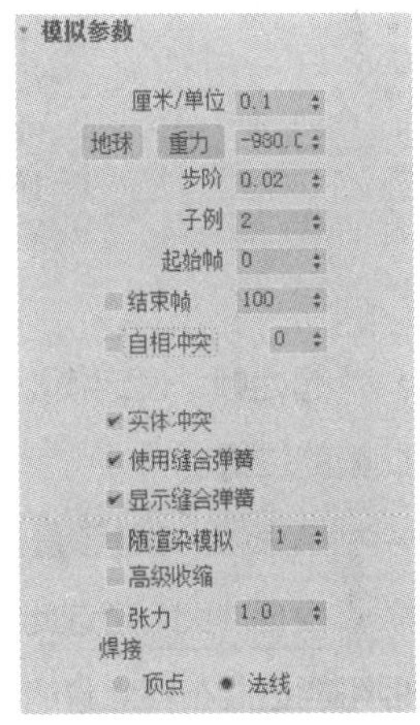

图 3.028

提示

①[布料] 系统中，对象的尺寸对于运算结果有很大的影响。一块 1 m^2 的布料和一块 1 cm^2 的布料，运动方式是完全不同的，因此，应当准确定义布料模型的尺寸。

②下面将介绍一些与布料系统有关的换算信息：1 英寸 ≈ 2.54 厘米；1 英尺 ≈ 30 厘米；1 码 ≈ 0.9 米；1 英里 ≈ 1.6 千米；1 毫米 ≈ 0.04 英寸；1 厘米 ≈ 0.4 英寸；1 米 ≈ 3.3 英尺；1 米 ≈ 1.1 码；1 千米 ≈ 0.6 英里。

地球：单击该按钮，可将重力加速度设置为地球表面的重力加速度，即 $-980.0\ cm/s^2$。如果要模拟布料在其他星球上受重力下落，就需要考虑其他星球的引力的大小。读者如果查阅资料就可以知道：月球的引力约是地球的 1/6，火星的引力约是地球的 1/3。这样只需要将该值设置为该星球上的数值即可，如图 3.029 所示。

月球引力

火星引力

地球引力

图 3.029

重力：单击该按钮，[布料]系统在进行模拟计算时将按照设置的参数值进行重力计算。负值代表重力向下，默认设置为地球表面的重力加速度。

提示

如果想要制作重力的动画，最好不用布料系统自身提供的重力，而用重力空间扭曲来控制重力。这个数值是可以被制作成动画的，但只能在 z 轴方向上变化。

步阶：该值用于设定进行模拟计算时每一步计算的最大间隔时间，单位为秒。该值必须小于 1 帧的时间，通常使用默认值 0.02 即可。

子例：布料系统对实体对象在每一帧取样的次数，默认值为 1。当参与计算的对象移动或旋转过快时，增大该值有助于减少计算错误，但会增加计算时间，如图 3.030 所示。

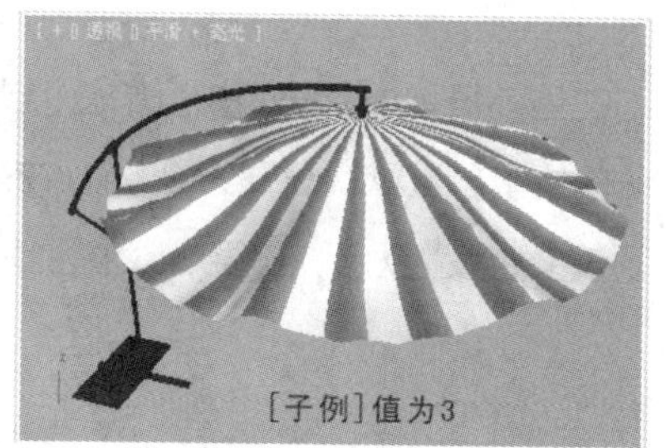

图 3.030

起始帧：设定模拟计算开始的帧数。如果在模拟计算完成后改变该值，则缓存区中的计算结果将移动到此帧的位置。

结束帧：勾选该复选框，可设置模拟计算在哪一帧停止；不勾选此复选框，默认为活动时间段的最后一帧。

自相冲突：勾选此复选框，将计算布料与布料的碰撞反应；不勾选此复选框，可以提高模拟计算的速度，但可能造成布料对象的自交叉。该值的设置范围为 0 ~ 10，但大多数情况下都为 0 ~ 1。

实体冲突：勾选此复选框将计算布料与实体的碰撞，通常应保持勾选。

使用缝合弹簧：勾选此复选框，将使用 [服装生成器] 修改器创建的缝合弹簧将布料缝合到一起，如图 3.031 所示。该选项只对由[服装生成器]修改器创建的布料有效。不过，使用缝合弹簧缝合的布料常常会有缝隙，因此在大致完成衣服缝合的计算后，应取消勾选此选项，再次进行模拟计算，布料就会被完全缝合在一起。

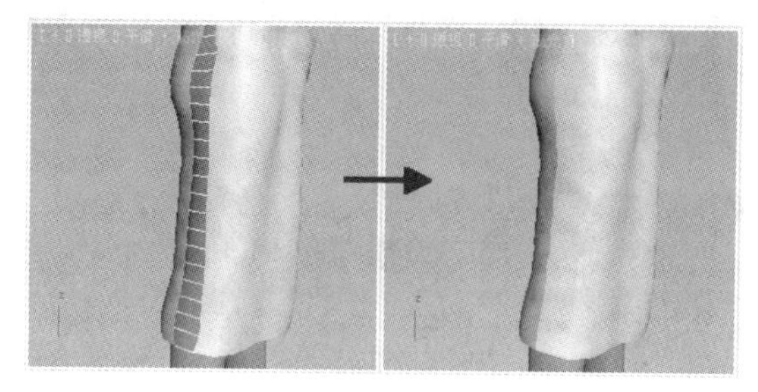

图 3.031

显示缝合弹簧：设置是否在视图中显示缝合线，缝合线不会被渲染出来。

4. [组] 子对象层级修改面板

[组] 子对象层级修改面板的作用是将网格点设置成组，将其约束到对象表面上、冲突对象或者其他布料对象上，并可以为不同的组设置属性。在 [组] 子对象层级中，包含在布料系统中的选定的对象的网格顶点都将为可见状态并可以被选择。[组] 既可以由直接选定的点组成，也可以通过软选择或者纹理贴图的方式来定义。下面就其中常用的工具进行讲解，如图 3.032 所示。

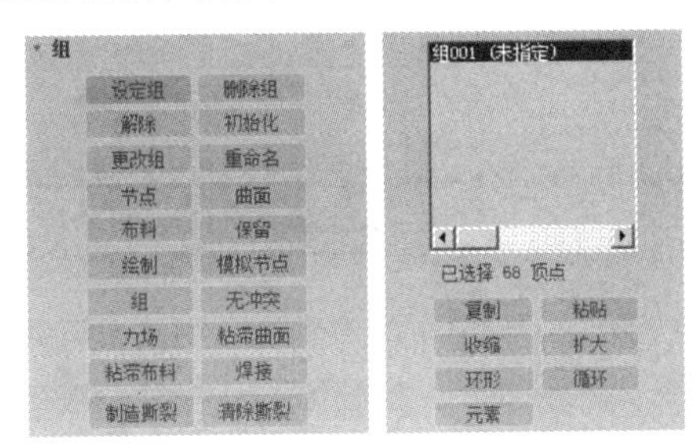

图 3.032

提示

在 [布料] 系统中，[布料] 和 [冲突对象] 的网格顶点都可以设置为 [组]。不同的组可以分别设置不同的属性，例如，一个 [冲突对象] 的 [组] 可以具有与其他部分不同的碰撞补偿值，这个功能在实际工作中是很实用的。

设定组：将选择的点创建为组。选择要包含在组中的网格顶点，单击 [设定组] 按钮，在弹出的对话框中输入组的名称，单击 确定 按钮完成创建，该组的名称就会出现在下方的组列表框当中。

删除组：删除列表框中选择的 [组]。

解除：解除 [组] 的约束设定，但组的属性仍然保持有效。

初始化：设定将点约束到其他对象（如 [节点]、[曲面]、[布料]）上时，会包含它们之间相对位置的信息。单击该按钮，可以更新此信息。

节点：单击该按钮，拾取场景中的对象，可将选定的 [组] 约束到拾取的对象上。注意拾取的目标不能是包含在该布料模拟集合中的对象，如果要将 [组] 约束到模拟对象上，应当使用 [模拟节点] 按钮。

曲面：将选择的 [组] 约束到场景中的 [冲突对象] 表面上。

布料：将选定的布料对象的 [组] 约束到另外一个布料对象上。

模拟节点：该约束方式的用法与 [节点] 方式相同，只是该约束方式的目标对象必须包含在当前布料模拟集合中。

提示

在图 3.033 中，旗杆被添加了 [柔体] 修改器，所以在车辆运动过程中旗杆一直是向后倾斜并弯曲的，在旗帜的 Cloth 修改器中进入 [组] 子对象级别，然后选择靠近旗杆的一列点，成组后必须使用 [曲面] 类型的约束将其约束到旗杆上，如果使用常用的 [节点] 或 [模拟节点] 两种约束，就会造成旗帜在进行布料动力学解算的时候出错。

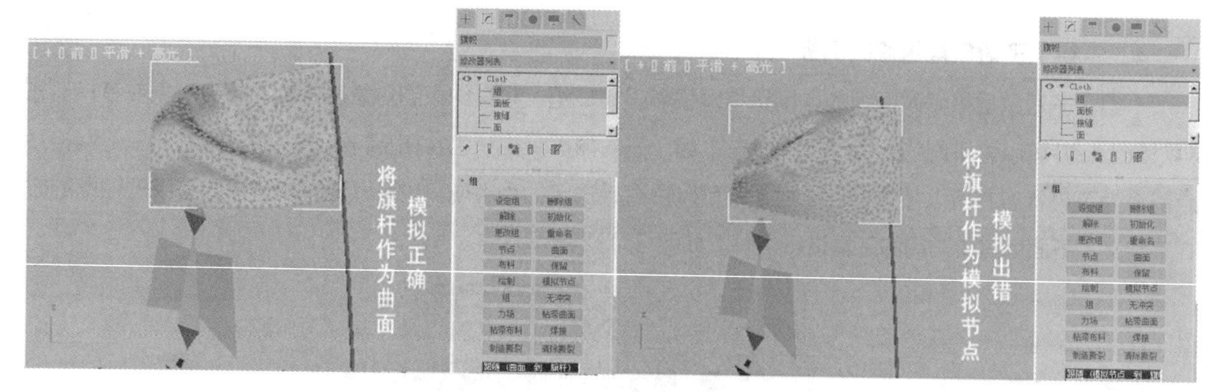

图 3.033

3.3 应用案例

3.3.1 飘扬的旗帜

范例分析

在这个案例中，我们将使用 3ds Max 里的 mCloth 布料，配合 MassFX 的静态刚体，制作一个旗帜飘动的效果。在这个案例中我们会学习如何在布料里选择点，使其成一个组，并且使用轴枢工具将选择的顶点固定在当前的空间位置上，以及如何让布料与当前的空间扭曲产生配合的作用。

场景分析

打开配套学习资源中的“场景文件 \ 第 3 章 \3.3.1\video_start_2018.max”文件，这是一个旗帜的初始模型，如图 3.034 所示。这里面有一个矩形的线框，线框已经从 4 个顶点处断开了，同时在上面添加了一个服装生成器，密度为默认的 0.016。

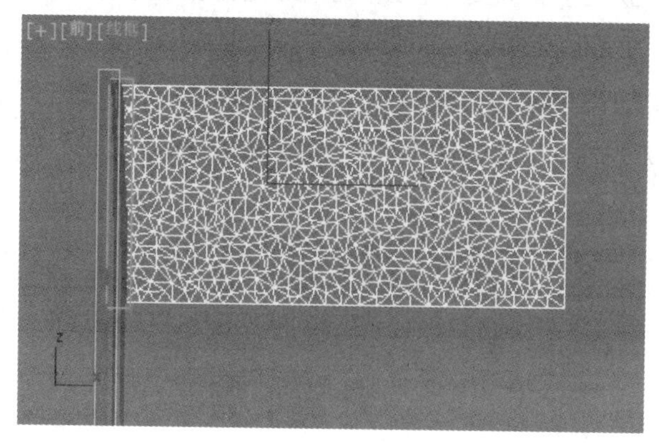

图 3.034

制作步骤

首先让布料的点成组。

步骤 01： 将这个矩形线框变成一块布料。在主工具栏的空白处单击鼠标右键，在弹出的菜单中选择［MassFX 工具栏］选项，打开 MassFX 工具栏。选择矩形，单击 MassFX 工具栏上的按钮，就可以直接将矩形线框设置为布料，如图 3.035 所示。

步骤 02： 在［修改］面板中展开［mCloth］选项，选中［顶点］，在主工具栏上的按钮上按住鼠标左键不放，在展开的选项列表中选择按钮，启用［绘制选择区域］工具，如图 3.036 所示。

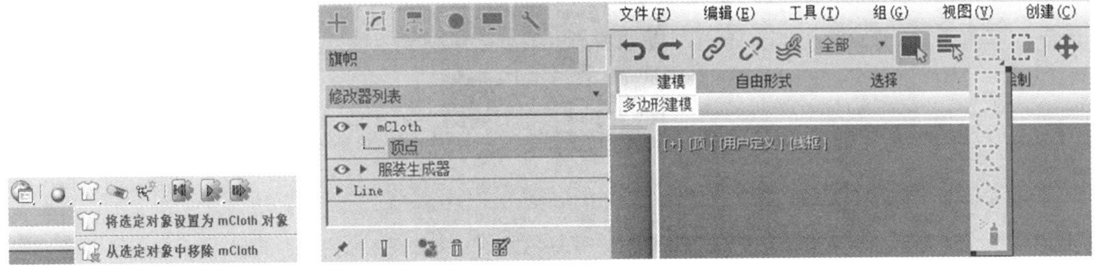

图 3.035　　图 3.036

步骤 03： 在场景中将旗帜与旗杆相交叉位置的顶点全部选中，注意不要漏选顶点，如图 3.037 所示。

步骤 04： 选择完顶点后单击［修改］面板中的［组］下的［设定组］按钮，将选中的顶点设置成一个组，如图 3.038 所示。

步骤 05： 选择［组 001］，单击［约束］参数组中的［枢轴］按钮，将其固定在当前的空间位置上，如图 3.039 所示。

步骤 06： 调节布料参数。选中布料，在［纺织品物理特性］卷展栏中将［密度］设置为 1，［弯曲度］设置为 1，如图 3.040 所示。

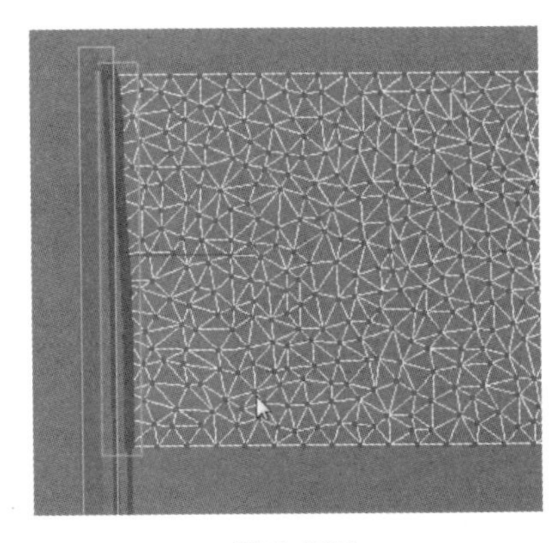

图 3.037

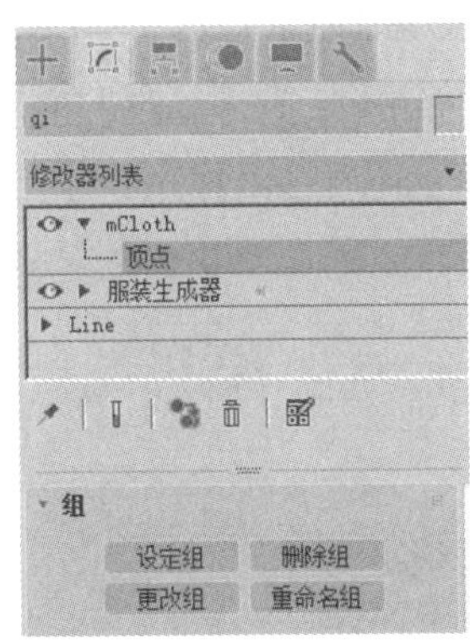

图 3.038

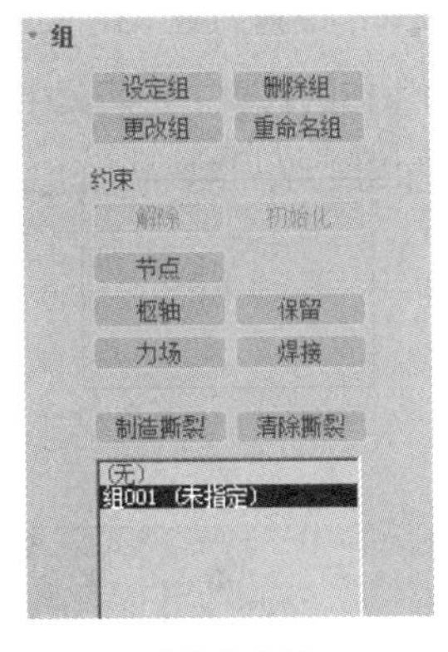

图 3.039

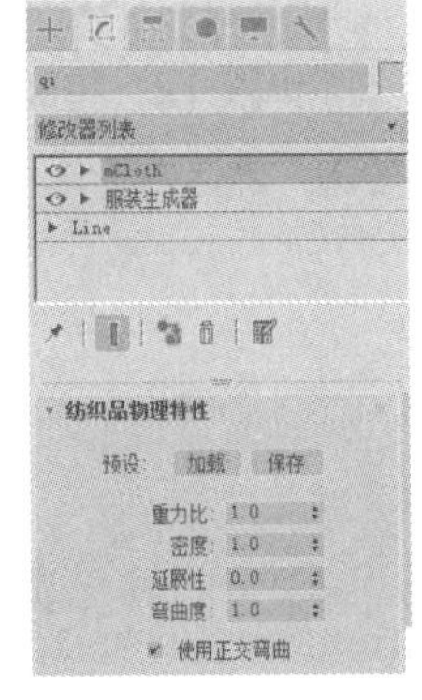

图 3.040

步骤 07： 选中场景中的旗杆，在 MassFX 工具栏上的按钮上按住鼠标左键不放，在展开的工具列表中选择［将选定项设置为静态刚体］选项，将旗杆设置为静态刚体，如图 3.041 所示。

下面进行材质的设置。

步骤 08: 单击主工具栏上的按钮，打开材质编辑器，选择默认材质的第 3 个材质球，指定给旗帜模型，在[明暗器基本参数]卷展栏中选择[（o）Oren-Nayar-Blinn]选项，在[反射高光]参数组下将[高光级别]和［光泽度］都调高一些，如图 3.042 所示。

步骤 09: 为漫反射指定一个位图。单击[漫反射]边上的按钮，在弹出的面板中选择[位图]，单击[确定] 按钮，加载一张图片作为旗帜的贴图。按键盘上的 F3 键，可以在场景中显示出布料的贴图效果，如图 3.043 所示。

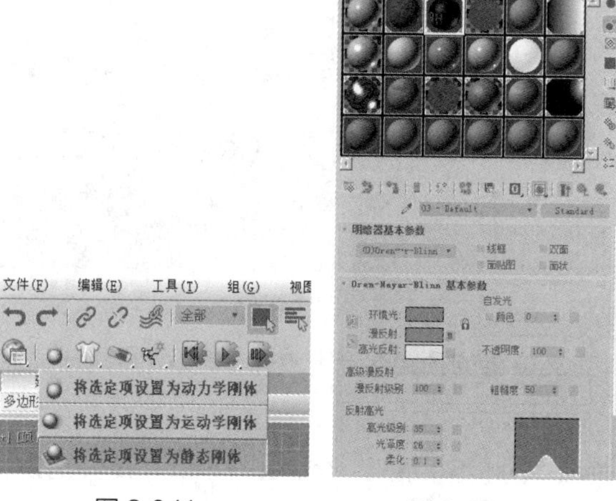

图 3.041　　图 3.042

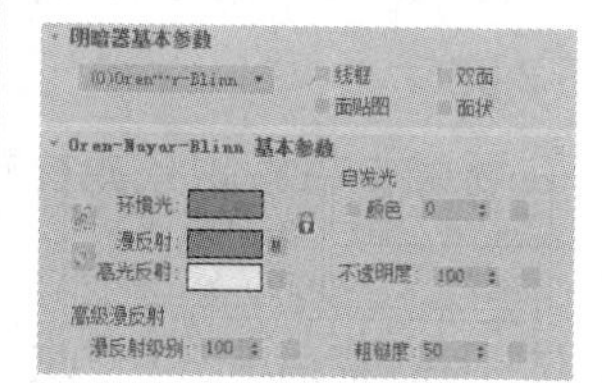

图 3.043

下面制作风力。

步骤 10: 在［创建］面板中单击按钮，在［对象类型］卷展栏中单击［风］按钮，在顶视图中创建［风］力，然后在侧视图中将其旋转一下，让风力倾斜向上，如图 3.044 所示。

步骤 11: 修改[风]力的参数。进入[风]力的修改面板，在[参数]卷展栏中将[强度]设置为 200，[湍流] 设置为 0.3，［频率］设置为 0.15，如图 3.045 所示。

步骤 12: 将风力添加给布料。在场景中选择布料，在［修改］面板中单击［力］卷展栏下面的［添加］按钮，然后在场景中选择风力，将其添加进来，如图 3.046 所示。

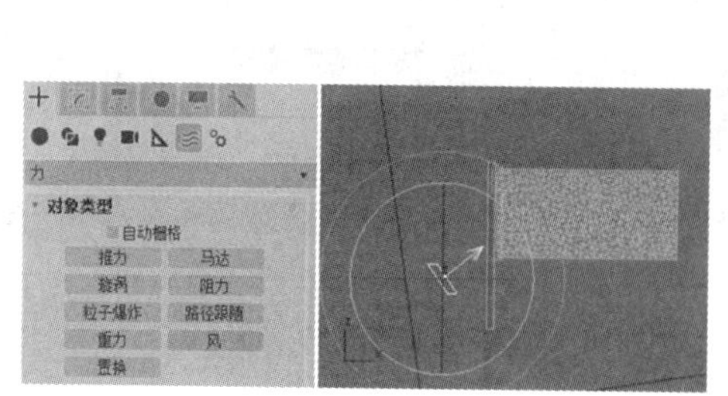

图 3.044

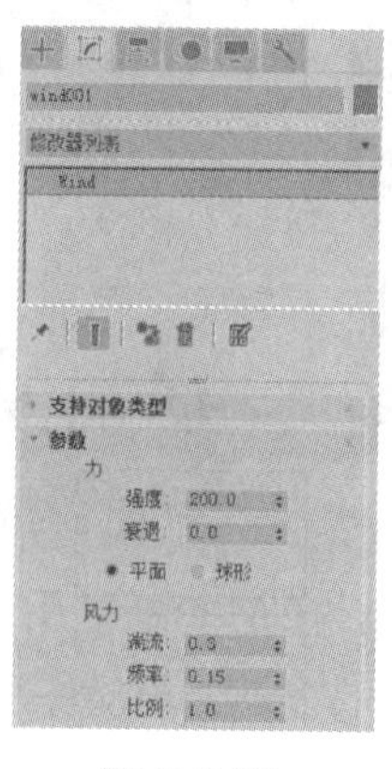

图 3.045

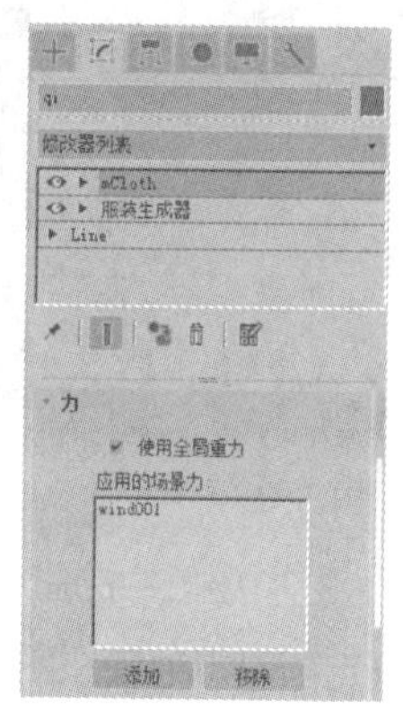

图 3.046

下面进行风力动画的制作。

步骤 13： 单击 [时间配置] 按钮，将动画时间设置为从 0 到 100 帧的一个时间段，如图 3.047 所示。

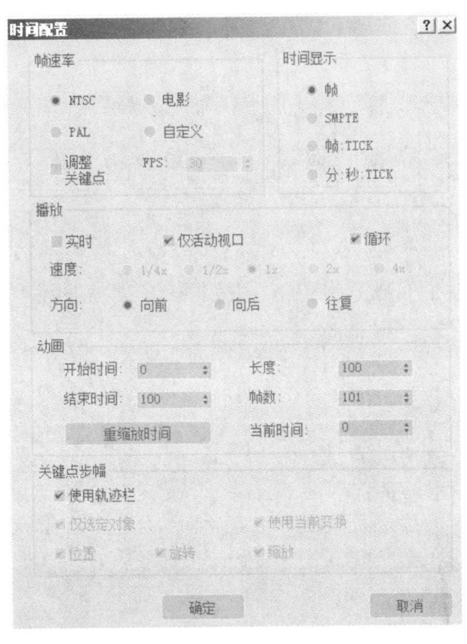

图 3.047

步骤 14: 为了让风力能有一个大小变化的效果，我们要重新设置一下风力的强度值。单击[自动关键点]打开自动捕捉关键帧，在第 0 帧的时候，将 [强度] 设置为 500，在第 50 帧的时候，将 [强度] 设置为 2000，然后在第 100 帧时，将[强度]设置为 500，风力强度的变化会被自动记录下来，设置完后再次单击[自动关键点] 使其弹起。

步骤 15： 单击 MassFX 工具栏上的按钮，可以对风力效果进行预览。因为旗帜的初始状态不可能就是一个方块，所以我们需要重新设置旗帜的初始状态。播放到比较自然的一帧时暂停，然后在 [修改] 面板中单击[捕捉初始状态]按钮，再回到第一帧，此时那一帧的状态就成为旗帜的初始状态了，如图 3.048 所示。

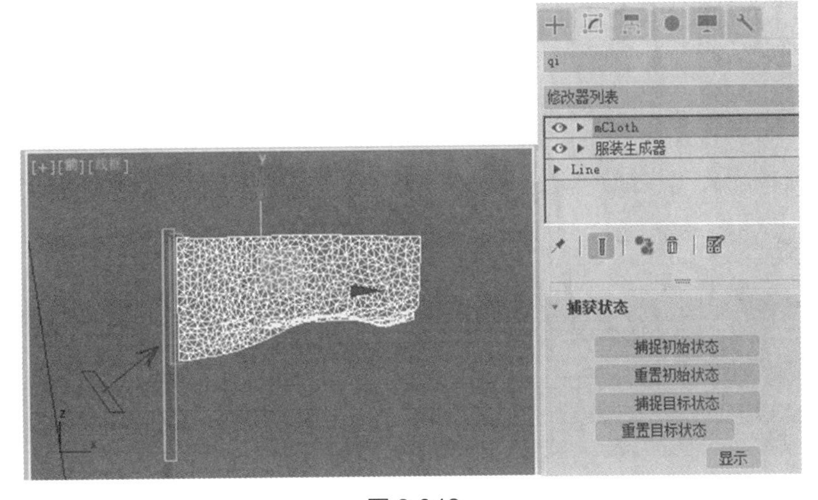

图 3.048

步骤 16： 单击 MassFX 工具栏上的按钮，打开［MassFX 工具］面板，取消勾选［使用地面碰撞］复选框，因为场景中的地面比较矮。在［模拟工具］选项卡中单击［烘焙选定项］，如图 3.049 所示。进行观察，如果贴图没有被拉伸，基本就没问题了。

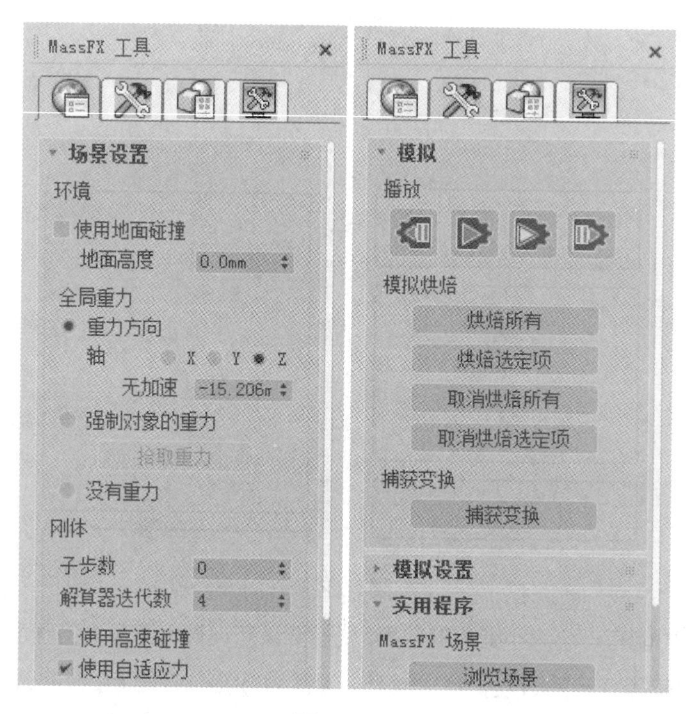

图 3.049

步骤 17： 为布料制作平滑效果。选择布料，在［修改器列表］中选择［涡轮平滑］，使用默认的［迭代次数］值，如图 3.050 所示。

步骤 18： 为布料制作壳。在［修改器列表］中选择［壳］修改器，将［外部量］设置为 0.05 mm，这里不需要太粗，如图 3.051 所示，这样布料就有了一定的厚度。到这一步旗帜的飘舞效果就基本设置完成了。

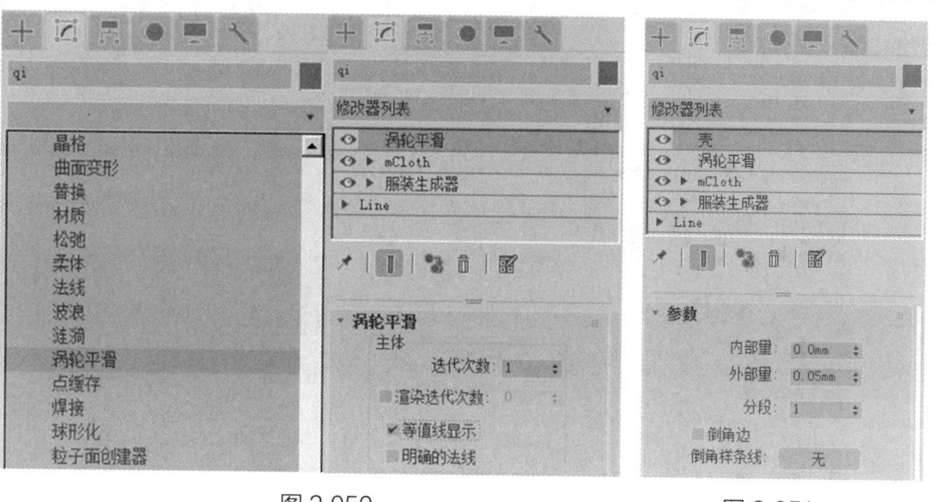

图 3.050　　图 3.051

下面进行渲染输出。

步骤 19： 在材质编辑器的 [输出] 卷展栏中将 [输出量] 设置为 1.5, [RGB 级别] 设置为 1.5, 这样能够使输出的图片颜色更加鲜艳，如图 3.052 所示。

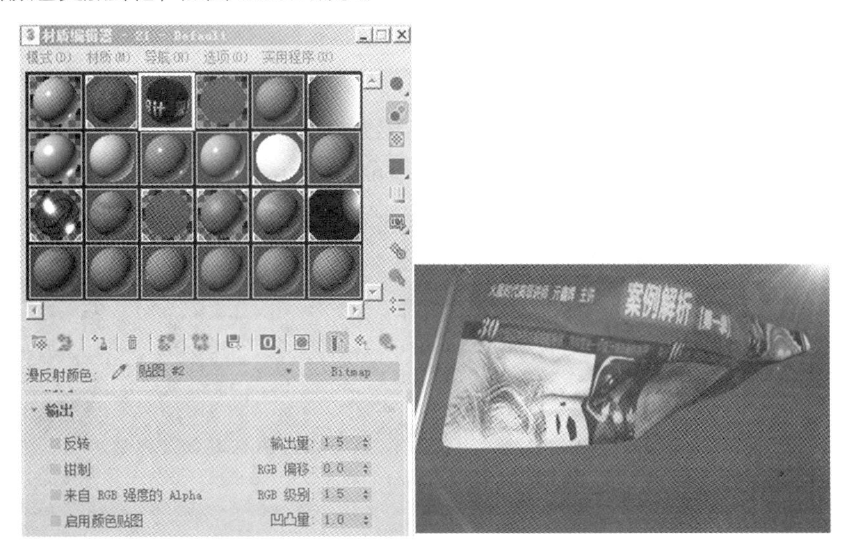

图 3.052

步骤 20： 勾选 [明暗器基本参数] 卷展栏中的 [双面] 复选框，将 [自发光] 参数组中的 [颜色] 设置为 30，如图 3.053 所示。

至此这样一个配合空间扭曲，以及将顶点设定成组之后，选择枢轴来固定空间位置的旗帜飘舞的效果就制作完成了，如图 3.054 所示。

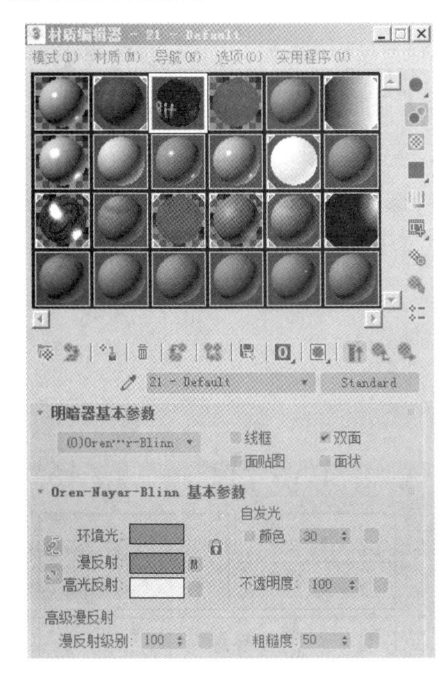

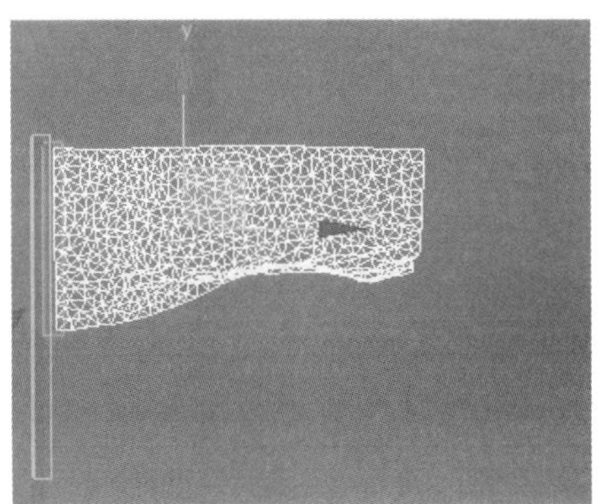

图 3.053

图 3.054

3.3.2 舞者的衣服

范例分析

在本案例中，我们将要为一个舞蹈的女孩制作衣服。在这个案例中我们将使用 3ds Max 的布料模块，学习如何为角色缝制衣服、设置板型，还要学习设置衣服与物体的动力学交互效果，也就是女孩身体动的时候，衣服与身体产生的碰撞效果等，完成一整套衣服的制作，如图 3.055 所示。

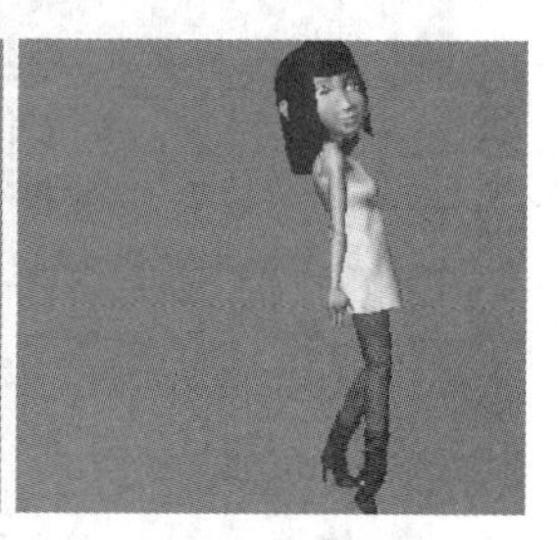

图 3.055

场景分析

打开配套学习资源中的“场景文件 \ 第 3 章 \3.3.2\video_start2018.max”文件，初始场景文件里面有一个人的模型，模型的名字叫“人体”，人是带有关键帧动画的，我们要为角色制作上衣。

制作步骤

首先进行衣服布料的制作。

步骤 01： 衣服的样条线是已经绘制好的，我们需要将其转变为布料。此时如果直接使用服装生成器来制作衣服的话，布料会显得很硬。我们需要单击按钮，进入［顶点］级别，按 Ctrl+A 组合键，选择所有顶点，在［修改］面板的［几何体］卷展栏中单击［断开］按钮，将样条线断开，如图 3.056 所示。

步骤 02： 进入［修改］面板，在［修改器列表］中选择［服装生成器］，这样衣服就生成了，如图 3.057 所示。

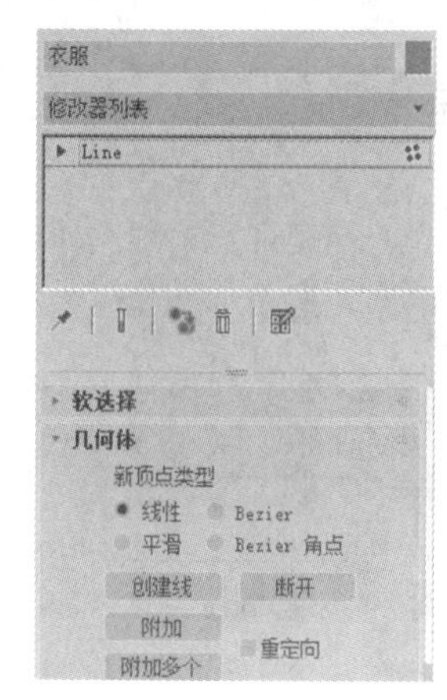

图 3.056

图 3.057

步骤 03： 板型处理。进入［服装生成器］修改器，选择［面板］，在场景中单击鼠标右键，在弹出的菜单中选择［旋转］工具。按下［角度捕捉切换］按钮，将衣服绕着 x 轴旋转 180°，如图 3.058 所示。

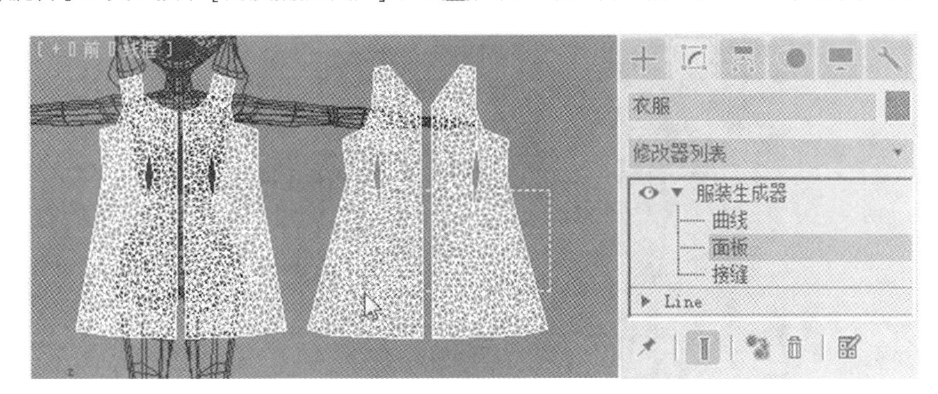

图 3.058

步骤 04： 此时的衣服只能看到正面，看不到背面。选择衣服，然后单击鼠标右键，在弹出的菜单中选择［对象属性］，取消勾选［背面消隐］复选框，如图 3.059 所示，这样就能看到衣服的背面了。

步骤 05： 使用［移动］和［旋转］工具调整好衣服的位置，使其与角色模型对齐，如图 3.060 所示。

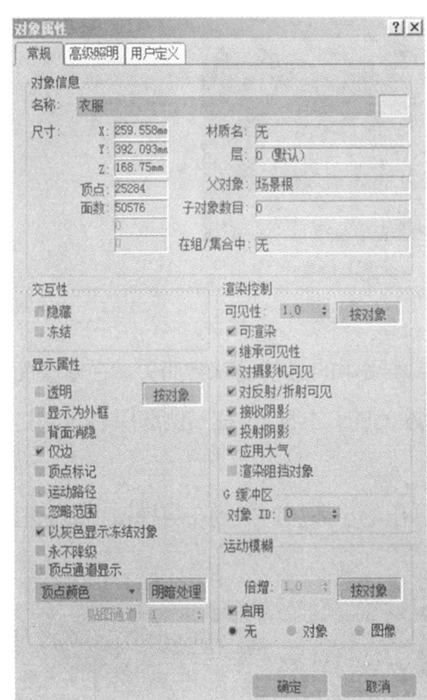

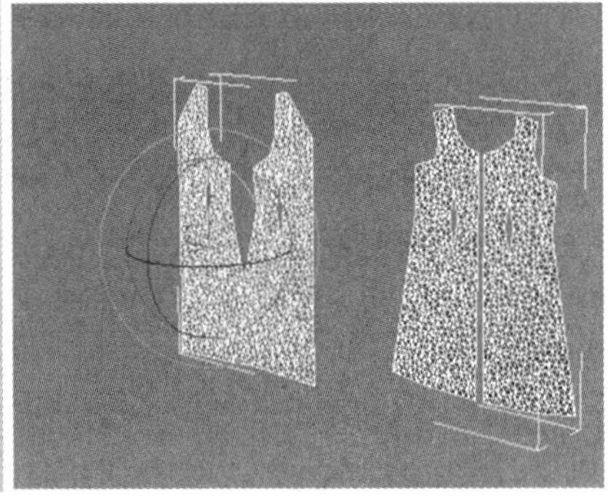

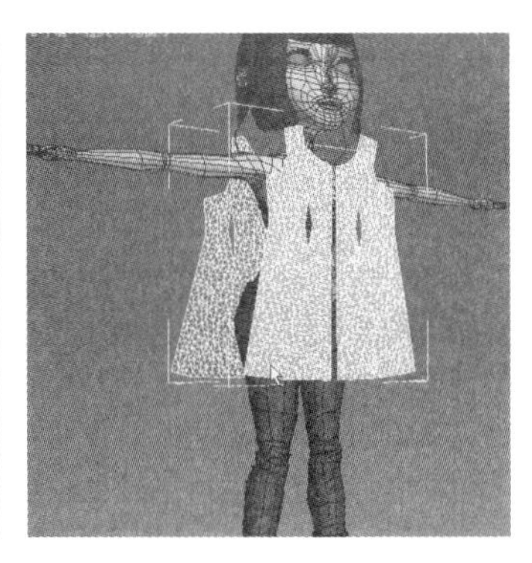

图 3.059　　图 3.060

步骤 06： 选择衣服，然后单击鼠标右键，在弹出的菜单中选择［对象属性］选项，重新勾选［背面消隐］复选框，这样衣服就没问题了。

下面缝合布料。

步骤 07： 选中衣服，按 Alt+Q 组合键以孤立模式显示。在修改面板中选择［服装生成器］下的［接缝］元素，选择肩部的两条线，将［接缝公差］设置为 2，单击［创建接缝］按钮将其缝合，如图 3.061 所示。

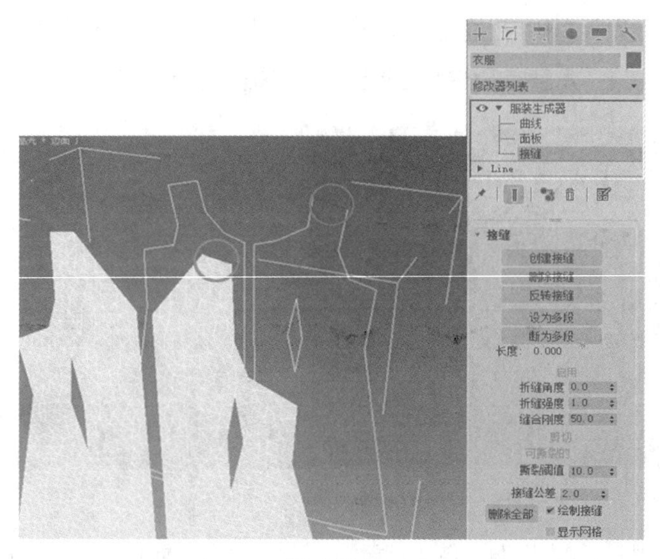

图 3.061

步骤 08： 把需要缝合的线全部都缝合到一起，包括侧面、背面，以及中间小的镂空，如图 3.062 所示，衣服缝制完成后，退出 [服装生成器]，并退出孤立模式。

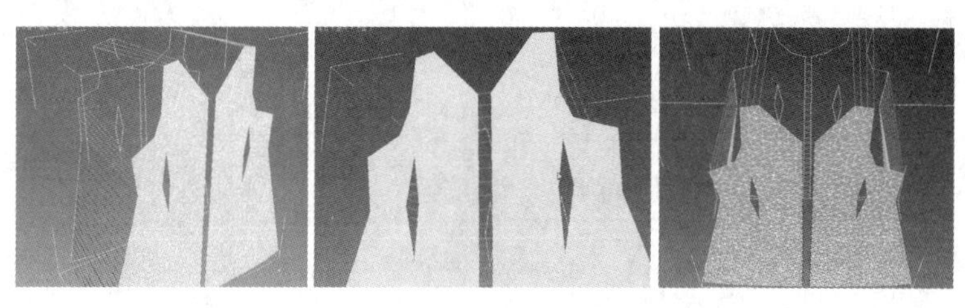

图 3.062

下面为当前衣服模型加入布料模块。

步骤 09： 在 [修改器列表] 中选择 [Cloth]，加入布料模块后，场景中的分割线就会消失。在修改面板中单击 [对象] 卷展栏中的 [对象属性] 按钮，在弹出的对话框中选择左侧的 [衣服]，在右侧选择 [布料]，如图 3.063 所示。

步骤 10： 在 [对象属性] 对话框中单击 [添加对象...] 按钮，在弹出的 [添加对象到布料模拟] 对话框中选择 [内衣] 和 [人体]，单击 [添加] 按钮，如图 3.064 所示。

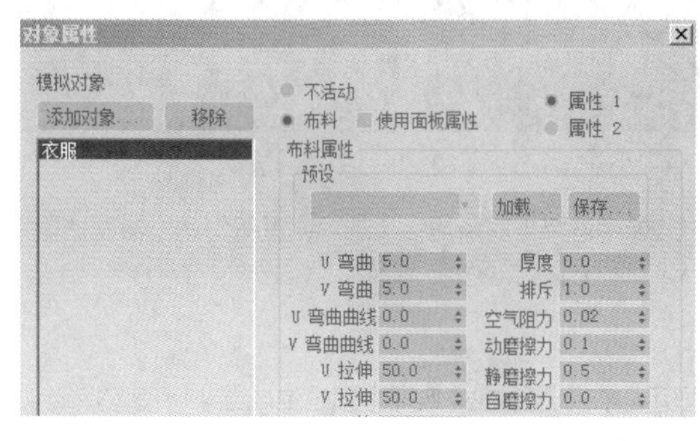

图 3.063

图 3.064

步骤 11： 在［对象属性］对话框中选择［内衣］，选择［冲突对象］，在［冲突属性］中将［深度］设置为 4，［补偿］设置为 8，如图 3.065 所示。这两个参数的设置可以使衣服和身体碰撞的时候不会产生穿插。选择［人体］，选择［冲突对象］，将［深度］设置为 4，［补偿］设置为 8，单击［确定］按钮。

步骤 12： 在［修改］面板中的［模拟参数］卷展栏下勾选［自相冲突］复选框，要让衣服在缝合的过程中不会产生自交叉，将［子例］设置为 2，这样计算会更加准确，如图 3.066 所示。

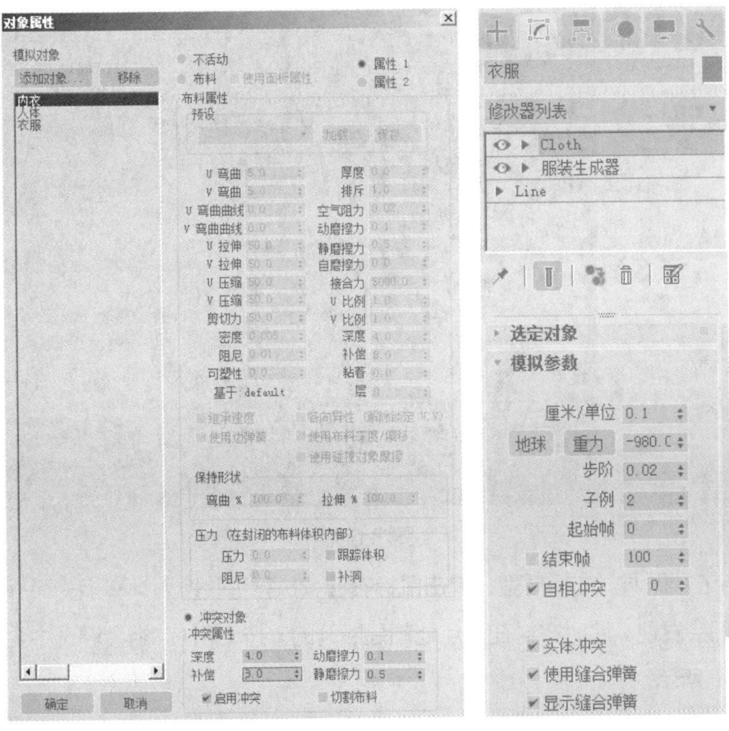

图 3.065　　　　图 3.066

步骤 13： 执行［编辑 > 暂存］命令，对当前的效果进行暂存，然后在［修改］面板的［对象］卷展栏中单击［模拟局部（阻尼）］按钮，系统会开始进行计算，缝制得差不多后，按 Esc 键退出计算，如图 3.067 所示。

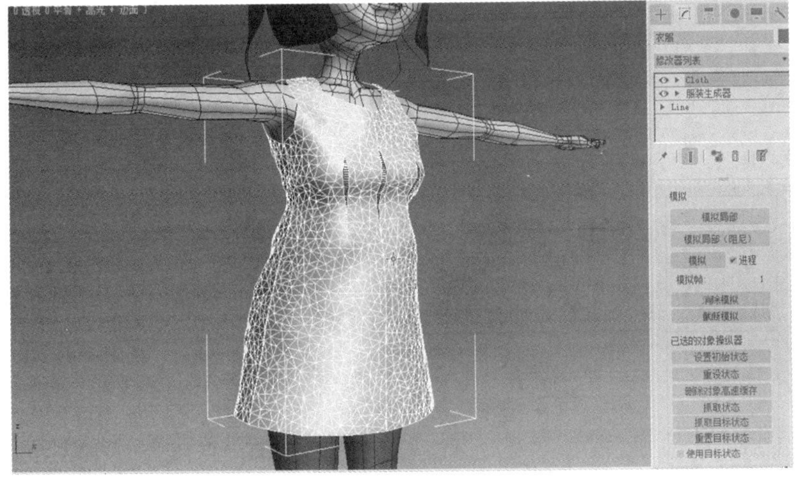

图 3.067

步骤 14：此时，衣服胸口处的几个小接缝还没有缝合上。在［修改］面板的［模拟参数］卷展栏中取消勾选［使用缝合弹簧］复选框，然后再次单击［模拟局部（阻尼）］按钮，进行计算，在计算得差不多的时候，按 Esc 键退出计算，这样就缝制好了，如图 3.068 所示。

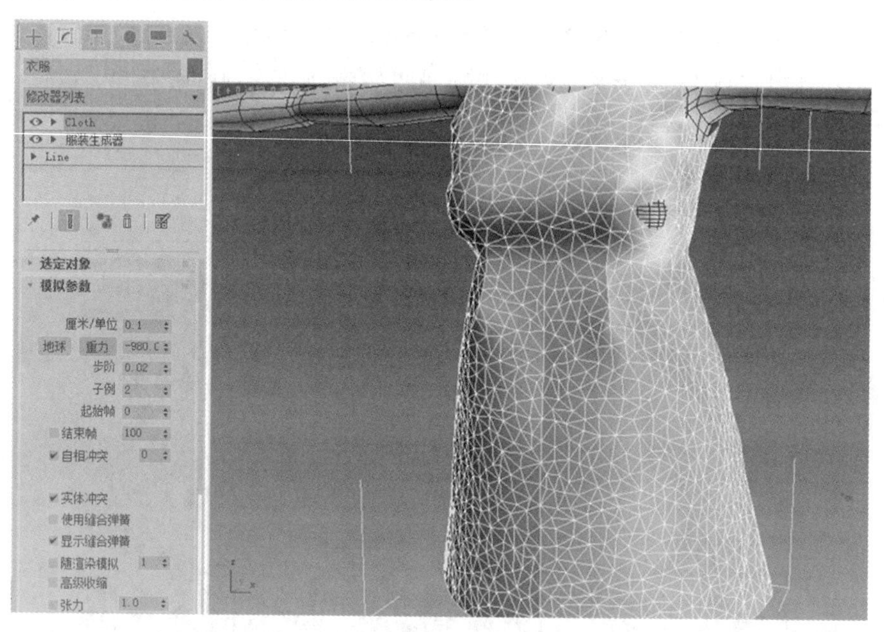

图 3.068

步骤 15：对布料进行微调。选择模型，单击鼠标右键，执行［转换为 > 转换为可编辑多边形］命令，进入［顶点］级别，我们会发现，此时布料在顶点处都是断开的。按 Ctrl+A 组合键选中全部顶点，对它们进行［焊接］，如图 3.069 所示。

步骤 16：如果发现身体和衣服有穿插，我们可以选择穿插位置对应的顶点，在［修改］面板中的［软选择］卷展栏下勾选［使用软选择］复选框，在视图中进行调整，如图 3.070 所示。这样，衣服的模型就出来了。

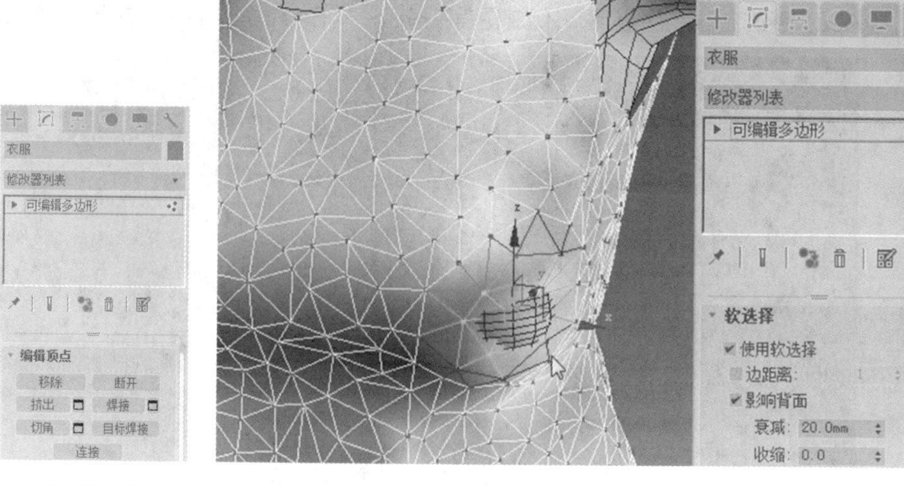

图 3.069　　图 3.070

步骤 17：分别选择人体和内衣，在［修改］面板中直接删除［变形器］修改器，如图 3.071 所示。

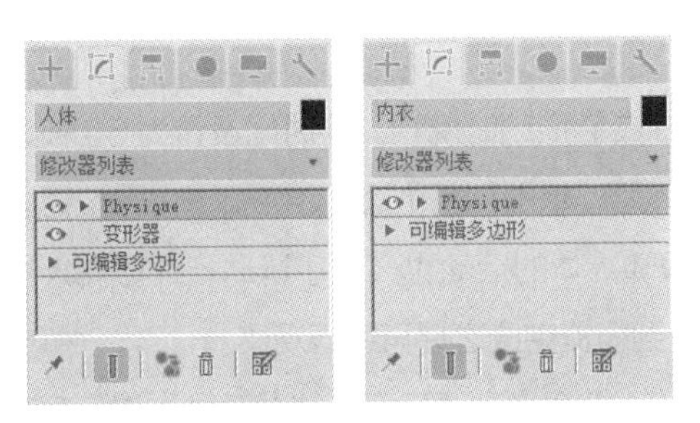

图 3.071

步骤 18： 选择衣服，在 [修改器列表] 中为其增加 [Cloth] 修改器，设置对象属性为 [布料]，如图 3.072 所示。

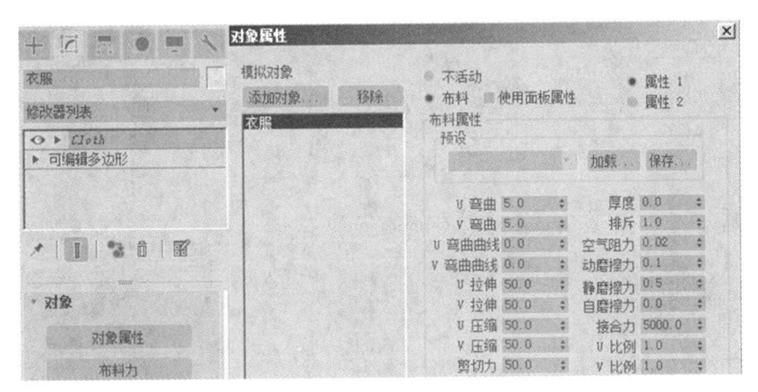

图 3.072

步骤 19： 单击 [添加对象...] 按钮，添加内衣和人体。选择 [内衣]，选择 [冲突对象]，在 [冲突属性] 中将 [深度] 设置为 4，[补偿] 设置为 8，选择 [人体]，选择 [冲突对象]，在 [冲突属性] 中将 [深度] 设置为 4，[补偿] 设置为 8，如图 3.073 所示。

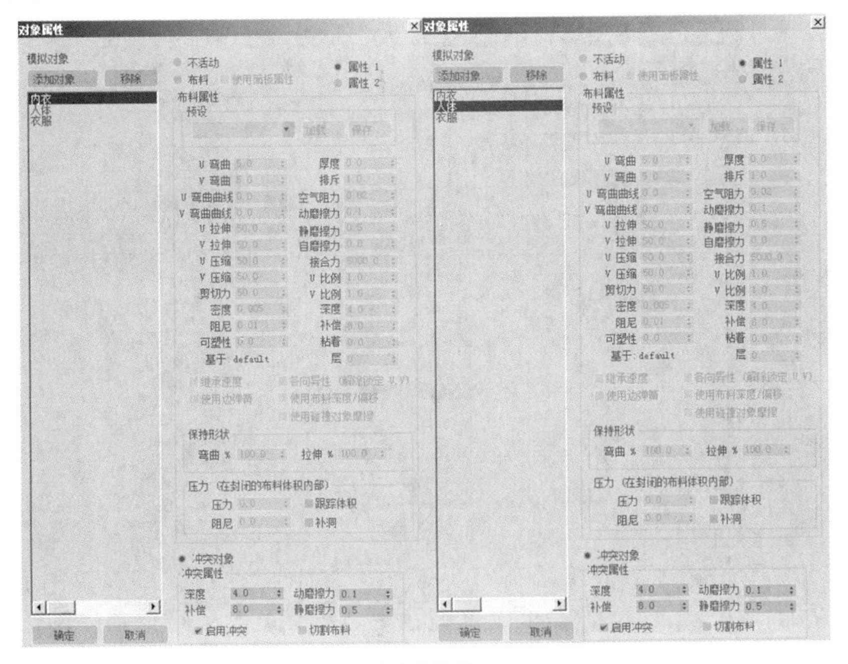

图 3.073

下面制作动力学模拟动画。

步骤 20： 按住 Ctrl+Alt+ 鼠标右键拖动时间轴，将时间设置为 50 帧，执行 [编辑 > 暂存] 命令，对当前的效果进行暂存。切换到摄影机视图，单击 [修改] 面板中的 [模拟] 按钮，进行模拟解算，如图 3.074 所示。此时我们可以看到，当前的衣服跟随人体的运动也产生了运动，并且在人物腿部抬起的时候，与衣服也产生了动力学的交互效果。我们可以等到模拟完成之后再进行观察。

步骤 21： 模拟完成以后，按 F4 键切换到透视图，播放动画，进行观察，此时的解算基本没什么问题，衣服也没有穿插，如图 3.075 所示。

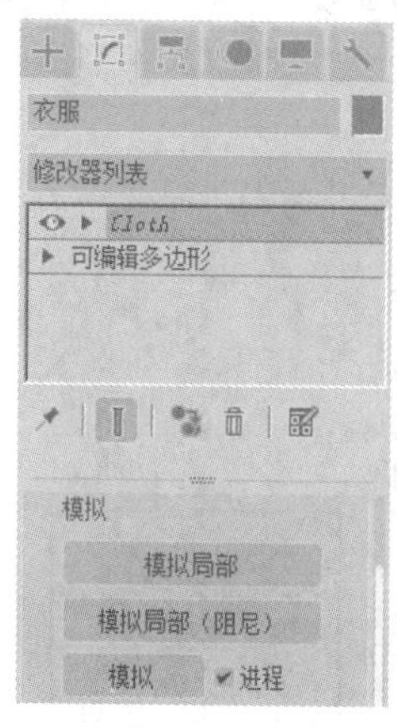

图 3.074

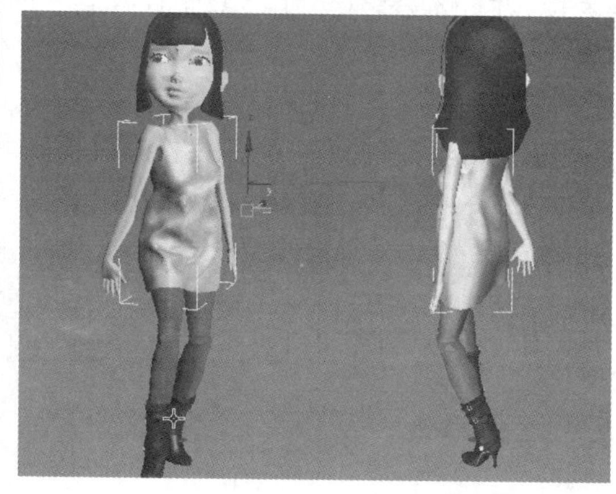

图 3.075

下面进行其他参数的设置。

步骤 22： 如果想让衣服材质更加柔软的话，可以在 [修改] 面板中单击 [对象属性] 按钮，在打开的 [对象属性] 对话框中选择 [衣服]，在右侧 [布料属性] 的 [预设] 下面选择 [Silk]（丝绸），如图 3.076 所示。

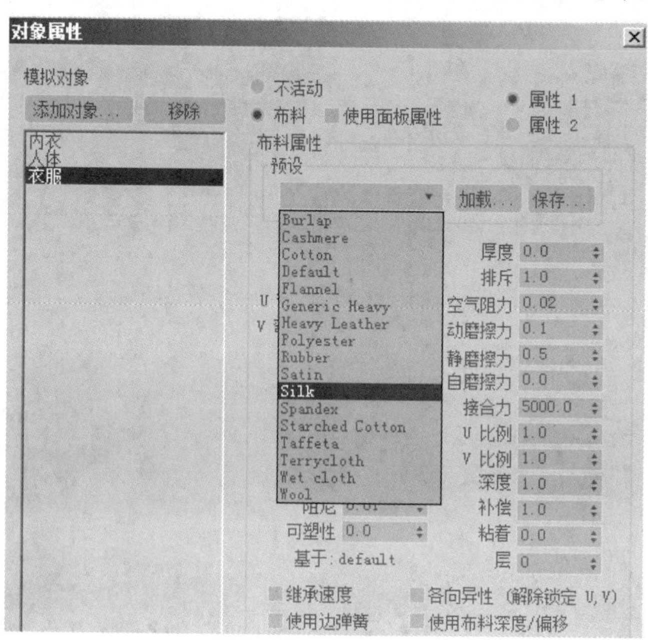

图 3.076

步骤 23：如果觉得衣服比较硬，还可以在修改器列表中为衣服增加一个［涡轮平滑］修改器，这样就可以使衣服更加柔软，如图 3.077 所示。

图 3.077

步骤 24：如果想让衣服有一点厚度的话，可以为衣服增加一个［壳］修改器。选择衣服，在［修改器列表］中选择［壳］修改器，将［外部量］设置为 0.2 mm，这样衣服就有厚度了，如图 3.078 所示。

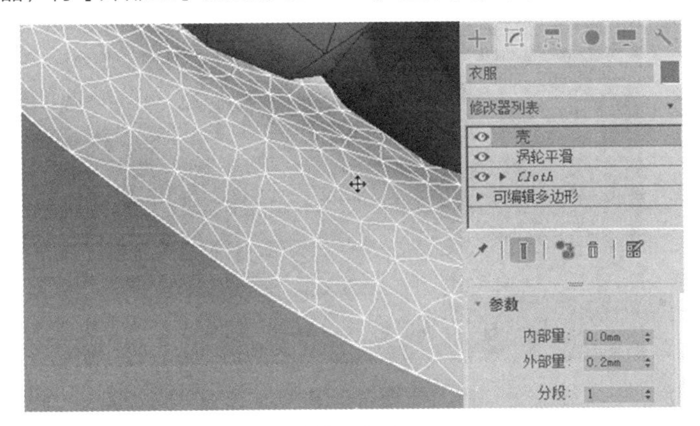

图 3.078

至此，整个衣服的效果就已经制作完成了。场景中的人从大字形站立转化到当前走路的姿态，是使用混合器来完成的。关于混合器的使用方法，大家可以参考本书第 5 章，里面有具体讲解。

3.4 本章小结

本章讲解了 3ds Max 中的［布料］系统的使用方法及参数设置方法，通过两个案例详细讲解了使用 3ds Max 中［布料］模块模拟真实布料效果的整体流程，其中包括使用多块布料为角色缝制衣物，以及模拟衣服跟随角色运动的动画效果。熟练掌握布料系统的使用方法，可以为角色做出极具真实感的衣物。

3.5 参考习题

1. 如果要将场景中［空间扭曲］的［风］加入布料模拟，吹动布料模型，改变其形态，下列选项

中操作正确的是 ________。

A. 使用主工具栏中的 [绑定到空间扭曲] 工具，将风力绑定到布料模型上

B. 通过 Cloth 修改器的 [对象属性] 添加风力进行模拟，影响布料

C. 通过 Cloth 修改器的 [布料力] 添加风力进行模拟，影响布料

D. 布料模拟只能识别 Reactor 动力学模拟中的风力

2. 下列选项中，________ 不属于布料模拟中 [组] 子对象层级中可使用的组属性类型。

A. 节点

B. 曲面变形

C. 曲面

D. 无冲突

3. 如图 3.079 所示，二维图形转化为布料对象时 A 对象出现倒角现象，以下解决方案正确的是 ________。

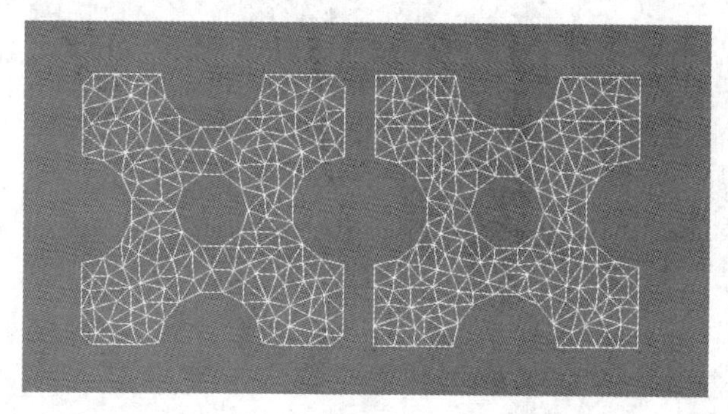

图 3.079

A. 将密度值提高

B. 进入样条线的 [顶点] 子对象级别，将样条线从出现倒角的顶点处断开

C. 将出错的布料对象删除，再重新绘制二维图形

D. 以上说法都不正确

参考答案

1. C　2. B　3. B

第 4 章 3ds Max 高级动画

4.1 知识重点

动画功能的强弱一直是衡量三维软件制作能力的重要标志。本章将详细讲解如何使用 3ds Max 软件为角色模型创建骨骼、蒙皮。对于一般模型而言，我们也可以添加各种控制器来制作动画效果，以及进行 IK 解算。这样，我们就可以使用这些工具制作出千变万化的动画效果。

- 掌握骨骼的创建与调整方法。
- 掌握几种蒙皮修改工具的使用方法。
- 了解各种 IK 解算器的作用。
- 掌握 [变形器] 修改器和 [变形器] 材质的使用方法。
- 了解各种常用动画控制工具的使用方法。

4.2 要点详解

4.2.1 高级动画技术简介

目前国际市场上主流 3D 软件动画功能的强弱、动画功能设置的简便与否一直是衡量 3D 软件整体水平的重要指标。为了提高软件的竞争能力，抢占市场份额，各款主流的 3D 软件都在动画的制作部分设置了各种各样强大的功能，力求使自己的动画功能设置简便而又好用。在 3ds Max 中，[动画] 菜单下的 [骨骼工具]、[蒙皮] 修改器、各种 IK 解算器、[变形器] 修改器，以及 [参数收集器]、[反应管理器]、[选择并操纵] 工具等各种辅助动画工具使动画设置变得非常轻松，如图 4.001 所示。

图 4.001

4.2.2 动画常用命令的介绍及使用

1. 骨骼工具

骨骼系统是用于制作角色动画的重要工具，可以进行骨骼创建、骨骼尺寸比例调节、骨骼属性调整等，在 3ds Max 中骨骼可以赋予角色以生命力，如图 4.002 所示。

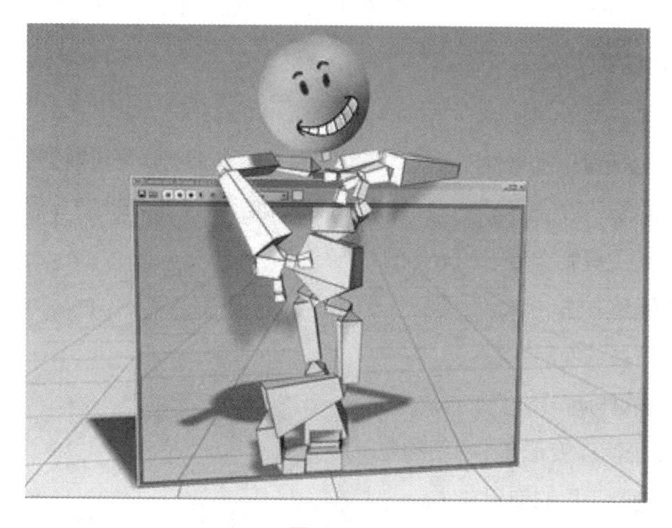

图 4.002

- 骨骼默认状态下是不可渲染的，只有在［对象属性］对话框中勾选［可渲染］选项才能渲染骨骼。
- 在 3ds Max 中骨骼系统不再作为独立的辅助对象存在，而作为可编辑的对象，可以用［编辑网格］、［网格平滑］等命令修改骨骼。
- 在 3ds Max 中，只要各个对象之间有层级关系，不论是什么对象都可以充当骨骼。选择［动画］菜单下的［骨骼工具］命令即可打开［骨骼工具］面板。［骨骼工具］包含 3 个操作项目，即骨骼编辑工具、鳍调整工具和对象属性，如图 4.003 所示。

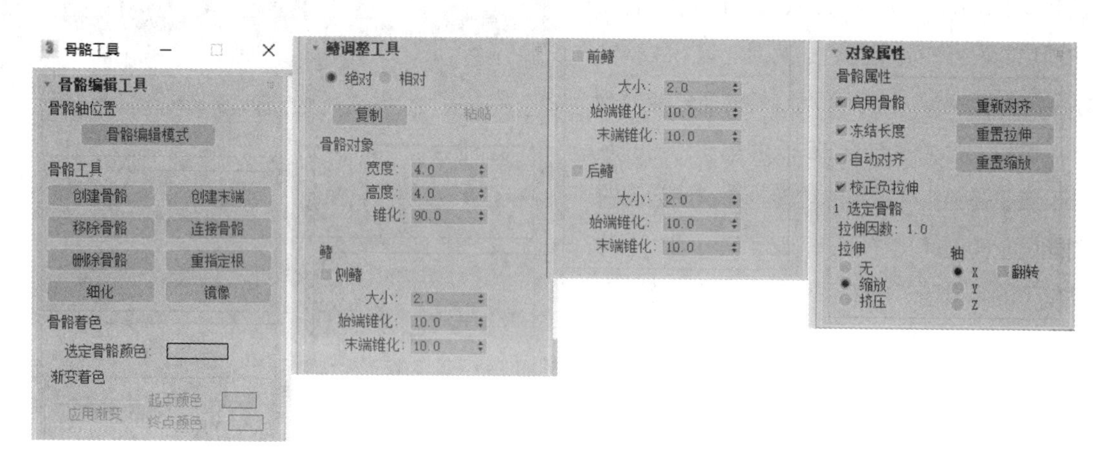

图 4.003

2. 骨骼编辑工具

[骨骼编辑工具] 主要用来编辑骨骼的位置，增加或删除骨骼，指定骨骼的渐变色，重新指定骨骼链的根，具体的使用方法如图 4.004 所示。

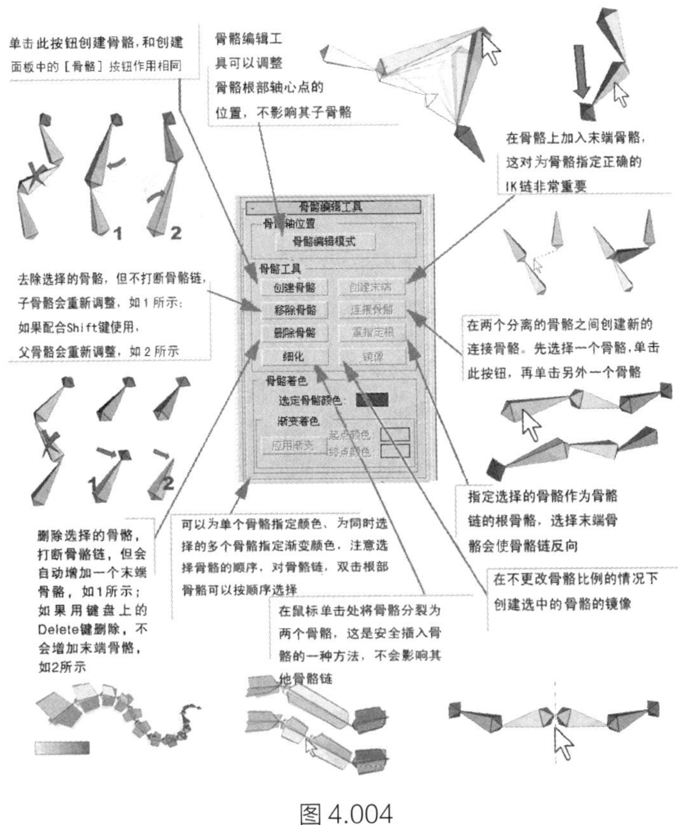

图 4.004

3. 鳍调整工具

[鳍调整工具] 的主要作用是在不同的模式 (绝对模式或相对模式) 下调整一个或多个骨骼的鳍的属性，如图 4.005 所示。

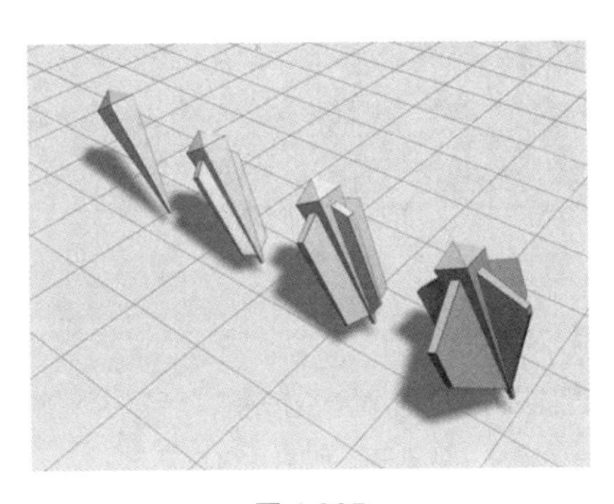

图 4.005

4. 对象属性

［对象属性］的主要作用是对骨骼进行开关、重新指定等操作，改变一个或多个骨骼的拉伸属性。

4.2.3 蒙皮修改工具

1. ［蒙皮］修改器

［蒙皮］修改器的主要作用是使用骨骼驱动皮肤变形，在 3ds Max 中我们可以使用骨骼、样条线甚至其他对象来使网格对象、面片对象或 NURBS 对象变形，如图 4.006 所示。

图 4.006

在应用［蒙皮］修改器并为对象指定骨骼后，对象表面的顶点会被放置到一个封套中，这些封套内的顶点会随骨骼一起运动，骨骼在进行［旋转］、［移动］等变换时，可以通过受力点的权重影响对象，以此来产生相应的变形。［蒙皮］修改器下的［参数］卷展栏是最重要的卷展栏，在这里我们可以对骨骼的封套进行调整，从而最终达到控制网格的目的，如图 4.007 所示。

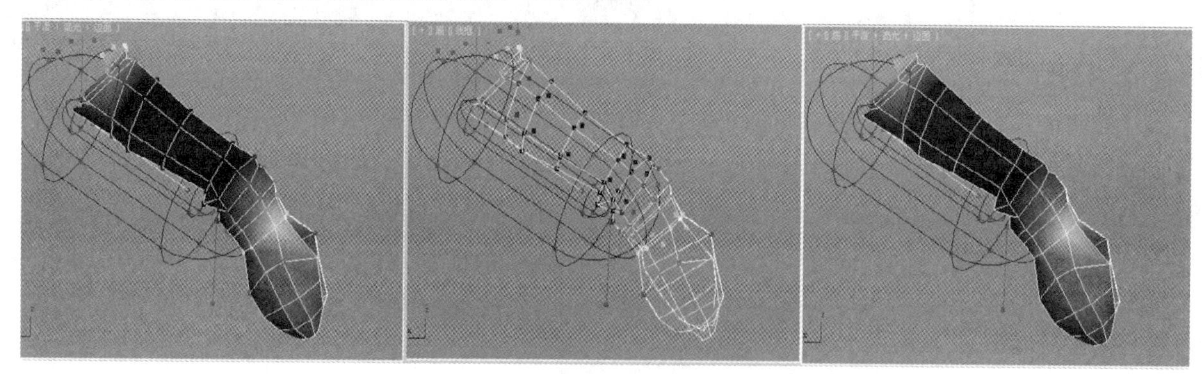

图 4.007

2. ［蒙皮包裹］修改器

［蒙皮包裹］修改器允许通过使一个或多个对象变形来影响另一个对象并使其变形，主要用于使用低分辨率对象设置高分辨率对象（如角色网格）的动画，如图 4.008 所示。

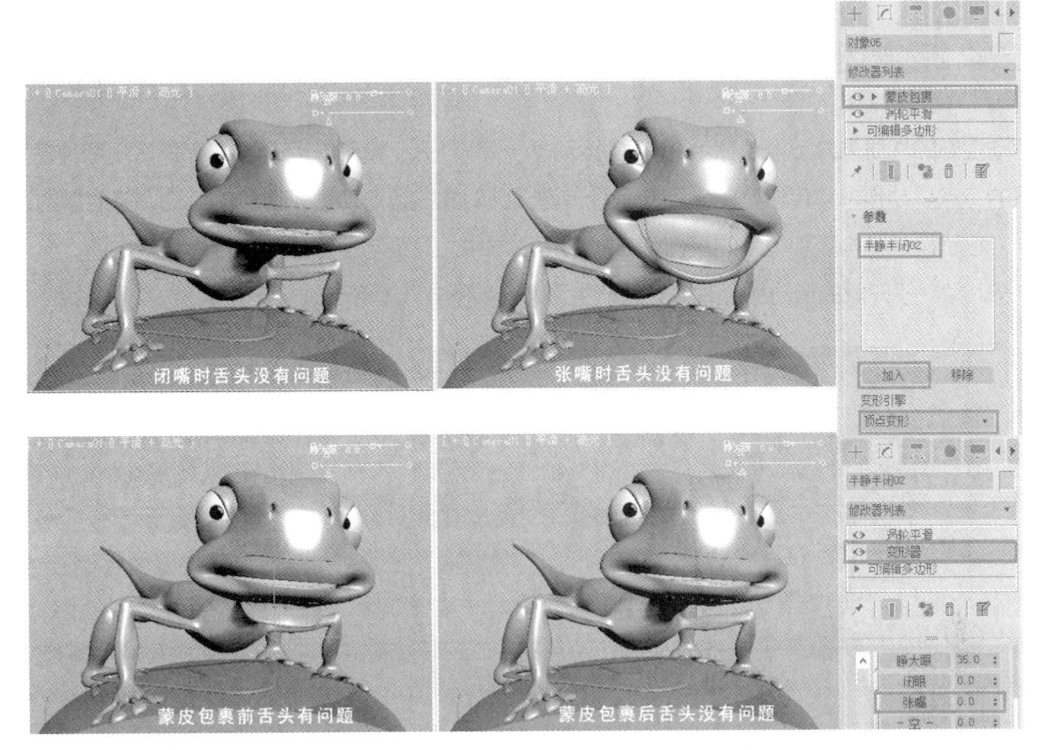

图 4.008

在[蒙皮包裹]修改器中变形的低分辨率对象被称为[控制对象],[控制对象]上的顶点被称为[控制顶点],而它所影响的高分辨率对象被称为［ 基础对象 ］，［ 基础对象 ］上的顶点被称为［ 点 ］。

3. ［蒙皮变形］修改器

［ 蒙皮变形 ］修改器主要用来对［ 蒙皮 ］对象进行变形操作，当网格对象使用了［ 蒙皮 ］修改器或其他类似的修改器（ 如 Physique ）后，可以使用［ 蒙皮变形 ］修改器对对象进行进一步的网格变形，它主要用来处理腋窝和腹股沟等常见的问题区域，如图 4.009 所示。

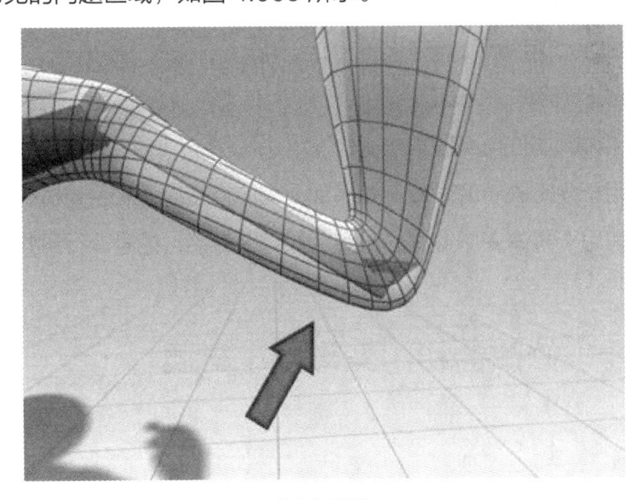

图 4.009

4.2.4 反向运动学（IK）

从运动控制的性质来分，3ds Max 有正向运动学（简称 FK）和反向运动学（简称 IK）两种模式。正向层级关系的特点是动作单向传递，由父级向子级传递，父对象的运动牵动子对象的运动，子对象的运动不影响父对象。它是构成结构级别关系的基础。在反向运动学中，父级与子级的数据传递是双向的，父对象的运动会影响子对象，子对象的运动也会对父对象产生影响，如图 4.010 所示。

反向运动学模式：
手和脚的运动会影响到手臂和腿的运动，
手臂和腿的运动也会影响到手和脚

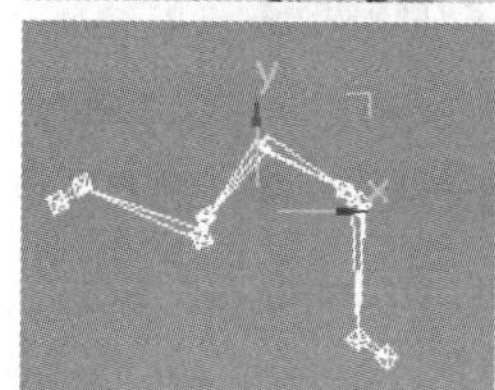
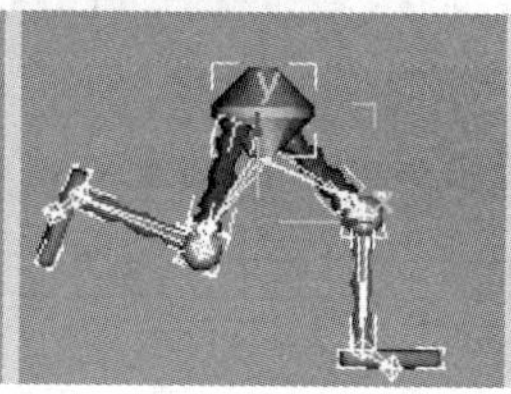
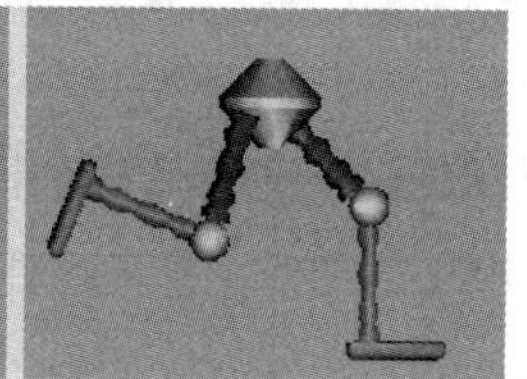

图 4.010

3ds Max 共提供了 6 种反向运动学控制模式，它们分别是[交互式 IK]、[应用式 IK]、[HD 解算器]、[HI 解算器]、[IK 肢体解算器] 和 [样条线 IK 解算器]。交互式 IK 和应用式 IK 是 3ds Max 1 ~ 3ds Max 3 使用的 IK 解算器，目前已经不用于角色 IK 的计算了，保留的原因是一些工业动画还会用到。

其他 4 种 IK 解算器的主要作用如下。

- HI 解算器：常用于四肢骨骼的 IK 设定。
- HD 解算器：常用于机械动画的设定。
- IK 肢体解算器：常用于分支关节的设定，如肩部要同时连接躯干和手臂的骨骼。
- 样条线 IK 解算器：常用于柔体变形骨骼的设定，如脊柱骨骼、蛇等爬行动物的骨骼等。

4.2.5 ［变形器］修改器和［变形器］材质

1. ［变形器］修改器

变形是一种特殊的动画表现方式，可将一个对象在三维空间中变形为另一个形态不同的对象，软件可以自动生成不同形态的模型之间的变形动画，但要求它们拥有相同的顶点数目。这里的[变形器]修改器不同于[复合对象] 面板中的 [变形] 复合对象，复合对象是早期提供的功能， [变形器] 修改器是后来增加的功能，使用更方便，一般的变形动画推荐使用 [变形器] 修改器制作，如图 4.011 所示。

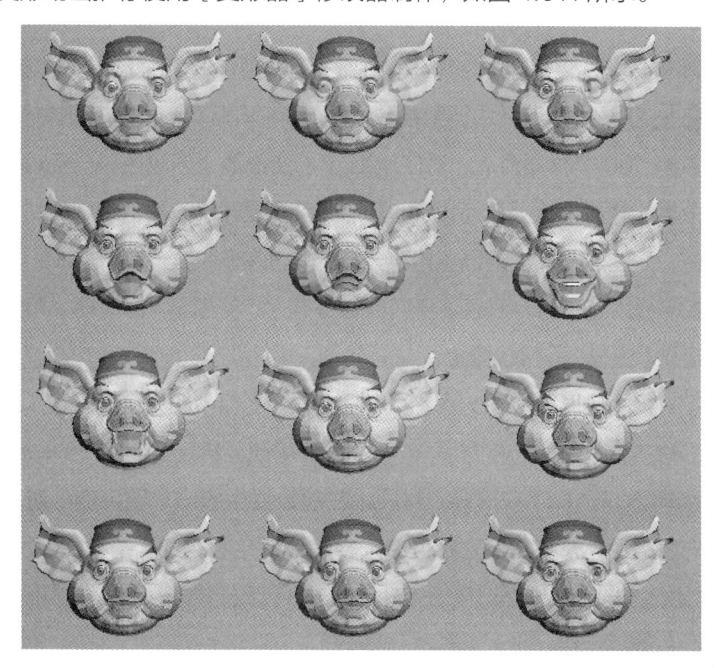

图 4.011

[变形器] 修改器适用于 NURBS 曲面、 [面片] 、 [网格] 模型，也支持 [图形] 或 FFD (自由变形)，同时支持材质的变形。如果是 [网格] 对象，变形对象与目标对象的顶点数必须相同；对于 [面片] 和 NURBS 曲面，依据控制点进行变形计算，这意味着可以在渲染时根据需要增加变形对象的渲染细节。

[变形器] 修改器常用于口型和面部表情的动画，也可以用于其他的特殊变形效果。修改器提供了 100 个变形通道，支持 100 个变形目标和材质之间的变形，使用通道的百分比数值进行形态的混合，混合的结果还可以用于创建一个新的目标体。

在 [变形器] 修改器之上还可以增加 [柔体] 修改器，产生协同动画效果。 [柔体] 修改器能够精确地配合变形的部位，对顶点进行动画处理，例如，制作下颚受力闭合的变形动画时，使用 [柔体] 修改器可以很好地模拟出嘴唇震动的效果。

在制作面部动画时，可以先创建一个完全“静态”的头部模型，可以是网格对象，也可以是面片或 NURBS 对象；复制并修改原始的头部模型，创建嘴唇的同步模型和面部表情模型；选择原始的“静态”头部模型并应用 [变形器] 修改器，在变形通道中分别指定嘴唇的同步模型和面部表情模型作为变形目标；然后通过轨迹视图的声音轨迹载入声音文件，按下 [自动关键点] 按钮，拨动时间滑块到变形关键点位置 (可通过在轨迹视图中预览声音波形来确定)，通过改变通道的数值设置嘴唇和面部表情的关键点。

牙齿可以是变形的一部分，也可为其独立设置变形动画；如果牙齿和头部是两个不同的对象，首先将牙齿放置在展开的位置，应用 [变形器] 修改器，随后指定一个闭合牙齿模型作为目标体。也可以使用其他技术来处理牙齿的动画，例如，将上牙床直接链接在头部模型上，因为它是不活动的，将下牙床链接到支配下巴运动的骨骼上，随下巴的运动而运动，这种链接不是蒙皮，直接用[链接]工具进行父子关系的指定就可以了。眼睛和头部动画可以在变形关键点创建后再进行设置。

2. [变形器] 材质

[变形器] 材质与 [变形器] 修改器同步使用，可以用来制作脸红或皮肤产生褶皱等动画效果，如图 4.012（左）所示。通过在 [变形器] 修改器中调整参数，可以像对几何体一样对变形材质进行融合与变形修改。

[变形器] 材质下共有 100 个材质通道，对应 100 个 [变形器] 修改器，一旦将一个材质通道指定给对象并且绑定到一个 [变形器] 修改器上，就可以通过调节 [变形器] 修改器的参数对材质和对象进行变形。没有指定对象的空材质通道，只能通过 [变形器] 修改器调整材质变形。

将 [变形器] 材质指定给某对象时，对象本身必须被指定了 [变形器] 修改器。可以通过以下两种方法将材质指定给对象，并绑定到 [变形器] 修改器上。

方法一：当对象被指定了 [变形器] 修改器之后，通过命令面板中的 [全局参数] 卷展栏中的 [指定新材质] 按钮为对象指定变形材质，并且同时将材质与 [变形器] 修改器绑定。

方法二：打开材质编辑器，选择 [变形器] 材质，在参数栏中单击 [选择变形对象] 命令，然后在视图中选择目标对象。单击对象之后，从打开的对话框中选择接受指定的 [变形器] 修改器（一个对象可能含有多个 [变形器] 修改器），通过它将 [变形器] 材质与 [变形器] 修改器绑定在一起，如图 4.012（右）所示。

一个 [变形器] 材质只能绑定给一个 [变形器] 修改器。

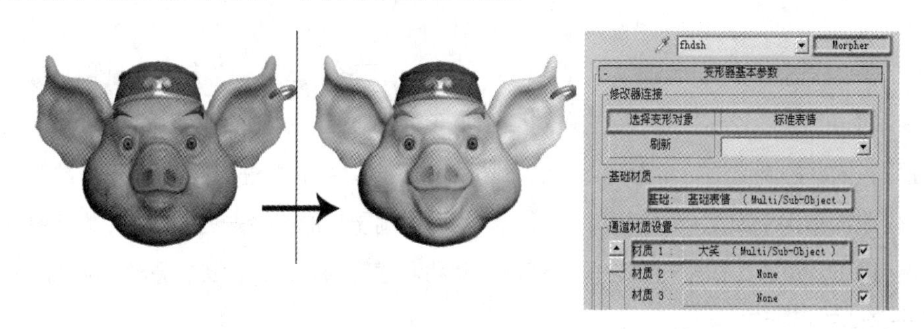

图 4.012

4.2.6 辅助动画控制工具

1. 参数收集器

[参数收集器] 可以将多个可设置动画的对象参数收集到一个窗口中，对它们进行重新排列和命名，以便于我们对特定参数进行快速访问和设置，如图 4.013 所示。被收集的参数以可调对话框的形式出现，并且能够随参数的变化而动态更新。例如，在调整角色眼部动画时，可以将其上下眼睑的运动、眼球的旋转、眼睛的颜色等参数同时收集在一起，这样调节这些参数时能够快速表现出不同表情的动画效果。[参数收集器] 还能够在绝对或相对模式下同时更改收集器中的所有参数，这样可以大大方便我们进行角色动画的设置，例如，在调整角色手部动画时，可以轻松地使所有手指同时蜷起或伸展。

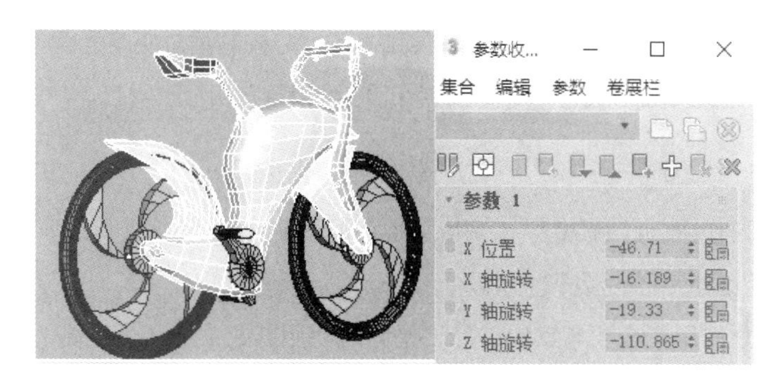

图 4.013

提示

①［参数收集器］不支持［外部参照对象］中的参数和［外部参照场景］中的对象。［参数收集器］对话框分为菜单栏、工具栏和卷展栏。

②打开［参数收集器］窗口的方法是：执行菜单栏中的［动画>参数收集器］命令，快捷键为 Alt + 2 组合键。

2. 反应管理器

［反应管理器］是管理众多［反应］的交互界面，［反应］是指在一个参数中所做的更改影响另一个参数的方法，由用户来管理的控制参数为反应的主对象，被影响的参数为反应的从属对象，如图 4.014 所示。反应提供了主对象驱动从属对象的方式，这一方式比表达式和关联参数还要强大灵活，可以用一个主对象来控制任意数量的从属对象，每一个主 / 从参数对象组合为一个反应。我们可以为主 / 从参数设置特定的数值来定义其状态。

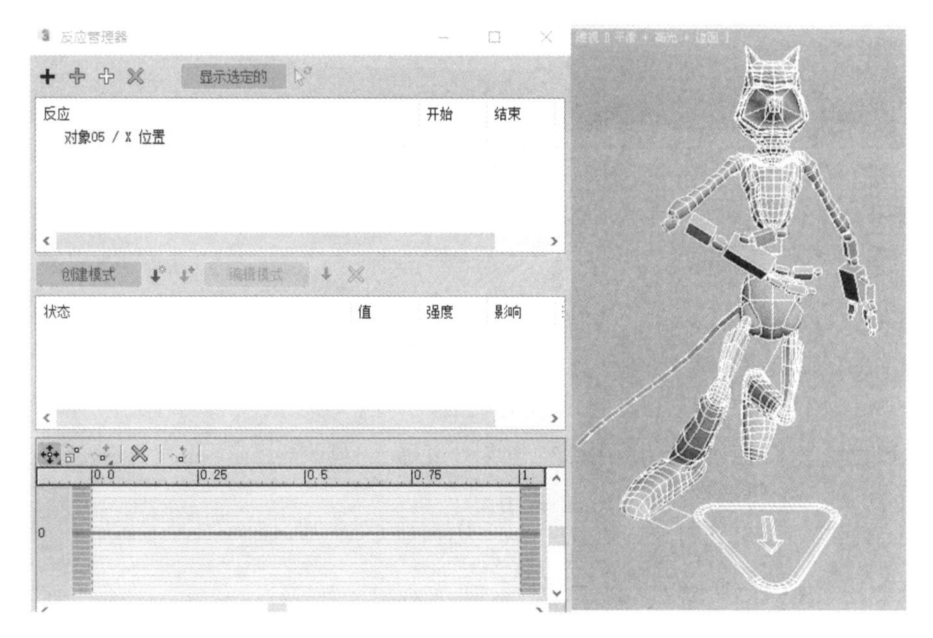

图 4.014

[反应管理器] 提供了统一的界面，可用于设置和修改反应控制器。使用 [反应管理器] 可以添加、修改和删除主 / 从属对象、定义反应的状态，以及通过图形曲线来查看和修改反应。

3. [选择并操纵] 工具

[选择并操纵] 工具通过拖动“操纵器”，可以直接在视图中对某类对象、修改器或控制器参数进行编辑，一个重要的作用就是调整动作变形的滑杆。

这个工具不能够独立应用，需要与其他选择工具同时使用，如 [选择] 工具、[缩放] 工具等，如图 4.015 所示。

使用 [选择并操纵] 工具可以在视图中方便快捷地调节一些标准几何体的创建参数。此外，还可以在场景中定制 [圆锥体角度]、[平面角度] 和 [滑块] 辅助体操纵器。使用 [操纵] 工具可以调整设定面部表情的滑块，如图 4.016 所示。

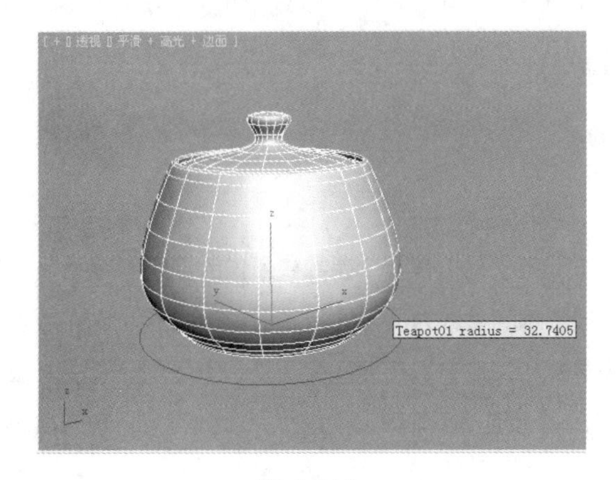

图 4.015

图 4.016

4.3 应用案例——金鱼

4.3.1 创建变形动画

范例分析

本案例将使用 3ds Max 中的 [变形器] 修改器，[变形器] 修改器主要用来制作两个物体之间的变形动画，要求目标物体与变形物体的点、面数和拓扑结构一致，[变形器] 修改器还应用在角色的表情变化上。下面我们通过鱼张嘴的动画来学习 [变形器] 修改器的应用。

场景分析

打开随书配套学习资源中的“场景文件 \ 第 4 章 \4.3.1\video_start.max”文件，场景中有一个用多边形制作的鱼模型，按住 Shift 键，在 y 轴上复制一个新的模型并更名为“张嘴”，如图 4.017 所示，将原始的鱼模型更名为“原始”。将 [变形器] 修改器加到原始的鱼模型上，然后拾取修改后的鱼模型，使其作为变形目标。

制作步骤

（1）创建新模型作为变形目标

步骤 01： 选择名为“张嘴”的鱼模型，在修改面板中单击 [顶点] 按钮进入顶点级别，在前视图中选择鱼嘴上部的顶点，将其向上拉起，使鱼嘴张开，选择鱼嘴底部的顶点，将其向下拖曳，此时鱼嘴完全张开，退出顶点级别，观察鱼模型，如图 4.018 所示。

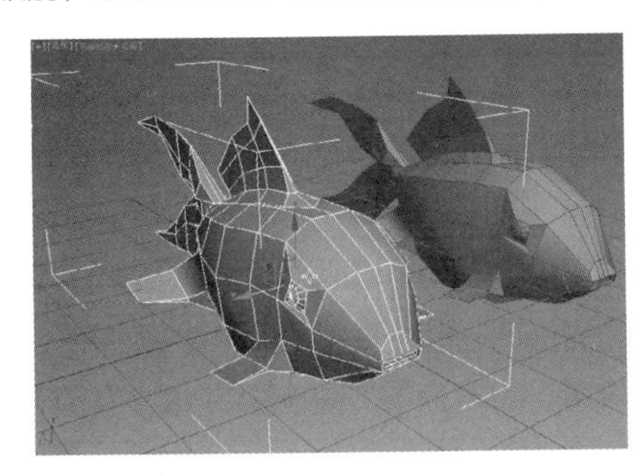

图 4.017

图 4.018

步骤 02： 选择名为“原始”的鱼模型，在修改面板的 [修改器列表] 中添加一个 [变形器] 修改器，在 [通道列表] 卷展栏中第一个 [空] 按钮上单击鼠标右键，选择 [从场景中拾取] 选项，选择场景中的“张嘴”模型，此时该模型名称显示在该按钮上，如图 4.019 所示。

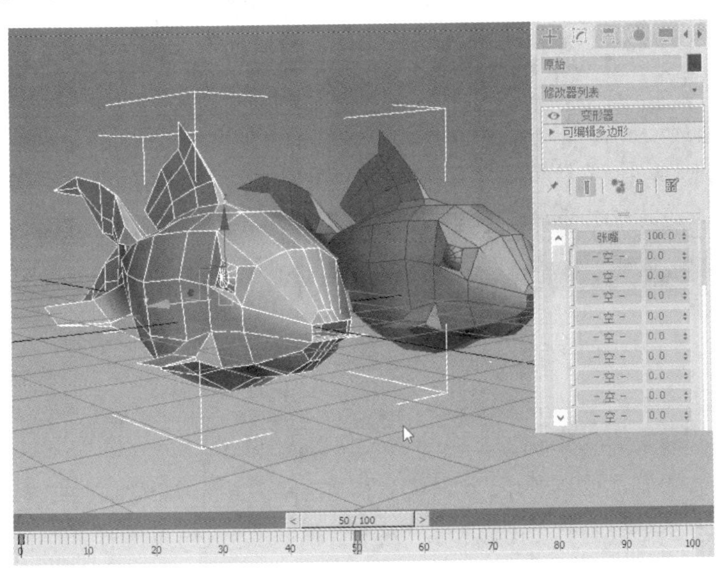

图 4.019

步骤 03： 选择“原始”模型，单击鼠标右键，选择 [对象属性]，可以观察到 [顶点] 为 408，[面数] 为 430；选择“张嘴”模型，单击鼠标右键，选择 [对象属性]，可以观察到在变形过程中 [顶点]、[面数]

没有发生变化，说明两个模型的拓扑结构完全相同。

步骤 04：为了使模型出现鱼鳍摆动效果，选择“原始”模型，按住 Shift 键拖动，在另一侧复制一个新的鱼模型并更名为“摆尾”，调整至如图 4.020 所示的位置。删除该模型上的 [变形器] 修改器。

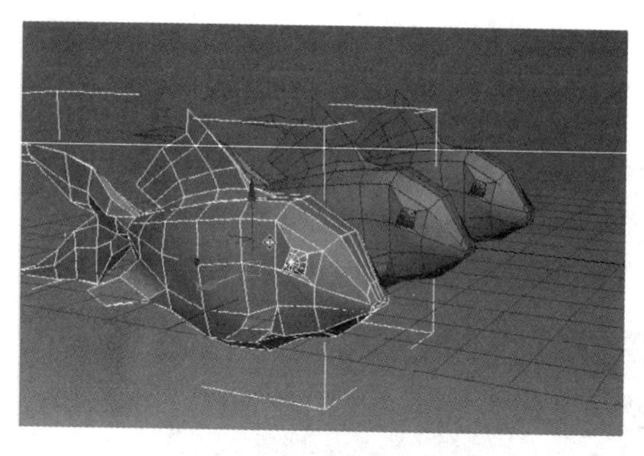

图 4.020

提示

[变形器] 修改器只能添加在原始物体上，所以应将其他物体上的 [变形器] 修改器删除。

步骤 05：保持“摆尾”模型被选中状态，在修改面板中单击 [顶点] 按钮进入顶点级别，在顶视图中框选模型尾部的顶点，将 [软选择] 卷展栏下的 [使用软选择] 勾选，将 [衰减] 调整为 12 左右，选择尾部，使用 [旋转] 工具将尾部旋转至如图 4.021 所示的效果，并配合 [移动] 工具调整其位置。

步骤 06：退出顶点级别，选择“原始”模型，在 [通道列表] 卷展栏中 [张嘴] 下面的 [空] 按钮上单击鼠标右键，选择 [从场景中拾取]，再选择“摆尾”模型，此时调节 [摆尾] 右侧的数值时“原始”模型出现摆动鱼尾效果，如图 4.022 所示。

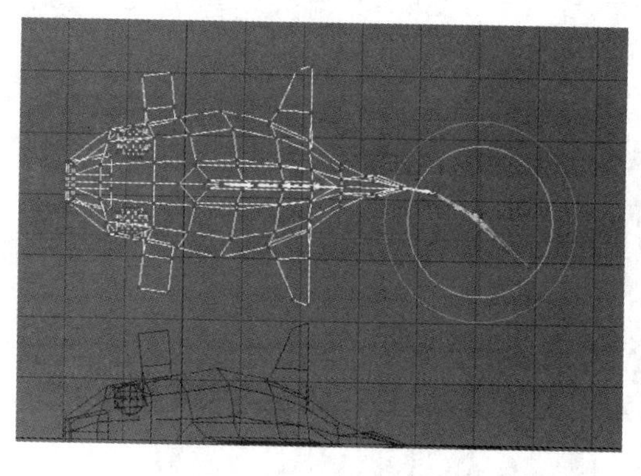

图 4.021

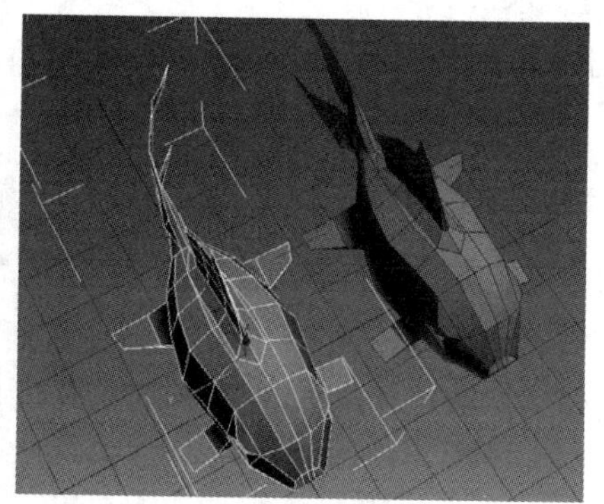

图 4.022

提示

①不需要除原始模型外的其他模型时，需将其他模型隐藏，虽然删除它们也可以变形，但是不建议删除，否则将无法进行修改调整。比如选择“张嘴”模型，进入顶点级别，将模型的鱼嘴部分调整得小一点，退出顶点级别，调节 [张嘴] 右侧的数值，变形依旧存在。

②如果此时的效果不是最终需要的效果，则单击 [张嘴] 按钮，再单击鼠标右键，选择 [重新加载目标]，此时“原始”模型变形通道记载的信息将被当前更改的信息所替换。

（2）对效果进行动画设置

步骤 01: 先将 [张嘴] 值归零，调整时间滑块至 50 帧，单击时间控制区的 [自动关键点] 按钮，设置 [张嘴] 为 100，此时出现张嘴动画，如图 4.023 所示。

步骤 02: 调整时间滑块至 100 帧，设置 [摆尾] 为 100，因为需要设置 0~50 帧时的张嘴动画和 50~100 帧时的摆尾动画，所以选择第 0 帧，单击鼠标右键，选择“原始：［2］摆尾”，设置 [时间] 为 50，如图 4.024 所示。

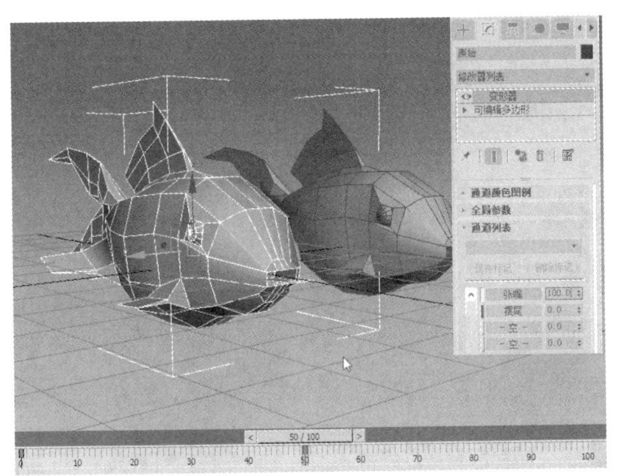

图 4.023

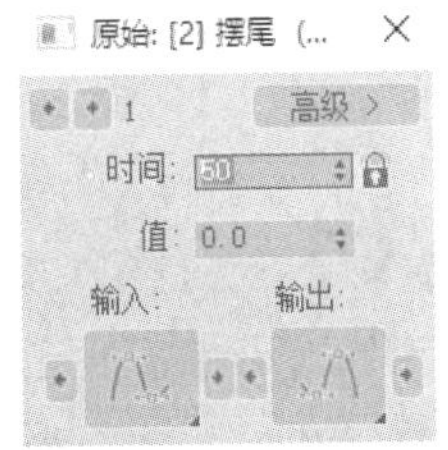

图 4.024

分析：第 0 帧关键点不仅记录张嘴的开始关键帧，而且记录摆尾的开始关键帧，所以此时不能移动第 0 帧关键点。

步骤 03: 选择“原始”模型，单击按钮打开 [曲线编辑器]，展开左侧列表中的 [修改对象] 中的 [变形器]，单击 [张嘴]，选择第 0 帧的点，设置 [帧] 为 20，此时模型在第 20 帧开始张嘴，选择左侧列表中的 [变形器] 下的 [摆尾]，框选上方的顶点，设置 [帧] 为 80，此时模型在第 20 帧到第 80 帧摆尾，如图 4.025 所示。

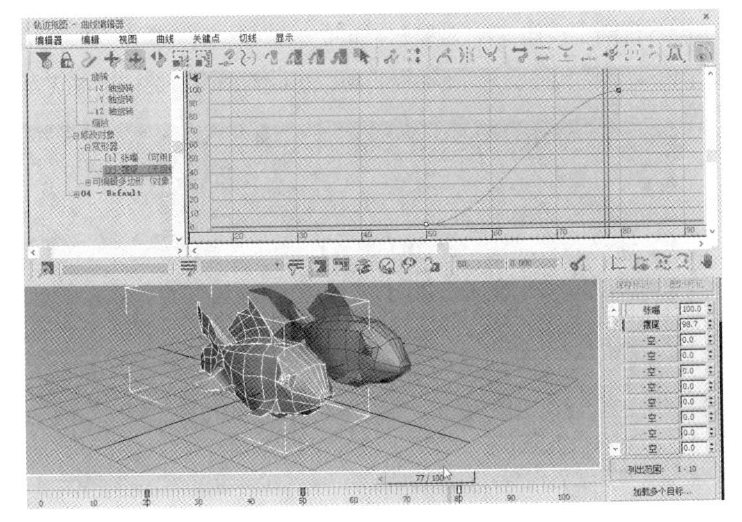

图 4.025

4.3.2 设置骨骼

制作步骤

3ds Max 中的骨骼功能非常强大，通过 [骨骼] 可以使鱼产生真实的骨骼效果，骨骼使用 [蒙皮] 修改器带动皮肤运动。这里需要制作一根身体骨骼、一根尾部与身体连接处的骨骼、一根尾部骨骼，以及一根头部骨骼，由于鱼身上的小鳍会产生明显运动，所以也需要制作骨骼。

步骤 01：进入 [创建] 面板，单击 [系统] 按钮，单击 [对象类型] 卷展栏下的 [骨骼] 按钮，在鱼身体到尾部的位置创建一根骨骼，单击鼠标右键完成创建，如图 4.026 所示。

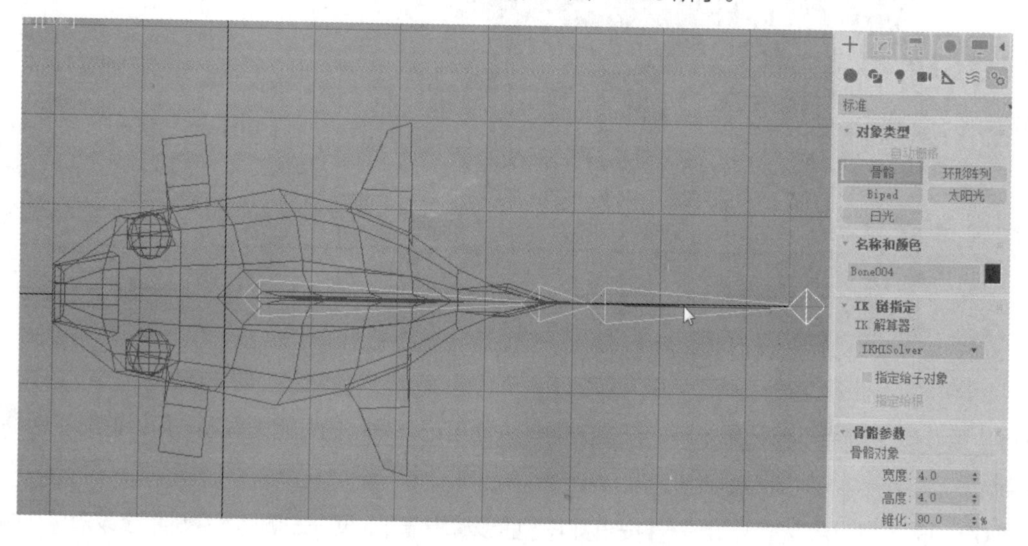

图 4.026

分析：此时鱼模型比较不规则，所以选择适合创建异类的 [骨骼]，如果需要创建动物骨骼则可选择 [Biped]。

步骤 02：单击 [图解视图] 按钮 ，观察骨骼的层级关系，每个编号分别对应模型中相应的骨骼，选择图中的第一个骨骼，由于骨骼间属于父与子的关系，所以可以将所有骨骼向上拖曳至如图 4.027 所示的位置。

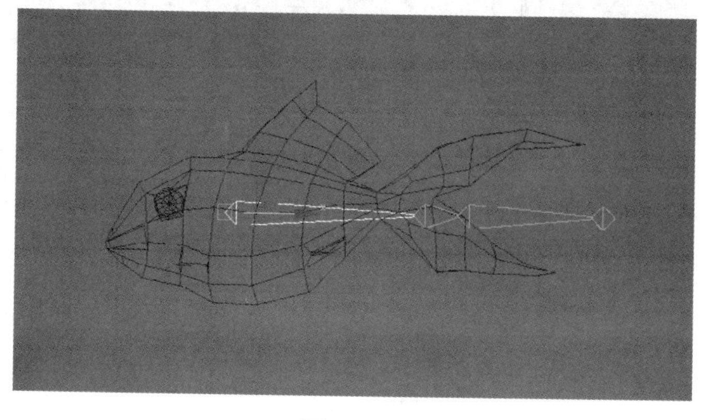

图 4.027

步骤 03：此时骨骼比较长，将骨骼向前调整，使用［选择并均匀缩放］工具将骨骼缩短，选择当前的鱼模型，单击鼠标右键，选择［对象属性］，将［显示属性］参数组中的［透明］和［以灰色显示冻结对象］勾选，选择当前的鱼模型，单击鼠标右键，选择［冻结当前选择］，此时可以观察到鱼模型内部的骨骼结构，从而不会出现误选，如图 4.028 所示。

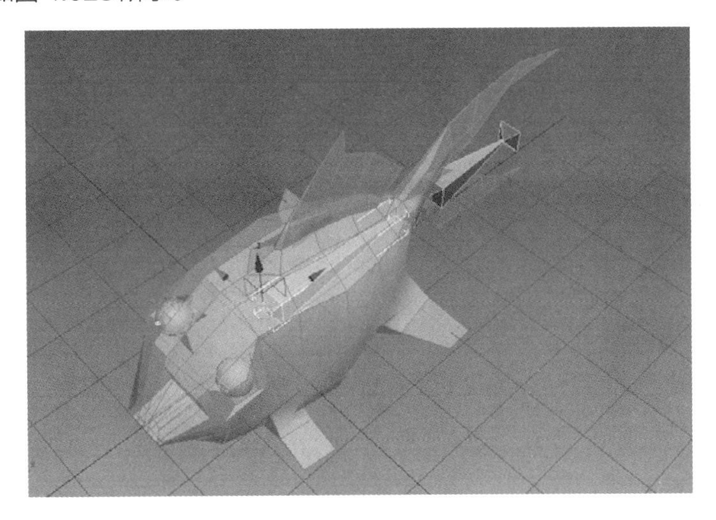

图 4.028

步骤 04：选择当前鱼模型的第 1 节骨骼，单击鼠标右键，选择［移动］工具，进入［修改］面板，将［骨骼鳍］卷展栏下的［侧鳍］勾选，单击鼠标右键，选择［旋转］工具，单击［角度捕捉切换］按钮，使用旋转工具在当前视图中绕 x 轴将其旋转 90° ，设置侧鳍［大小］为 6.8 左右，将［前鳍］和［后鳍］勾选，并设置前鳍［大小］为 10.9 左右，设置后鳍［大小］为 13.2 左右，如图 4.029 所示。

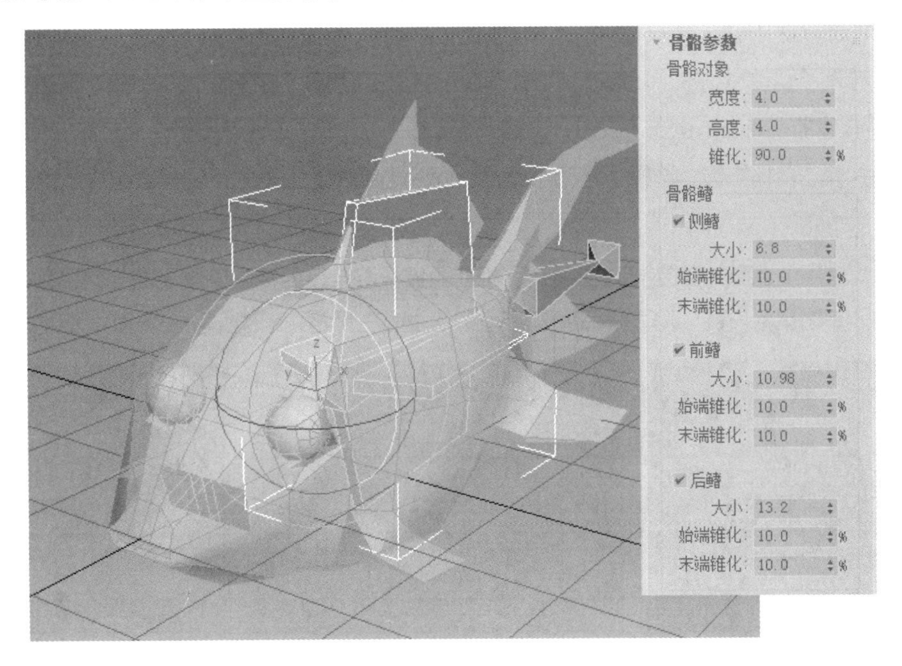

图 4.029

步骤 05： 确认方向正确后，取消勾选［侧鳍］、［前鳍］、［后鳍］，继续创建头部骨骼，进入［创建］面板，选择［系统］按钮，在［对象类型］卷展栏下单击［骨骼］按钮，在前视图中为模型创建一根头部的骨骼，单击鼠标右键，选择［移动］工具，调整其位置。在［修改］面板中勾选［侧鳍］，此时为左右方向，接下来单击鼠标右键，选择［旋转］工具，将其旋转，并关闭［角度捕捉切换］，调整至如图 4.030 所示的位置。

步骤 06： 由于后创建的头部骨骼需要由身体主骨骼进行控制，所以单击［选择并链接］工具，将其连接至主骨骼，选择主骨骼，单击鼠标右键，选择［移动］工具，此时移动主骨骼则带动头部骨骼同时移动，至此鱼身体主骨架制作完成，如图 4.031 所示。

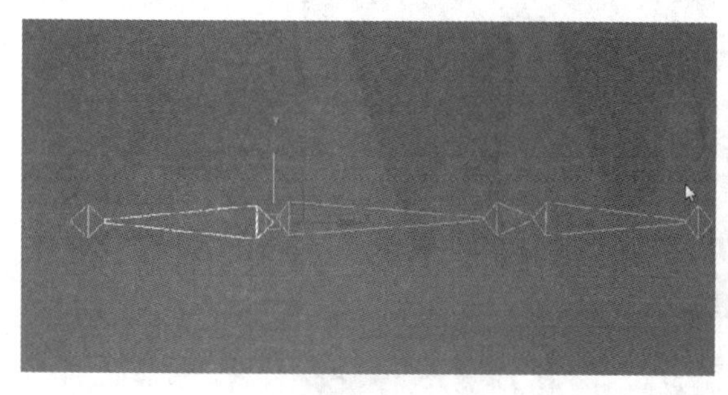

图 4.030

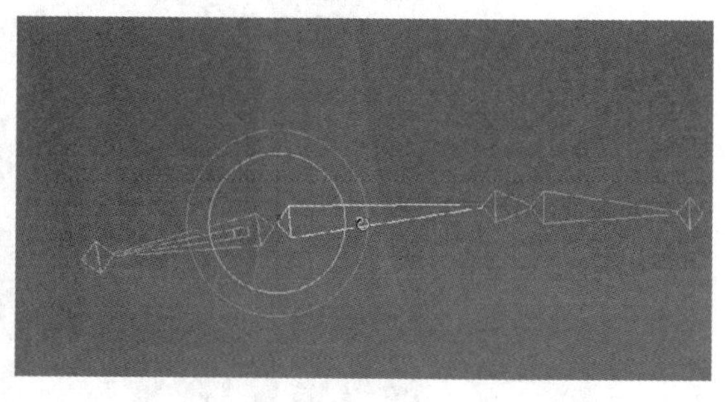

图 4.031

步骤 07： 进入［创建］面板，选择［系统］按钮，在［对象类型］卷展栏下单击［骨骼］按钮，在如图 4.032 所示的位置创建一个小鳍的骨骼，在［修改］面板中勾选［侧鳍］，选择［选择并旋转］工具并打开［角度捕捉切换］，将其旋转 90°，设置为左右方向，并配合［旋转］和［移动］工具调整位置。也可以关闭［角度捕捉切换］，单击［选择并移动］按钮，并选择主工具栏中的［局部］坐标系，进一步对其进行精确的移动对位，如图 4.032 所示。

步骤 08： 选择图中骨骼，调整视角，选择［视图］坐标系，单击［镜像］工具，选择［镜像轴］中的［Y］，选择［克隆当前选择］参数组中的［复制］，单击［确定］按钮进行镜像，将镜像出的鱼鳍向下拖曳至另一个鱼鳍处。选择图中的 4 根骨骼，单击［镜像］按钮，设置［镜像轴］为［X］，镜像出两个后侧鳍，如图 4.033 所示。

步骤 09： 单击鼠标右键，选择［移动］工具，配合［旋转］工具进行调整，选择［局部］坐标系，调整鱼鳍大小。

步骤 10： 使用［选择并链接］工具，将相应鱼鳍骨骼连接到相应身体骨骼上作辅助物体，此时整个鱼的骨骼制作完成，单击鼠标右键，选择［移动］工具，移动中心主骨骼，此时所有骨骼同时移动，如图 4.034 所示。

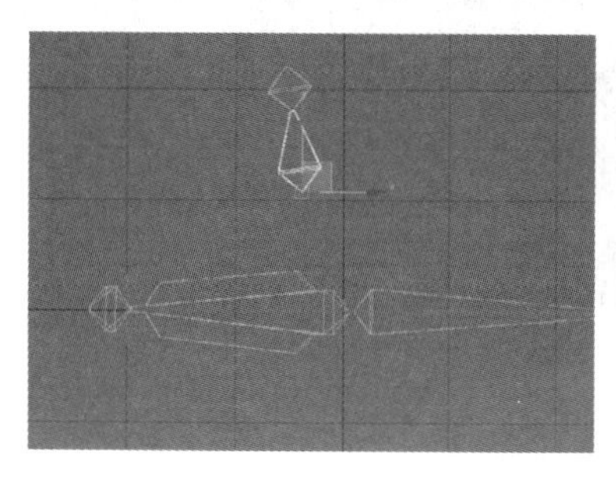

图 4.032

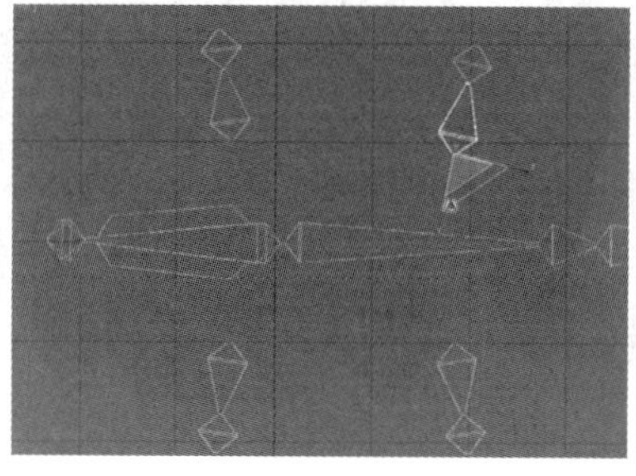

图 4.033

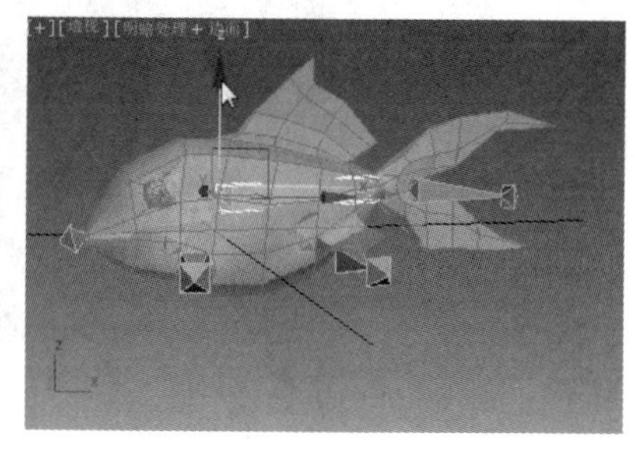

图 4.034

4.3.3 鱼鳍的设置

制作步骤

步骤 01：设置鳍能够使骨骼更好地匹配模型，使模型蒙皮时不会出现问题。切换到四视图显示模式，调整各个视图，按 G 键取消栅格显示。

步骤 02：选择主骨骼，进入 [修改] 面板，将 [侧鳍] 勾选，设置侧鳍的 [始端锥化] 为 2.2，设置 [末端锥化] 为 27.3，使其与身体模型更加匹配，将 [前鳍] 勾选，设置 [大小] 为 12.6 左右，设置 [始端锥化] 为 6.3，设置 [末端锥化] 为 29.3，勾选 [后鳍] ，设置 [大小] 为 19.5 左右，设置 [始端锥化] 为 32.4，设置 [末端锥化] 为 9.5，如图 4.035 所示。

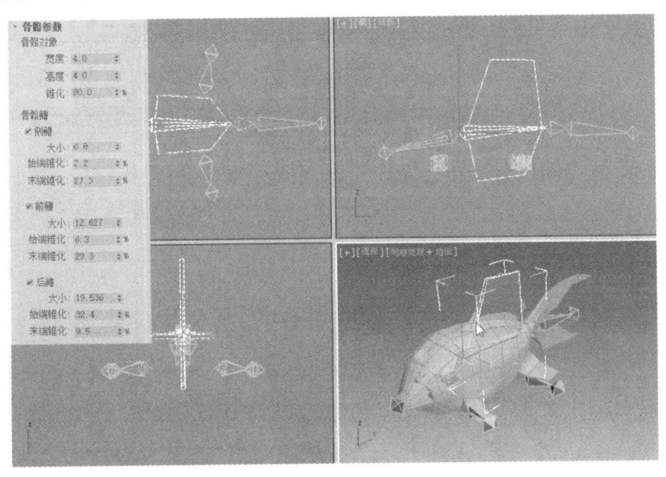

图 4.035

步骤 03：单击头部骨骼，将 [侧鳍] 、[前鳍] 、[后鳍] 勾选，并设置 [侧鳍] 的 [大小] 为 5.68，设置 [前鳍] 的 [大小] 为 6.4，[始端锥化] 为 −5.1，设置 [末端锥化] 为 21.1，设置 [后鳍] 的 [大小] 为 7.54，设置 [始端锥化] 为 5.3，设置 [末端锥化] 为 10，如图 4.036 所示。

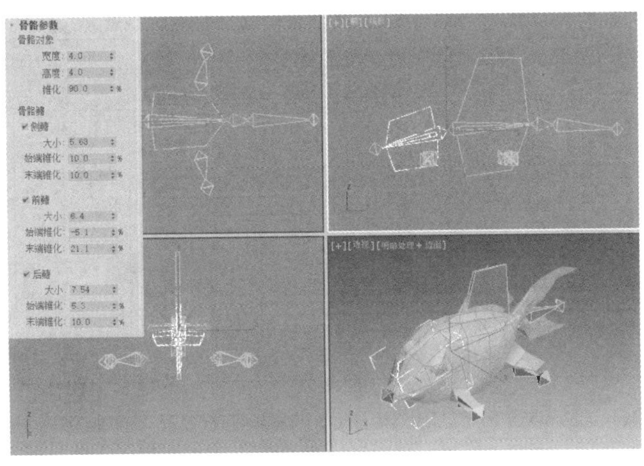

图 4.036

步骤 04： 选择身体与尾部连接的小骨骼，勾选［侧鳍］、［前鳍］和［后鳍］，选择尾部骨骼，因为尾部骨骼有些短，选择菜单栏中的［动画］中的［骨骼工具］，单击［骨骼编辑模式］按钮，调整骨骼长度。

步骤 05： 选择尾部骨骼，勾选［侧鳍］并设置［大小］为 1.22，勾选［前鳍］，设置［大小］为 9.7，［始端锥化］为 10，设置［末端锥化］为 0.4，勾选［后鳍］，设置［大小］为 11.44，［始端锥化］为 10，设置［末端锥化］为 -15.9；选择如图 4.037 所示的小鳍，将［侧鳍］勾选，此时将当前骨骼与模型完全对齐。

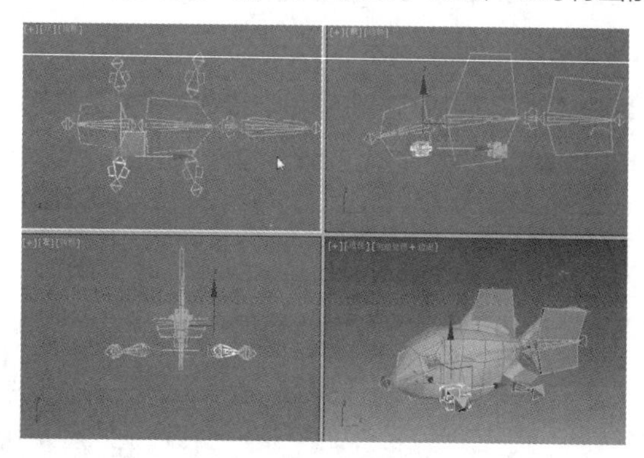

图 4.037

4.3.4 设置蒙皮效果

制作步骤

步骤 01： 在场景中单击鼠标右键，选择［全部解冻］，选择鱼模型，在［修改器列表］中添加一个［蒙皮］修改器，单击［参数］卷展栏下［骨骼］右侧的［添加］按钮，在［选择骨骼］面板中选择编号为 001 到 014 的所有骨骼，单击［选择］按钮，此时骨骼名称出现在骨骼列表中，如图 4.038 所示。

分析：［蒙皮］修改器的主要作用为使当前模型跟随骨骼产生运动。

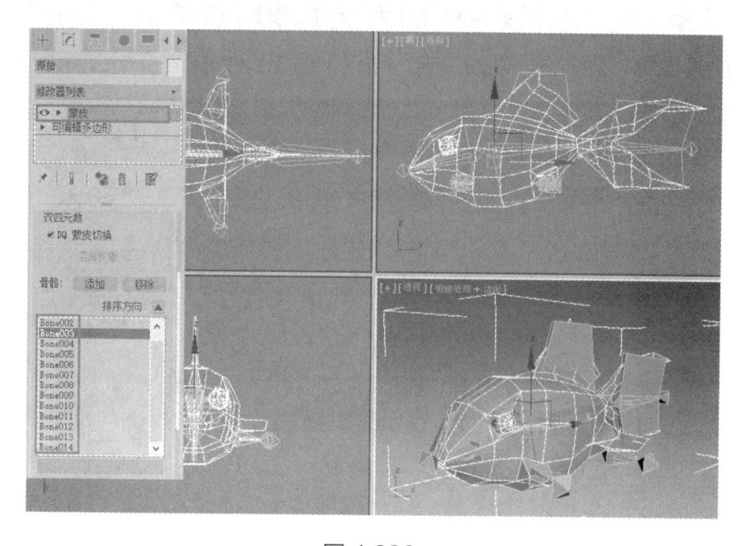

图 4.038

步骤 02：如果需要对模型进行测试则选择尾部骨骼，使用［旋转］工具进行旋转，此时尾部骨骼旋转带动了模型运动，如图 4.039 所示。

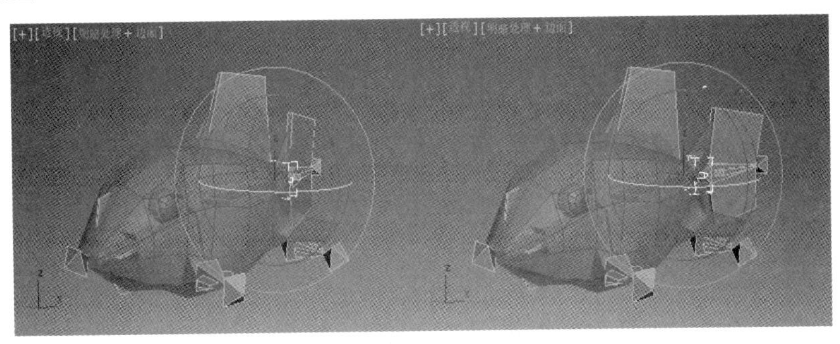

图 4.039

步骤 03：选择小鳍进行旋转也会产生影响，此时会发现后侧的两个小鳍的位置有些问题，此时修改会影响模型，所以选择当前模型，删除所有修改器，选择如图 4.040 所示的后侧的两个小鳍，单击菜单栏中的［断开当前选择链接］按钮断开链接，此时调整它们，模型不会受到影响，将它们调整至合适位置。

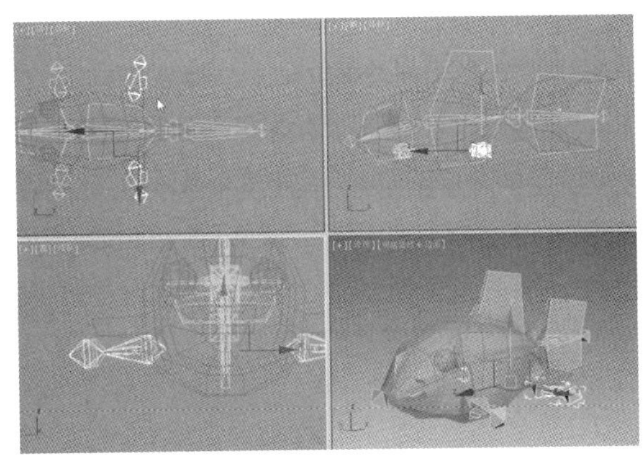

图 4.040

步骤 04：为了使骨骼之间存在关系，在菜单栏中选择［骨骼］过滤器，选择图 4.041 中的两个骨骼，使用［选择并链接］工具，使其将主骨骼作为父骨骼，此时选择中间骨骼并进行移动，两个修改过的后侧小鳍骨骼着就会跟随着移动。

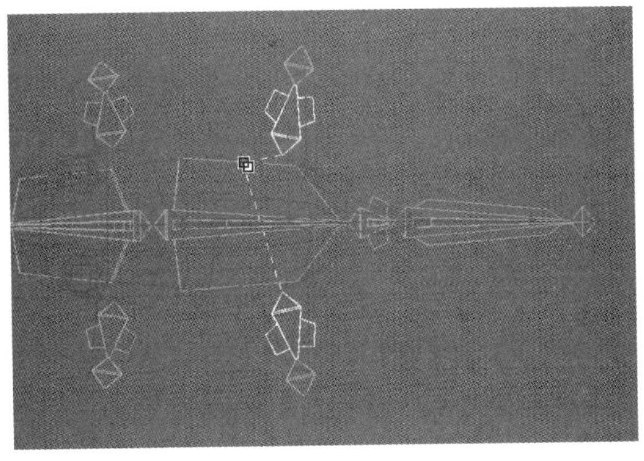

图 4.041

步骤 05： 在菜单栏中选择［全部］过滤器，选择鱼模型，在［修改器列表］中再添加一个［蒙皮］修改器，单击［骨骼］右侧的［添加］按钮，在［选择骨骼］面板中将编号为 001~014 的骨骼全部选择，单击［选择］按钮，选择如图 4.042（左）所示的小鳍骨骼，使用［旋转］工具旋转小鳍骨骼则带动鱼模型运动，如图 4.042（右）所示。

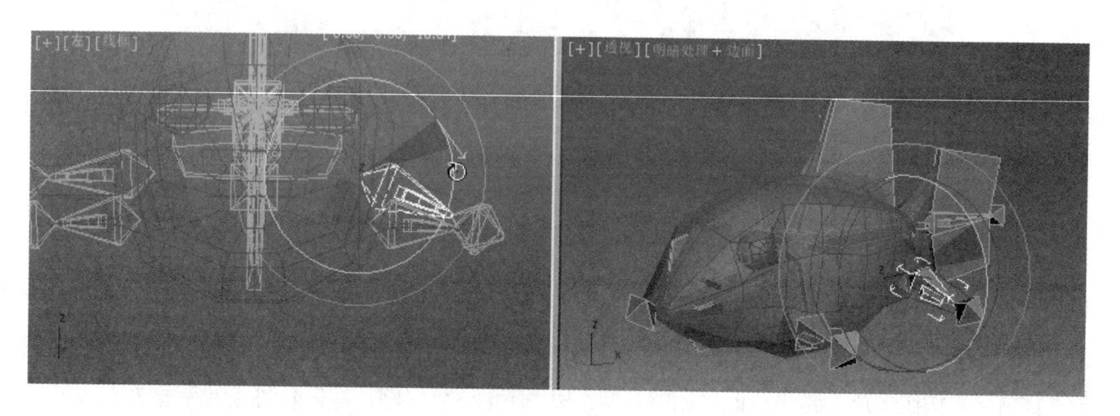

图 4.042

步骤 06： 如果想对当前蒙皮进行调整，选择当前鱼模型，单击修改面板［参数］卷展栏下的［编辑封套］按钮，观察效果，此时场景中出现两个圈，小圈中的顶点表示完全受骨骼影响的模型上的顶点，小圈到大圈之间的顶点受骨骼影响逐渐变弱，大圈外面的顶点完全不受骨骼影响，拖动封套上的点即可调整封套大小，封套越大则包含的区域越大，拖动当前区域的中间位置点则可对中间位置点的控制产生影响，如图 4.043 所示。

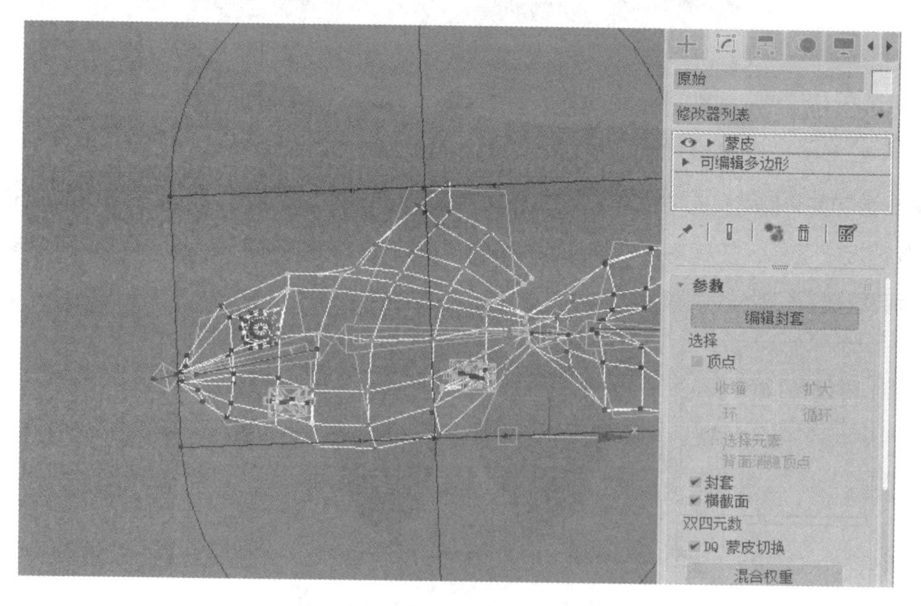

图 4.043

步骤 07： 单击［权重属性］参数组中的［绘制权重］按钮，按住鼠标左键在场景中拖曳，则可对场景中的权重进行设置，单击［绘制权重］右侧的方块按钮，打开［绘制选项］面板，设置［最大强度］为 10，此时进行绘制，区域变大，如图 4.044 所示。

步骤 08: 框选模型中需要的顶点，在[参数]卷展栏下勾选[顶点]，单击[扩大]按钮则受影响的点增加，单击 [收缩] 则受影响的点变小；单击 [环] 按钮则与它在相同环路上的所有顶点均被选择，单击 [循环] 按钮则在纵向上的所有点均被选中，如图 4.045 所示。

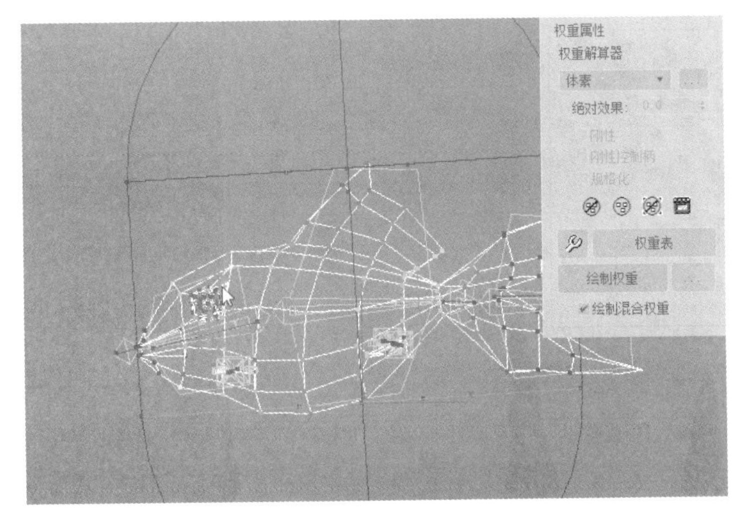

图 4.044

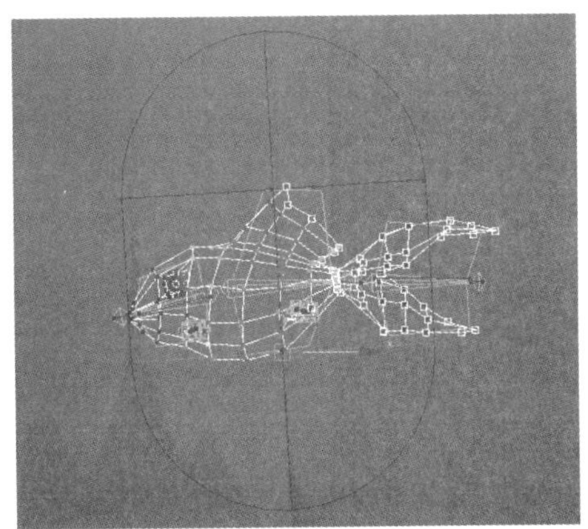

图 4.045

4.3.5 模型首尾摆动效果的制作

制作步骤

步骤 01: 选择鱼模型头部对应的骨骼，移动时间滑块至第 10 帧，单击下方的[自动关键点]按钮将其按下，选择 [旋转] 工具，单击 [角度捕捉切换] 按钮，将头部旋转 15° ；选择尾部与身体连接位置的骨骼，将其向如图 4.046 所示的方向旋转 15° ，此时鱼模型出现摆动效果。

图 4.046

步骤 02： 切换为［骨骼］过滤器，选择尾部与身体连接位置的骨骼，按住 Shift 键将第 0 帧复制到第 20 帧，调整时间滑块至第 30 帧，分别选择鱼头部对应的骨骼和尾部与身体连接位置的骨骼，依次将其按如图 4.047 所示的方向旋转 15°。加选两个骨骼，将第 20 帧复制到第 40 帧，单击［自动关键点］使其弹起，播放动画，此时鱼出现来回摆动效果。

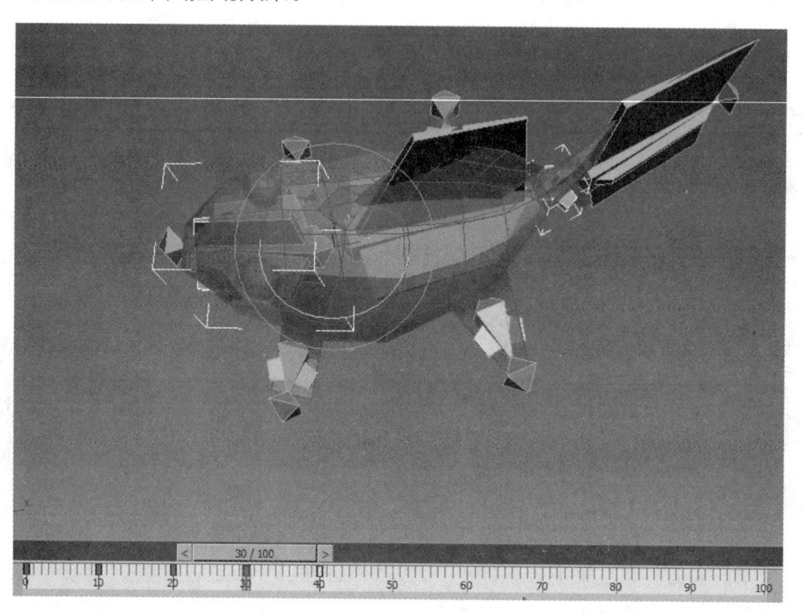

图 4.047

步骤 03： 为了使摆动效果持续，选择头部骨骼，单击主工具栏中的［曲线编辑器］按钮，打开［曲线编辑器］，在［曲线编辑器］工具栏上单击鼠标右键，选择［加载布局］中的 [Function Curve Layout（Classic）]［功能曲线布局（经典）］，在左侧列表中选择［Y 轴旋转］，单击［参数曲线超出范围类型］按钮，在［参数曲线超出范围类型］面板中选择［循环］下方的曲线图，如图 4.048 所示。

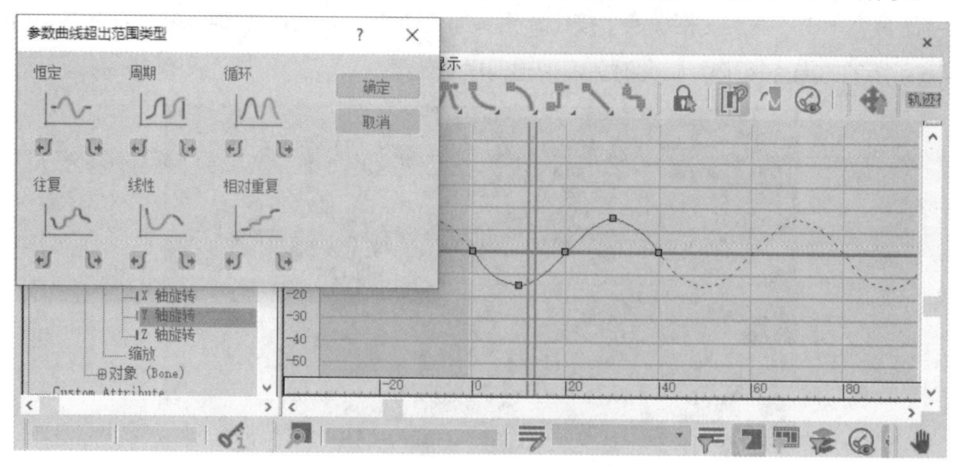

图 4.048

步骤 04： 使用同样的方法，将头部和尾部连接的骨骼都设置为循环动画，因为整个循环为 40 帧，调整时间滑块至第 120 帧，播放动画，可以看到此时小鱼模型一直出现摆动效果，如图 4.049 所示。

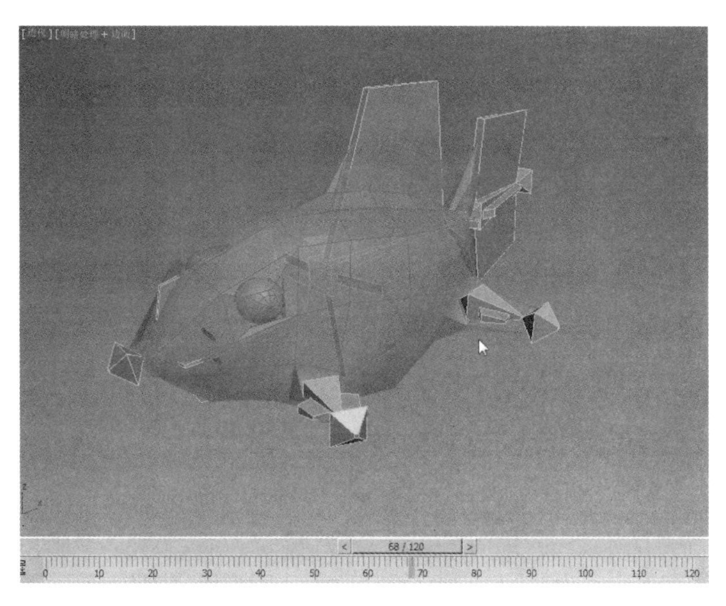

图 4.049

4.3.6 模型沿路径运动效果的制作

制作步骤

步骤 01：放大透视图，按 G 键显示栅格，进入 [创建] 面板，单击 [图形] 按钮，单击 [对象类型] 卷展栏下的 [线]，在场景中绘制一条线，进入 [修改] 面板，单击 [顶点] 按钮进入顶点级别，选择其中一个顶点，单击鼠标右键，选择 [移动] 工具，调整顶点，如图 4.050 所示。

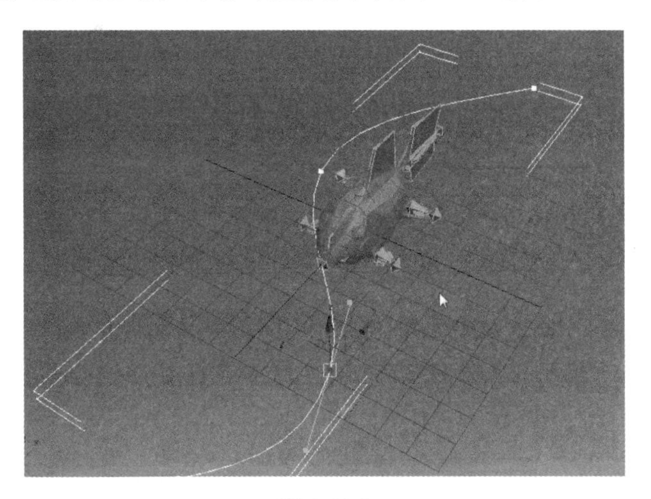

图 4.050

分析：

①当鱼沿路径运动时，会完全被使用路径约束固定在路径上，此时需要添加一个虚拟体，使其沿路径运动并将鱼链接到虚拟体上，使鱼跟随虚拟体运动，这样即可使鱼在保留自身动画的情况下还能沿路径运动。

②不要将线绘制得过于突兀，应尽量绘制得平滑柔和。

步骤 02： 进入［创建］面板，单击［辅助对象］按钮，单击［对象类型］卷展栏下的［虚拟对象］按钮，在场景中创建一个虚拟体。

步骤 03： 选择场景中的虚拟体，进入［运动］面板，在［指定控制器］卷展栏下选择［位置］，单击左上方的按钮，在［指定位置控制器］面板中选择［路径约束］，单击［确定］按钮，此时当前虚拟体被指定路径约束，单击［路径参数］卷展栏下的［添加路径］按钮，在场景中单击路径，再次单击［添加路径］按钮使其弹起，将［路径选项］参数组中的［跟随］勾选，如图 4.051 所示。

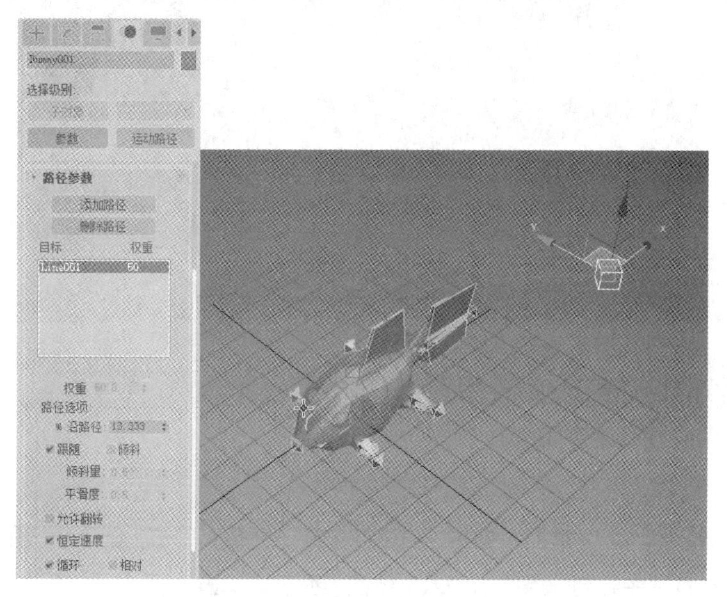

图 4.051

步骤 04： 选择鱼模型的主骨骼，单击主工具栏中的［对齐］按钮，单击虚拟体，在［对齐当前选择］面板的［对齐方向（局部）］参数组中选择［X 轴］，单击［确定］按钮；单击主工具栏中的［选择并旋转］按钮与［角度捕捉切换］按钮，将鱼模型旋转至如图 4.052 所示的方向。

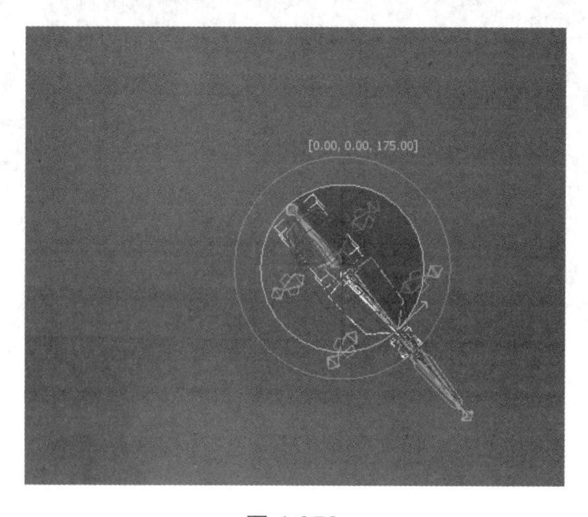

图 4.052

步骤 05：为了使鱼模型跟随虚拟体运动，选择主骨骼，单击［选择并链接］按钮将骨骼与虚拟体链接，此时鱼沿路径游动，如果需要修改路径则进入［修改］面板，选择［选择并移动］工具，单击［顶点］按钮进入顶点级别，将部分顶点向上拖曳，再次单击［顶点］按钮退出顶点级别，此时鱼沿倾斜路径运动，如图 4.053 所示。

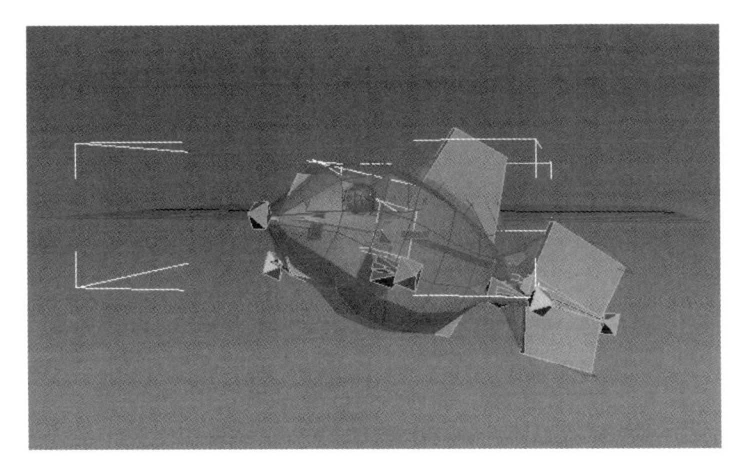

图 4.053

4.4 本章小结

角色动画的制作一直属于三维动画的高难度领域，想要做出灵活逼真的动画需要大量的练习和经验。本章通过一套金鱼骨骼的创建，带领读者熟悉了多足动物骨骼的创建方法和技巧，以及各骨骼之间层级关系的设置，然后为金鱼模型调试蒙皮，主要使用了 3ds Max 自身的［蒙皮］修改器，其中涉及了两种调试蒙皮的方法：编辑封套和绘制权重。

4.5 参考习题

1. 下列修改器中，专门用于制作角色表情动画效果的修改器是 ________。
   A. 变形器
   B. 蒙皮
   C. 蒙皮包裹
   D. 投影
2. 对于［蒙皮包裹］修改器，下列描述不符合实际的是 ________。
   A. 该修改器通常可以用来让一个高面数的“基础模型”受到几个低面数“控制模型”的驱动，节省动画制作的时间
   B. 该修改器可以定制控制模型的每个顶点的影响范围，非常方便

C. 该修改器只可以添加到网格几何体的基础模型上，让它受其他模型控制

D. 该修改器能够拾取的控制模型可以是几何体、骨骼等多类物体

3. 将图 4.054（左）中的骨骼状态通过［骨骼工具］中的一项功能修改为图 4.054（右）中的效果，应该使用下列操作中的 ________。

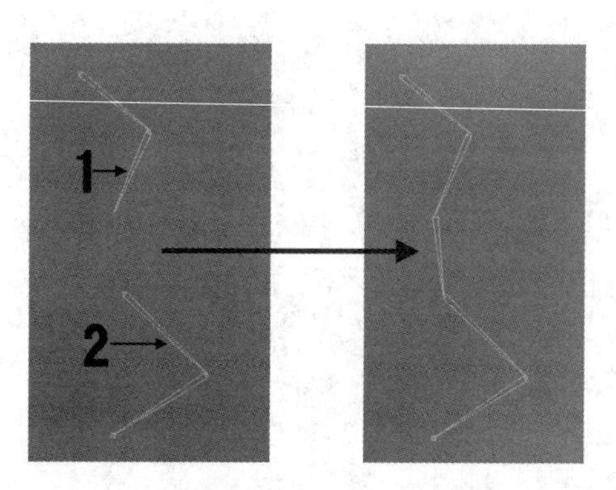

图 4.054

A. 使用［创建骨骼］工具由 1 号骨骼向 2 号骨骼创建骨骼

B. 使用［创建骨骼］工具由 2 号骨骼向 1 号骨骼创建骨骼

C. 使用［连接骨骼］工具由 1 号骨骼向 2 号骨骼创建骨骼

D. 使用［连接骨骼］工具由 2 号骨骼向 1 号骨骼创建骨骼

参考答案

1. A　2. C　3. C

第 5 章
3ds Max 角色动画系统

5.1 知识重点

Character Studio 和 CAT 是 3ds Max 中非常重要的两个角色模块，可以为角色模型创建骨骼对象，设置蒙皮及编辑动画效果，并且还可以为大型动画场景制作 [群组] 动画。本章不仅将详细讲解 Character Studio 的 Biped（两足动物）、Physique 及 [群组] 动画三大模块，还将介绍 CAT 的骨骼搭建和动画制作系统，掌握这些功能可以制作出灵活逼真的角色动画效果。

- 熟练掌握 Biped 模块的使用方法。
- 熟练掌握 Physique 蒙皮模块的使用方法。
- 能够使用 Character Studio 制作 [群组] 动画。
- 掌握 CAT 的骨骼搭建和层次设置方法。
- 能够熟练运用 CAT 的层管理器、CATMotion 和 CAT 的 IK 系统创建逼真的角色动画。

5.2 要点详解

5.2.1 Character Studio 和 CAT 角色系统简介

3ds Max 包括两套完整而独立的角色动画系统，即 Character Studio（简称 CS）和 Character Animation Toolkit（角色动画工具包，简称 CAT）系统，两套系统均包含独立的角色骨骼系统，均可使用 3ds Max 的蒙皮技术，兼容各种运动捕捉文件的格式。但是，这两套系统又各有侧重，一般而言，CS 系统更倾向于制作两足动物或人物角色的动画，而 CAT 更侧重于制作多足动物的角色动画。下面分别对两种系统进行简单的介绍。

Character Studio 是 3ds Max 中最重要的模块之一，专门用来进行骨骼的创建和动作的设定，可为大型场景制作群组效果，是一个功能很强大的模块。Character Studio 为 3ds Max 动画制作流程中的每一个环节都提供了完美的技术支持，是目前销量比较好的专业三维动画工具之一。动画制作者使用 Character Studio 能够快速而轻松地创建出复杂的骨骼，并可为其设定动画，通过其自身的蒙皮工具 Physique 来驱动网格模型。Character Studio 的专业 [群组] 工具可以使大量的角色在同一场景内进行互动，从而将大型场景动画的创作过程变得非常轻松自如。在之前相当长的时间里，Character Studio 都作为 3ds Max 的一个插件包，需要独立安装，直到 3ds Max 7 以后，才作为应用程序的一部分被包括在内。其主要的功能包括：创建骨骼和对骨骼进行任意的编辑，创建两足动物的足迹和对两足动物的足迹进行编辑，对不同动画文件进行组合和编辑，支持运动捕捉和对运动捕捉数据进行修改，支持自由关键点动画。它还提供了建立在肌肉拱起和肌腱拉伸基础上的真实皮肤变形和准确控制系统——Physique 系统，并提供了大型动画设置的解决工具——［群组］系统，可以对避免、定向、空间扭曲、漫步、排斥、搜索等各种行为进行任意的定义和组合。

CAT 在并入 3ds Max 之前是一款功能非常强大的角色动画插件，已经拥有了庞大的用户群。该插件最早由新西兰的软件公司 Character Animation Technologies 推出，后来该公司被 Softimage 公司收购，而在 2008 年，Autodesk 公司又收购了 Avid 旗下的 Softimage，因此 CAT 插件自然而然地融入了 3ds Max。CAT 的优势在多足动物骨骼的创建和动画制作方面，主要分为 CATRig（角色骨骼搭建）、动作肌肉、层管理器、动画剪辑管理器、姿态管理器和 CAT IK 等模块，不但可以自定义生物骨骼，而且可以高效灵活地控制骨骼动画，被广泛应用于电影、视频、游戏等领域的角色设计工作中。

5.2.2 Character Studio 角色动画系统

1. Character Studio 三大模块

Character Studio 主要由三大模块组成，分别是 Biped 骨骼模块、Physique 蒙皮模块和群组动画模块。

（1）Biped 骨骼模块

Biped 主要是用来创建骨骼并制作动画效果的工具。在 Character Studio 中，Biped 是最为重要的工具组，骨骼先期的创建、骨骼的设置、骨骼大小的编辑、骨骼足迹的创建、足迹的编辑、足迹动画的设置、动画文件的导入，以及不同动作文件的混合编辑都将在这个工具组中完成。Biped 还为手动设置骨骼动画提供了完整的工具包。可以使用 Biped 关键点动画工具对骨骼进行完全的控制，也可以轻松地控制骨骼的每一个关节，对其进行细致的调整，从而得到我们想要的任意动作形态。Biped 提供的层功能还允许我们在调整完一个骨骼动画后为其设置不同的层级别，这样就可以对调整完毕的动作进行任意修改，而不用担心改变之前的动画设置，从而在不同的动作之间进行对比，最终得到自己满意的动画效果。在 Biped 下还提供了对运动捕捉数据进行处理的功能，我们可以导入 CSM 或 BVH 格式的运动捕捉数据文件，并对导入的运动捕捉数据文件进行进一步编辑操作，从而得到完全与真实动作相同的动画效果，为最终作品提供最为有力的技术保障，如图 5.001 所示。

图 5.001

（2）Physique 蒙皮模块

作为一个完整的动画工具包，Character Studio 提供了专业的蒙皮修改工具——Physique。Physique 的主要功能是将骨骼与网格模型对象进行关联，从而达到通过驱动骨骼来控制网格变形的目的。通过 Physique 将骨骼与网格模型关联后，才会使前期在 Biped 中对骨骼动画所做的设置具有实际意义，使最终看到的效果不是单独的骨骼动作，而是一个个活生生的虚拟角色。Physique 提供了 5 个子对象级别：[封套] 子对象级别、[链接] 子对象级别、[凸出] 子对象级别、[腱] 子对象级别及 [顶点] 子对象级别。可以在任意的子对象层级对蒙皮进行精细的设置，以保证骨骼所控制的网格在变形时平滑且自然。Physique 还提供了仿真的模拟肌肉隆起或膨胀的工具，通过创建 [腱] 还可以模拟驱动骨骼时肌肉的真实拉扯效果，从而使最后的动画效果更加流畅自然，如图 5.002 所示。

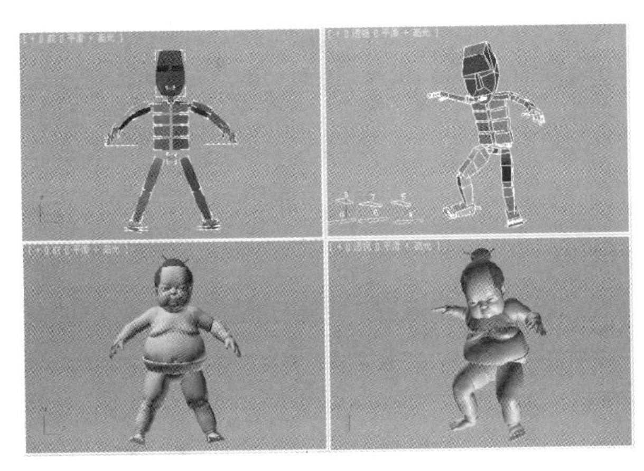

图 5.002

（3）群组动画模块

群组动画在 Character Studio 中是一个相对独立的系统，它是一个制作群体动画的工具。在动画制作流程中，对单个骨骼动画的调整相对容易，但在制作大型动画场景时，逐个调整场景中的每一个对象是非常不现实的。[群组动画] 可以通过添加各种行为来控制大规模的生物群集效果。

[群组动画] 可以使用的行为包括 [避免行为]、[定向行为]、[路径跟随行为]、[排斥行为]、[脚本化行为]、[搜索行为]、[空间扭曲行为]、[速度变化行为]、[曲面到达行为]、[曲面跟随行为]、[墙排斥行为]、[墙搜索行为] 和 [漫步行为]，共 13 种，基本上满足了实际工作中的各种需要。Character Studio 的 [群组动画] 功能使得这一软件成了真正具有专业水准的动画工具包，如图 5.003 所示。

图 5.003

2. Character Studio 工作流程

为了方便读者学习和理解 Character Studio 的 3 个主要功能模块，我们简单介绍一下 Character Studio 的基本使用流程。

（1）创建模型

这一阶段为建模阶段，是使用 Character Studio 前的准备阶段，如图 5.004 所示。

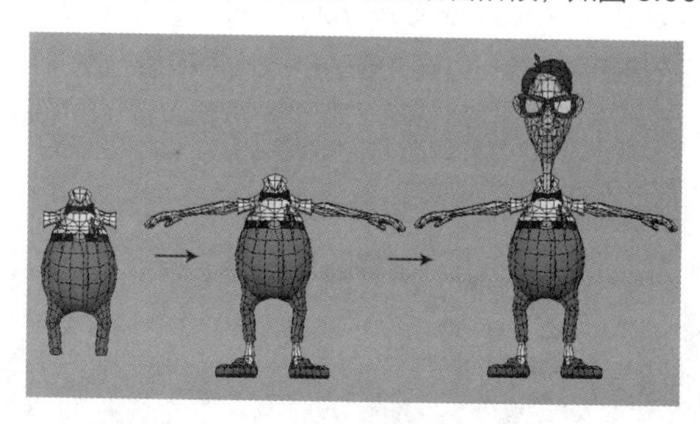

图 5.004

（2）创建并调整 Biped 骨骼

创建骨骼，再根据模型调整骨骼的大小及位置，使其与模型完全匹配，如图 5.005 所示。

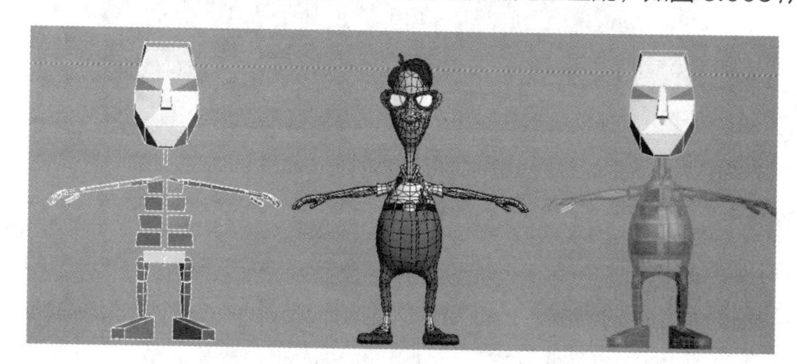

图 5.005

（3）保存骨骼动画

保存调整好的骨骼动画，如图 5.006 所示。

图 5.006

(4)使用 Physique 修改器调整

使骨骼对网格对象影响的设置完全正确。图 5.007 所示是通过调整封套或顶点的权重值来定义骨骼对网格对象的影响区域。

(5)调入调整好的动画文件

为角色对象赋予动作库文件或手工调整动作，角色将按照设置好的动画运动，如图 5.008 所示。

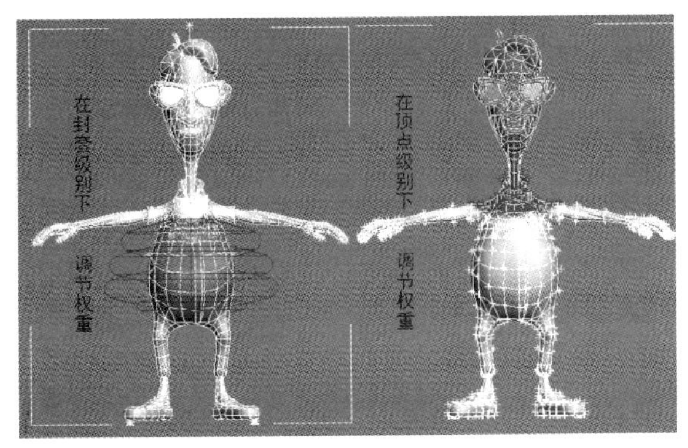

图 5.007

图 5.008

3. Biped 骨骼

(1)在[系统]面板中创建 Biped 骨骼

选择[创建 + > 系统 > Biped]选项，在任意视图中移动光标，即可创建一个 Biped 骨骼。此时[修改]面板中将显示[创建 Biped]卷展栏，可以设置骨骼的基本参数，如图 5.009 所示。

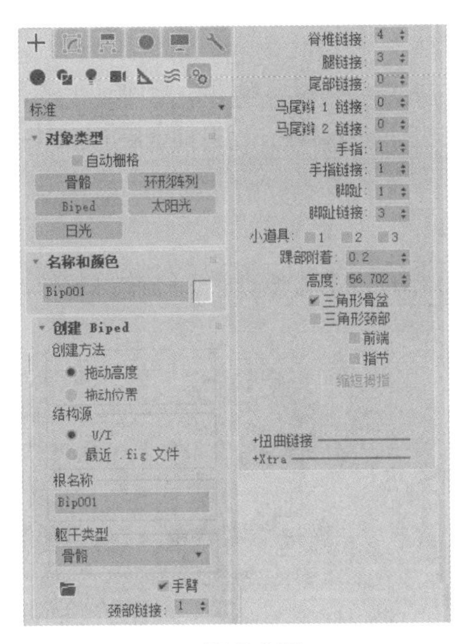

图 5.009

(2)[运动]面板中的 Biped 界面

选择任意一根骨骼，进入[运动]面板，可以看到 Biped 的用户界面。

Biped 有 4 种不同的模式，分别是［体形模式］、［足迹模式］、［运动流模式］和［混合器模式］。在不同的模式下有不同的参数卷展栏。在所有模式下，都会显示［指定控制器］卷展栏、［Biped 应用程序］卷展栏与［Biped］卷展栏。如果这 4 种模式都处于非激活状态，可以编辑轨迹和关键点，设置 IK 约束，使用层功能和调节运动捕捉数据，如图 5.010 所示。

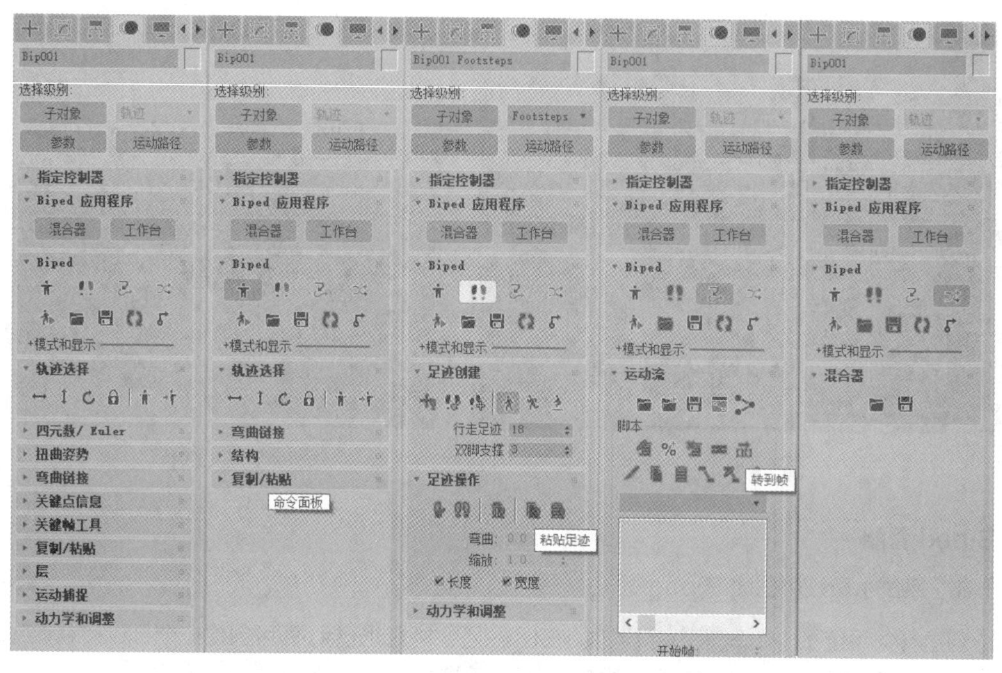

图 5.010

（3）［体形模式］界面

［体形模式］下的命令主要用于更改 Biped 骨骼结构，并使 Biped 骨骼与模型对齐。［体形模式］下共有 4 个特有的卷展栏，分别是［轨迹选择］卷展栏、［弯曲链接］卷展栏、［结构］卷展栏和［复制 / 粘贴］卷展栏，如图 5.011 所示。

①［轨迹选择］卷展栏。

该卷展栏上的参数可以对 Biped 骨骼进行［移动］、［旋转］操作，并可对 Biped 骨骼进行［对称］或［相反］选择操作，如图 5.012 所示。

图 5.011

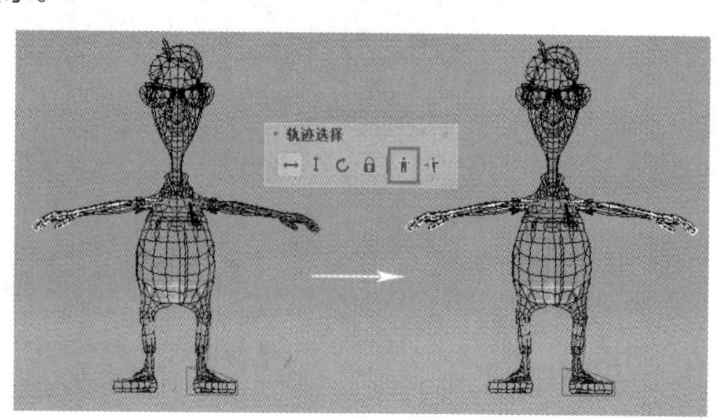

图 5.012

② [弯曲链接] 卷展栏。

[弯曲链接] 卷展栏为 3ds Max 8 新增的，其下的工具主要用来控制脊椎、颈部或尾巴等骨骼的弯曲，如图 5.013 所示。

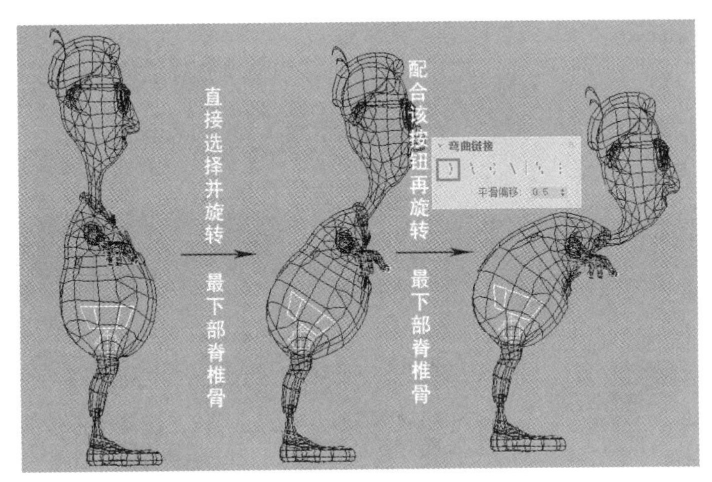

图 5.013

③ [复制 / 粘贴] 卷展栏。

[复制 / 粘贴] 卷展栏上的选项用于对 Biped 骨骼某个部位的 [姿态]、[姿势] 或 [轨迹] 信息进行复制，然后将它们粘贴到两足动物的另一部位，或将一个两足动物的 [姿态] 、 [姿势] 或 [轨迹] 信息复制并粘贴给另外一个两足动物。在 3ds Max 8 版本之前， [复制] 和 [粘贴] 按钮默认是可用的，而 3ds Max 8 版本后默认是不可用的，需要做的是单击 [创建集合] 按钮，目的是创建一个新的集合，之后 [复制] 和 [粘贴] 两个按钮才是可用的，如图 5.014 所示。

（4）[足迹模式] 界面

[足迹模式] 是 Character Studio 用来创建或编辑足迹的面板。在这里可以生成 [行走]、[跑动]、[跳跃] 的动作，还可以使用 [足迹模式] 提供的参数在空间中编辑选择的足迹。足迹模式下共有 3 个特有的卷展栏，分别是 [足迹创建] 卷展栏、 [足迹操作] 卷展栏和 [动力学和调整] 卷展栏，如图 5.015 所示。

图 5.014

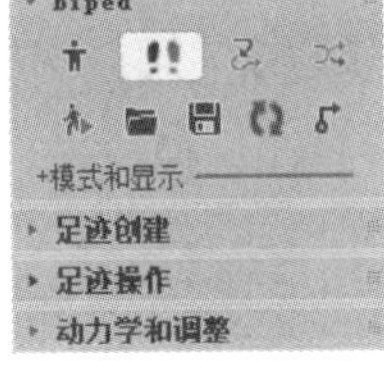

图 5.015

① [足迹创建] 卷展栏。

[足迹创建] 卷展栏下的参数主要用来创建足迹，指定行走、跑动、跳跃的足迹模式，并可以对产生的足迹位置进行初步的编辑，如图 5.016 所示。

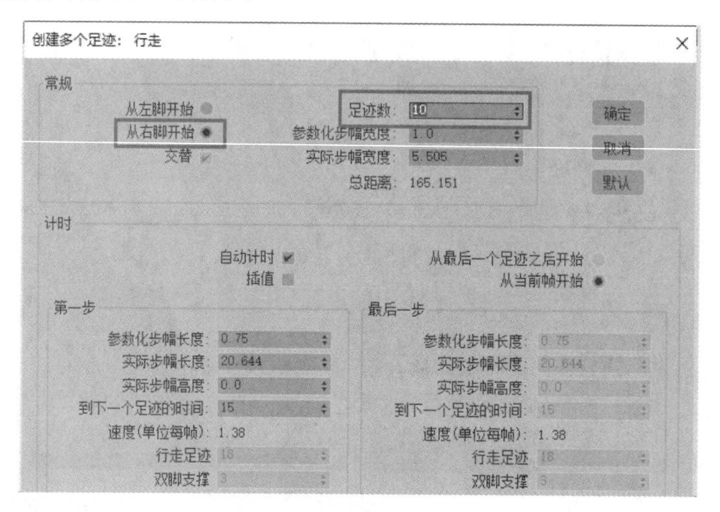

图 5.016

② [足迹操作] 卷展栏。

[足迹操作] 卷展栏下的参数主要用来激活或禁用足迹，并可以调整足迹路径，如图 5.017 所示。

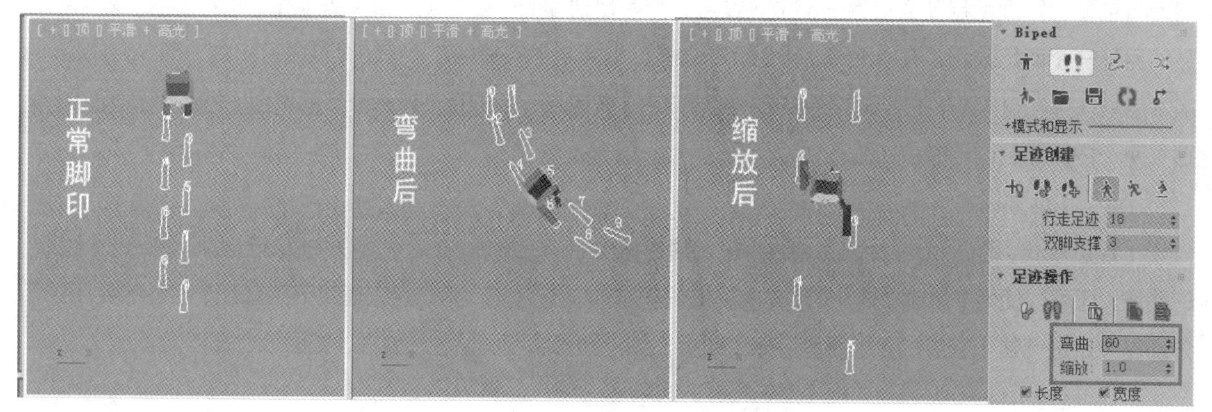

图 5.017

③ [动力学和调整] 卷展栏。

[动力学和调整] 卷展栏中的控件用于指定创建 Biped 动画的方式。在此可以修改重力强度、设置由新创建的足迹所生成的关键点的动力学属性、确定 Biped 上可用的变换轨迹数以及防止关键点调整等。

（5）[运动流模式] 界面

[运动流] 模式类似非线性编辑系统，可以自由地对两足动物的动画进行编辑，在该模式下可以剪辑、拼接、组合动画片段，形成新的动画片段。该模块是 Character Studio 中非常重要的模块，如图 5.018 所示。

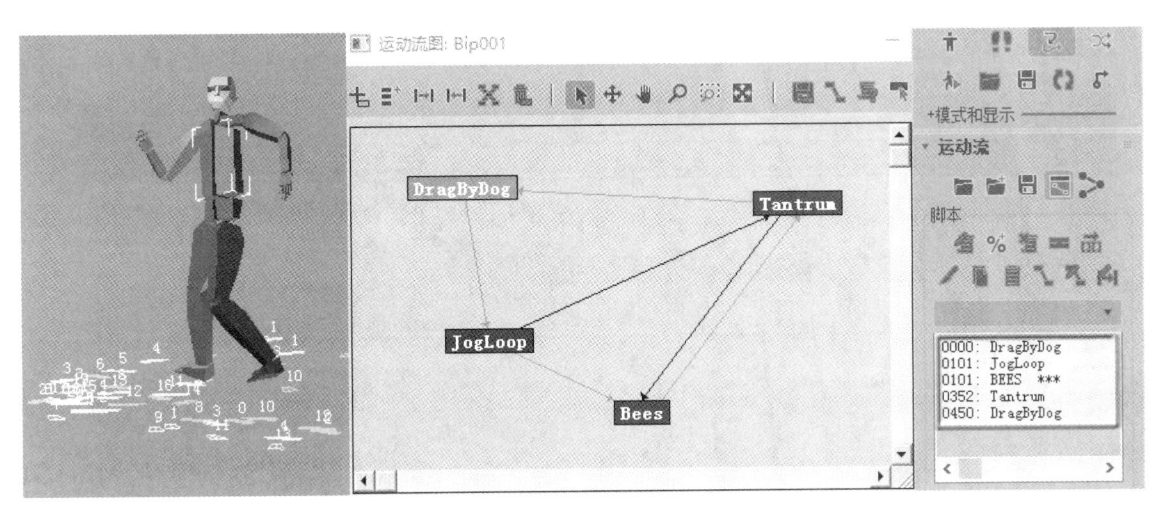

图 5.018

（6）[混合器模式] 界面

使用[混合器模式]可以混合两足动物动画的运动文件，其扩展名为“.bip”，这些运动文件也被称为剪辑。运动混合器的原理是为每个两足角色添加一系列剪辑并向每个剪辑中添加 BIP 运动文件，通过在运动剪辑之间建立过渡处理、淡入淡出处理，移动剪辑位置，改变剪辑的速度，使用运动剪辑中选定的两足动物或非两足动物形体部位的动画来完成对剪辑的混合编辑工作，在基于脚的变换中保持踩踏脚的状态，防止其滑动，如图 5.019 所示。

图 5.019

单击 混合器 按钮，将打开 [运动混合器] 界面，对运动剪辑的所有操作都将在这里完成。

[运动混合器] 界面包括 3 个部分，即 [运动混合器] 菜单栏、[运动混合器] 工具栏和 [运动混合器] 编辑器，如图 5.020 所示。

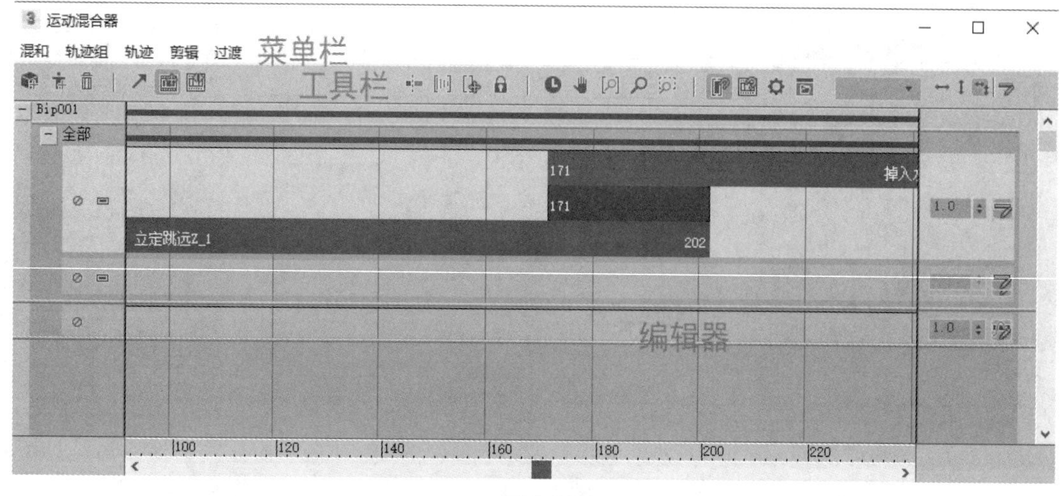

图 5.020

（7）[自由模式] 界面

当两足动物不处于任何模式下时，即为 [自由模式] 状态。在 [自由模式] 状态下，可以对两足动物进行关键点的创建和编辑，还可以对两足动物的骨骼动画进行层的编辑，以方便在不同的动作之间对骨骼进行调试操作，还可以直接导入运动捕捉数据，并对该数据进行编辑和修改。

① [关键点信息] 卷展栏。

[关键点信息] 卷展栏下的工具主要作用如下。

- 为选定的两足动物形体部位查找下一个或上一个关键帧。
- 使用时间微调器来回滑动关键帧。
- 更改关键帧的张力、连续性，偏移并显示轨迹。
- 设置踩踏、滑动或自由关键点。
- 为两足动物手和脚设置 IK 限制和坐标轴，如图 5.021 所示。

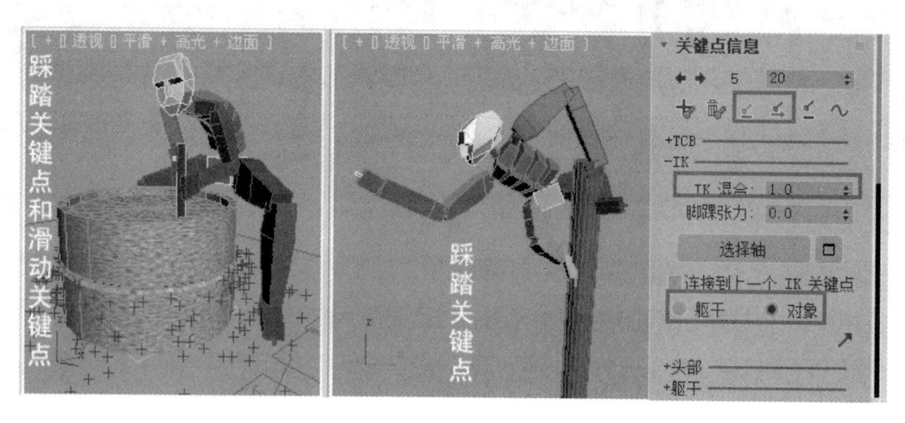

图 5.021

② [层] 卷展栏。

该卷展栏用于修正动作。例如，引入一个动作库文件，将其赋予当前场景中的一个肥胖的骨骼对象后，发现其并不完全适合于当前骨骼，上肢在执行动作时可能会穿插到身体内部。此时先创建一个新层，然后单击 [自动关键点] 按钮，将时间滑块拨到第 1 帧，调整上肢骨骼的位置和角度，播放动画，对效果满意后再将层塌陷。这样，该动作文件就适用于该骨骼对象了，如图 5.022 所示。

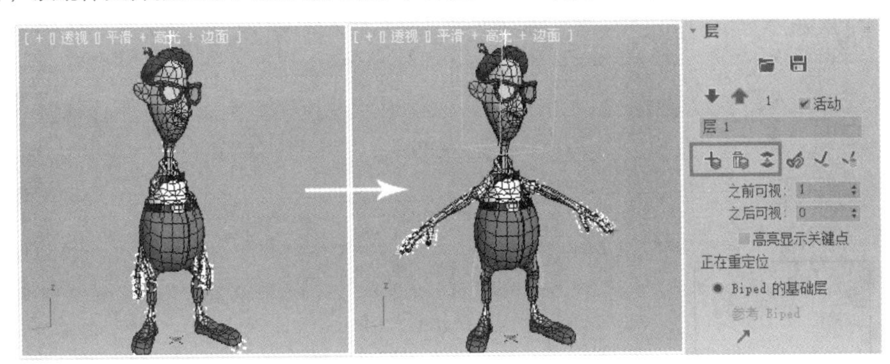

图 5.022

③ [运动捕捉] 卷展栏。

在实际工作中，我们经常使用专业的运动捕捉仪器将现实生活中的各种运动数据捕捉下来，并保存为计算机可以使用的格式。Character Studio 作为专业的动画工具，也同样具有处理运动捕捉数据的功能，[运动捕捉] 卷展栏上的命令就是用来处理原始的运动捕捉数据的，[运动捕捉] 卷展栏可以处理的运动捕捉文件为“*.bip”或“*.csm”文件，也可以处理标准的“*.bvh”文件，并可以对这些运动文件进行编辑操作，包括从运动捕捉数据中提取足迹、精简关键点等，如图 5.023 所示。

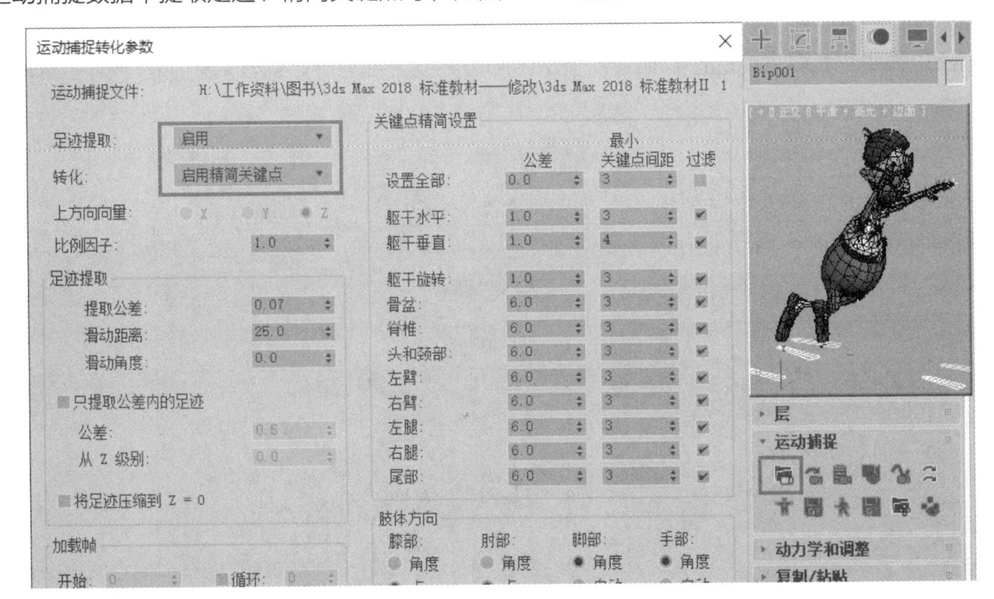

图 5.023

4. Physique 修改器

使用 Physique 修改器可将蒙皮对象附加到骨骼上，蒙皮对象在 3ds Max 中是指可以基于顶点结构的对象，如网格对象、面片对象、图形对象或 NURBS 对象。当为蒙皮对象指定了 Physique 修改器并调试蒙皮效果后，制作骨骼动画时，Physique 修改器会根据骨骼的移动使蒙皮对象变形，与骨骼的变换操作相匹配，从而完成动画的创作，如图 5.024 所示。

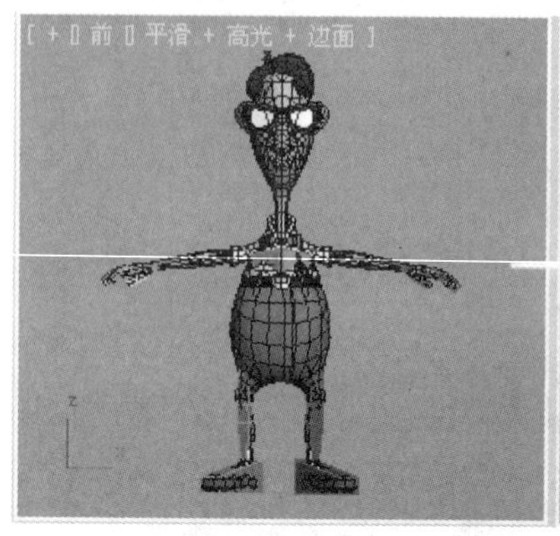

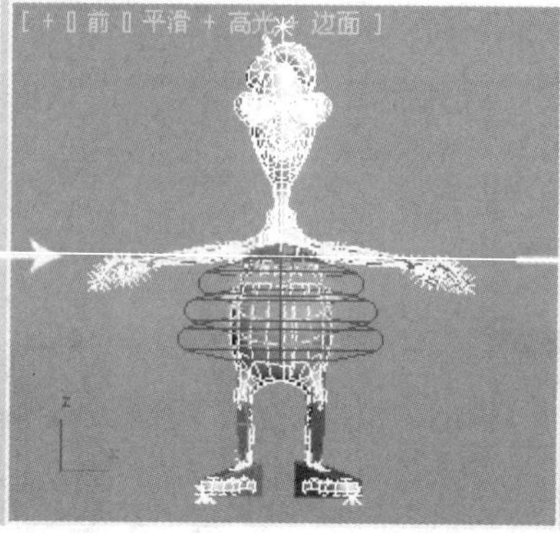

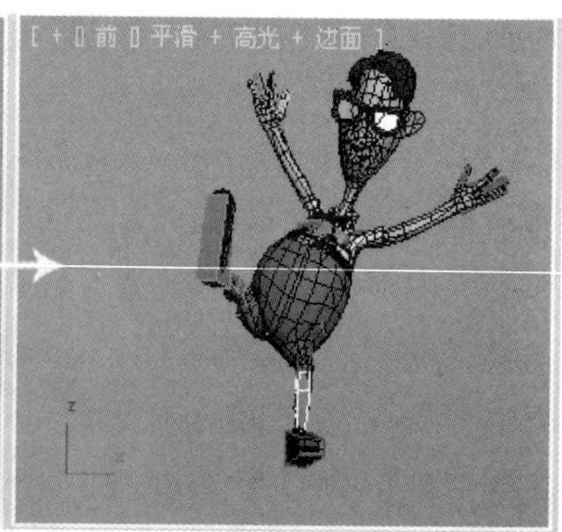

图 5.024

选择蒙皮对象，在［修改］命令面板下选择 Physique 修改器，即显示出 Physique 修改器界面，如图 5.025 所示。Physique 修改器具有 5 个不同的子对象级别，分别是［封套］子对象级别、［链接］子对象级别、［凸出］子对象级别、［腱］子对象级别和［顶点］子对象级别。每个子对象级别有各自的卷展栏，其中比较常用的是［封套］和［顶点］子对象级别。

（1）［封套］子对象级别

每个骨骼链接都有一个封套，封套的形状决定了链接移动时会影响到哪些顶点。每个封套都有一个内部边界和外部边界，封套对于处于内外边界之间区域之外的顶点将不起任何作用。内部和外部的边界之间设置了衰减，内部边界中封套对顶点的影响最强烈，从内部边界到外部边界，封套对顶点的影响会越来越弱，如图 5.026 所示。

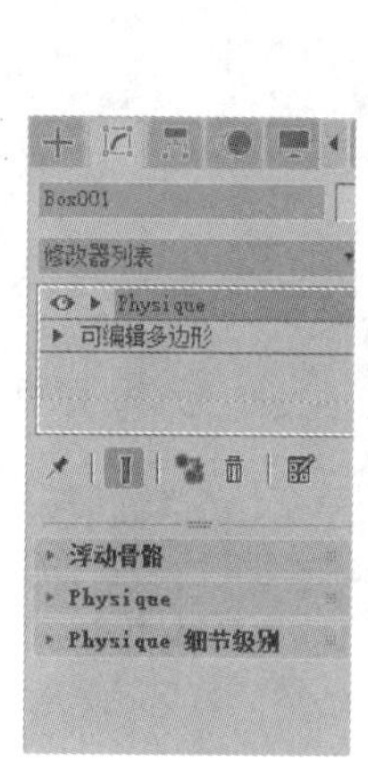

图 5.025

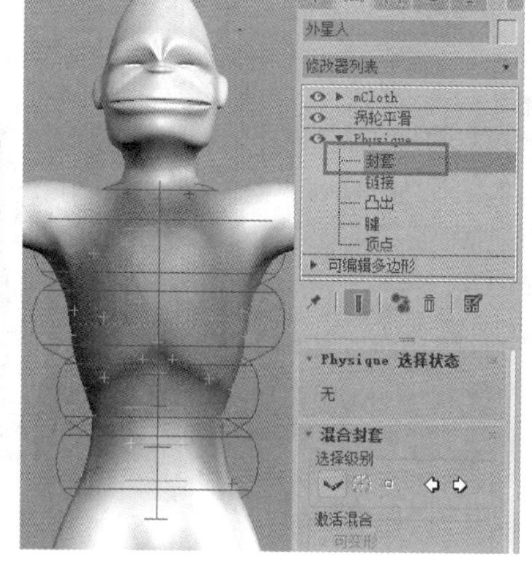

图 5.026

（2）［链接］子对象级别

［链接］子对象级别下的参数主要用来设置关节周围的变形。默认情况下，当关节处于骨骼弯曲或旋转

状态时，Physique 修改器会统一变形关节两侧网格对象的顶点。这种均匀的变形往往不符合实际的变形需要，可以使用［链接］子对象级别中的工具来更改这些默认设置。例如，可更改当肢体弯曲时沿着肢体发生的蒙皮滑动的程度，或更改上臂和胸部之间的皱褶角度，如图 5.027 所示。

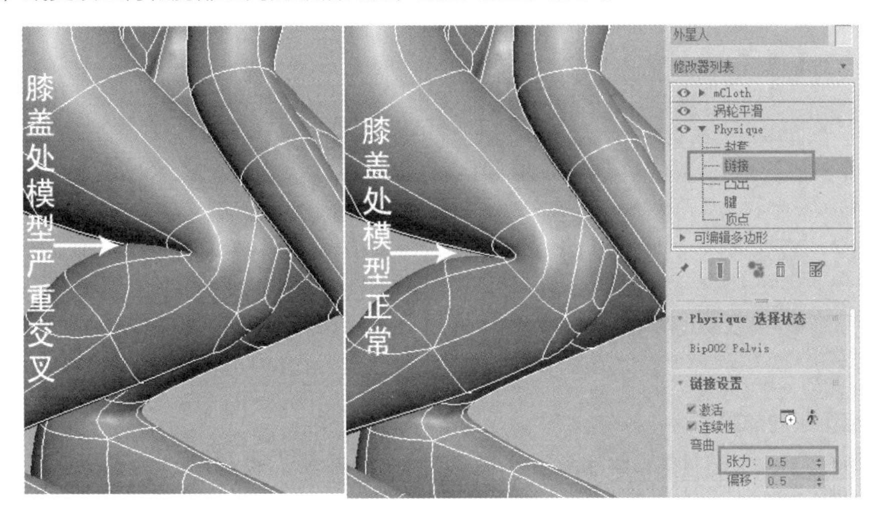

图 5.027

（3）［凸出］子对象级别

在编辑［封套］子对象来提高模型整体变形质量之后，可以在旋转角色的关节时创建各种凸出效果，用来模拟肌肉收缩和舒张。凸出角度需要下面两个链接：选定的链接和该链接的子链接（如上臂和前臂）。分隔上臂和前臂的关节被称作凸出关节，如图 5.028 所示。

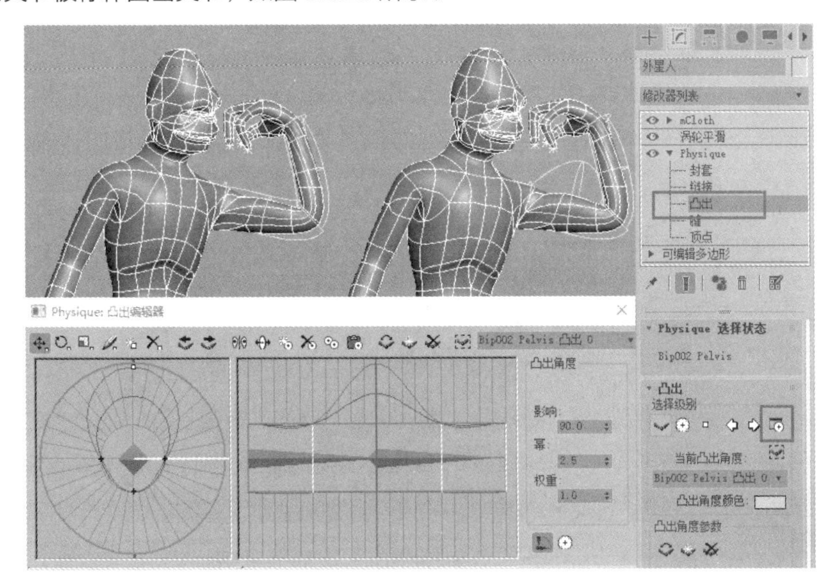

图 5.028

（4）［腱］子对象级别

封套具有使皮肤变形平滑的作用，而［腱］子对象的作用是在此基础上产生额外的拉伸效果，其方式几乎和实际人体腱部作用的方式相同。例如，在移动手指时人体的腱部会拉伸腕关节，如图 5.029 所示。

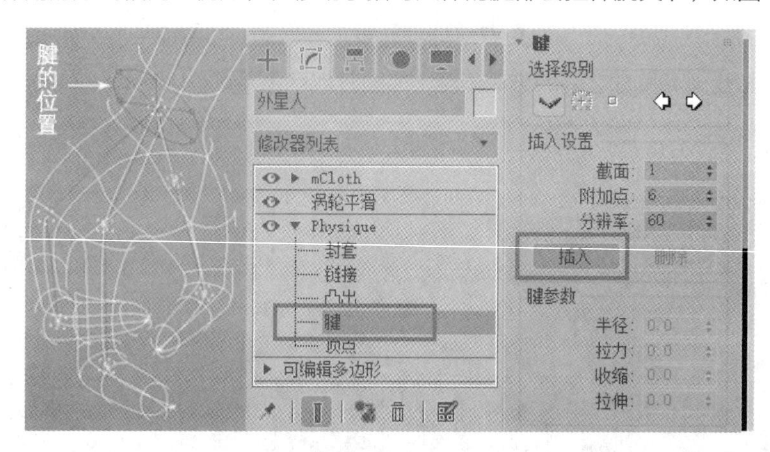

图 5.029

（5）[顶点] 子对象级别

[顶点] 子对象级别下的选项主要使用封套来修改两足动物移动时蒙皮的行为方式。例如，可以将当前选择的顶点排除在某个链接外，也可以将选择的顶点指定给某个链接，而且可以控制顶点被指定给链接后的类型，如图 5.030 所示。

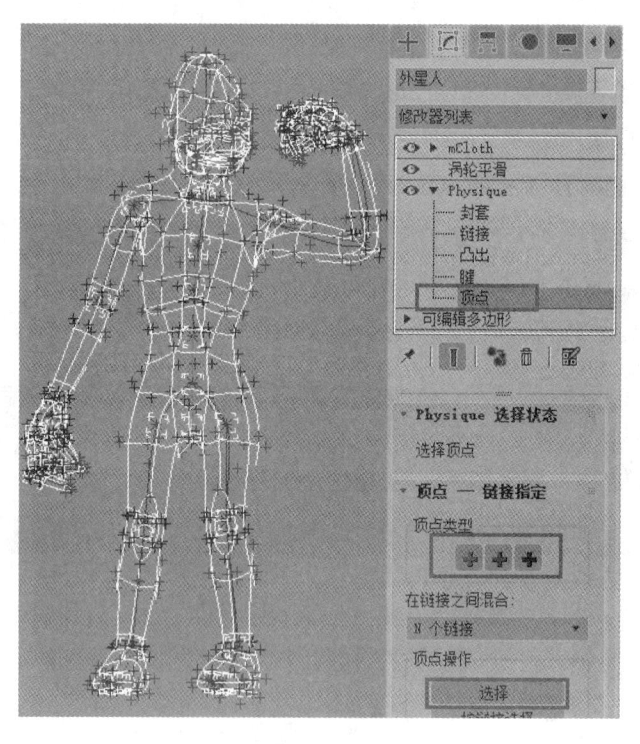

图 5.030

5. 群组动画

[群组动画] 是 3ds Max 中重要的组成部分，其主要功能是模拟人类群组、动物群组或其他群组的行为，如图 5.031 所示。

在实际工作中，当我们想要模拟一群人或动物在同一场景中同时运动的效果时，如果为每一个人物或动物都单独进行路径、行为等的动画的指定，显然要耗费巨大的工作时间，通过群组动画，可以使用代理对象对不同的人或动物的行为事先进行总体指定，系统按照指定的行为自动生成动画，这项功能对于控制大型的群组场景有极大的帮助，可大大缩短大型场景群组动画的时间。3ds Max 中［群组动画］的原理是：通过在场景中先建立［代理］和［群组］两个对象，然后为［群组］对象指定各种［行为］，使代理对象按照设置好的行为运动，最后将代理与真正要成为群组的对象链接。［群组动画］的两个创建按钮位于［辅助对象］面板中，分别是 代理 按钮和 群组 按钮，如图 5.032 所示。

图 5.031

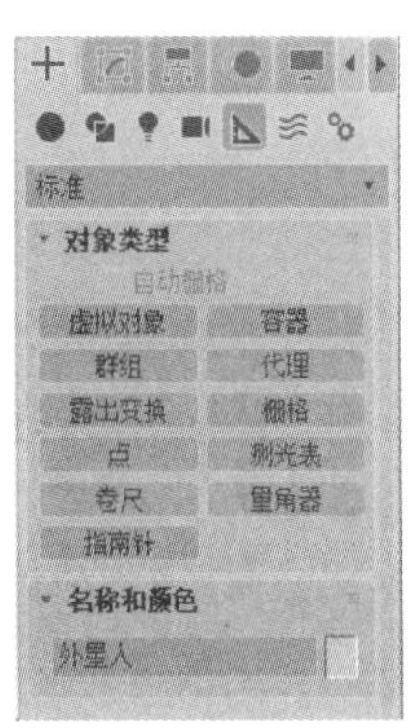

图 5.032

（1）［代理］

当我们进行［群组模拟］时，并不是直接对网格对象进行行为指定，而是首先设置［代理］，如图 5.033 所示。［代理］是专为群组动画设计的特殊辅助对象，群组对象可以控制和指定一个或多个［代理］，［代理］被指定了各种行为并最终赋予场景中的两足动物或其他对象。与其他辅助对象一样，［代理］本身不会被渲染出来。

（2）［群组］

［群组］辅助对象在 Character Studio 系统中充当了控制群组模拟的命令中心。在大多数情况下，每个场景需要的群组对象不会多于一个。对［代理］的所有行为指定及命令修改都是在［群组］里完成的，如图 5.034 所示。

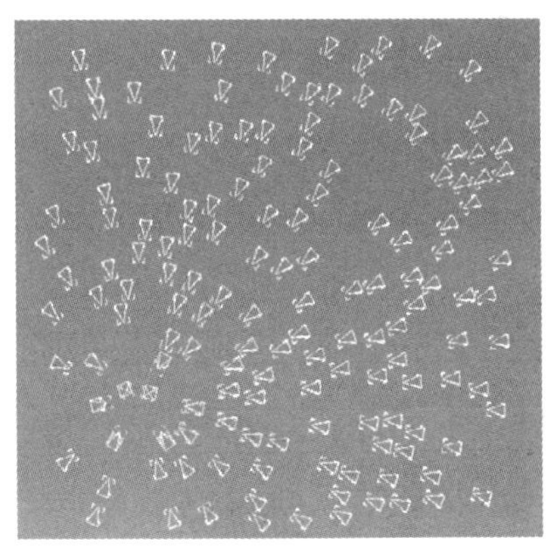

图 5.033

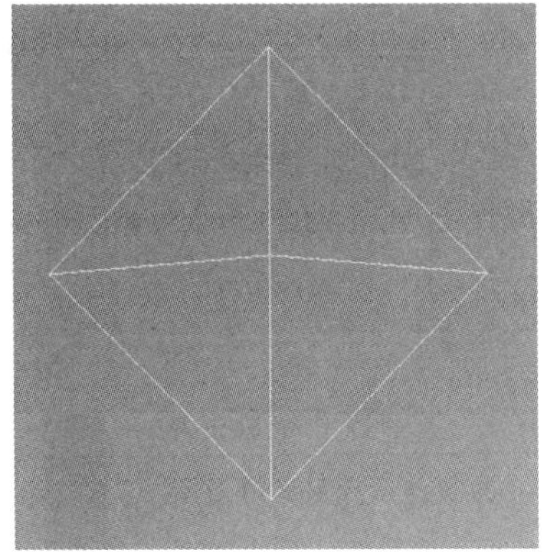

图 5.034

①［设置］卷展栏。

该卷展栏下包含了群组控件下的主要工具，对［代理］对象的克隆、分布、［旋转］、［缩放］、各种［行为］的指定，将［行为］与指定的［代理］链接等主要［群组］操作都将在这里完成，该卷展栏是［群组］功能中最重要的卷展栏，如图 5.035 所示。

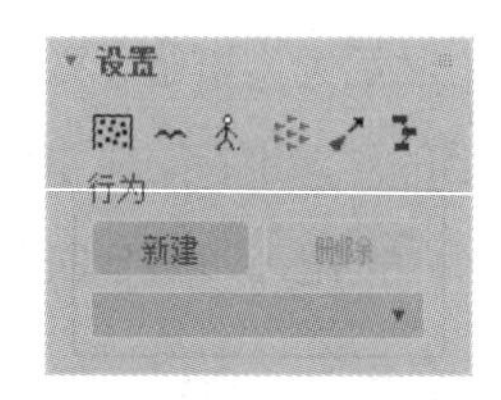

图 5.035

a.［散布］。

［散布］按钮的主要作用是克隆代理对象，设置代理对象的分布位置、旋转角度、缩放比例等。单击该按钮将弹出［散布对象］面板，［散布对象］面板由［克隆］、［位置］、［旋转］、［缩放］和［所有操作］5 个选项卡组成。

［克隆］选项卡主要用来指定将要克隆的对象和数量。

［位置］选项卡主要用来指定克隆出的对象将要分布在哪种对象的表面上，以及设置分布的相关参数。

［旋转］选项卡用来设置克隆出的对象散布在指定对象表面上后的所要朝向的目标方向，可以通过设置向前和向上的轴指定方向，也可以使散布对象朝向源对象或目标对象。如果散布对象同时指定了源对象和目标对象，对象会自动旋转调整，其所朝向的方向将与源对象和目标对象之间的线条相平行。

［缩放］选项卡主要用来设置对散布对象的缩放。

［所有操作］选项卡的主要功能是对选择的代理一次性进行［克隆］、［位置］、［旋转］和［缩放］操作。该面板实际上是前 4 个面板的一个简化面板，可以对精度要求不高的散布一次性进行设置，如图 5.036 所示。

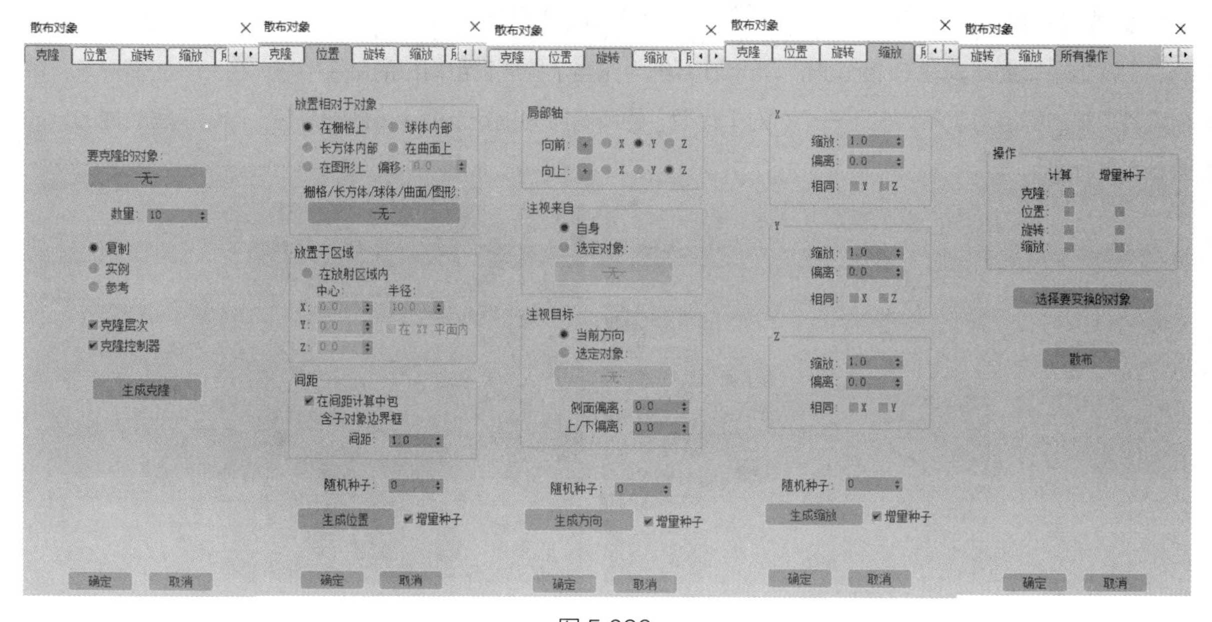

图 5.036

b. [对象 / 代理关联] ～。

[对象 / 代理关联] 主要用来将非 Biped 对象与代理链接。这个链接过程分两步，首先对非 Biped 对象与视口中的代理对象进行位置上的对齐，然后使非 Biped 对象跟随代理对象运动，如图 5.037 所示。

c. [Biped/ 代理关联] 。

[Biped/ 代理关联] 工具和 [对象 / 代理关联] 工具～的功能基本相同，不同之处在于：与 [代理] 链接的对象为 Biped。通过这个工具，我们可以完成对两足动物的群组模拟，如图 5.038 所示。

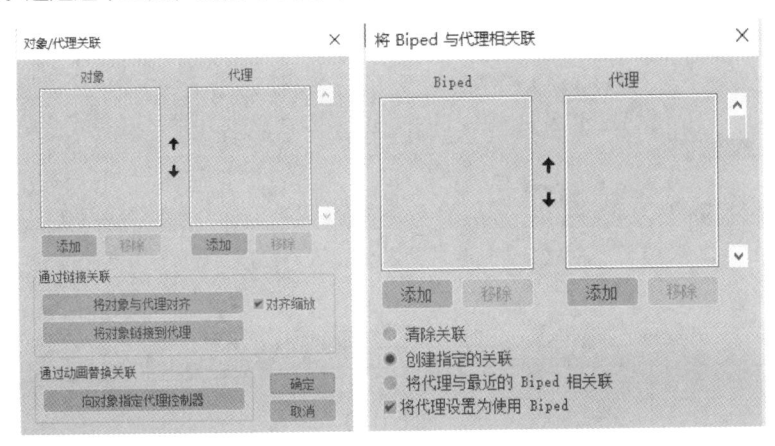

图 5.037　　　　图 5.038

d. [多个代理编辑] 。

该工具的作用是对多个代理对象统一进行参数编辑，在大型的群组模拟中具有重要的作用，设置代理对象的速度可以极大地提高工作效率，如图 5.039 所示。

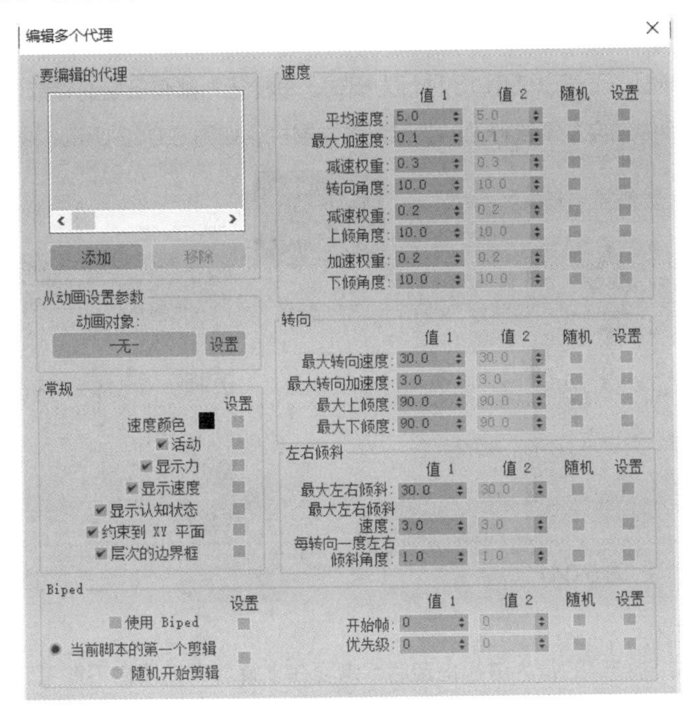

图 5.039

e. [行为指定] 。

[行为指定] 工具主要用于为单个代理或代理组指定行为和认知控制器，并指定相应的权重，如图 5.040 所示。

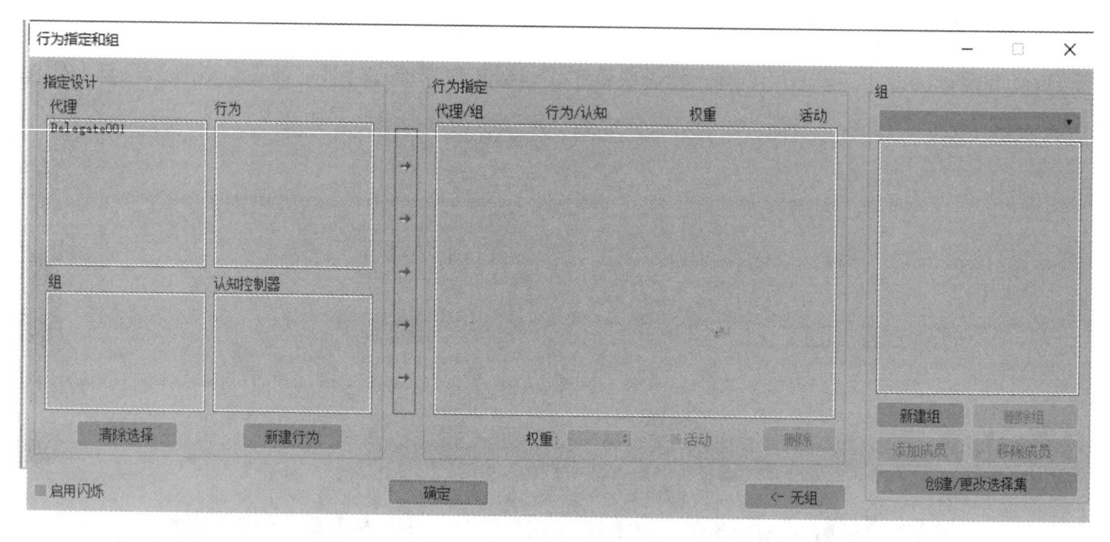

图 5.040

f. [认知控制器] 。

使用 [认知控制器] 可以将群组行为合并到状态中，在控制器中对不同的行为或行为组进行解算的顺序指定，并使用脚本更改行为。单击该按钮将弹出 [认知控制器编辑器] 窗口，如图 5.041 所示。

g. [行为] 组。

[行为] 组的主要功能是创建或删除行为，并对指定的行为进行具体的设置。[群组] 下所有行为的模拟都要在这里指定，[群组] 下可以使用 13 种行为模式。每种行为都有各自的参数设置，在下拉列表中选择一种行为，在下方的面板中就会显示该行为的参数设置卷展栏，如图 5.042 所示。

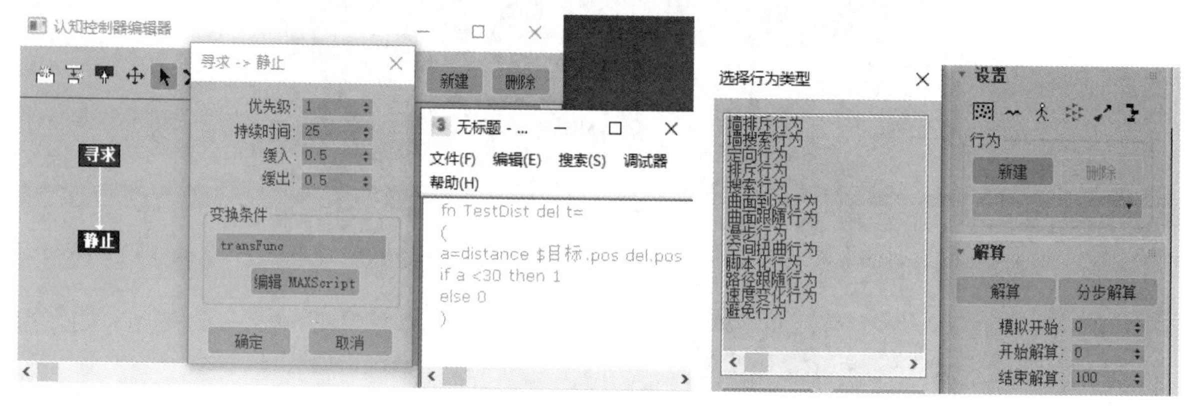

图 5.041

图 5.042

② [解算] 卷展栏。

在 [设置] 卷展栏中对群组的行为进行指定后，需要在 [解算] 卷展栏下对指定的行为进行解算，这样才能使代理对象真正产生群组效果，如图 5.043 所示。

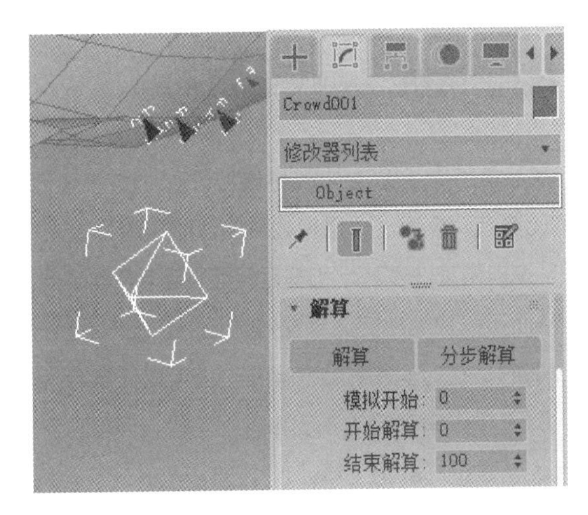

图 5.043

③ [优先级] 卷展栏。

当对包含与代理有关的两足动物进行解算时，由于群组在模拟过程中一次只能计算一个两足动物的运动效果，需要控制先对哪个两足动物进行计算，所以必须用到 [优先级] 卷展栏。优先级参数值设置得越低，则优先级别越高。对于具有相同优先级设置的两足角色或代理对象，系统会随机选择一个两足角色或代理进行解算。要解决两足动物的碰撞问题，可以为两足动物设置优先级。这样就可以使群组系统每次求解一个两足动物的运动效果，当这个两足动物的运动确定之后，后续的两足动物能够精确地预测先前求解过的两足动物的位置，并选择使用可以避免碰撞的剪辑，如图 5.044 所示。

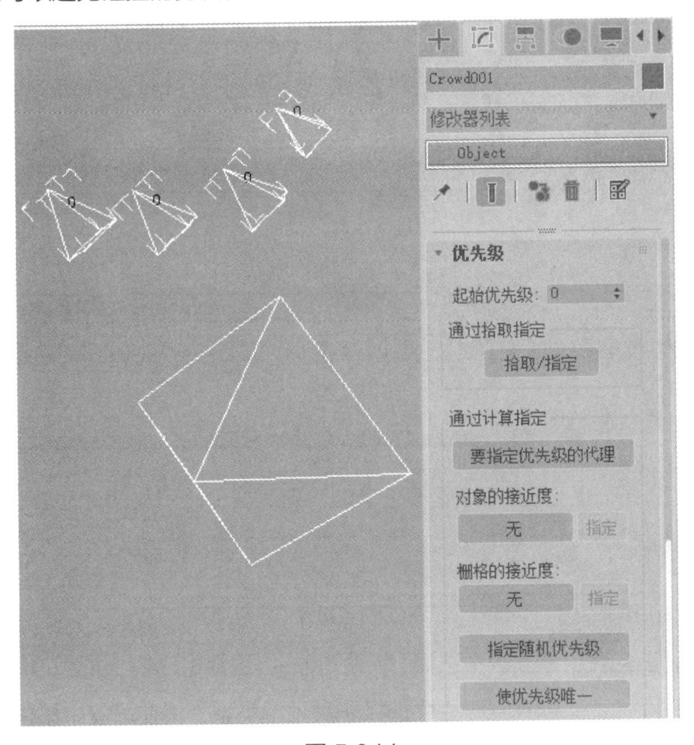

图 5.044

5.2.3 CAT 角色动画系统

CAT 是 3ds Max 的一套多足角色骨骼和动画设计插件，在 3ds Max 2011 中被完全整合进来，不再以插件的形式单独安装。CAT 的优势有两个：一个是有成熟的骨骼搭建和修改系统；另一个是有灵活多样的动画控制系统。在 CAT 骨骼中，系统自带了许多两足和多足骨骼预设，在此基础上可以对 CAT 骨骼形状、数量、大小和姿态进行任意的调整，从而可以快速地完成骨骼搭建任务。在 CAT 的动画设置中，CAT 采用分层管理的方式，能够设置行走的循环动画，进行剪辑和姿态管理，还可以任意混合姿态，进行关键帧的全面控制，使用多种动作捕捉数据。虽然 CAT 中没有专门的蒙皮和群组工具，但是它支持 3ds Max 自带的 [蒙皮] 和 Character Studio 中的 Physique 蒙皮与群组工具。

1. CAT 骨骼搭建系统

（1）创建 CAT 内置骨骼

默认状态下，CAT 系统中内置了多种通用性骨骼，如 Alien（外星人）、Allosaur（异特龙）、Angel（天使）、Ape（猿）、Base Human（人）、Centipede（蜈蚣）、Clown（小丑）、Crab（螃蟹）、GameChar（游戏角色）、Gnou（角马）、Horse（马）、Lizard（蜥蜴）、Panther（美洲豹）和 Spider（蜘蛛）等，如图 5.045 所示。

图 5.045

在创建这些骨骼时，首先在创建面板中选择 [辅助对象]，选择 [CAT 对象] 类型，然后按下 [CAT 父对象] 按钮，在 [CATRig 加载保存] 卷展栏中选择一种预设类型，再在场景中按住鼠标左键拖曳光标即可创建 CAT 骨骼。系统会根据拖动距离的长短控制生成的骨骼的大小。

CAT 骨骼的底部是一个 CAT 父对象图标，它是一个带有箭头的三角形符号，我们可以将该符号视为 CAT 骨骼的角色节点，也就是 CAT 的根骨骼，所有的骨骼都是在这个节点上创建的，箭头所指的方向为角色的运动方向。选择该图标，在它的修改面板中可以设置 CAT 骨骼的整体参数，在这里我们可以设置 CAT 骨骼的大小（即 CAT 单位比）、设置 CAT 层动画的关键帧显示内容、选择预设骨骼、加载和保存骨骼设置或者添加骨盆和装备，如图 5.046 所示。

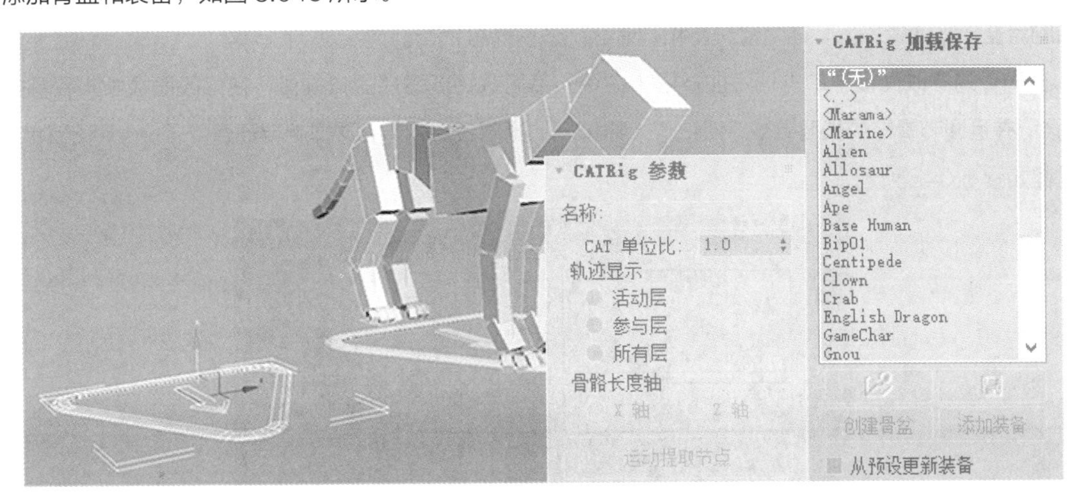

图 5.046

CAT 骨骼中已经设置好了 IK 运动系统，可以通过［移动］和［旋转］工具调整骨骼的姿态，也可以在修改面板中调整各个骨骼的大小、数量，甚至可以通过编辑工具编辑骨骼的形状，如图 5.047 所示。

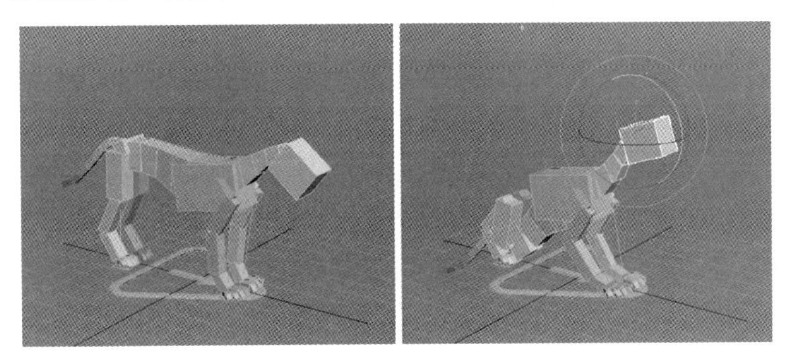

图 5.047

（2）创建自定义 CAT 骨骼

在 CAT 中可以随心所欲地创建各种骨骼，无论是两足动物、4 足动物、鸟类，还是根本不存在的科幻生物，都可以用 CAT 的骨骼自定义功能制作。创建自定义骨骼的基本步骤如下。

①创建 CAT 父对象，在创建面板中不要选择预设类型，而要选择列表中的［无］选项，这样在场景中按住鼠标左键拖曳光标创建的对象仅包括 CAT 的箭头图标，也就是 CAT 根骨骼。

②在 CAT 根骨骼的修改面板中单击［创建骨盆］按钮，此时在骨骼的中心位置会出现一个长方体骨骼，选择这块骨骼，在修改面板中可以修改这块骨骼的长、宽、高，还可以利用［移动］和［旋转］工具调整它

的姿势和位置。

③选择新建的骨盆，在修改面板中单击[添加腿]按钮两次，此时在该骨骼的两端生成了两根腿骨。单击[添加脊椎] 按钮，此时在该骨骼的顶部会出现一串脊椎骨，并且在脊椎骨的顶端有一块主体连接骨骼，也就是胸部骨骼。

④选择脊椎骨顶端的胸部骨骼，在它的修改面板中单击 [添加手臂] 按钮两次，此时在胸骨的两端会出现两臂的骨骼，默认情况下，在两臂骨骼和胸骨之间还有两根锁骨。

⑤在胸骨的修改面板中单击 [添加脊椎] 命令。然后选择新增加的脊椎骨，在修改面板中将骨骼的数量设置为 1，并且调节骨骼的长度参数，使它与人物角色的颈部长短相似，这样就手动建立了一个两足角色骨骼，基本过程如图 5.048 所示。

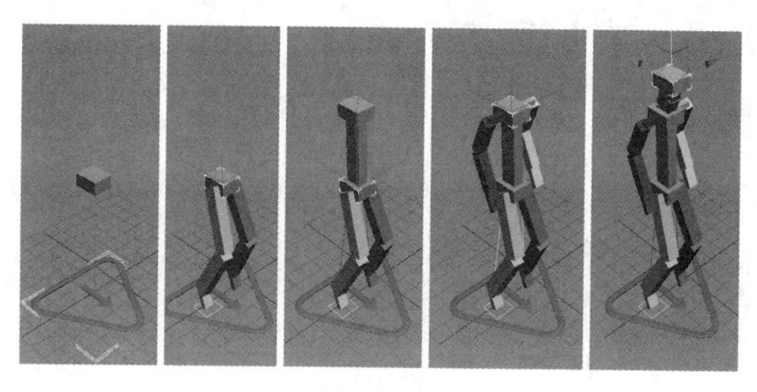

图 5.048

（3）CAT 骨骼的组成和基本设置

在 CAT 系统中，CAT 父对象下的骨骼可以分为 6 类，即主体连接部、脊椎骨骼、肢体骨骼、手掌手指、尾部骨骼和附加装备。不同的骨骼部分有着不同的功能和设置。

①主体连接部。

在 CAT 骨骼中，主体连接部是一种特殊的骨骼，它是身体各个部分的起点。骨骼的主体连接部分可以是盆骨、胸骨、头部骨骼等。在创建了 CAT 父对象后，单击 [创建骨盆] 按钮即可建立一个主体连接部骨骼，在连接部骨骼的修改面板中可以添加四肢、脊椎、尾部或其他部分的骨骼。在连接部骨骼的设置面板中，可以调整骨骼的名称、长度、宽度和高度，还可以通过复制和粘贴按钮复制骨骼或肢体的姿态，如图 5.049 所示。

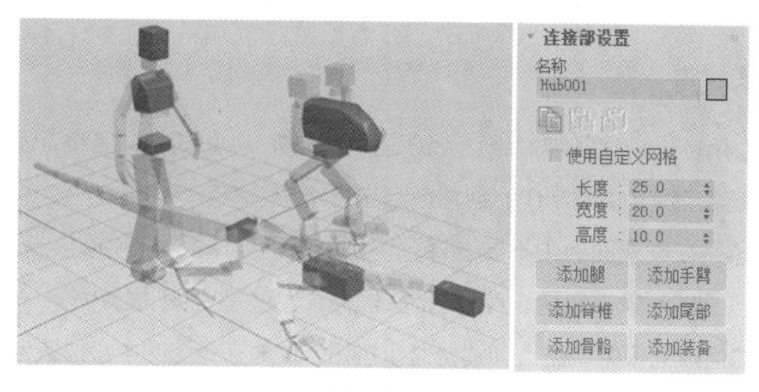

图 5.049

②脊椎骨骼。

在 CAT 中，脊椎用于连接两个连接部。在添加脊椎后，脊椎的末端也是一个连接部骨骼。选择其中一个脊椎骨后，在修改面板中会出现［脊椎设置］卷展栏，在这里可以设置脊椎骨的名称、数量、长度和大小，以及它们的动画控制方式，如图 5.050 所示。

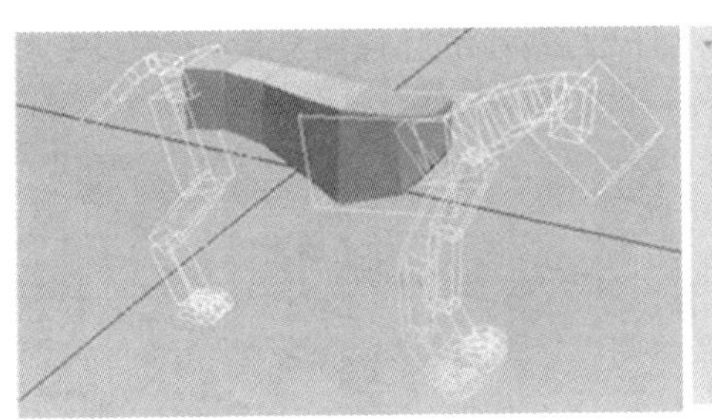

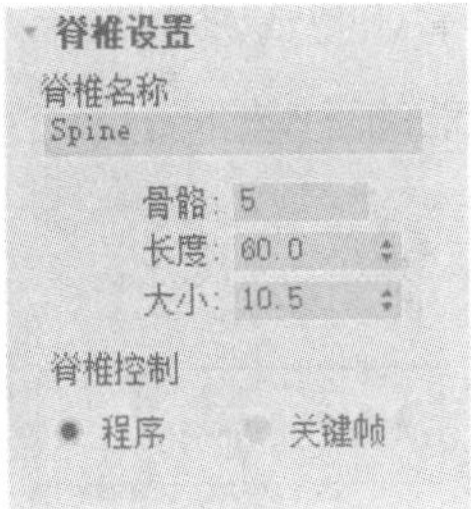

图 5.050

③肢体骨骼。

CAT 肢体骨骼一般用作手臂、腿、翅膀等，它们均采用相同的 IK 系统，并且具有相同的设置参数。在肢体的参数设置中，可以根据需要添加锁骨或手掌（脚踝），或者设置肢体的位置和骨骼数量，如图 5.051 所示。一个肢体最多可包含 20 块骨骼，其中每块骨骼最多可包含 20 个分段。骨骼分段仅围绕其中心旋转，而且可以使前臂扭曲，应使用［骨骼扭曲权重］图形控制骨骼的相对旋转。

④手掌和手指（脚踝和脚趾）。

在肢体上可添加手掌骨骼，在手掌上又可以添加手指骨骼。手掌在手臂上用作手掌，在腿上用作脚踝，但它们的设置参数相同，可以通过修改面板设置手掌骨骼的名称、大小和手指个数，还可以添加额外的骨骼与装备。

在手掌上添加手指骨骼后，选择其中一段手指，在它的修改面板中既可修改手指的大小和长度，也可以添加额外的骨骼与装备，如图 5.052 所示。

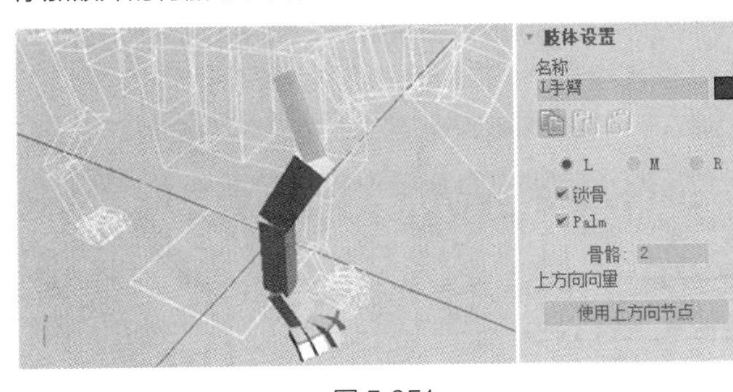

图 5.051

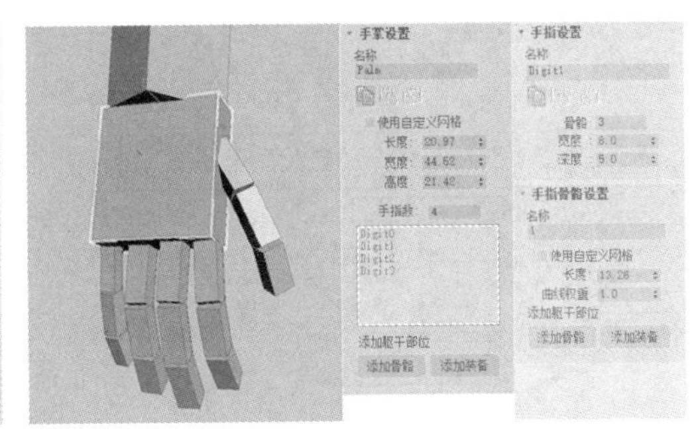

图 5.052

⑤尾部骨骼。

CAT 的尾部骨骼是一根骨骼长链，它与脊椎骨骼类似，但是尾部骨骼的末端没有连接部骨骼。如果把尾部骨骼放在头部，可以充当发辫、触角等，尾部骨骼可具有 1 ~ 100 个链接。添加尾部骨骼后，选择任意一根尾部骨骼，在它的修改面板中可以设置链接数量、长度、宽度、高度和锥化程度，还可以在尾部骨骼上添加附加骨骼或装备，如图 5.053 所示。

⑥附加骨骼和装备。

在 CAT 的骨骼上可以添加任意形状的附加骨骼和装备，以配合生物体进行各种运动，如人物的盔甲、呼吸面具、武器、手杖等，如图 5.054 所示，可在任意骨骼的［骨骼设置］卷展栏中添加附加骨骼或装备，它们的编辑方式与其他骨骼的基本相同。

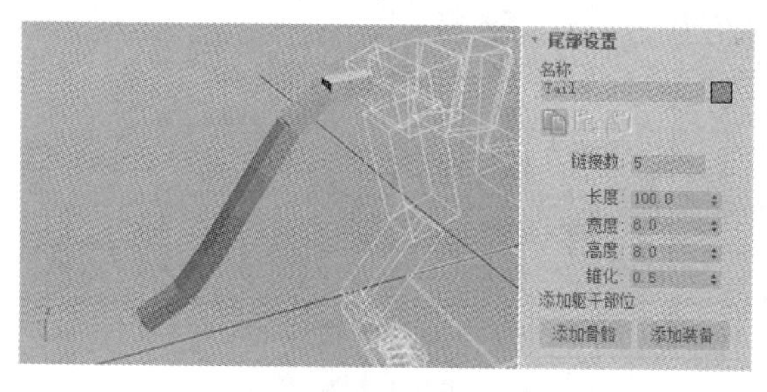

图 5.053

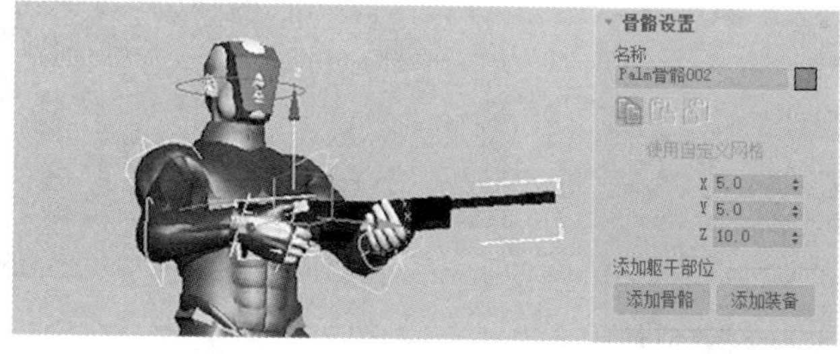

图 5.054

（4）CAT 骨骼的［层次］面板

在 CAT 骨骼系统中，每一节骨骼都具有一个控件阵列，用于定义骨骼的操纵方式和运动继承关系，这些设置参数位于［层次］面板的［链接信息］选项卡中，如图 5.055 所示。当我们创建 CAT 预设骨骼时，系统已经设置了骨骼间的运动模式，但是在添加附加骨骼或装备时，就需要手动设置骨骼间的层次关系了，这样可以保证骨骼运动的合理性。

下面通过一个简单的案例演示 CAT 骨骼间的层次设置。

步骤 01： 在场景中创建一个［CAT 父对象］，然后单击［创建骨盆］按钮创建一个连接部骨骼，如图 5.056 所示。

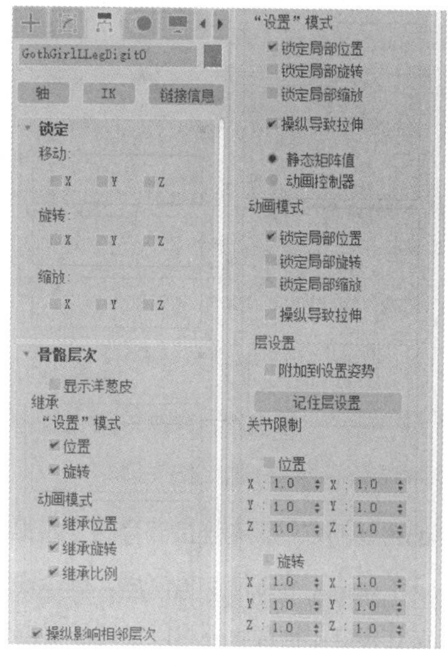

图 5.055

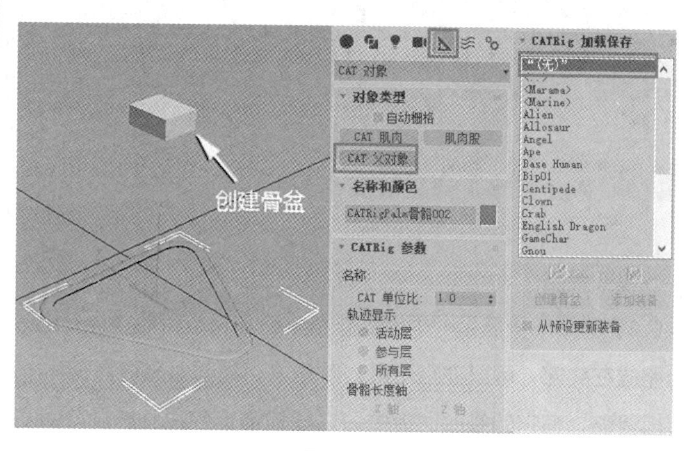

图 5.056

步骤 02：选择刚刚建立的主体连接部骨骼，在修改面板中单击［添加骨骼］按钮，此时主体连接部骨骼上就会出现一节很小的骨骼，如图 5.057 所示。

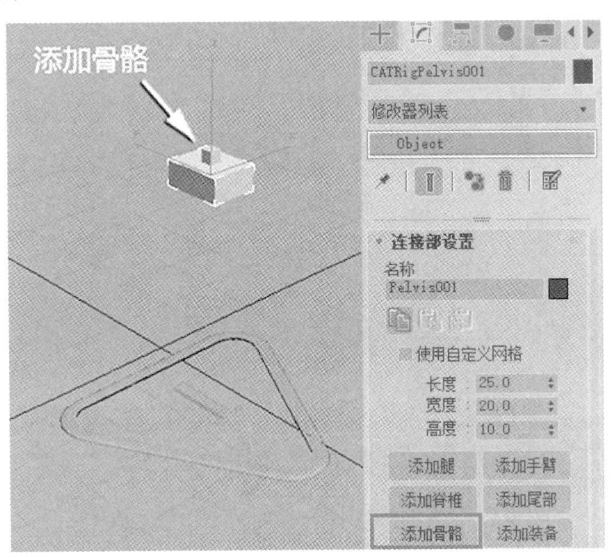

图 5.057

步骤 03：选择新添加的骨骼，在修改面板中设置它的 z 轴高度为 25，单击［名称］后面的色块，将其颜色更改为红色，然后单击［添加骨骼］按钮，在该骨骼上添加一个附加骨骼，形成第 2 节骨骼。

步骤 04：选择第 2 节骨骼，在修改面板中将它的颜色改为绿色，然后再次单击［添加骨骼］按钮，在第 2 节骨骼的基础上创建第 3 节骨骼，最后在第 3 节骨骼的修改面板中将颜色改为蓝色。

这样就形成了 3 个附加骨骼，第 3 节骨骼是第 2 节骨骼的子对象，第 2 节骨骼是第 1 节骨骼的子对象，如图 5.058 所示。

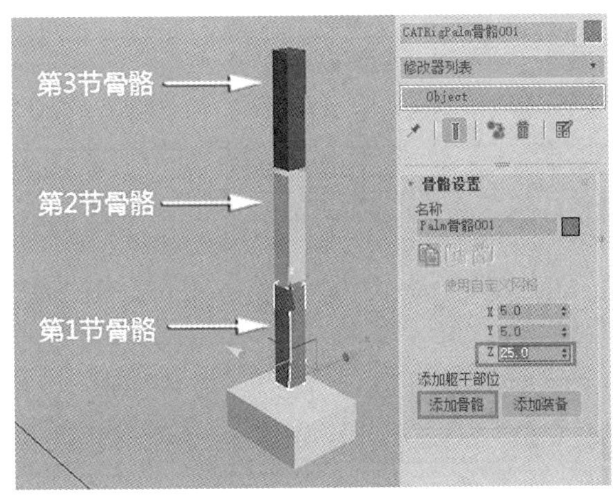

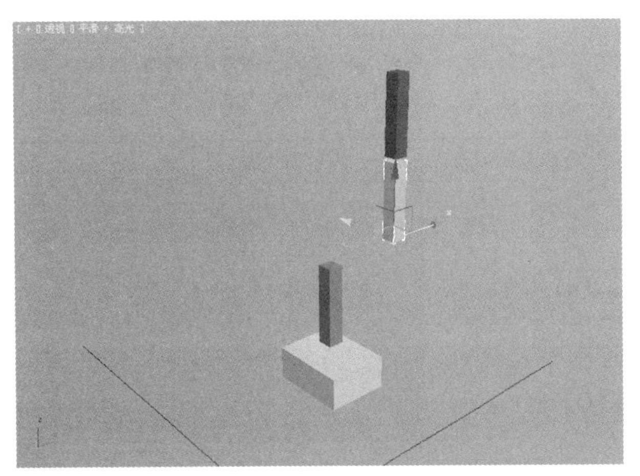

图 5.058

步骤 05：选择第 2 节骨骼，进入［层次］面板，单击［链接信息］按钮，在［骨骼层次］卷展栏中勾选［操纵影响相邻层次］和［“设置”模式］中的［锁定局部位置］选项。这样在移动该骨骼时会受到层次的限制，它不会沿着 z 轴运动，而且在移动第 2 节骨骼时，还会影响到第一节骨骼的位置和姿态，如图 5.059 所示。

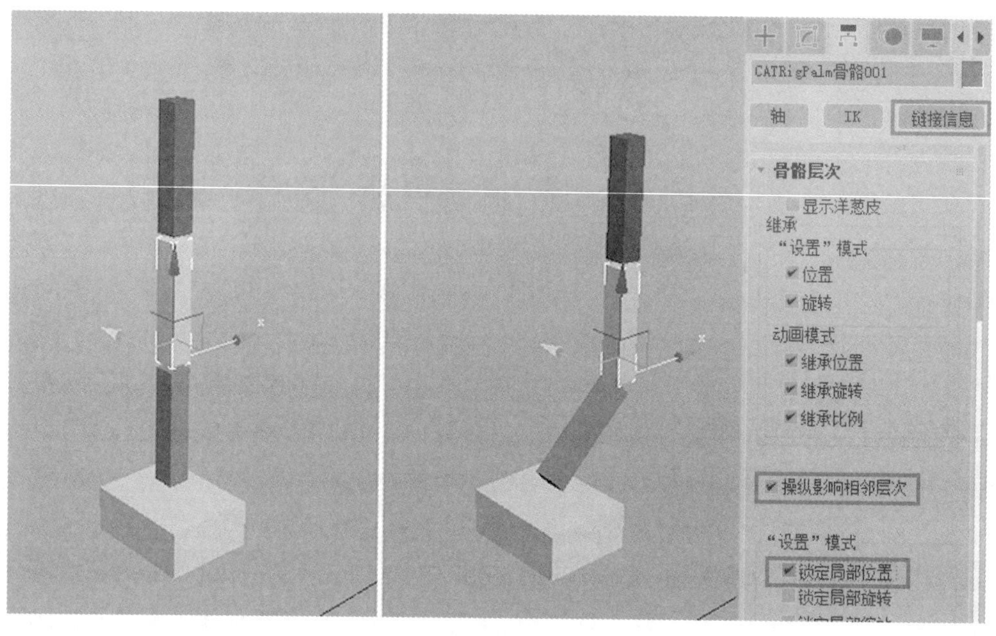

图 5.059

步骤 06： 选择第 1 节骨骼，然后在［层次］面板中勾选［操纵导致拉伸］选项，再利用移动工具沿着 z 轴移动第 2 节骨骼，此时可以观察到第 1 节骨骼出现了拉伸现象，这样可以设置骨骼的变形动画，如图 5.060 所示。

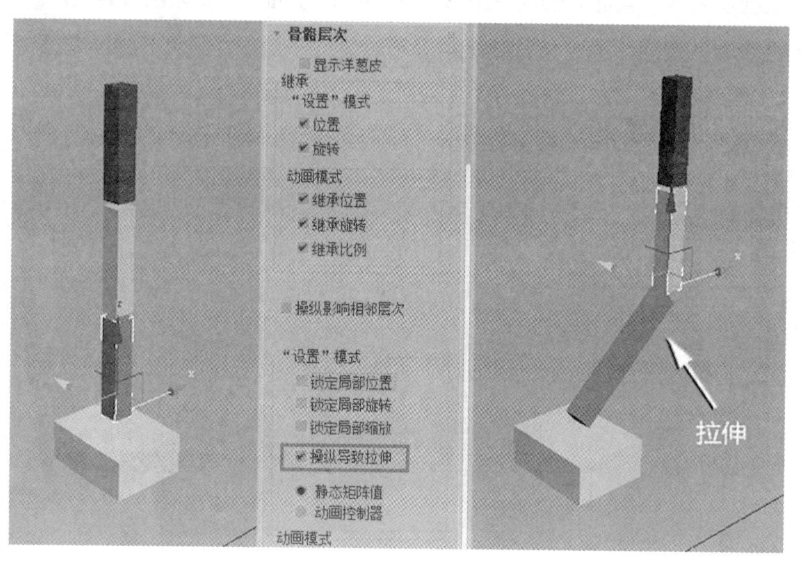

图 5.060

步骤 07： 利用同样的方法把第 2 节骨骼设置为可拉伸，为第 3 节骨骼锁定局部位置，这样就形成了一个类似于尾部骨骼的层次，如图 5.061 所示。

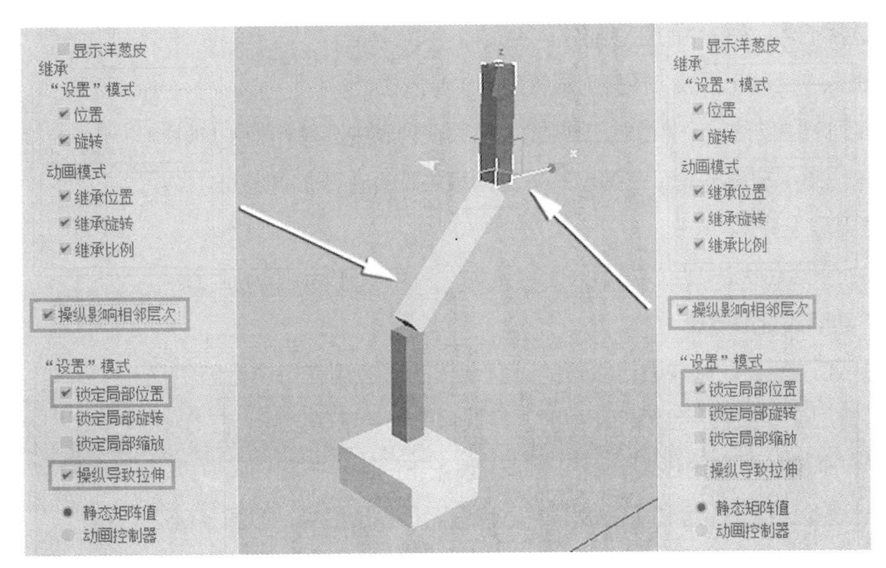

图 5.061

2. CAT 动画设置和管理

CAT 角色动画设置主要包含两个方面：一个是 CAT 的 FK/IK 操纵绑定；另一个是 CAT 的动画层。使用 CAT 的 FK/IK 操纵绑定系统只需执行简单的推拉操作即可将绑定部位设置成所需姿势，而不用管它们是采用是 IK（反向运动学）还是 FK（正向运动学）。CAT 的动画设置都是通过动画层来实现的，可在不同的层中设置关键帧和调整角色动画。CAT 中包括绝对层和相对层。绝对层用于创建新的动画，相对层又被称作调整层，顾名思义，它是用来调整已经创建好的关键帧动画的。下面介绍创建简单动画的一般过程。

①创建动画。

如果要为 CAT 骨骼角色创建关键帧动画，需要在绝对层中进行，因此在创建动画之前需要创建绝对层，然后转到动画模式进行设置。

步骤 01： 选择 CAT 骨骼中的任意部分。

步骤 02： 进入［运动］面板，展开［层管理器］卷展栏。

步骤 03： 按住 Abs 按钮不放，在弹出的下拉列表中选择第 1 个按钮 Abs，此时在［层管理器］列表中就会出现一个［动画层］。

步骤 04： 在列表的上方单击［设置模式］按钮，使其变为［动画模式］，此时就可以为 CAT 骨骼设置关键帧动画了。

②编辑动画。

使用调整层可以编辑 CAT 动画，并且在编辑过程中不会破坏已经设置好的动画，它可以影响的动画包括 CATMotion 循环动画、绝对层关键帧动画、运动捕捉数据，以及其他调整层。CAT 提供两种类型的调整层：局部调整层和世界调整层。局部调整层用于偏移相对绑定元素（如倾斜头部）；世界调整层用于在运动捕捉序列中偏移 IK 目标（如脚）。它们的具体创建过程如下。

步骤 01： 选择 CAT 骨骼中的任意部分。

步骤 02： 进入［运动］面板，展开［层管理器］卷展栏。

步骤 03： 在列表中创建一个［绝对动画层］，然后在列表中选择［可用］项目。

步骤 04： 按住按钮不放，在弹出的下拉列表中选择［添加调整层］或［添加调整世界层］。

当前调整层处于活动状态，且权重值为 100% 时，就可以开始调整动画了。

（1）CAT 动画的分层管理

CAT 动画是通过分层设置并进行管理的，新创建的层应用在每个骨骼中，不存在单独的手臂层或手部层，当添加新层时，每块骨骼都会获得该层。在 CAT 中可以创建多个动画层，然后通过调节层权重值来设置不同的姿态和动画效果。CAT 动画层的管理参数位于［运动］面板的［层管理器］卷展栏中，如图 5.062 所示。在该面板中可以添加层、移除层、调整层在堆栈中的位置和权重等。

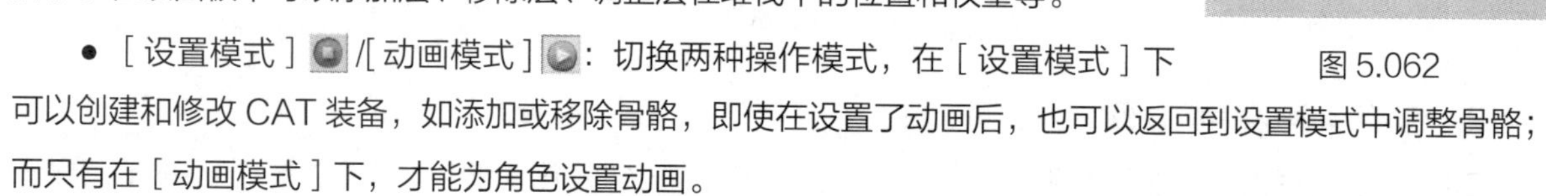

图 5.062

- ［设置模式］/［动画模式］：切换两种操作模式，在［设置模式］下可以创建和修改 CAT 装备，如添加或移除骨骼，即使在设置了动画后，也可以返回到设置模式中调整骨骼；而只有在［动画模式］下，才能为角色设置动画。
- ［装备模式］/［着色模式］：该按钮只能在［动画模式］模式下使用，用于设置 CAT 骨骼的颜色。在［装备模式］下显示骨骼参数设置的颜色，而在［着色模式］下显示当前堆栈中活动层的颜色。
- ［摄影表：层范围］：在［CATRig］窗口中打开［轨迹视图］，以便显示所有层的动画范围。
- ［层堆栈］：列出当前所有动画层，以及每个动画层的类型、颜色和［全局权重］值。当选择某层后，新添加的层将出现在选择的层上面。如果要在列表的最上面添加层，要选择［可用］选项后再创建。
- ：添加［动画层］，即绝对动画层，在该层中可创建关键帧动画。
- ：添加［调整层］，即相对局部层，用于编辑局部类型的骨骼姿态或对动画进行调整。
- ：添加［调整世界层］，即相对世界层，用于对相对世界空间中的骨骼进行调整。
- ：添加［CATMotion 层］，用于创建 CAT 循环动画，如走路、跑步等。
- ［删除层］：从层堆栈中移除所选择的层。
- ［复制层］：复制所选择的层。
- ［粘贴层］：将复制的层粘贴到层堆栈中。
- ［塌陷层］：将某个时间范围内的动画折叠到现有层或新层中。
- 名称：显示所选择的层的名称，在这里可以更改该层的名称。
- 色样：显示和更改层颜色。
- ：为层堆栈中的当前层创建变换 Gizmo，该功能只能用在［绝对动画层］中。
- ：打开［CATMotion］编辑器，该功能仅能用在［CATMotion 层］中。
- ：如果已启用［自动关键点］，则将角色的当前姿势的关键点设置到选定的层中；如果已禁用［自动关键点］，则将角色的当前姿势偏移到选定的层中。

● ：在堆栈中移动当前层。

以下参数是层管理器中的权重组中的参数，用于调节所选层的动画比重。默认状态下，CAT 骨骼动画是最顶层的动画状态，如果要将其他层中的动画效果显示出来，就需要调节各个层的权重值了。

● 忽略：启用该项后，所选层的动画不会应用到 CAT 骨骼上，此时该层以灰色显示，表示该层处于非活动状态。

● 单独：启用该项后，只有该层的动画应用在 CAT 骨骼上，其他层处于非活动状态。

● 全局权重：设置当前层在整个动画中的比重。单击后面的按钮可调整全局权重的变化曲线。

● 局部权重：为选定的局部骨骼设置当前层在整个动画中的比重。单击后面的按钮可调整局部权重的变化曲线。

● 时间扭曲：控制当前层的动画播放速度，单击后面的按钮可调整时间扭曲的变化曲线。

（2）CAT 的 IK 系统

CAT 中采用的是优化的反向运动学（IK）系统，该系统采用 FK（正向运动学）驱动 IK 的方式，以直观的交互形式组织骨骼间的运动，并不需要考虑过多的 IK 和 FK 因素。而且在复杂的肢体运动中，还可以在两种模式间进行相互转换，形成无缝的混合动画。

CAT 中 IK 和 FK 之间的区别非常小，无论是在 IK 模式还是在 FK 模式中，操纵肢体的行为大致相同，只是在 IK 中，肢体的末端始终跟随着 IK 目标运动，而 FK 中肢体末端没有限制，可以自由移动或旋转。

① CAT 肢体动画控制。

当选择了 CAT 中的肢体骨骼时，在［运动］面板中除了［层管理器］卷展栏外，还会增加一个［肢体动画］卷展栏，如图 5.063 所示。在该卷展栏中，可以为肢体骨骼设置 IK 目标，或者混合 IK 和 FK 模式。

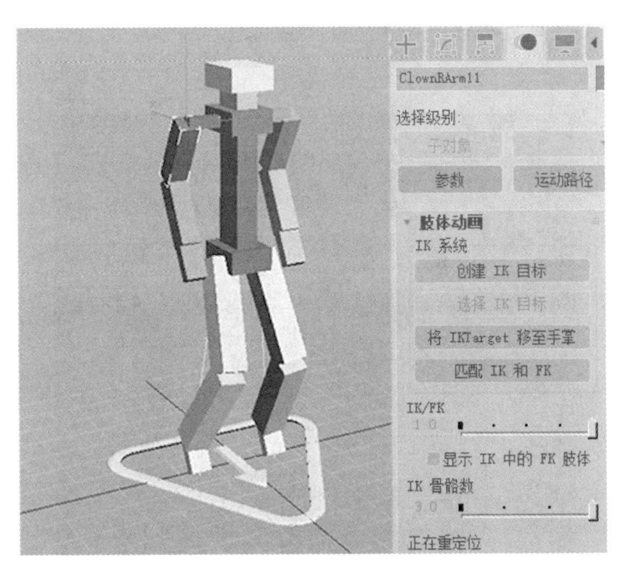

图 5.063

● 创建 IK 目标：默认情况下，手动添加的手臂骨骼没有 IK 目标，如果要在 IK 模式下设置动画，必须运用该按钮创建一个点辅助对象作为手臂的 IK 目标。

提示

默认情况下，腿部骨骼的 IK 目标是脚部的平台。

- 选择 IK 目标：为所选择的手臂或脚踝骨骼选择 IK 目标，这样就省去了在场景中搜索 IK 目标点的麻烦。如果当前选择的是 IK 目标点，那么该按钮将变为［选择肢体末端］，此时单击该按钮后将选择手臂或腿的末端骨骼，也就是手掌或脚掌。
- 将 IKTarget 移至手掌：将 IK 目标移动到肢体的末端骨骼上并居中对齐。在 FK 模式中调整动画时，IK 目标会被保留在原来的位置上，不会随着末端骨骼的移动而移动。如果要把 FK 模式中调整的动画衔接到 IK 模式中，那么首先需要运用该按钮把 IK 目标与末端骨骼对齐，然后再调整 IK 动画。
- 匹配 IK 和 FK：创建 IK 和 FK 模式之间的无缝混合，在混合两种模式时，首先要启用［自动关键点］，然后再单击该按钮进行混合处理，具体过程请参见后面的操作步骤。
- IK/FK：设置 IK 和 FK 模式之间的混合值，在 0.0 到 1.0 之间变化，0.0 代表 IK 模式，1.0 代表 FK 模式。在设置动画时，该值一般为 0.0 或 1.0，中间值主要用于两种模式之间的过渡和混合。
- 显示 IK 中的 FK 肢体：启用该项后，在 IK 模式下调整肢体动画时，可以用线框显示出 FK 模式下的肢体状态。
- IK 骨骼数：设置 IK 目标在肢体骨骼上的位置。默认状态下 IK 目标位于肢体的末端，但有时需要调整它在肢体骨骼上的位置，例如，对于爬行的角色，IK 目标应该位于肢体的膝部。使用［IK 骨骼数］可以调整 IK 目标点的位置，该参数的值介于 0 到肢体骨骼数（包括手掌和脚踝）之间，例如，一个典型的腿部骨骼有 2 个肢体骨骼和一个踝骨，因此它的取值范围是 0 ~ 3，默认情况下该值为 3，目标点位于末端的脚踝处，如果要设置跪着行走的情况，那么需要将该值设置为 1，也就是把目标点定义在第 1 个肢体骨骼的末端，如图 5.064 所示。

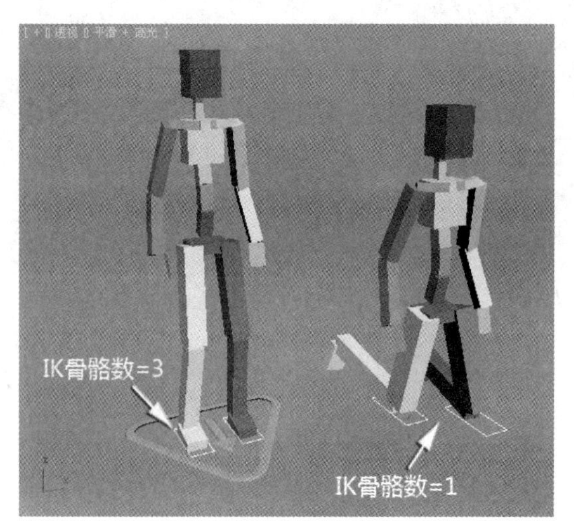

图 5.064

- 正在重定位：此滑块用于选定的肢体骨骼混合 CAT 的重新定位。值为 0.0 时，禁用重定位；值为 1.0 表示完全启用重定位。

操作 1：将肢体从 IK 无缝混合到 FK

步骤 01：在 [层管理器] 面板中创建一个绝对动画层并选择它，确保处于动画模式。

步骤 02：将时间滑块放置在混合的起始帧处，这是 IK 模式下的关键帧，[IK/FK] 的值为 0。

步骤 03：按下 [自动关键点] 按钮启用关键帧自动记录模式。

步骤 04：单击 [匹配 IK 和 FK] 按钮，调整 [IK/FK] 滑块，以创建混合关键帧。

步骤 05：将时间滑块移动到混合的结束帧，把 [IK/FK] 的值设置为 1.0，变为 FK 模式。

操作 2：将肢体从 FK 无缝混合到 IK

步骤 01：在层管理器面板中创建一个绝对动画层并选择它，确保处于动画模式。

步骤 02：将时间滑块放置在混合的起始帧处，这是 FK 模式下的关键帧，[IK/FK] 的值为 1。

步骤 03：单击 [将 IKTarget 移至手掌] 按钮，将 IK 目标与肢体骨骼的末端对齐。

步骤 04：按下 [自动关键点] 按钮启用关键帧自动记录模式。

步骤 05：调整 [IK/FK] 滑块，以创建混合关键帧。

步骤 06：将时间滑块移动到混合的结束帧，把 [IK/FK] 的值设置为 0.0，变为 IK 模式。

②手掌动画控制。

当选择手掌或脚踝骨骼时，在运动面板中除了 [肢体动画] 的设置项目外，还会增加一个 [手掌动画] 卷展栏，该卷展栏中只有一个 [目标对齐] 参数，该参数用于控制手掌（或脚踝）骨骼从 IK 目标继承旋转的程度。例如，将 [目标对齐] 设置为 0，当旋转 IK 目标点时，手掌不会随之旋转，如图 5.065（左）所示；而将 [目标对齐] 设置为 1 时，旋转 IK 目标时手掌骨骼也会随之旋转，如图 5.065（右）所示。

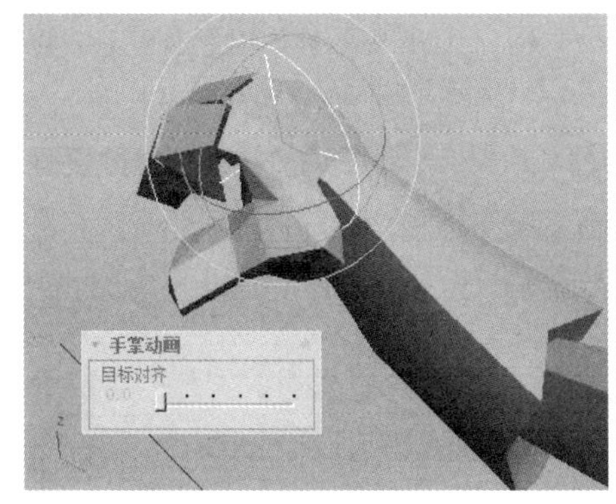

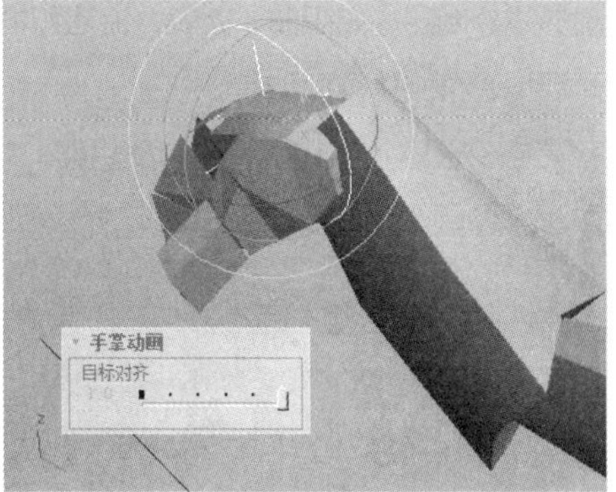

图 5.065

（3）使用姿势和剪辑

在 CAT 中可以把调整好的角色姿态或动画保存下来，然后将它们加载到其他的角色中。在保存姿态时，我们既可以保存整个角色的姿势，也可以保存局部肢体的姿势，保存的姿势文件扩展名为“.pse”。而保存动画时，既可以保存某一段时间内的动作剪辑，也可以保存部分动画层上的运动效果，还可以保存局部肢体动画，保存的动画剪辑文件的扩展名为“.clp”。完整角色的姿势和剪辑文件在运动面板的 [剪辑管理器] 中保存和加载，而局部肢体骨骼的姿势和剪辑文件需要在右键四元菜单中保存和加载，如图 5.066 所示。

提示

在保存姿态时，当前层要保持在动画模式下，姿态的保存和加载按钮才能处于激活状态。

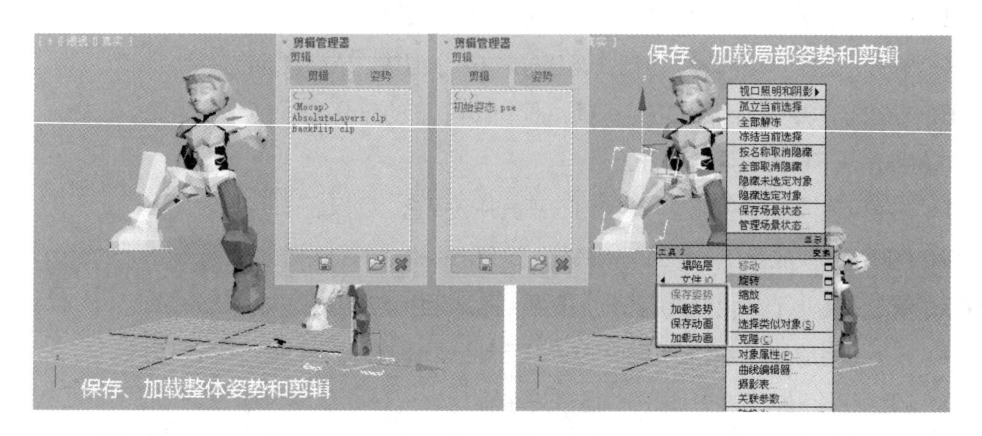

图 5.066

（4）CATMotion 运动循环生成系统

CATMotion 是 CAT 中的一个循环运动生成系统，用于创建不间断的重复性动作，如角色的行走、奔跑或爬行动画等。CATMotion 的基本循环动作是［原地行走］、［直线行走］或沿路径行走的动画，也可将 CATMotion 中设置的循环动画保存为预设，然后将其应用到具有相同配置的角色骨骼上。

CATMotion 将角色骨骼的运动分解为不同的控制组件，如肢体组、盆骨组、头颅组等，可以分别调整各个组件的运动曲线控制器，如扭曲、旋转、抬起和推力等。CATMotion 还可以手动调节四肢的运动相位，这样可以更加直观地调整肢体循环动作。

上述功能都是在 CATMotion 编辑器中使用的，如图 5.067 所示，要打开该编辑器并设置循环动画，需要执行以下操作。

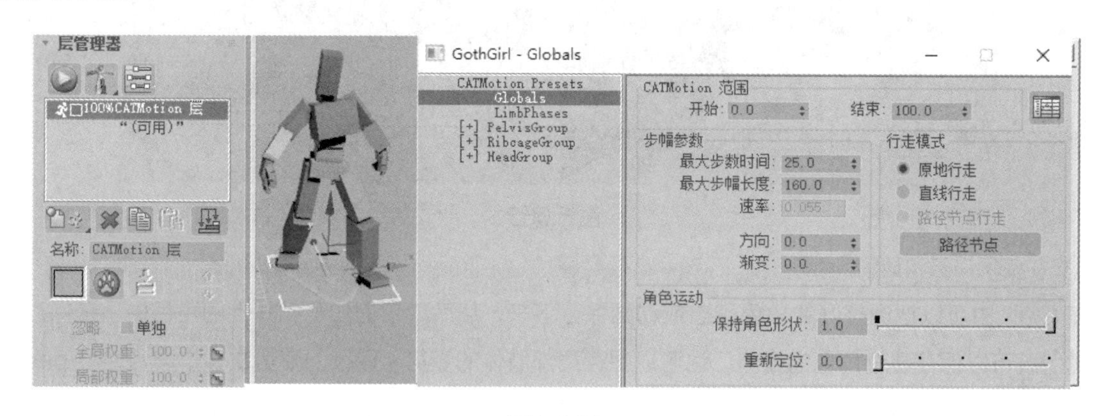

图 5.067

步骤 01：选择 CAT 骨骼的任意部分。

步骤 02：在运动面板的［层管理器］中添加一个 CATMotion 层。

步骤 03：单击按钮进入动画模式。

步骤 04：单击按钮打开 CATMotion 编辑器，设置循环动画。

在 CATMotion 编辑器的左侧有一个列表，单击列表中的项目时，在右侧面板中会出现相应的设置参数，具体功能如下。

- CATMotion Presets（预设）面板：该面板中包含了循环运动的保存和加载项目，以及 CATMotion 层的添加和管理项目，CATMotion 的层不同于［层管理器］中的动画层和调整层，它只用于循环运动，而不是逐帧动画。
- Globals（全局）面板：在全局面板中可以调整循环动画的时间范围、步幅大小、运动方向，以及基本的行走模式和变形程度。
- LimbPhases（肢体相位）面板：主要用于调整和编辑足迹，以及肢体的相对运动偏移，也就是肢体的相位。
- CATMotion 控制器：在全局面板和肢体相位面板之后，是各个 CAT 骨骼的层次分组，每一组中包含不同连接部的骨骼，每个骨骼都被分配了一系列控制器，如扭曲、滚动、旋转、倾斜、抬起、转向等，这些控制器通常以曲线图形的形式出现，用户可以在这里编辑每个动作的循环效果。

（5）使用运动捕捉数据

CAT 支持把 BVH、HTR 及 Character Studio 的 BIP 运动文件导入 CAT 骨骼，导入的过程分两个阶段：第一是将这些运动数据加载到 3ds Max 中；第二是运用动画捕捉的方式将运动数据添加到 CAT 骨骼上。

导入和捕捉运动数据的方法有很多，最常用的是通过 CAT 的［剪辑管理器］加载，这个过程与加载剪辑或姿势文件的过程相同，加载过程也是运动数据导入的过程，运动数据导入后，会自动弹出［捕捉动画］窗口并进行自动映射，然后通过捕捉功能进行动画捕捉，捕捉完成后 CAT 骨骼就具备了运动数据中存储的动作了。此外还可以通过标准的导入功能导入运动捕捉数据，如 HTR 文件、BIP 运动文件可以加载到一个 Biped 骨骼上，然后通过执行［动画 > CAT > 捕捉动画］菜单命令打开［捕捉动画］窗口，并且拾取［源对象］和 CAT 的［目标装备］，接着对二者进行［自动映射］，将运动数据中的骨骼和 CAT 骨骼一一对位，最后单击［捕捉动画］按钮，将运动数据加载到 CAT 骨骼上，如图 5.068 所示。

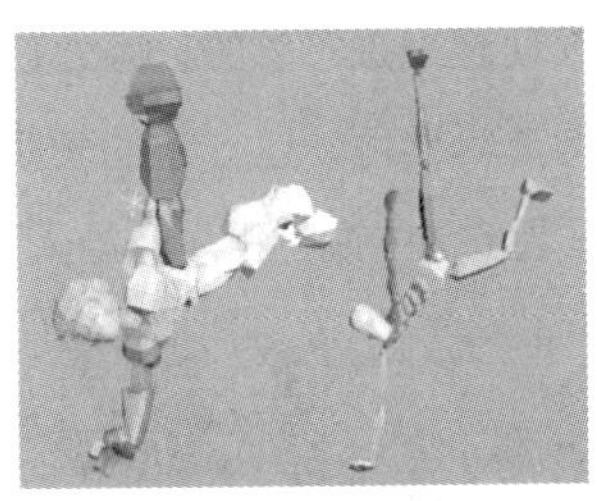

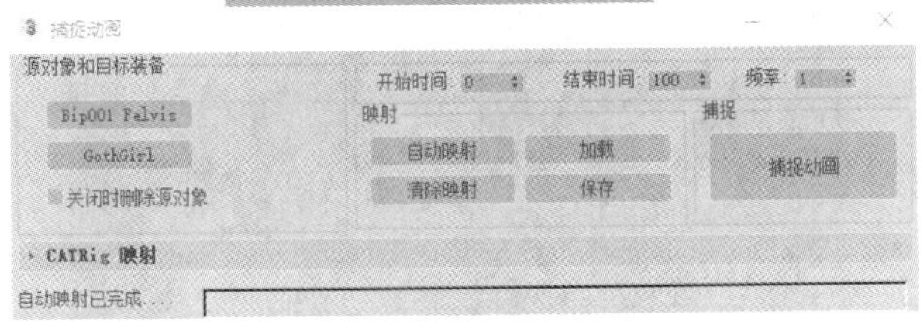

图 5.068

（6）处理肌肉

在 CAT 中，肌肉处理系统属于非渲染的辅助对象，可用于蒙皮过程中辅助肌肉的拉伸和变形表现，CAT 具有两种肌肉辅助对象，即［CAT 肌肉］和［肌肉股］，它们主要配合 3ds Max 中的［蒙皮］或［蒙皮包裹］修改器来表肌肉的拉伸和变形。CAT 肌肉是平面辅助对象，可在 UV 方向上分成多段，用于表现在拉伸和变形时需要保持相对一致的大面积肌肉区域，如肩膀和胸部。肌肉股呈圆柱体状，中间较厚，两端逐渐变薄，它可以像调整 Bezier 曲线那样调整两端的顶点或滑杆，从而改变弯曲曲率和长度。肌肉股适合表现伸缩变形较大的肌肉，如二头肌等，如图 5.069 所示。

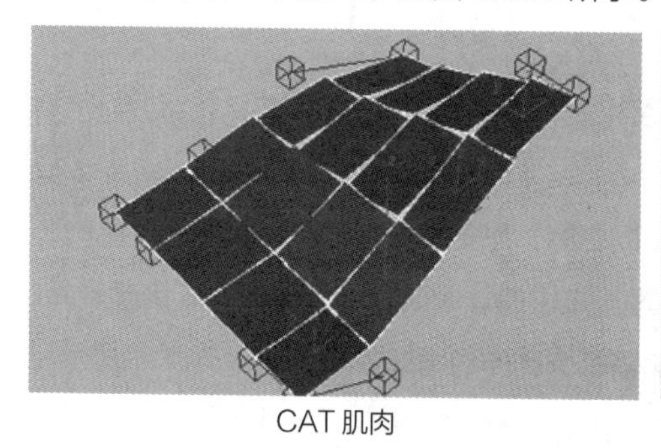
CAT 肌肉

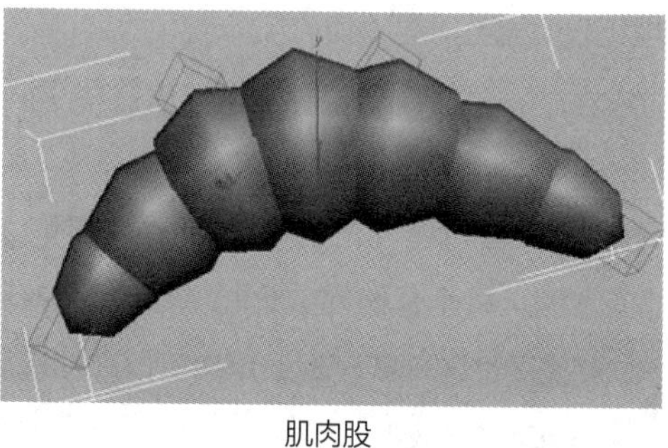
肌肉股

图 5.069

5.3 应用案例

5.3.1 CS 角色系统的骨骼和蒙皮

范例分析

在三维场景中建立的模型都是没有生命的，如果我们为模型赋予骨骼，设置蒙皮并调整动作，就可以使一个没有生命力的角色模型动起来。而仅仅动起来是不够的，因为它并不能使人印象很深，所以必须将它的动作调整得十分真实，而且表情也要制作得非常出色，这样它的表演才能吸引观众的眼球，使人过目不忘，如在《马达加斯加》系列电影中，有一个总是特别能说的狮子，给人以颇深的印象，如图 5.070 所示。

图 5.070

在本案例中，先完成第 1 步，也就是将骨骼与模型对位并进行蒙皮，具体思路如下。

①在［系统］面板中创建 Biped，调整骨骼，尽量与模型对位。

②使用 Physique 修改器为模型蒙皮，通过［封套］和［顶点］子对象级别对蒙皮进行调整。

③在［运动］面板中手动调整动作和调入动作库文件，以达到最终的动作制作要求。

场景分析

打开随书配套学习资源中的“场景文件\第 5 章\5.3.1\Start.max”文件，里面有一个游戏中的怪兽模型，已经塌陷成了可编辑的多边形对象，并且已经使用［UVW 展开］命令为模型赋予了材质贴图，如图 5.071 所示。

图 5.071

提示

为了 Biped 与模型对位的时候方便，最好在模型制作完成后将其塌陷成一个可编辑多边形对象；然后选择整个模型，在［层次］面板中使模型的轴心点居中；最后将整个模型放在前视图中 x 轴坐标为 0 的位置。

制作步骤

1. 创建 Biped 骨骼

步骤 01： 用鼠标右键单击视图中的怪兽模型，在弹出的菜单中选择［冻结当前选择］命令，将模型冻结，如图 5.072 所示。

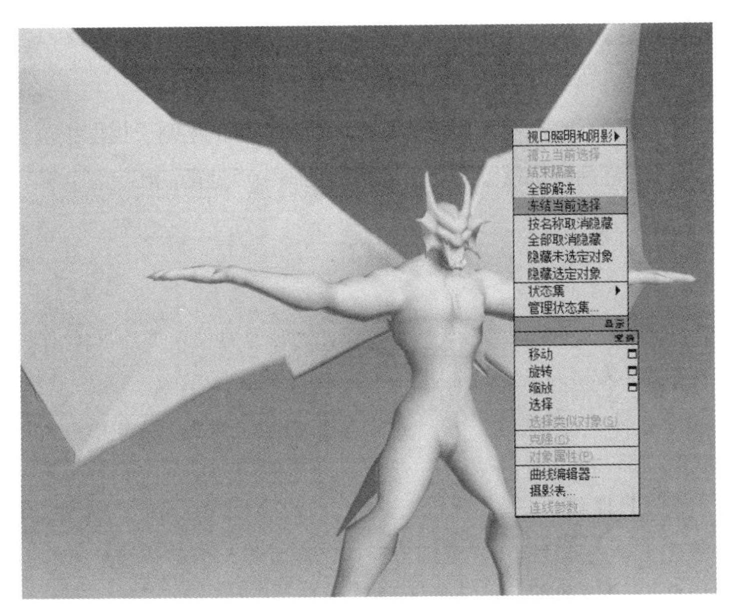

图 5.072

提示

①将怪兽模型冻结后，模型在视图中显示为灰色，这样我们就可以随意地选择每一根骨骼并对它们的位置和角度随意地进行调整，不用担心误选模型。

②如果模型被冻结后的线框颜色与视图背景的颜色很相近，不容易看清楚，有两种解决方案：其一是执行［自定义>自定义用户界面］菜单命令，在弹出的［自定义用户界面］对话框中进入［颜色］面板，在下拉列表中选择［几何体］项目，在其下找到［冻结］选项，单击其右方的颜色块，设置好颜色后，单击 立即应用颜色 按钮，视图中被冻结的对象的线框颜色就被更改了，其二是在对象被冻结前右键单击该对象，在弹出的右键菜单中选择［对象属性］，在打开的［对象属性］面板中取消对［以灰色显示冻结对象］的勾选，然后再将模型冻结，此时模型的线框颜色还保持被冻结前的颜色，如图5.073所示。

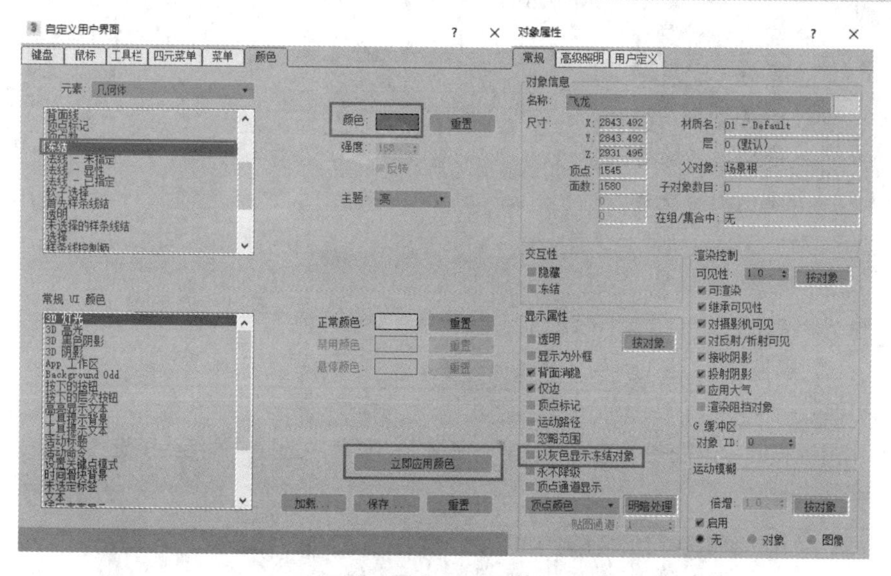

图5.073

步骤02：进入［系统］面板，单击 Biped 按钮，设置其下的［躯干类型］为［标准］模式，设置［手指］为4，［手指链接］为3；然后在前视图中怪兽的两脚之间中点处拖动出一套骨骼，高度与模型尽量一致，如图5.074所示。

提示

①将骨骼的［躯干类型］设置为［标准］模式的好处是：这种骨骼模式下的每根骨骼要比默认的［骨骼］模式稍微大一些，在骨骼与模型对位的时候更方便。

②仔细观察场景中的怪兽模型，发现它只有4根手指。每根手指有3节骨骼，而默认创建的Biped骨骼只有一根手指，并且只有一节骨骼，如果没有在建立骨骼的初期设置手指和链接数目，可以在［运动］面板的［体形模式］中进行设置。

③如果在拖动创建模型之后误单击其他位置，使右侧面板中的各项修改项目消失，则可在视图中选择任意一根骨骼，进入［运动］面板，单击［Biped］卷展栏下的［体形模式］按钮 ，然后在［结构］卷展栏中设置相应项目。

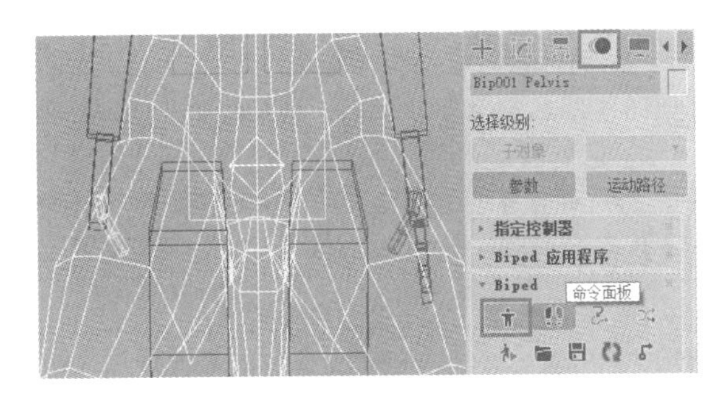

图 5.074

2. 进入［体形模式］编辑骨骼

选择骨骼对象的质心（即黄色骨盆中心位置的正八面体标志），进入［运动］面板，单击［体形模式］按钮，在前视图中用［移动］工具将质心移动到如图 5.075 所示的位置。

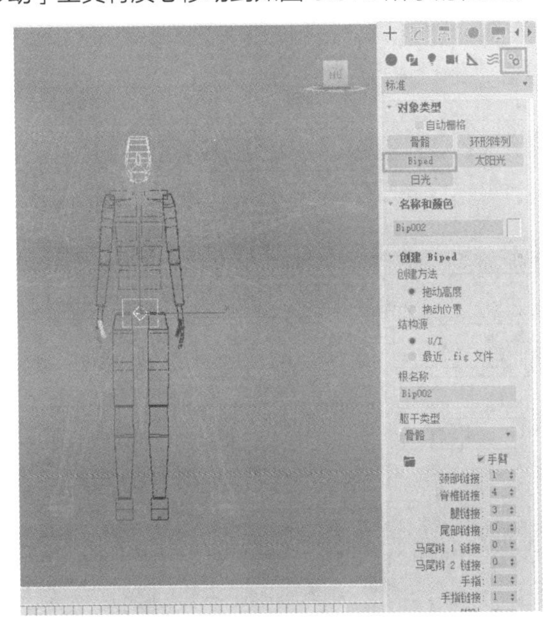

图 5.075

提示

①如果不单击［体形模式］按钮，对骨骼所做的所有修改都是无效的，切记！

②一般来说，Biped 骨骼的质心位于模型的生殖器和肚脐之间的中点处。当然，需要具体情况具体分析。比如说，角色模型的上身特别长，下身特别短的时候，质心的位置就要适当地进行调整。

3. 编辑两腿骨骼

步骤 01： 首先在前视图中将骨盆（质心外的黄色长方体）横向放大一些，然后在前视图中配合［旋转］和［缩放］工具调节怪兽右腿和右脚各骨骼的比例关系和角度，调节过程中要参考左视图中的腿部弯曲情况。

步骤 02： 调节完成以后，在视图中双击右大腿，则整个右大腿及以下的所有骨骼都被选中，然后在［运动］面板的［复制 / 粘贴］卷展栏中单击［创建集合］按钮，其下的各按钮呈可用状态。

提示

在以前的版本中，［复制 / 粘贴］卷展栏中没有［创建集合］按钮 ，其下的所有按钮都呈可用状态，但现在必须单击［创建集合］按钮 ，才可使用下面的各个按钮。这其实是一项很有用的改进，它允许使用者创建多个［复制 / 粘贴］集合，然后再分别将各集合保存，以备调用。

步骤 03：单击［复制姿态］按钮 ，复制右腿所有骨骼的变换信息，再单击［向对面粘贴姿态］按钮 ，在视图中可观察到左腿继承了右腿所有的变换信息，也就是说不用再调节左腿骨骼的比例关系和角度了，如图 5.076 所示。

4. 编辑左侧锁骨和左臂骨骼

在前视图和顶视图中使用［旋转］和［缩放］工具调节怪兽左臂各骨骼的比例关系和角度，包括左侧锁骨、左上臂和左前臂，如图 5.077 所示。

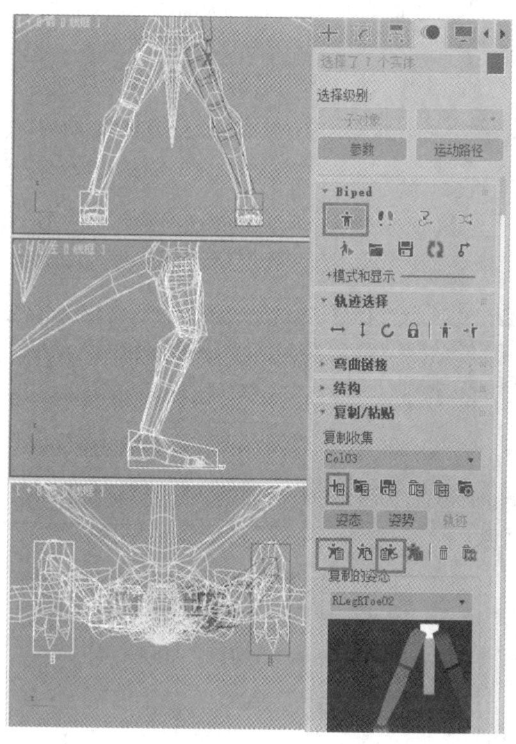

图 5.076

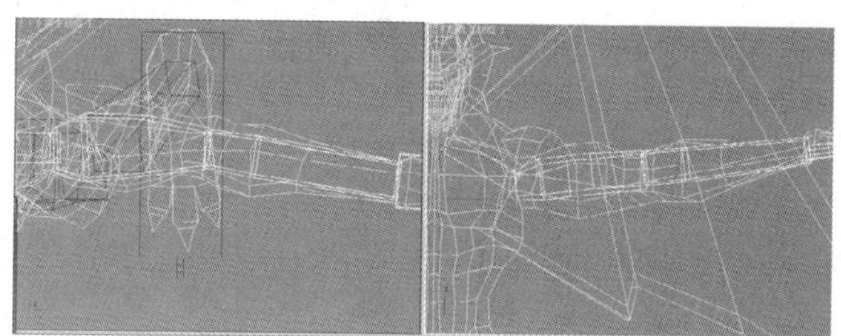

图 5.077

提示

①默认情况下，锁骨的长度是不够的，因此在使用［旋转］工具确定锁骨的角度后，还要配合［缩放］工具将锁骨末端拉到上臂和身体的结合处。

②要注意顶视图中前臂的角度。默认情况下，在顶视图中前臂是略微弯曲的，所以在调整前臂的时候，切忌只参考前视图而忽略了顶视图，否则在前视图中将各骨骼的比例调整完后，切换到顶视图就会发现前臂的角度和比例关系都是错误的。

5. 编辑左手骨骼

在透视图中使用［变换］工具调节怪兽左手掌和各手指骨骼的比例关系和角度，如图 5.078 所示。

提示

在调节的时候要注意，最好使骨骼完全包住模型的每根手指模型，这样可以使后面的蒙皮工作变得非常轻松。如果没有完全包裹住手指，在蒙皮后就会发现手部模型边缘上的某些点会呈蓝色，不会跟随骨骼的运动而产生正确的形变，需要再次进行编辑。

6. 对称复制到身体右侧

左侧骨骼调节完成后，在视图中双击左锁骨，则整个左锁骨及以下的所有骨骼都被选中，然后单击［复制姿态］按钮，将左上肢所有骨骼的变换信息复制，再单击［向对面粘贴姿态］按钮，在视图中可观察到右上肢继承了左上肢所有的变换信息，也就是说不用再调节右上肢骨骼的比例关系和角度了，如图 5.079 所示。

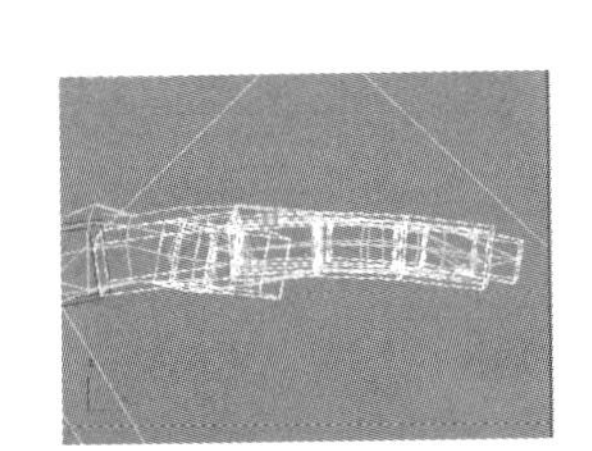
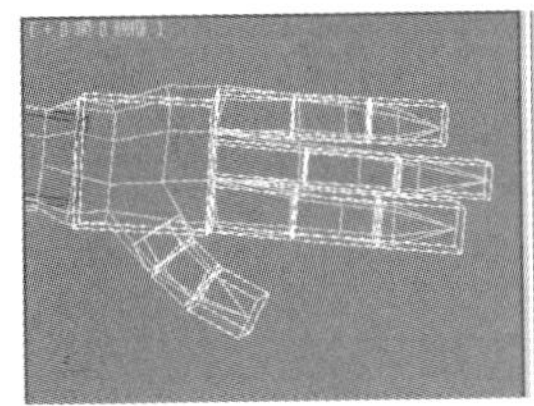
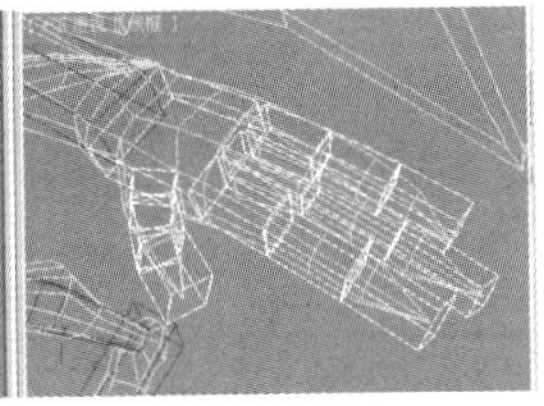

图 5.078

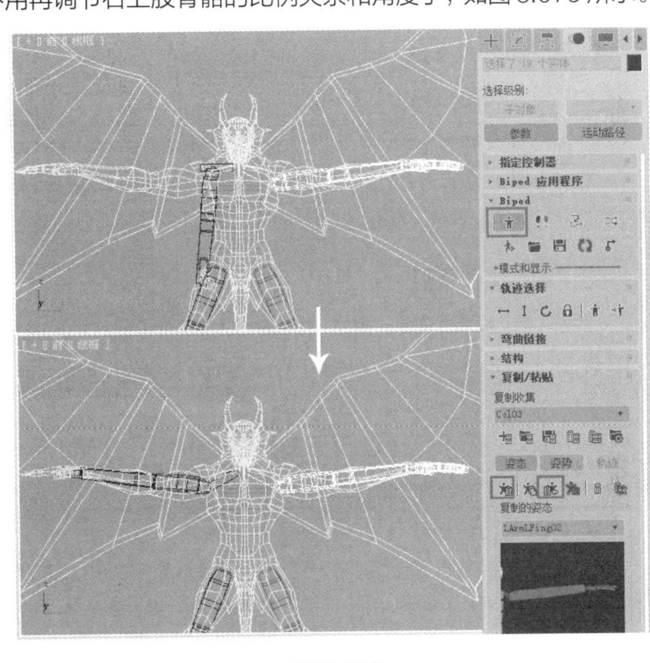

图 5.079

提示

①在复制姿态前一定要双击左锁骨，因为左锁骨才是左上肢的根骨骼。如果只双击左上臂，则锁骨的调节信息就被忽略了。这样复制姿态到对侧后会发现锁骨的角度和比例关系都是错误的。

②双击一根骨骼，可将其及以下的所有子对象骨骼全部选中，这种方法非常快捷。

③在编辑骨骼的角度和比例关系时，姿态的复制和粘贴功能是非常实用的，可以省去很多重复性的工作。所以在创建角色模型的时候，除非有特殊的要求，一般都是先制作模型的一半，再用［镜像］工具或［对称］修改器来完成另一侧模型的制作。这样角色两侧的骨骼就会完全一致，在编辑骨骼和蒙皮的时候都非常方便。

7. 调整头部和脖子骨骼

参考各视图对脖子和头部的骨骼进行调整，如图 5.080 所示。

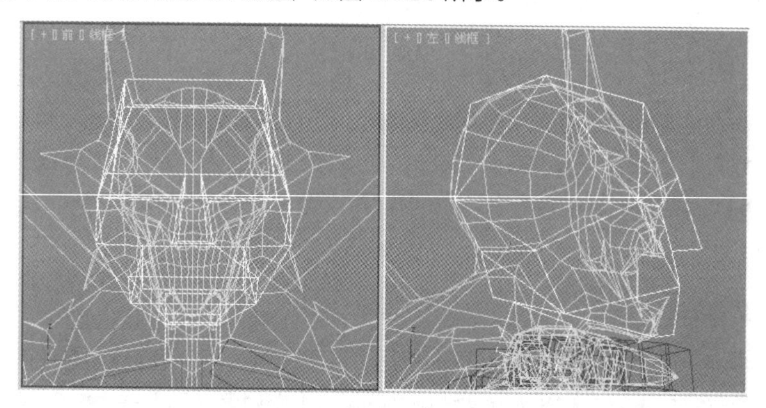

图 5.080

提示

①观察左视图，脖子部位的骨骼有些太直了，将它向后向前旋转一些。

②头部蒙皮的时候不像手指处要求得那么严格，所以并不需要使整个骨骼包裹住头部的两个犄角。如果在蒙皮后发现个别顶点出现了问题，也可以单独选择有问题的顶点再进行处理。

8. 调整尾部骨骼

选择任意一根骨骼，进入 [运动] 面板，确认 [体形模式] 按钮 处于被按下状态，设置 [结构] 卷展栏中的 [尾部链接] 为 4，然后在各视图中调整怪兽尾部各个骨骼的位置和大小，如图 5.081 所示。

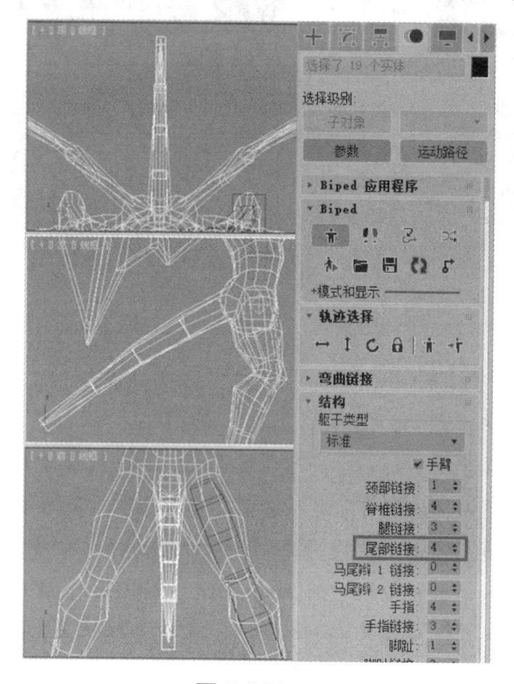

图 5.081

9. 添加 Physique 修改器

取消冻结并选择怪兽模型，然后进入［修改］面板，为模型添加一个 Physique 修改器。单击［附加到节点］按钮，再单击主工具栏中的［按名称选择］按钮，在弹出的［拾取对象］对话框中选择［Bip001 Pelvis］选项，单击面板下方的 拾取 按钮，在弹出的［Physique 初始化］对话框中使用所有默认设置，单击下方的初始化按钮，将对话框关闭，如图 5.082 所示。

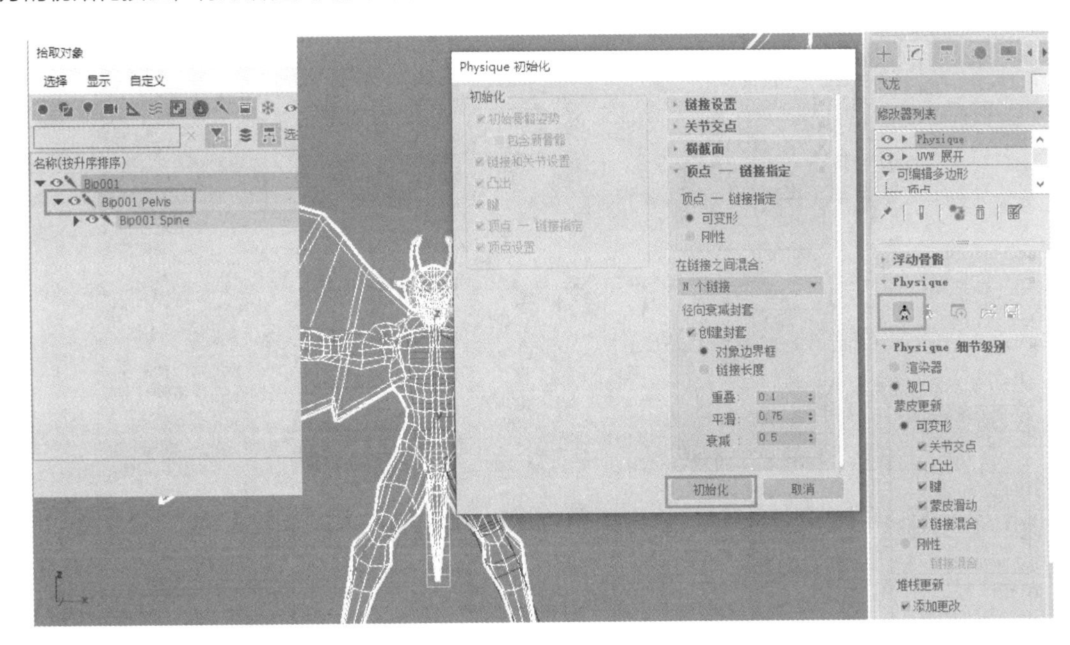

图 5.082

提示

Character Studio 系统共分为 3 大模块，即 Biped 骨骼模块、Physique 蒙皮模块和［群组］模块。本案例中既然使用 Biped 骨骼，最好配合 Character Studio 系统自身的 Physique 模块对角色进行蒙皮。

10. 设置翅膀上的顶点

步骤 01： 此时视图中出现了一条贯穿模型的橘黄色线，单击［修改］面板上方的 Physique 修改器前面的▶按钮，进入其下的［顶点］子对象级别。

步骤 02： 单击下方的选择按钮，在左视图中，配合键盘上的Ctrl键选择两个翅膀上的所有顶点。此时顶点以蓝色显示，如图 5.083 所示。

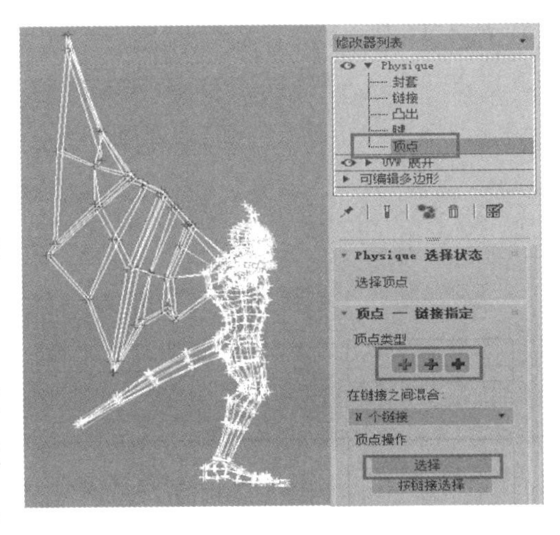

图 5.083

步骤 03： 在［修改］面板中，单击［顶点类型］下的红色和蓝色加号按钮，使其弹起，使绿色加号按钮保持被按下状态，再单击 指定给链接 按钮，在前视图中单击第 2 根脊椎，让翅膀跟随第 2 根脊椎运动，当前翅膀上的点以绿色显示，如图 5.084 所示。

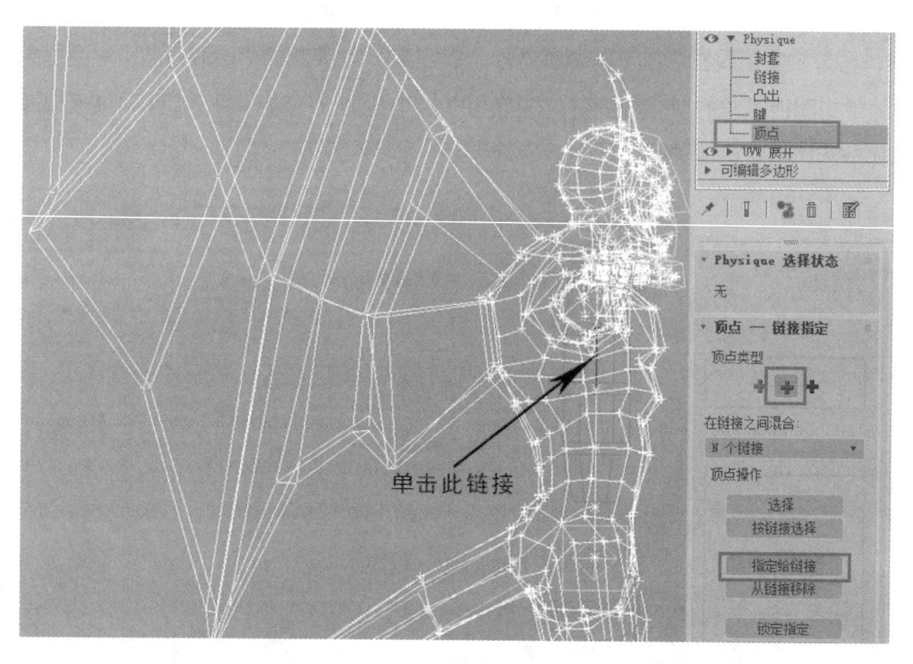

图 5.084

提示

①在［顶点类型］下有红、绿、蓝 3 种颜色的加号按钮，它们代表的意思各不相同。默认情况下，红、绿、蓝 3 种颜色的加号按钮都呈被按下状态，所以单击 选择 按钮时，模型上这 3 种颜色的顶点都能被选择。如果红颜色的加号按钮保持被按下状态，而绿、蓝两个颜色的加号按钮弹起，选择顶点，再单击 指定给链接 按钮，在视图中单击某根骨骼，则所选顶点都被指定为跟随该骨骼运动和变形，而且颜色也变成红色。

②在编辑顶点的过程中，视图中会出现 5 种颜色的顶点，下面就这 5 种顶点的含义做一下介绍。红色的顶点可以跟随一根骨骼运动，而且可以变形，人的身体上一般都是这样的顶点，如上臂肱二头肌上的顶点，在人运动的时候可以跟随上臂运动，屈臂的时候可以产生隆起变形。绿色的顶点可以跟随一根骨骼运动，但是不能变形。如果将一支枪绑在腿上，则枪上的点可以跟随腿部运动，但是不能轻易变形。蓝色的顶点不能跟随骨骼运动，也不可以变形。一般来说，人的身体上没有这样的顶点。而本案例中翅膀部位没有受任何骨骼控制，所以默认是蓝色的。如果给骨骼添加一个动作，这部分顶点就出错了，它们会待在原地，并不跟随骨骼运动。暗红色的顶点可以跟随骨骼运动，而且可以变形，但是它们并不是只受到一根骨骼的影响，而是受多根骨骼的控制，一般出现在关节处。暗绿色的顶点可以跟随骨骼运动，但是不能变形。这些顶点并不是只受到一根骨骼的影响，而是受到多根骨骼的控制，一般出现在关节处。

11. 调整大腿内侧错误变形的顶点

步骤 01： 调整完翅膀部位的顶点后，在前视图中选择一侧的大腿骨，旋转一定角度，可观察到该大腿骨对应的大腿根部顶点处发生了严重的拉扯，如图 5.085 所示。

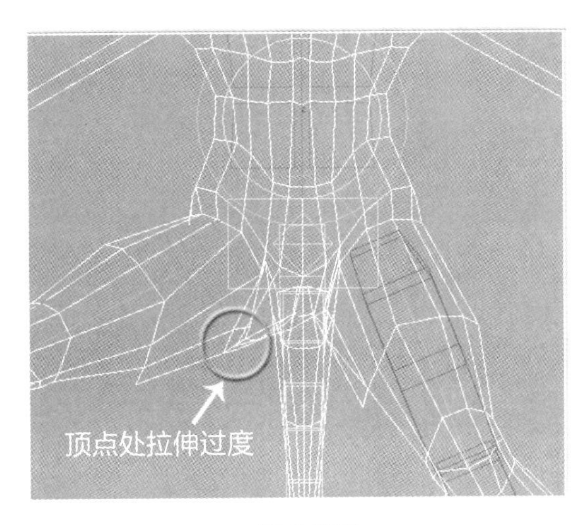

图 5.085

步骤 02： 按 Ctrl+Z 快捷键将大腿骨恢复到原始位置。单击［修改］面板上方的 Physique 修改器前面的 ▶ 按钮，进入其下的［封套］子对象级别。

步骤 03： 在视图中单击角色右大腿的橘黄色线，在视图中出现了两个封套，这两个封套所包住的顶点是右大腿骨所影响的右腿部顶点。可以发现外部封套包含了靠近右大腿根部的一部分顶点，发生变形的原因就在这里。

步骤 04： 在［修改］面板中单击 外部 按钮，设置其下的［径向缩放］为 1.38。可观察到视图中右大腿外部的封套半径缩小了，而靠近右大腿根部的那部分顶点被排除在封套之外，这样，我们就设置好了右大腿的封套。

步骤 05： 单击 复制 按钮，将右大腿设置好的封套复制，如图 5.086 所示。

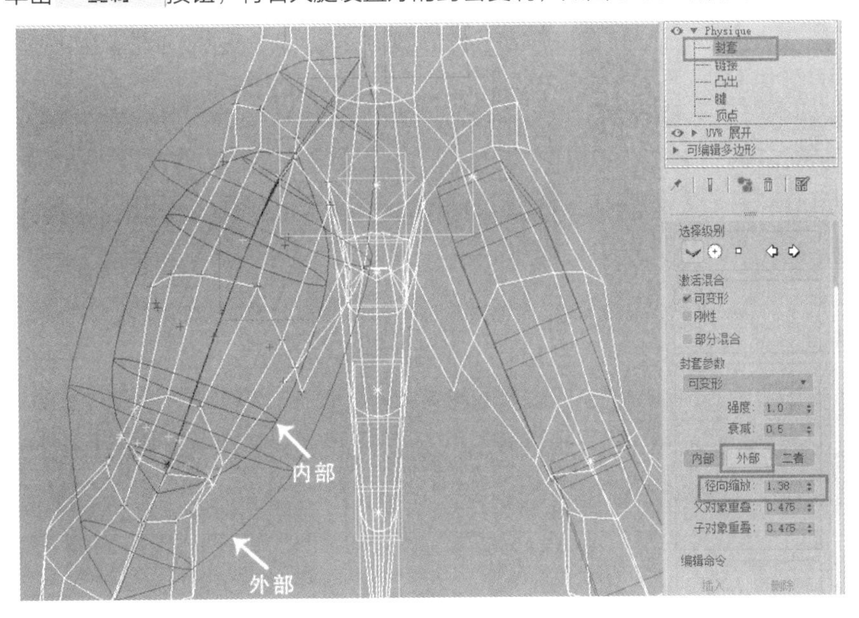

图 5.086

步骤 06：在视图中单击角色左大腿的橘黄色线，可观察到视图中的封套还有错误。进入［修改］面板，单击 粘贴 按钮，将右大腿设置好的封套粘贴到左大腿上，此时观察视图，封套的效果正确，如图 5.087 所示。

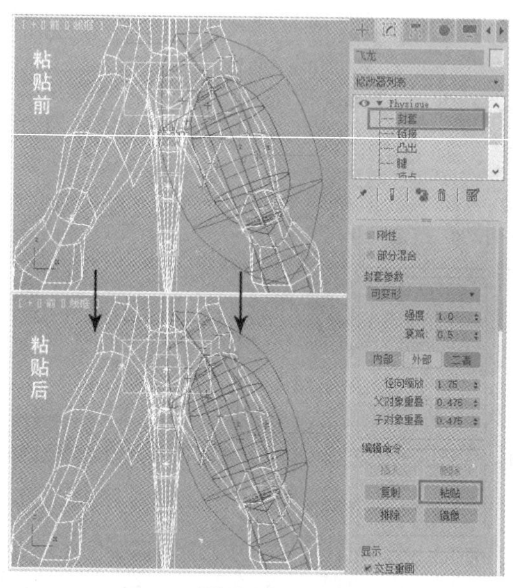

图 5.087

提示

不仅对骨骼的姿态可以进行［复制］和［粘贴］操作，对封套也可以进行复制粘贴。与骨骼姿态的复制粘贴操作不同的是：进行封套的复制粘贴操作时，要先选择正确的封套再单击 复制 按钮，然后选取对侧的封套再单击 粘贴 按钮；而进行骨骼姿态的复制粘贴操作时，只选择一侧的骨骼就能完成复制和粘贴姿态的操作，而不用选择两根骨骼进行操作。

12. 调整头部错误的顶点

步骤 01：单击［修改］面板上方的 Physique 修改器前面的▶按钮，再进入其下的［顶点］子对象级别。

步骤 02：单击 选择 按钮，在［顶点类型］中只按下蓝色加号按钮，用鼠标框选头部犄角上方的几个蓝色点，如图 5.088 所示。

步骤 03：在［顶点类型］中只按下绿色加号按钮，在［在链接之间混合］下拉列表中选择［无混合］项，然后单击 指定给链接 按钮，在前视图中单击头部的橘黄色线，头部这几个蓝色的顶点都以绿色显示，如图 5.089 所示。

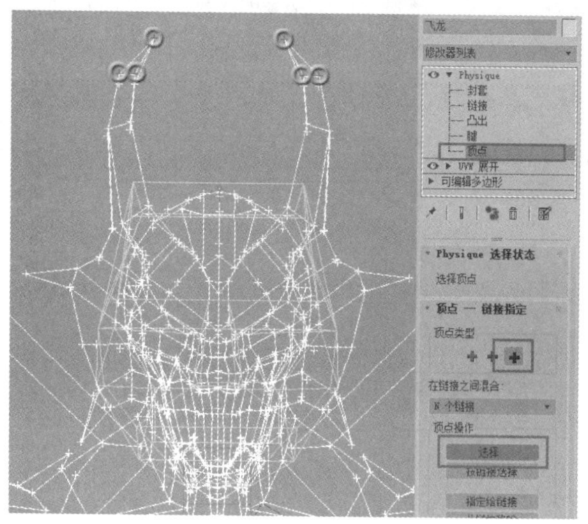

图 5.088

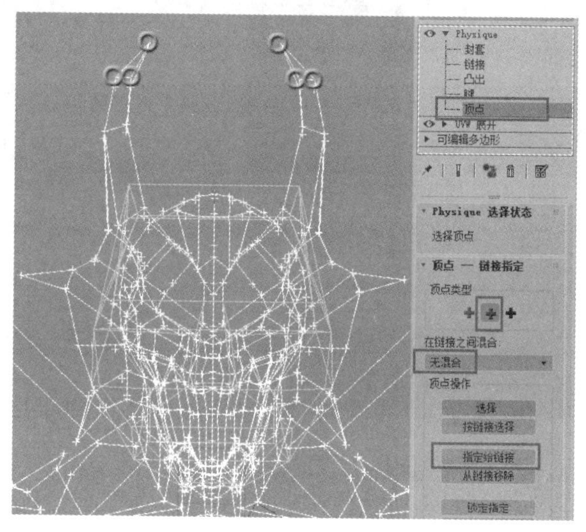

图 5.089

提示

①在［在链接之间混合］下拉列表中选择［无混合］项，被选择并指定给骨骼的顶点就会变为事先设置好的颜色，而不会理会未指定前是什么颜色。而如果保持选择默认的［N 个链接］项，被选择并指定给骨骼的顶点就会既考虑到未指定前的颜色，又考虑到被指定的颜色，而导致该点变成暗红色或暗绿色。

②［按链接选择］按钮的作用是将橘黄色线对应的顶点全部选择。

步骤 04： 修改完成后退出［顶点］子对象级别，选择 Biped 骨骼的头部，使用［旋转］工具进行测试，可观察到所有头部模型都跟随骨骼旋转，效果正常了，如图 5.090 所示。

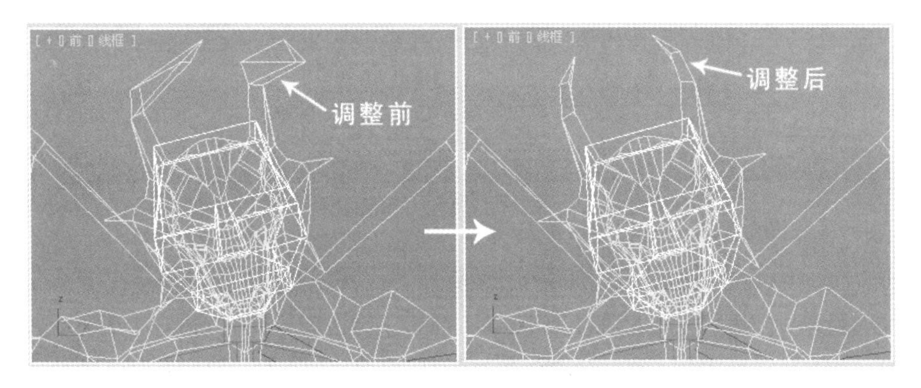

图 5.090

步骤 05： 反复对头部对应的顶点使用前面几步的方法，可以使头部的控制正常，但做起来似乎比较烦琐，有没有更简便的方法对顶点进行控制呢？

在［顶点类型］下只按下蓝色加号按钮，然后单击 选择 按钮，在前视图中框选头部和肩膀位置附近的顶点，可以看到肩膀位置有几个蓝色的点，如图 5.091 所示。为什么在头部附近有这么多的点出现了问题呢？我们还是找一下问题的源头在哪里吧。

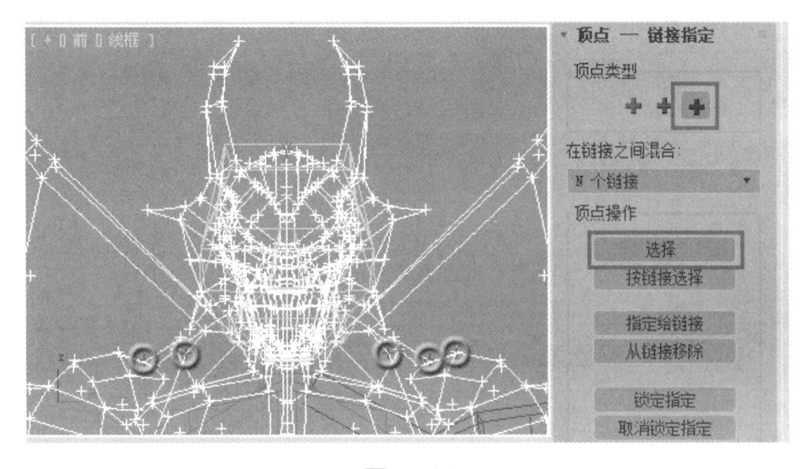

图 5.091

步骤 06： 单击［修改］面板上方的 Physique 修改器前面的▶按钮，进入其下的［封套］子对象级别。在视图中单击角色头部的橘黄色线，可观察到视图中出现了一个封套，这个封套所包住的顶点是头部骨骼所影响的顶点。可以发现外部封套包含了靠近肩膀部位的一部分顶点，而犄角顶部的顶点又位于封套之外，问题的原因就在这里，如图 5.092 所示。

步骤 07： 在［修改］面板中单击 外部 按钮，设置其下的［径向缩放］为 1.033，并设置［子对象重叠］为 0.815。可观察到视图中头部的外部封套半径缩小了，并且向上延伸出了一段，这样靠近肩膀部位的那部分顶点被排除在封套之外，而犄角位置的顶点也被完全包在了封套中，如图 5.093 所示。

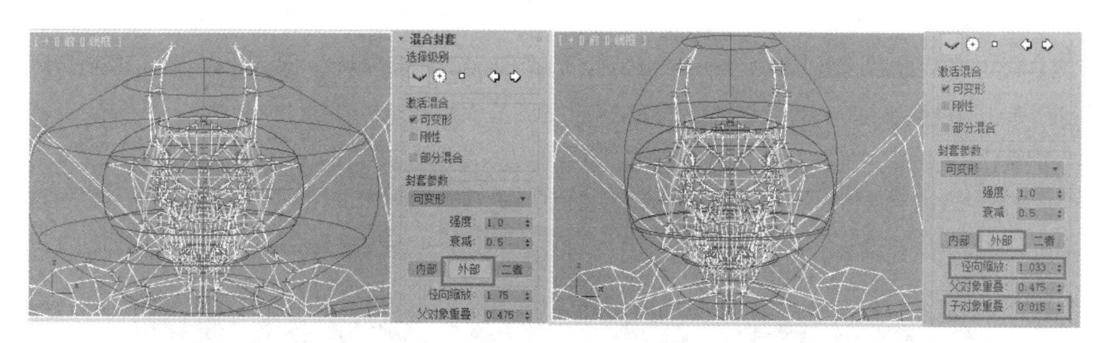

图 5.092　　　　图 5.093

步骤 08： 在［顶点类型］下确认 3 个加号按钮均被按下，然后单击 按链接选择 按钮，单击头部骨骼对应的橘黄色线，所有头部骨骼控制的顶点全被选择，只按下绿色加号按钮，并在［在链接之间混合］下拉列表中选择［无混合］项，然后单击 指定给链接 按钮，在前视图中再次单击头部的橘黄色线，头部所有的顶点（包括原来红色的顶点和蓝色出错的顶点）都以绿色显示，如图 5.094 所示。

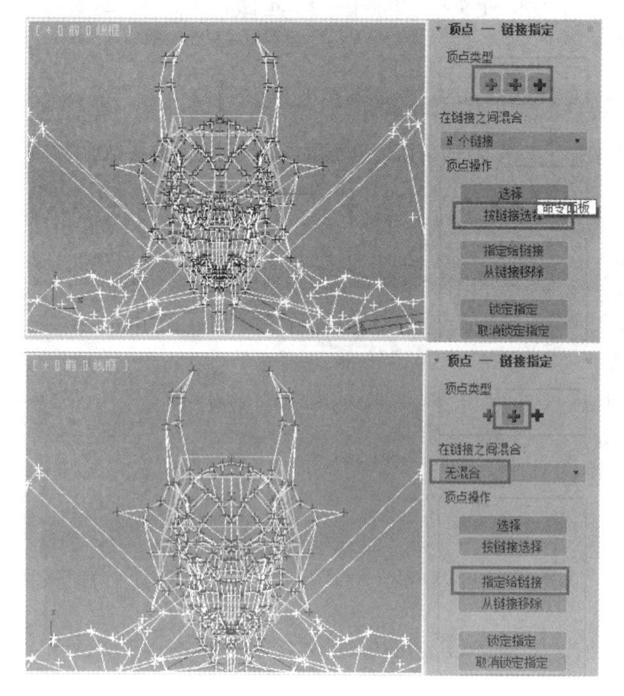

图 5.094

提示

控制头部顶点使用了两种方法，前面是在顶点级别调整，后面是同时使用封套和顶点两种方法调整。所以在实际制作中，方法可以任意选，任意组合，但是只要实现了需要的效果，所用的方法就是好方法。

13. 调入动作测试蒙皮

步骤 01： 蒙皮设置已基本结束了，当然，这并不意味着蒙皮就没有任何问题了。因为如果角色做了比较复杂的动作或幅度比较大的动作，一些在前面调试过程中没有凸显的问题就会暴露出来。为了进行测试，先退出 Physique 修改器的子层级，然后在视图中选择任意一根骨骼，进入 [运动] 面板。

步骤 02： 单击 [体形模式] 按钮，使其弹起，再单击按钮，在弹出的 [打开] 对话框中选择配套学习资源中的“场景文件 \ 第 5 章 \5.3.1\ 向前扑倒 .bip”动作捕捉文件，单击 打开(O) 按钮导入动作。拨动时间滑块，观察角色的运动效果，两条前臂处各有一个顶点在运动过程中出现问题，如图 5.095 所示。

图 5.095

步骤 03： 单击 [修改] 面板上方的 Physique 修改器前面的按钮，进入其下的 [顶点] 子对象级别，确认 [顶点类型] 下的 3 个加号按钮均被按下，然后单击 选择 按钮，在前视图中选择右臂出错的顶点，它以鲜红色显示。在 [在链接之间混合] 下拉列表中选择 [无混合] 项，然后单击 指定给链接 按钮，在前视图中单击右臂对应的橘黄色线，可观察到出错的顶点重新回到了右臂模型上，位置正常了，如图 5.096 所示。使用同样的方法对左臂有问题的顶点做同样的处理，至此怪兽模型的骨骼和蒙皮制作完成。

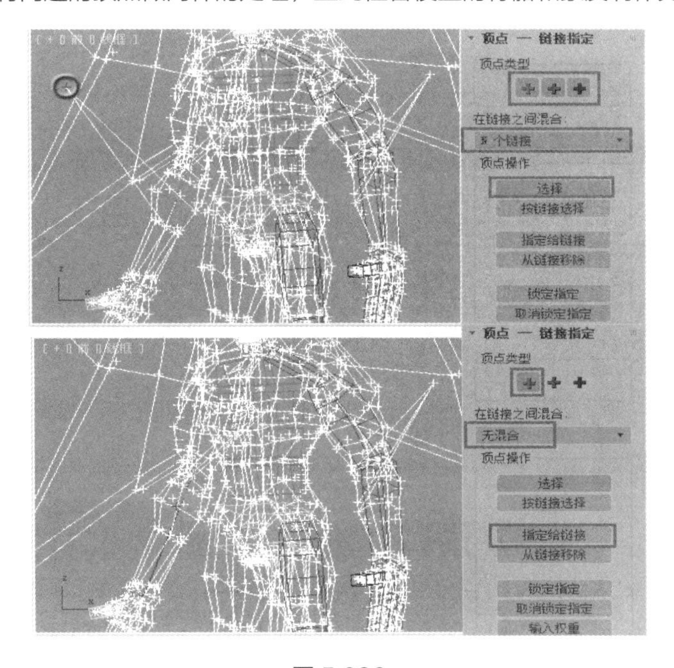

图 5.096

提示

建议初学者慎用在运动模式下修改顶点的方法，尽量在骨骼的标准站立模式下对蒙皮进行修改，在可以熟练使用蒙皮的各种技巧后再使用该种方法，而且该种方法在使用的时候要注意视图的角度，一定不要使要指定的骨骼在视图中不易被选取，否则会造成指定失误。

5.3.2 表情和动作混合

范例分析

一个模型对象如果要架设骨骼并进行蒙皮设置，而且又要制作表情动画效果，应该遵循怎样的一个顺序呢？这个问题在实际制作中经常会碰到，因为一个角色不可能只有动作，没有表情。我们现在来整理一下思路：首先将模型的头部从整个模型中分离出来；然后复制头部模型并制作出各种表情；再为头部模型添加一个［变形器］修改器，拾取各个头部模型并设置动画；最后为头部模型添加一个［编辑多边形］修改器，将身体模型附加进来，架设 Biped 骨骼并为整个模型添加 Physique 修改器。

网络上或自己制作的各种动作库怎样才能完全无缝地连接在一起呢？怎样才能随意调整动作发生的位置和角度？如何将各个动作结合成一个动作后保存成一个 BIP 动作文件？如何在将动作库调入的时候提取出动作的脚印，以方便对动作进行下一步的编辑呢？学习完本案例后，大家就有答案了。本案例的效果如图 5.097 所示。

图 5.097

场景分析

打开随书配套学习资源中的“场景文件 \ 第 5 章 \5.3.2\Start.max”文件，里面有一个角色模型，已经塌陷成了可编辑多边形对象，如图 5.098 所示。

图 5.098

制作步骤

（1）分离头部模型

在主工具栏中的［矩形选择区域］按钮 上按住鼠标左键不放，在弹出的下拉项中选择［绘制选择区域］

。选择角色模型，进入［修改］面板，按 4 键进入［可编辑多边形］修改器的［多边形］子对象级别，在视图中用鼠标涂抹选择角色头部对应的多边形表面（要注意在透视图中旋转视图，观察有没有多边形被遗漏），选择完毕后单击［修改］面板中的 分离 按钮，在弹出的［分离］对话框中的［分离为］文本框中输入“头部”，单击 确定 按钮。退出［可编辑多边形］的［多边形］子对象级别，可观察到头部已经脱离了身体，成了一个独立的模型，如图 5.099 所示。

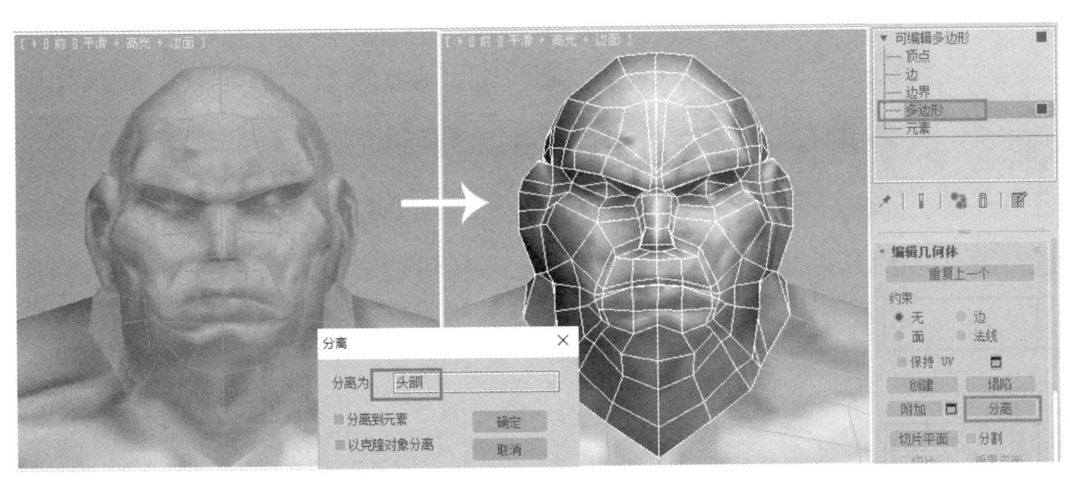

图 5.099

（2）复制头部模型并调整表情

步骤 01： 将角色的身体模型隐藏。选择头部模型，在前视图中按住 Shift 键用鼠标左键向右拖动复制出一个新的头部模型，在弹出的［克隆选项］对话框中选择［复制］方式，在［名称］文本框中输入“愤怒”，单击 确定 按钮，这样，就得到了一个名称为“愤怒”的新头部模型。

步骤 02： 选择新复制出的头部模型，按 1 键进入［可编辑多边形］修改器的［顶点］子对象级别，在［修改］面板的［软选择］卷展栏中勾选［使用软选择］复选框，保持［衰减］为默认值 20。在视图中配合 Ctrl 键选择角色嘴角上侧的两点和左侧眉上的顶点，并向上移动，直到形成愤怒的表情，如图 5.100 所示。

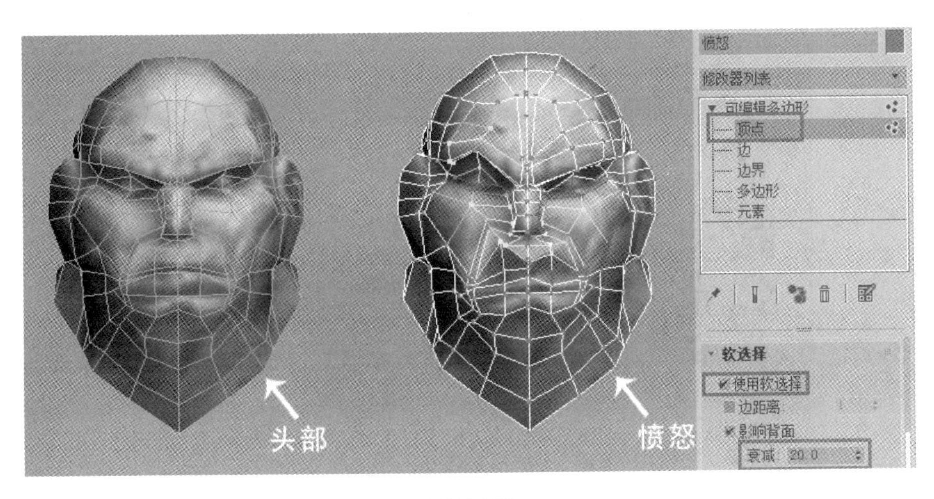

图 5.100

（3）添加［变形器］修改器

选择前视图左侧的原始头部模型，进入［修改］面板，为模型添加一个［变形器］修改器。在［修改］面板的［通道列表］卷展栏中右键单击第 1 个 - 空 - 按钮，再选择弹出的［从场景中拾取］选项，在视图中单击新复制出来的“愤怒”对象，可观察到该按钮上出现了“愤怒”字样。用鼠标拖动该通道后的数值，观察场景中原始头部模型的表情由正常到愤怒的过渡，如图 5.101 所示。

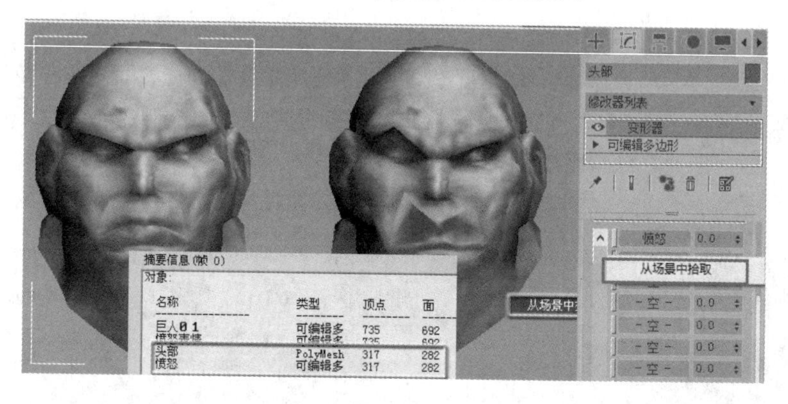

图 5.101

提示

在 3ds Max 中如果想实现两个对象之间的变形，可以为其中一个对象模型添加一个［变形器］修改器，再拾取另一个对象作为变形目标。但前提是，这两个对象的点、面数必须完全一致。在菜单栏中执行［文件 > 摘要信息］命令，在弹出的［摘要信息］面板中可观察到“头部”和“愤怒”两个对象的顶点数和面数完全一致，符合变形要求。

（4）设置表情动画

先将［变形器］修改器中第 1 个“愤怒”通道的权重值设置为 0。拨动时间滑块到第 100 帧，按下 自动关键点 按钮，设置该权重值为 100，可观察到轨迹栏中的第 0 帧和第 100 帧有两个红色的关键帧。将第 1 个关键帧拖动到第 90 帧处释放，这样就使整段表情动画只发生在 90~100 帧，如图 5.102 所示。

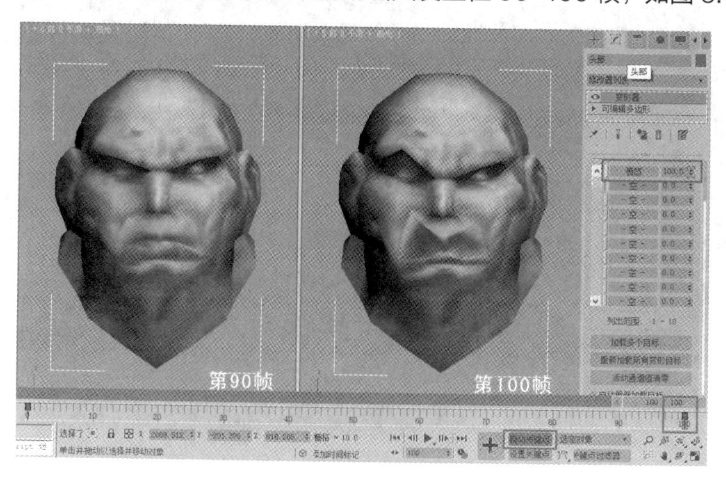

图 5.102

（5）结合头部和身体

取消隐藏身体对象。选择头部对象，进入［修改］面板，为头部添加一个［编辑多边形］修改器。在［修改］面板中单击 附加 按钮，再选取视图中的身体模型，将头部和身体对象结合为一个模型，如图 5.103 所示。

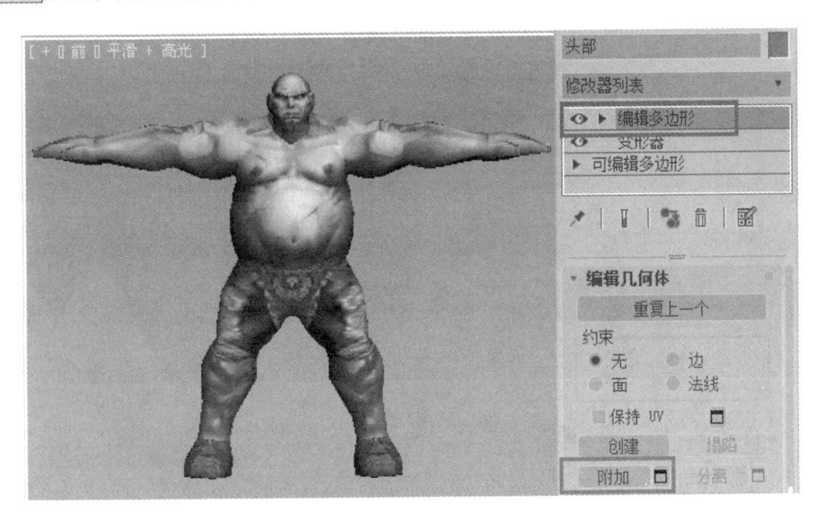

图 5.103

提示

这里一定要先选择头部模型，为头部模型添加修改器，再将身体模型结合进来，要注意这个顺序。如果先选择身体，再使用［附加］按钮结合头部，头部的［变形器］修改器和变形动画都将消失。

（6）调试［变形器］修改器

进入［修改］面板，单击［变形器］修改器。单击［显示最终结果开 / 关切换］按钮 ，拨动时间滑块，可观察到在视图中［变形器］修改器中制作的表情动画仍然存在。也就是说，在［变形器］修改器中制作的动画在修改堆栈中仍然可以向上传递，如图 5.104 所示。

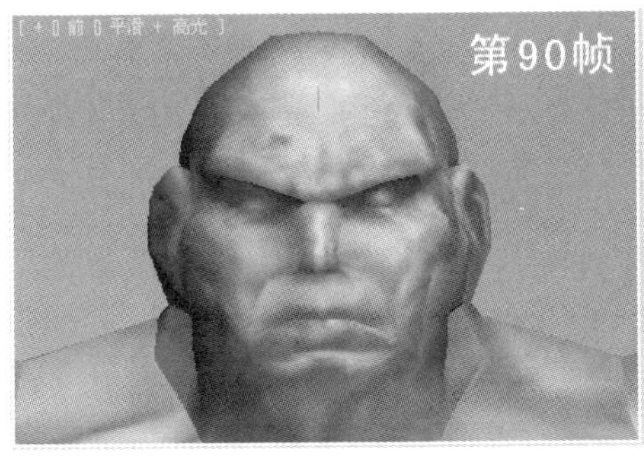

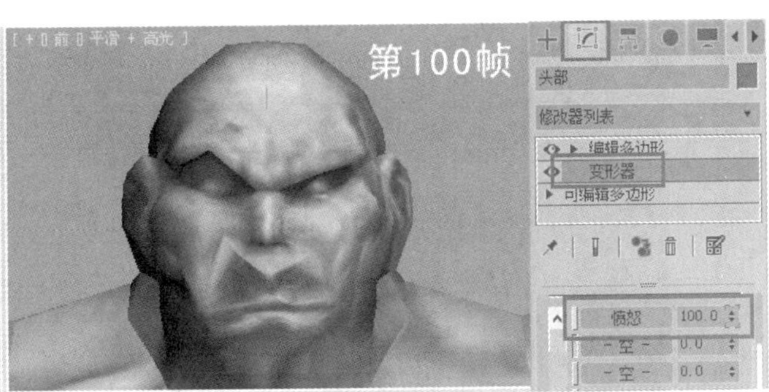

图 5.104

（7）创建 Biped 骨骼并使其匹配模型

步骤 01： 将角色模型冻结。进入［系统］面板，单击 Biped 按钮，设置其下的［躯干类型］为［骨骼］模式，［手指］为 5，［手指链接］为 2。在前视图中角色的两脚之间中点处向上拖动出一套骨骼，高度大致与模型相同。

步骤 02： 选择任意一根骨骼，进入［运动］面板，单击［体形模式］按钮 ，然后调整各骨骼的位置，与模型匹配，具体步骤参考上个案例，调整好的骨骼如图 5.105 所示。

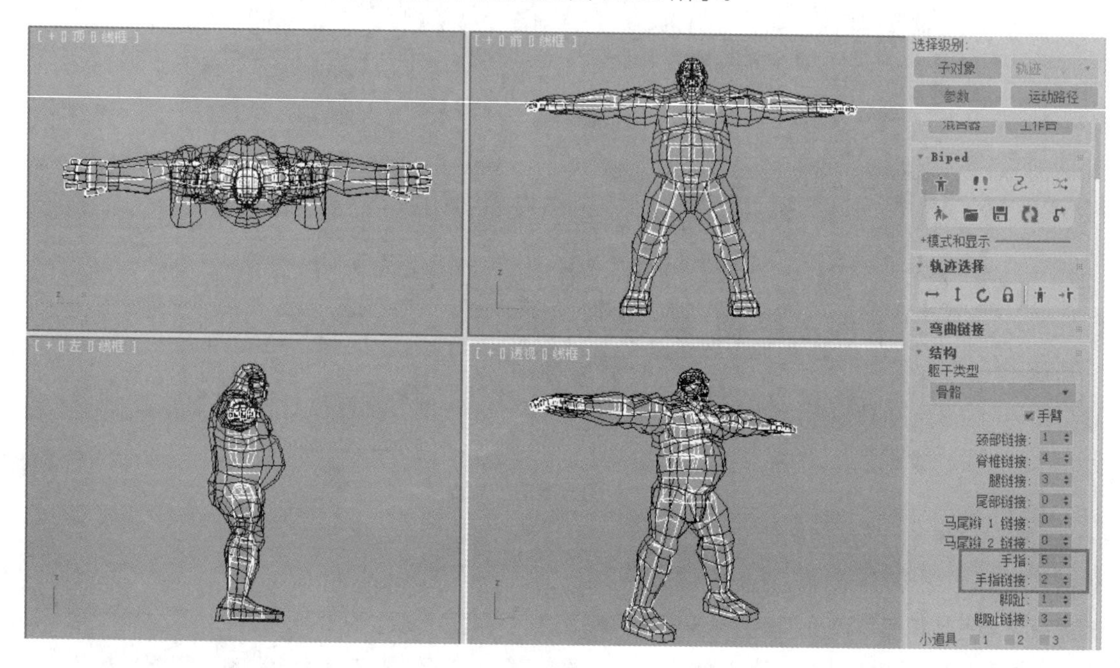

图 5.105

（8）添加 Physique 修改器

取消冻结角色对象并选择该角色对象。进入［修改］面板，为角色对象添加一个 Physique 修改器，分别在［封套］和［顶点］子对象级别中进行设置，直至蒙皮效果正确，具体步骤参考上个案例。至此骨骼和蒙皮的设置就完成了，将当前场景保存为“蒙皮完成 .max”文件，如图 5.106 所示。

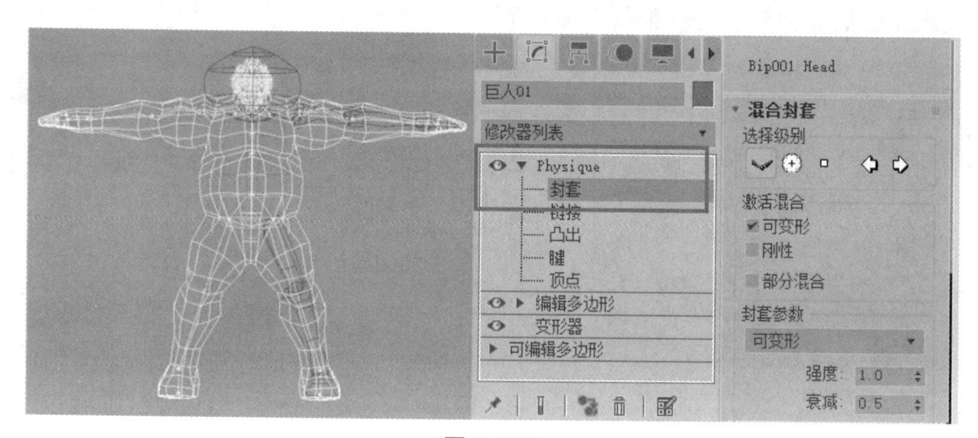

图 5.106

（9）添加足迹

步骤 01： 选择任意一根骨骼，进入［运动］面板，单击［体形模式］按钮 ，使其弹起。这时，我们就可以为角色设置动作了。

步骤 02： 单击［足迹模式］按钮，然后再单击［创建多个足迹］按钮，在弹出的［创建多个足迹］对话框中设置［足迹数］为 8，总共创建 8 个足迹，其他参数设置如图 5.107 所示，单击 确定 按钮，关闭该对话框。可观察到在视图中出现了 8 个脚印，但是角色还是站在原地没有动。

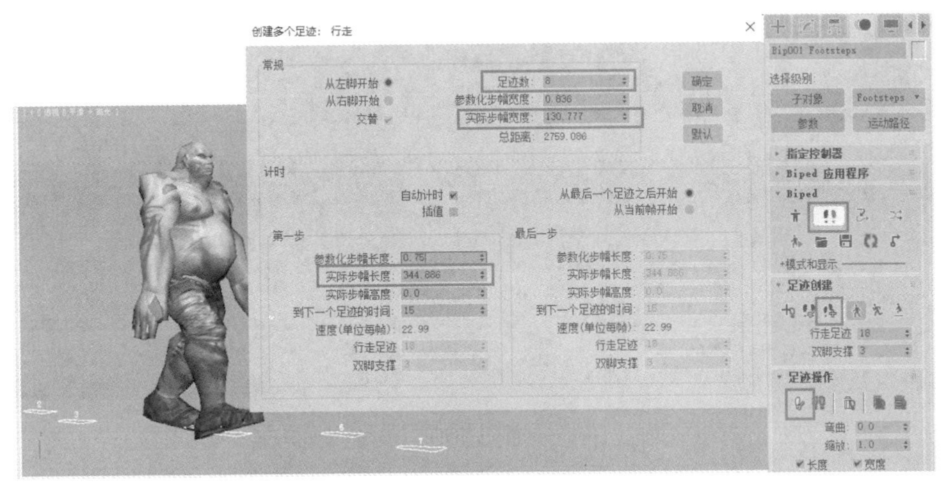

图 5.107

> **提示**
>
> 在［创建多个足迹］对话框中以下几个项目是比较常用的：左上方的［从左脚开始］和［从右脚开始］决定哪只脚先向前迈步，［实际步幅长度］值决定了每一步行走的距离。

步骤 03： 单击［为非活动足迹创建关键点］按钮，可观察到角色的脚已经踩在最开始的两个脚印上了，拨动时间滑块，观察角色踩着脚印向前行走的动画。

（10）缩放步距

在顶视图中框选所有脚印，在［运动］面板的［足迹操作］卷展栏中设置［缩放］为 2，在顶视图中可观察到脚印之间的距离被放大了，如图 5.108 所示。

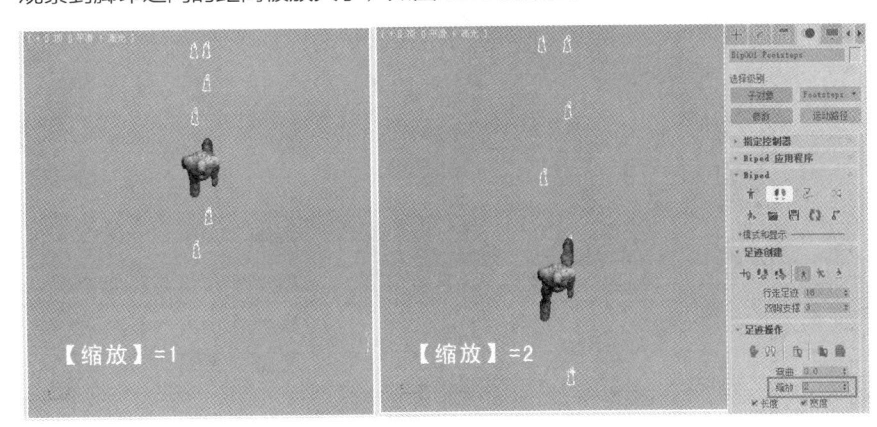

图 5.108

> **提示**
>
> 使用［缩放］参数可以缩放步距。

（11）足迹转弯

在顶视图中保证所有脚印处于被选择状态，设置［弯曲］为 10，在顶视图中可观察到脚印产生了转弯的效果，如图 5.109 所示。

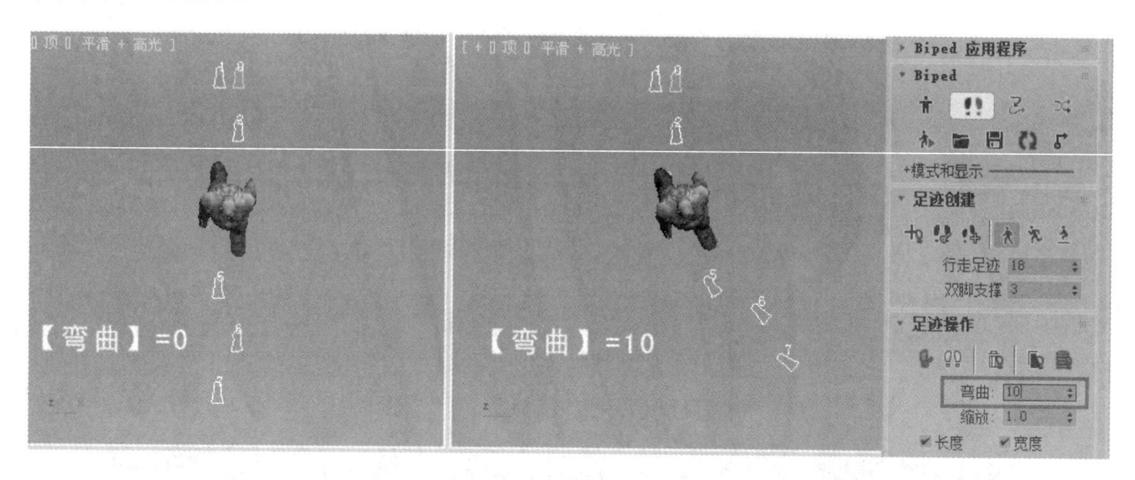

图 5.109

提示

使用［弯曲］参数可以设置足迹的转弯。

（12）调整出现穿透现象的上肢

步骤 01： 按 Ctrl+Z 组合键使脚印返回到直线状态。

步骤 02： 单击［足迹模式］按钮 ，使其弹起。可观察到视图中的脚印消失了，角色各骨骼产生了关键帧。拨动时间滑块，可观察到角色在行走时上肢总是穿插在身体中，如图 5.110 所示。

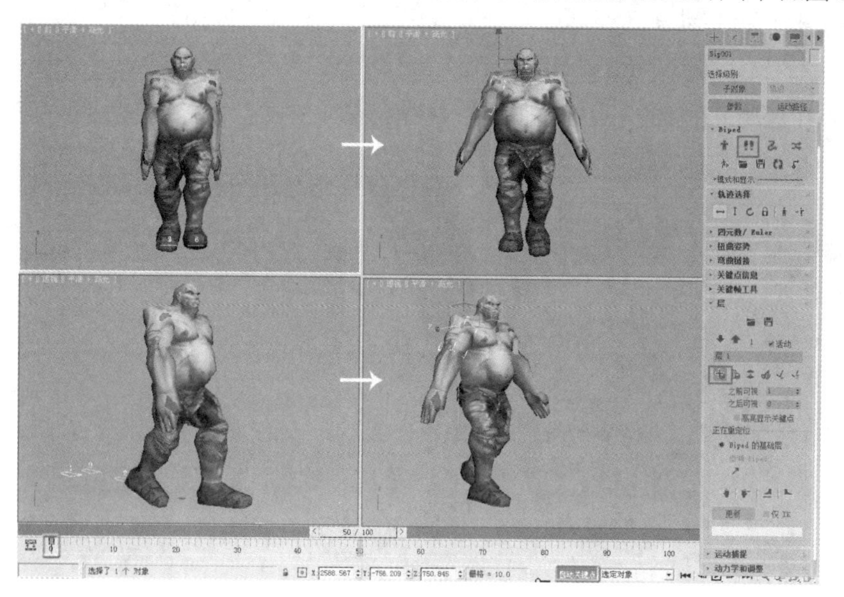

图 5.110

提示

遍布全身的红色线条显示的是未添加层之前的骨骼位置。

步骤 03： 在［运动］面板的［层］卷展栏中单击［创建层］按钮，将时间滑块拨到第 0 帧，单击自动关键点按钮，配合［旋转］工具在前视图中将两根上臂向身体外侧旋转。拨动时间滑块，可观察到角色在行走时上肢已经位于身体之外。

（13）合并层

单击［塌陷］按钮，遍布全身的红色线条消失了。对角色上臂的修改已经塌陷到整个动画中，上一步中消失的脚印又重新出现在视图当中，如图 5.111 所示。

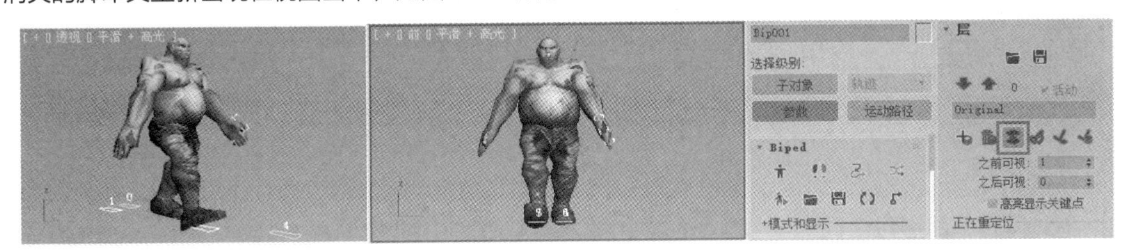

图 5.111

（14）调整动作的位置和角度

步骤 01： 单击［移动所有模式］按钮，会自动弹出一个对话框，在其中可以设置动作的发生位置和角度。

步骤 02： 设置［位置］选项下的 [X] 值为 1000，可观察到视图中角色的动作发生位置沿 x 轴移动了 1000 个单位。

步骤 03： 设置［位置］选项下的 [Z] 值为 500，可观察到视图中角色的动作发生位置沿 z 轴移动了 500 个单位，即角色的位置抬高了。

步骤 04： 设置［旋转］选项下的 [Z] 值为 90，可观察到视图中角色的动作发生方向绕 z 轴旋转了 90°，如图 5.112 所示。

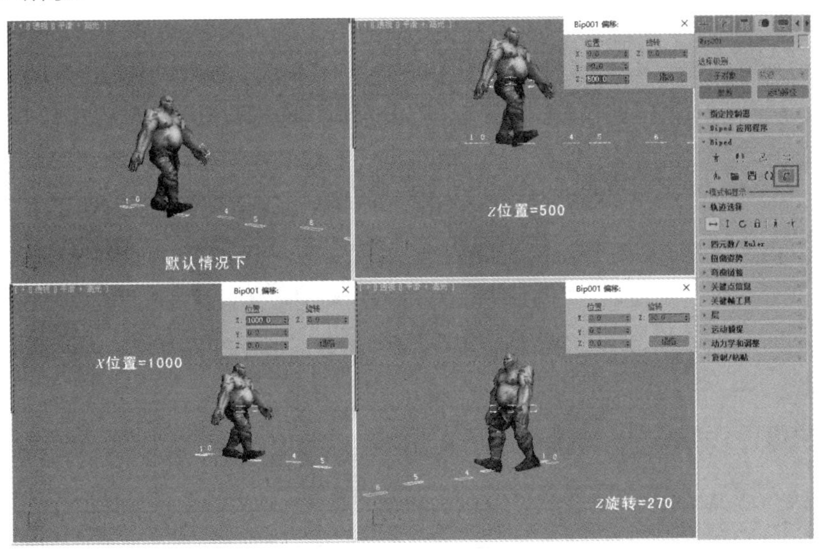

图 5.112

（15）骨骼显示模式

将角色模型隐藏，任意选择一根骨骼，在［运动］面板的［Biped］卷展栏中单击［模式和显示］项目前的“+”

号，在[显示]项目下第 1 个按钮上按住鼠标左键不放，切换到不同的选项，在视图中观察骨骼的不同显示模式，如图 5.113 所示。

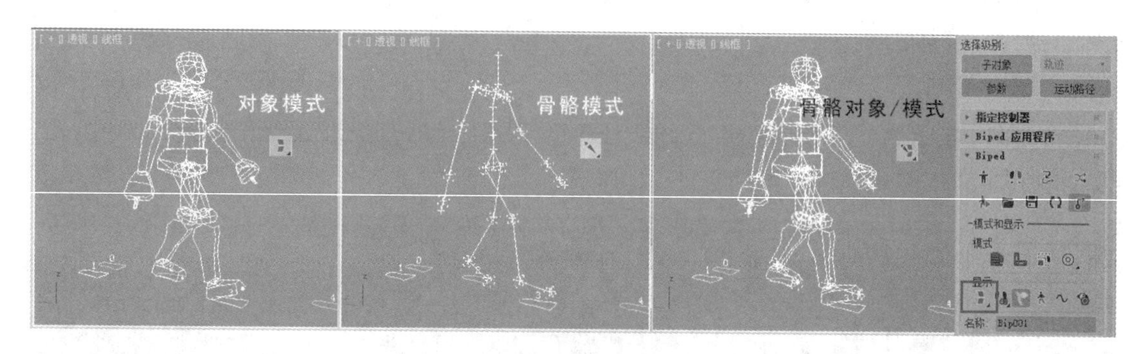

图 5.113

（16）足迹显示模式

在 [运动] 面板的 [Biped] 卷展栏中单击 [模式和显示] 项目前的 “+” 号，在 [显示] 项目下第 2 个按钮上按住鼠标左键不放，切换到不同的选项，在视图中观察足迹的不同显示模式，如图 5.114 所示。

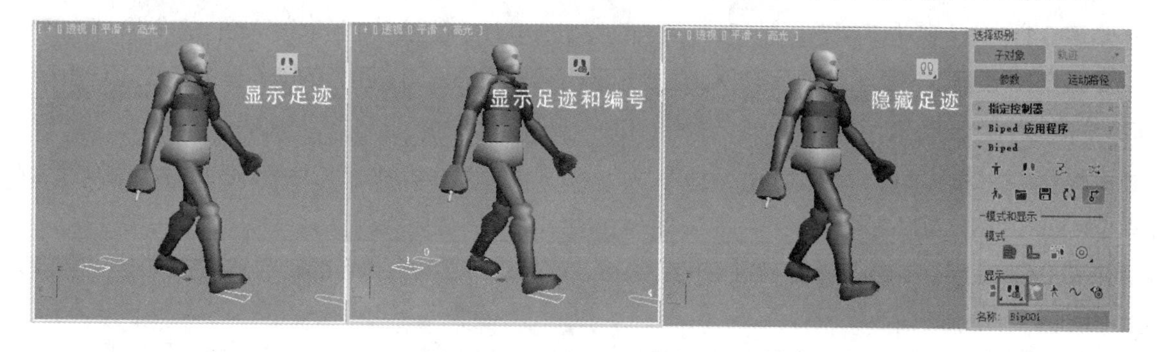

图 5.114

（17）脚部状态

在 [运动] 面板的 [Biped] 卷展栏中单击 [模式和显示] 项目前的 “+” 号，在 [显示] 项目下单击 [脚部状态] 按钮，在视图中观察不同时间脚部相对于地面的状态，如图 5.115 所示。

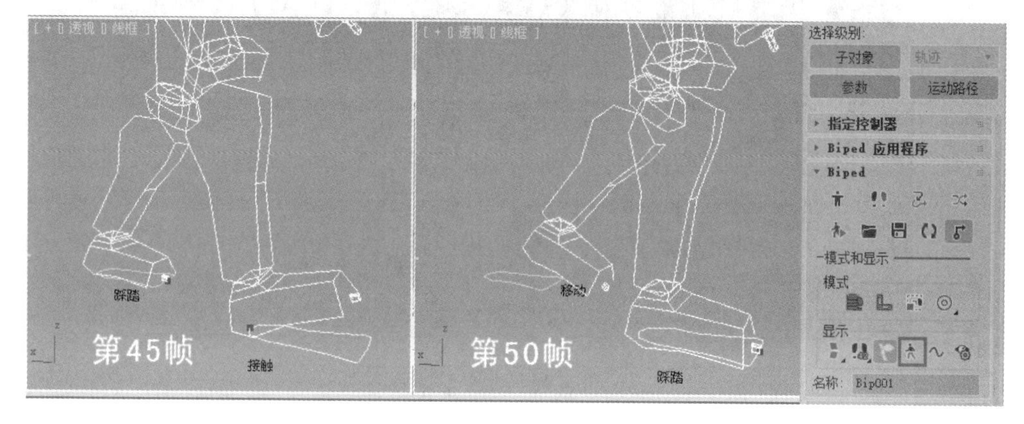

图 5.115

（18）轨迹

在［运动］面板的［Biped］卷展栏中单击［模式和显示］项目前的“+”号，在［显示］项目下单击［轨迹］按钮，在视图中框选所有骨骼，观察它们在整个运动过程中的运动轨迹，如图 5.116 所示。

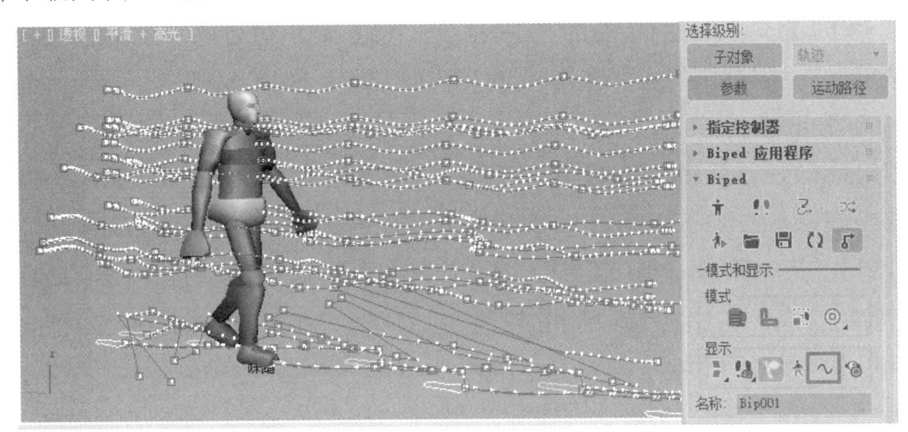

图 5.116

（19）打开混合器

步骤 01： 保持骨骼仍处于被选择状态，展开［Biped 应用程序］卷展栏，单击 混合器 按钮，自动弹出［运动混合器］窗口，此时［混合器模式］按钮处于被按下的状态。

步骤 02： 在［运动混合器］窗口中用鼠标右键单击右侧的空白区域，在弹出的菜单中选择［转化为过渡轨迹］命令，将原始的［层轨迹］转化为［过渡轨迹］，如图 5.117 所示。

提示

默认的［层轨迹］只能将导入的多个动作剪辑依次放置，而使用［过渡轨迹］则可以为多个动作剪辑自动设置过渡。

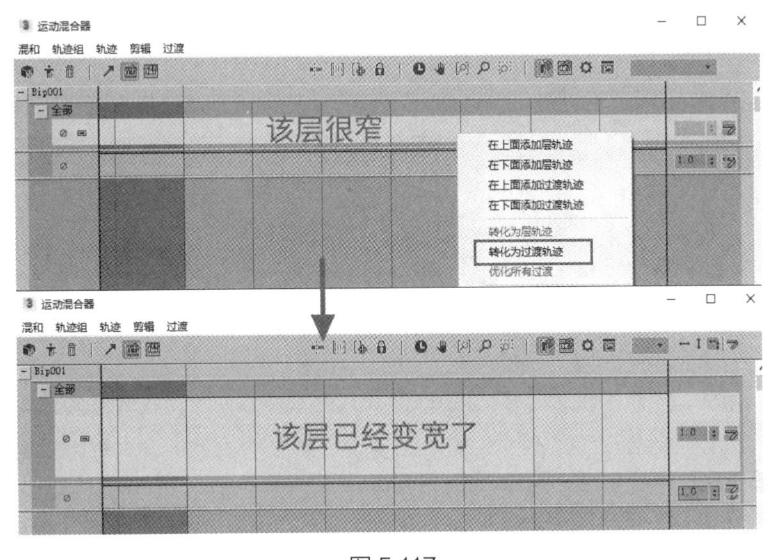

图 5.117

（20）导入运动剪辑

步骤 01：在［运动混合器］窗口中用鼠标右键单击右侧的空白区域，在弹出的右键菜单中选择［新建剪辑 > 来自文件］命令，在弹出的［打开］对话框中选择随书配套学习资源中的“场景文件 \ 第 5 章 \5.3.2\ 立定跳远 .BIP”动作剪辑文件，此时对话框的下方提供了一个预览窗口，拨动窗口底部的滑块还可以预览动作。单击 打开(O) 按钮，将“立定跳远 .bip”动作剪辑调入运动混合器，此时会出现一个［Biped 过时文件］警告框，单击 确定 按钮即可。

步骤 02：用同样的方法打开随书配套学习资源中的“场景文件 \ 第 5 章 \5.3.2\ 掉入水池 .BIP”动作剪辑文件，可观察到在右侧的空白区域中，两段动作剪辑已经被自动设置好了过渡效果。

步骤 03：单击［运动混合器］窗口工具栏中的［最大化显示］按钮，则层自动最大化显示出两段动作剪辑。再单击工具栏中的［设置范围］按钮，视图中时间轴的长度由默认的 100 帧自动缩放至两段动作的时间总和，如图 5.118 所示。

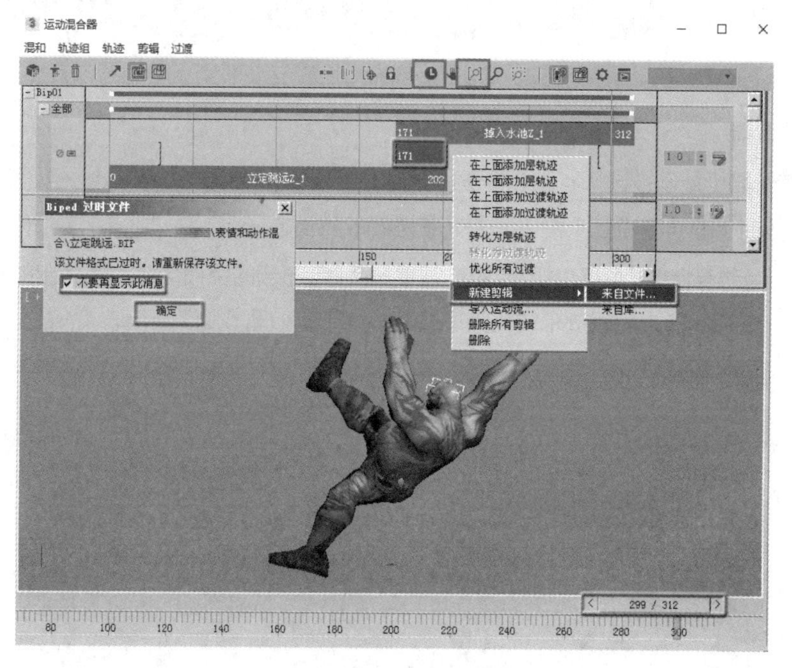

图 5.118

提示

①导入动作时弹出［Biped 过时文件］警告框，表示该动作文件是用 3ds Max 早期版本制作并存储的，如果用更高版本的 3ds Max 打开该文件的话，就会弹出该警告框，如果想让系统不再弹出该警告框，只要勾选该警告框中的［不要再显示此消息］即可。

②［最大化显示］按钮和［设置范围］按钮使用起来非常方便，在运动混合器中经常用到。

（21）设置过渡长度

步骤 01：用鼠标右键单击两段动作剪辑之间的过渡区域，在弹出的菜单中选择［编辑］，在弹出的过渡面板中设置［长度］为 40，表示过渡区域的长度为 40 帧；设置［源剪辑］下的［开始］为 129，表示过渡区域从第 1 个剪辑的第 129 帧开始；设置 [目标剪辑] 下的 [开始] 为 0，表示过渡区域从第 2 个剪辑的第 0 帧开始。可观察到此时的过渡区域已经被拉长了，单击 确定 按钮，关闭该面板。

步骤 02： 拨动时间滑块，可观察到角色在前 129 帧保持第 1 个动作剪辑的动作，在第 129 帧到第 169 帧过渡到第 2 个动作剪辑，而在第 169 帧后就完全进入第 2 个动作剪辑了，动作之间的过渡非常自然，如图 5.119 所示。

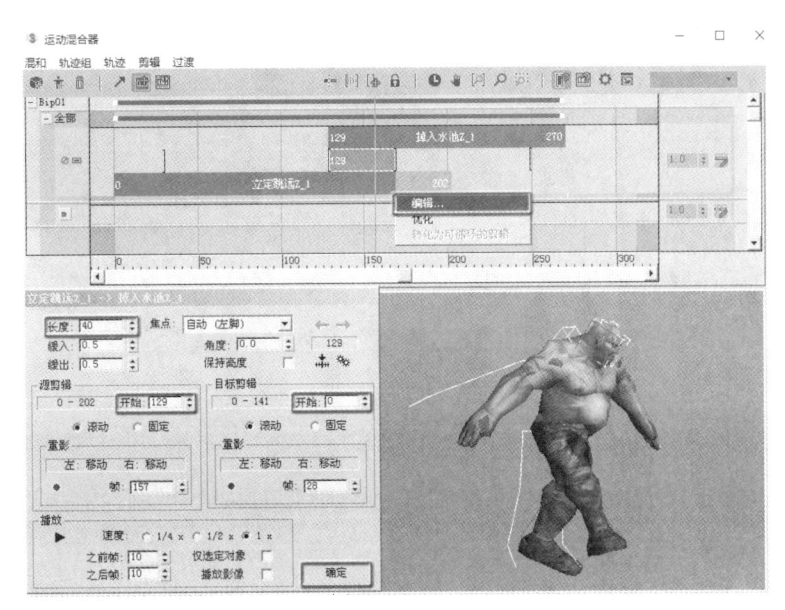

图 5.119

（22）关闭 [混合器模式] 检验动作

虽然动作的过渡效果已经出来了，但如果再次单击 [运动] 面板的 [Biped] 卷展栏中的 [混合器模式] 按钮 ，使其处于弹起状态，拨动时间滑块，运动混合的效果就消失了，人物模型又回到了踩脚印的动作，也就是说，我们做的运动混合只能在 [混合器模式] 下才起作用。将运动混合后的效果保存成一个 BIP 动作文件，以便日后调用，如图 5.120 所示。

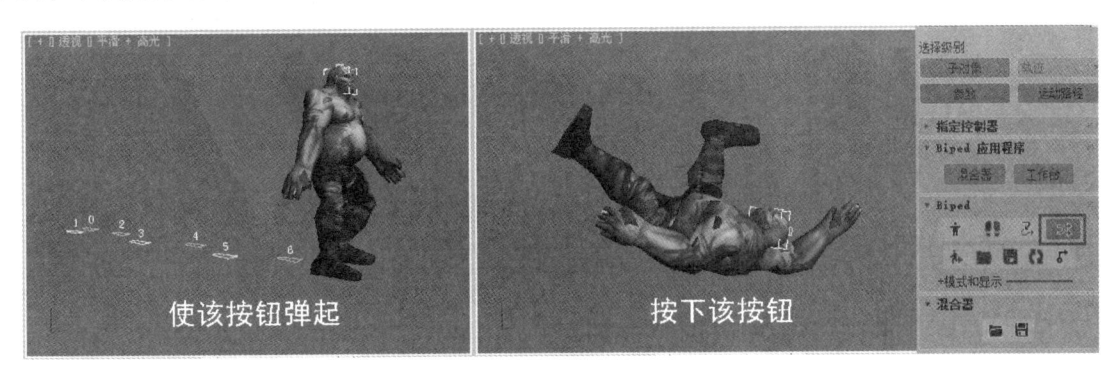

图 5.120

（23）计算合成

单击 [运动混合器] 窗口左上方的“Bip001”字样所在的位置，使其变白，然后用鼠标右键单击，在弹出的快捷菜单中选择［计算合成］选项，在弹出的［合成选项］对话框中保持所有默认设置，单击 确定 按钮，在窗口底部会出现一个进度栏，当计算完成后，该栏下方会出现一个相同颜色的状态条，表示计算完成，如图 5.121 所示。

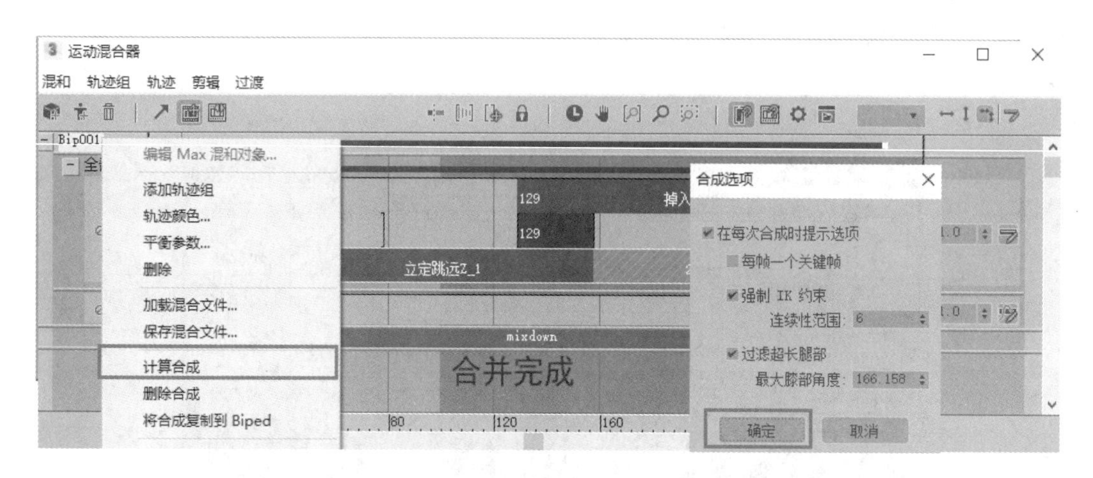

图 5.121

（24）将混合结果复制到 Biped 骨骼上

步骤 01: 再次右键单击“Bip001”字样所在的位置，从弹出的快捷菜单中选择［将合成复制到 Biped］命令，然后关闭［运动混合器］窗口。

步骤 02: 在［运动］面板中单击［混合器模式］ 按钮，使其处于弹起状态，可观察到在视图下方的时间轴上出现了很多关键帧。

步骤 03: 此时拨动时间滑块，角色在脱离了运动混合器的模式下有了两个动作之间的过渡效果，如图 5.122 所示。下面我们就可以将现在的动作保存成一个 BIP 动作文件了。

图 5.122

（25）保存当前的 BIP 动作文件

在［运动］面板中单击［Biped］卷展栏中的［保存文件］按钮 ，在弹出的［另存为］对话框的［文件名］文本框中输入“过渡”，在［保存在］项目后设置保存路径，设置保存的类型为 BIP，单击 保存 按钮，如图 5.123 所示。

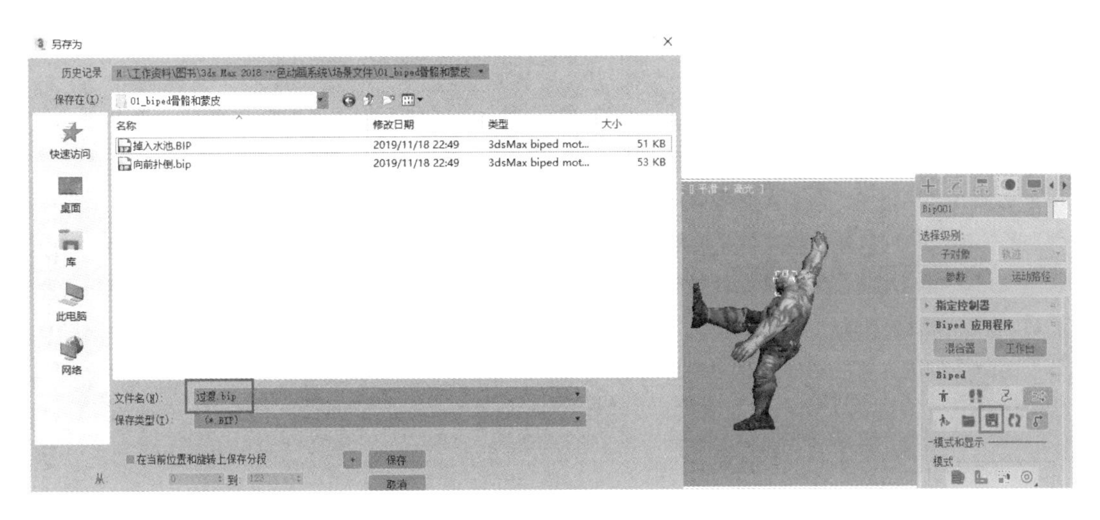

图 5.123

提示

如果只想保存动作的一部分，可以在［另存为］对话框中勾选［在当前位置和旋转上保存分段］选项，然后在［从］和［到］项目后输入相应的数值，则系统只将［从］和［到］数值之间的动作保存。

（26）用［加载文件］按钮加载动作

在［运动］面板中单击［Biped］卷展栏中的［加载文件］按钮，在弹出的［打开］对话框中选择刚才保存的“过渡 .bip”动作文件，单击 打开(O) 按钮，将“过渡 .bip”动作文件加载到当前的角色模型上，如图 5.124 所示。

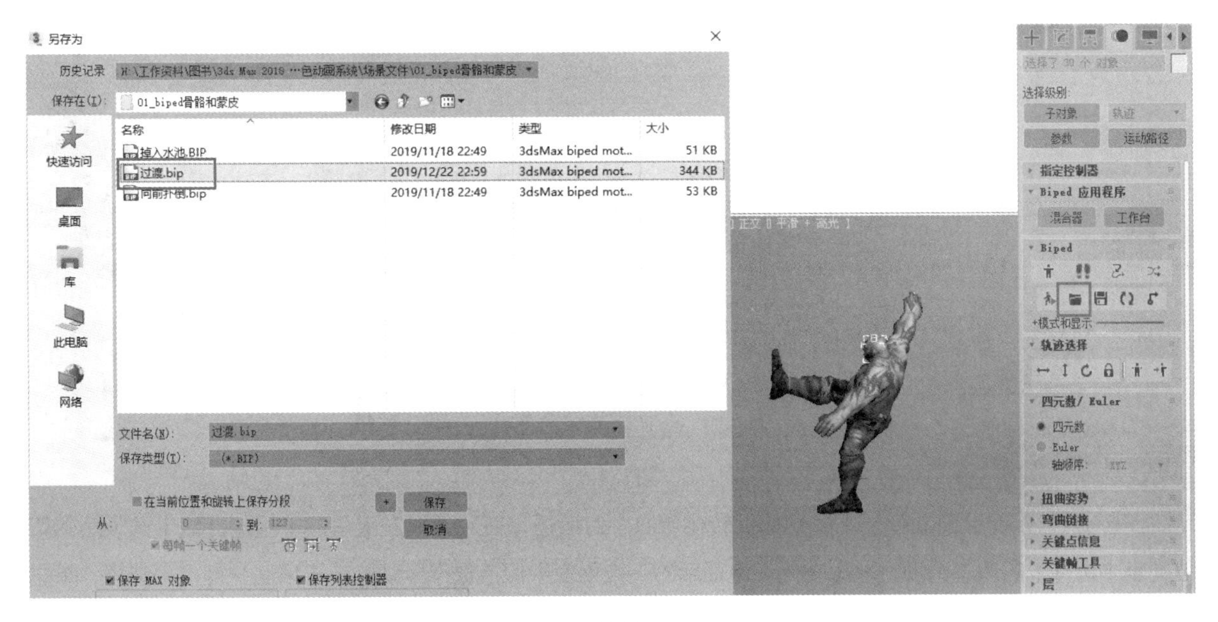

图 5.124

提示

①在［打开］对话框中有一个预览窗口，拖动窗口底部的时间滑块可以预览动作效果。

②拨动时间滑块，可观察到动作效果与保存前完全一致，但是在视图下方的时间轴上出现了很多关键帧，视图中也没有出现脚印。如果是这种情况，身体的每根骨骼都有很多关键帧，调整一个动作需要调整很多骨骼的关键帧。对动作的细致调整是很困难的，需要在导入动作的时候提取出动作的脚印。

③就本案例而言，是一个立定跳远的动作再接一个掉入水池的动作。假如我们要使立定跳远的距离再长一些的话，如果没有脚印，需要调整的关键帧太多了；如果角色有脚印的话，就可以直接选择跳起后落地位置的两个脚印，直接将它们移动到更远一些的位置就可以了，这会比直接调整每根骨骼的关键帧省时省力得多。

（27）用［加载运动捕捉文件］按钮加载动作

步骤 01： 在［运动］面板中单击［运动捕捉］卷展栏中的［加载运动捕捉文件］按钮，在弹出的［打开］对话框中选择刚才保存的“过渡.bip”动作文件，单击 打开(O) 按钮，如图 5.125 所示。

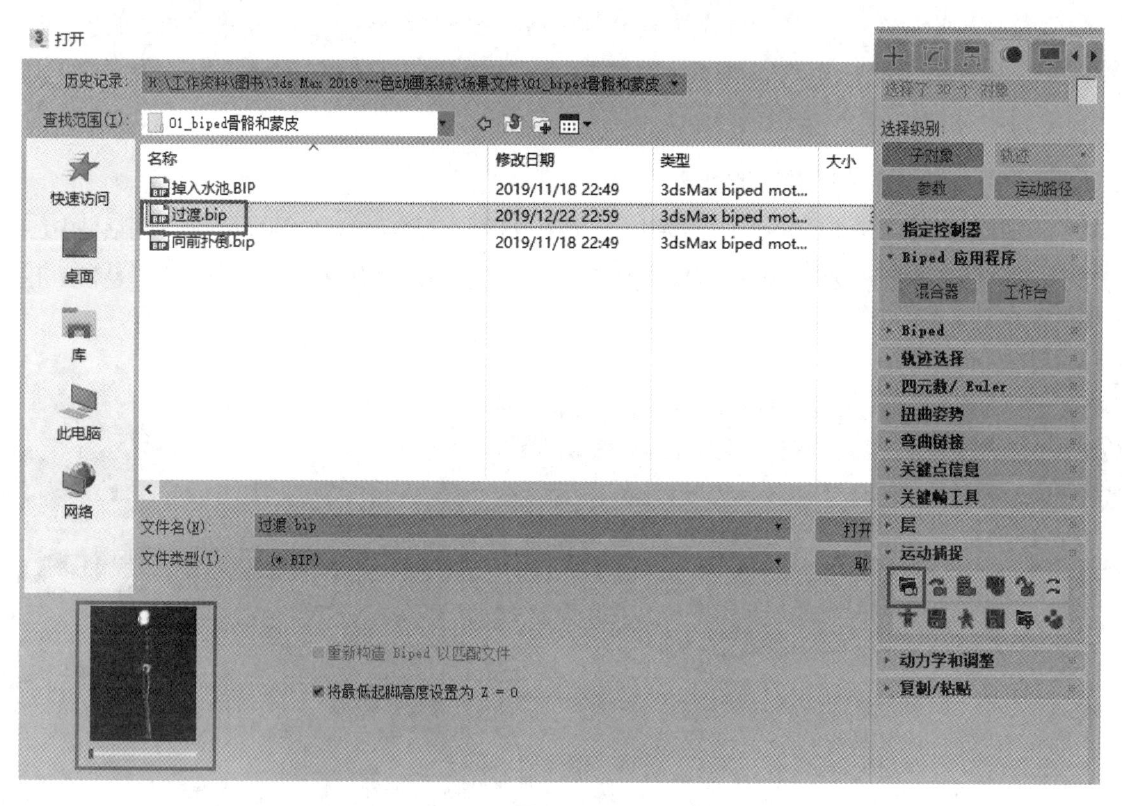

图 5.125

步骤 02： 此时会自动弹出［运动捕捉转化参数］对话框，在对话框左上角的［足迹提取］选项后的下拉列表中选择［启用］选项，在［转化］选项后的下拉列表中保持选择默认的［不精简关键点］选项，单击 确定 按钮，脚印出现在视图中，如图 5.126 所示。

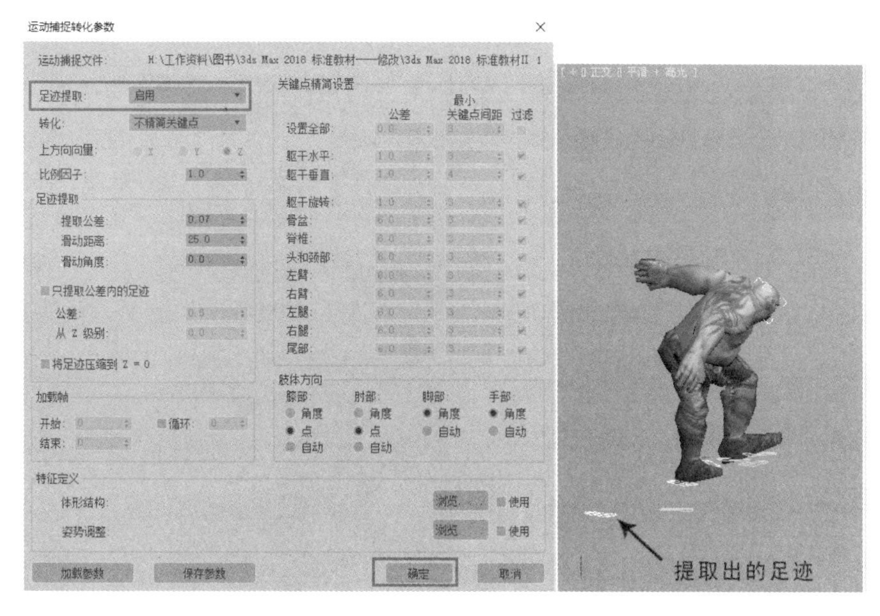

图 5.126

> **提示**
>
> 在［转化］选项后的下拉列表中保持选择默认的［不精简关键点］选项，是为了不让系统自动精简关键帧，因为这会使系统自动将一些重要的关键帧也删除，造成动作之间的衔接不够流畅。

步骤 03： 进入［足迹模式］，框选除了初始位置的两个脚印之外的所有脚印，在顶视图中使用［移动］工具向下移动。拨动时间滑块，角色跳到了更远的位置，如图 5.127 所示。

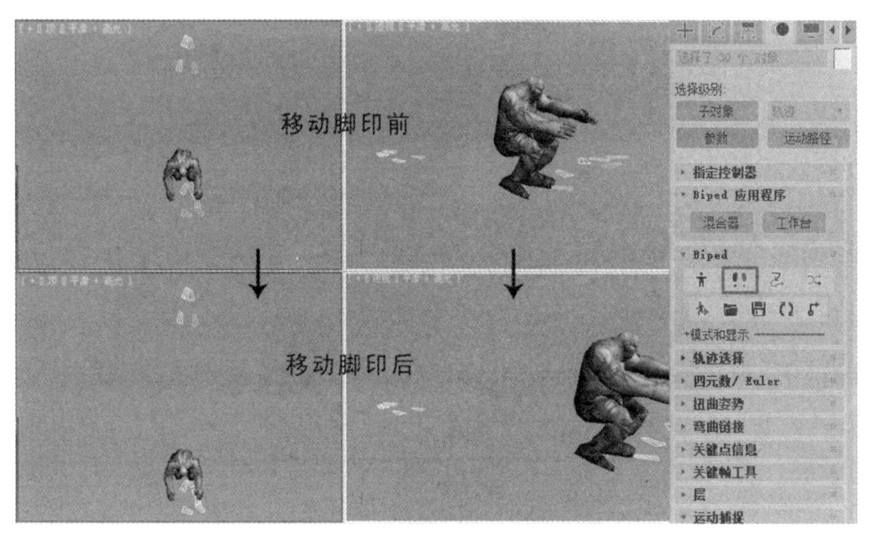

图 5.127

（28）调整穿透身体的上肢

在确认动作调整完毕后，参考本案例的第 12 步和第 13 步，使用添加层和塌陷层的方法调整上肢的位置，避免其穿透身体，如图 5.128 所示。

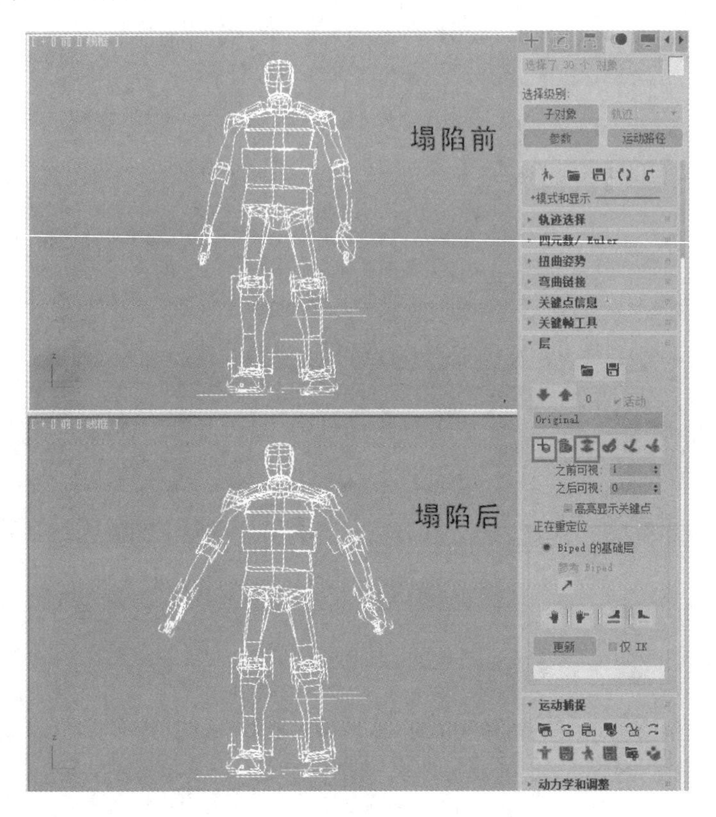

图 5.128

提示

塌陷层后，脚印就消失了，动作全部转化成了关键帧。所以在塌陷层之前，要确认动作调整完毕并达到了理想的效果。

5.3.3 群组动画

范例分析

Character Studio 提供了一个群组模块，它是由两种对象组成的，分别是［群组］和［代理］，可以用来模拟一个场景里大量角色的运动效果，这在影视广告中经常使用。其中［群组］是群组系统的核心，相当于一个军队中的指挥官。它提供了 6 大功能：复制代理对象、联合对象与代理、联合 Biped 骨骼与代理、多个代理编辑、组队信息和高级感知。代理对象相当于军队中的小兵，是执行指挥官命令的个体，如图 5.129 所示。

具体制作思路如下。

①首先建立 3 个行为并设置相应参数。复制代理对象，将它们组队并指定行为。

②为任意一套骨骼设置运动流，然后将运动流保存，使其他骨骼都共享该运动流。

③将 Biped 骨骼与代理关联，并对多个代理对象进行设置，最后求解。

场景分析

打开随书配套学习资源中的“场景文件 \ 第 5 章 \5.3.3\start.max”文件，如图 5.130 所示，里面有两个地面模型，一个是用于生成代理对象的“生成平面”，还有一个是“奔跑平面”。一个叫作“目标”的对象在“奔跑平面”的一侧，它是代理对象追寻的目标。20 个已经架设好 Biped 骨骼并完成蒙皮的士兵模型处于标准站立姿态，一架摄影机位于“奔跑平面”的侧面。

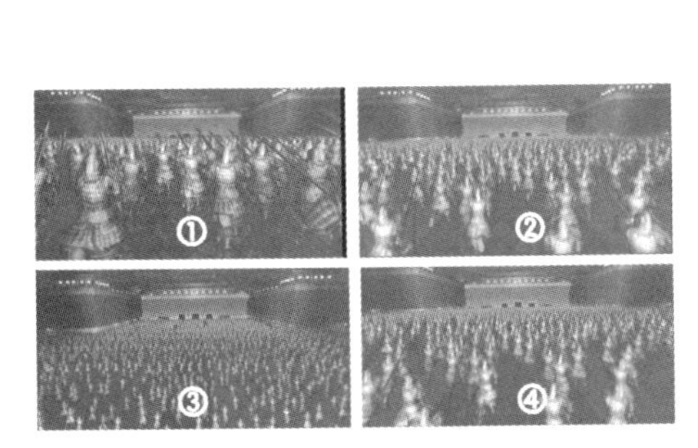

图 5.129

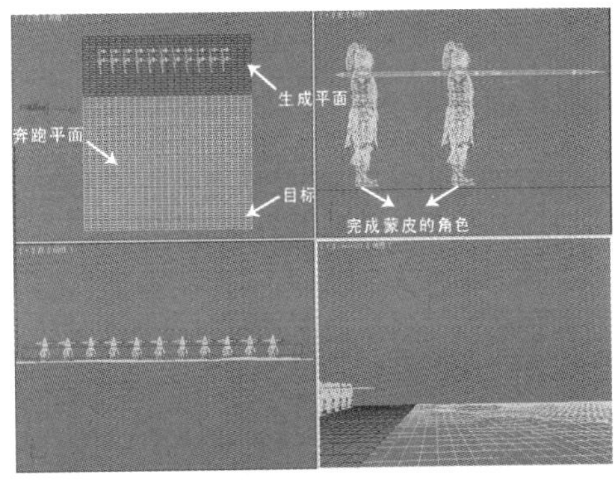

图 5.130

提示

“生成平面”是修改“奔跑平面”得到的，首先要将“奔跑平面”原地克隆一个，然后将新复制出来的平面命名为“生成平面”，再在顶视图中将其右侧的部分删除。

制作步骤

（1）创建群组和代理

进入 [创建] 面板中的 [辅助对象] 面板，单击 群组 按钮，在顶视图中按住鼠标左键拖曳光标创建一个 [群组] 对象，它在视图中显示为绿色的正八面体。再单击 代理 按钮，激活顶视图，按住鼠标左键拖曳鼠标创建一个 [代理] 对象，在视图中显示为小金字塔形，如图 5.131 所示。

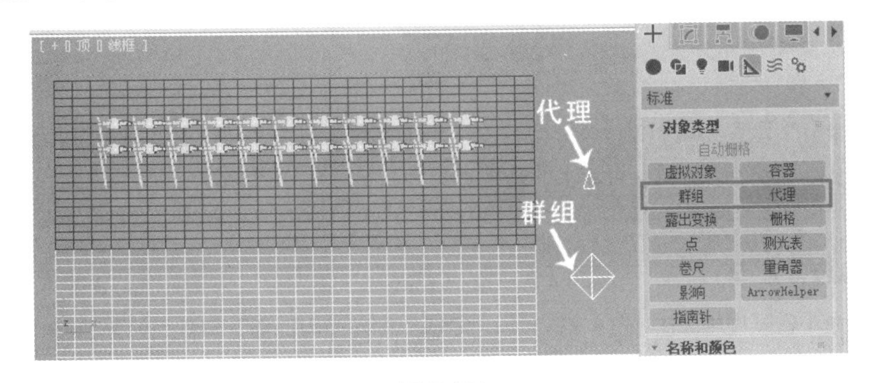

图 5.131

提示

①［群组］对象的大小、位置、方向并不重要，但是由于创建群组动画时要经常地选择它，所以要确保它容易被选择。

②默认状态下，［代理］对象的金字塔形顶端是它的前端，可以将它看作一个箭头，箭头的方向代表它要移动的方向。

③在创建［代理］对象的时候要注意它的大小，因为我们要在一个小平面上分散复制很多的［代理］对象，如果代理对象的尺寸过大，在分散复制的时候系统就会提示无法复制，因为地面太小，容纳不下多个［代理］对象。

（2）添加搜索行为

确认当前群组对象处于被选择状态，进入［修改］面板。在［设置］卷展栏中单击 新建 按钮，在自动弹出的［选择行为类型］对话框中选择［搜索行为］选项，单击 确定 按钮，如图 5.132 所示。

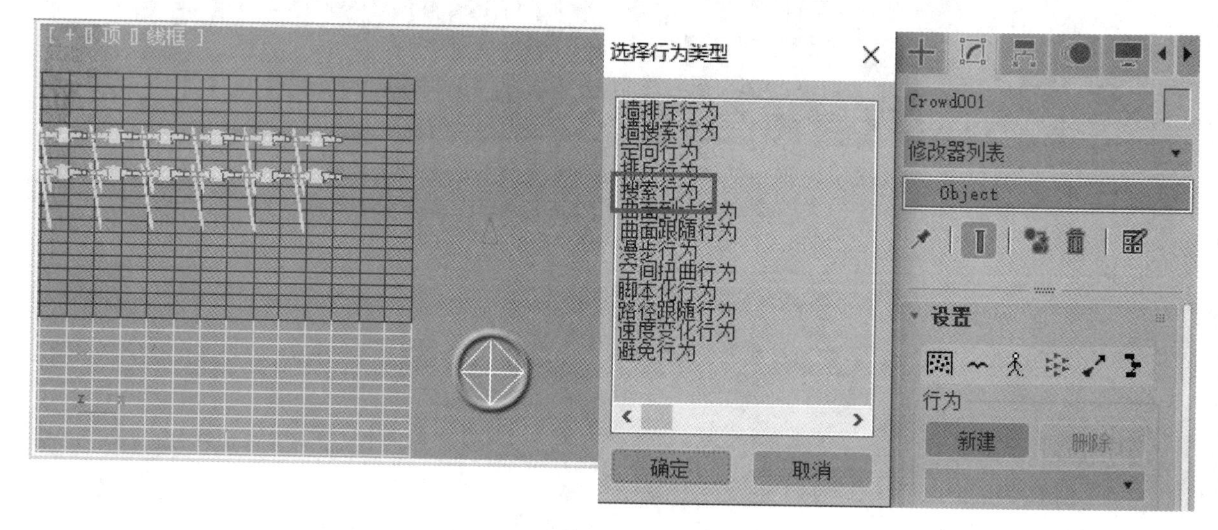

图 5.132

在 新建 按钮下方的名称列表中出现了“Seek”字样，同时在下面出现了一个［搜索行为］卷展栏，在此卷展栏中可以设置［搜索行为］的参数。

提示

如果在一个场景中包含有多个相同类型的行为，为了便于区别，可以赋予它们不同的名称。方法是在［新建］按钮下方的名称列表中单击，输入新的名称。

（3）设置搜索行为

在［搜索行为］卷展栏中单击 -无- 按钮，在视图中选择“目标”对象，则“目标”字样出现在该按钮上，表示此对象将会成为代理对象搜寻的目标，如图 5.133 所示。

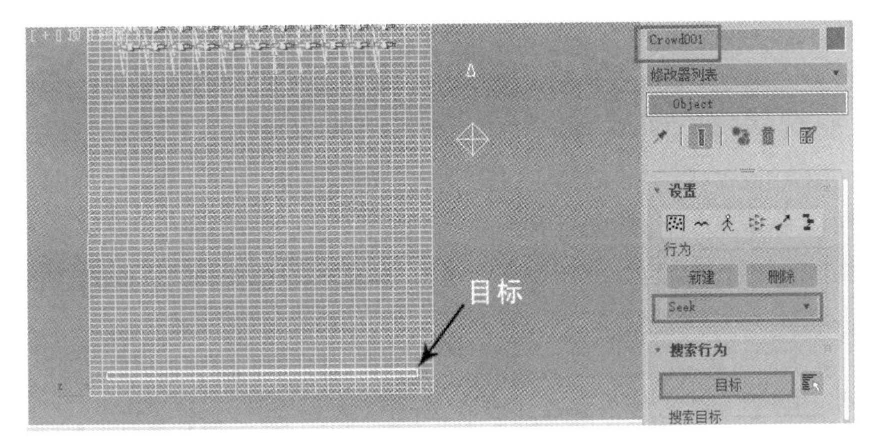

图 5.133

提示

如果目标对象在视图中不容易被选取，则按键盘上的 H 键，在弹出的［拾取对象］对话框中按名称进行选择即可。

（4）添加曲面跟随行为

步骤 01： 确认当前群组对象处于被选择状态，在［修改］面板的［设置］卷展栏中单击 新建 按钮，在弹出的［选择行为类型］对话框中选择［曲面跟随行为］选项，单击 确定 按钮。在 新建 按钮下方的名称列表中出现了“Surface Follow”字样，同时在下面出现了一个［曲面跟随行为］卷展栏，在此卷展栏中可以调节［曲面跟随行为］的参数，如图 5.134 所示。

步骤 02： 在［曲面跟随行为］卷展栏中单击 -无- 按钮，在视图中选择“奔跑平面”对象，则“奔跑平面”字样出现在该按钮上，表示此对象将会成为代理对象奔跑时踩踏的地面。

（5）添加［避免行为］

使用相同的方法再添加一个［避免行为］，但是不要在［避免行为］卷展栏中设置避免对象，因为我们要使所有的代理对象在运动过程中避免互相穿插在一起，而现在还没有复制代理对象，所以此时设置避免对象不合适，对代理对象进行复制后，再进行［避免行为］的设置，如图 5.135 所示。

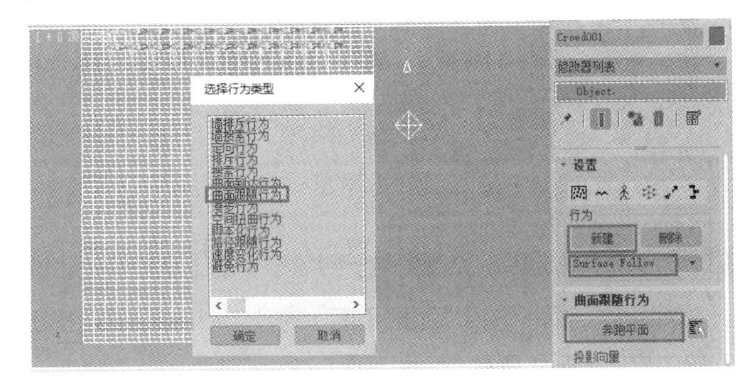

图 5.134

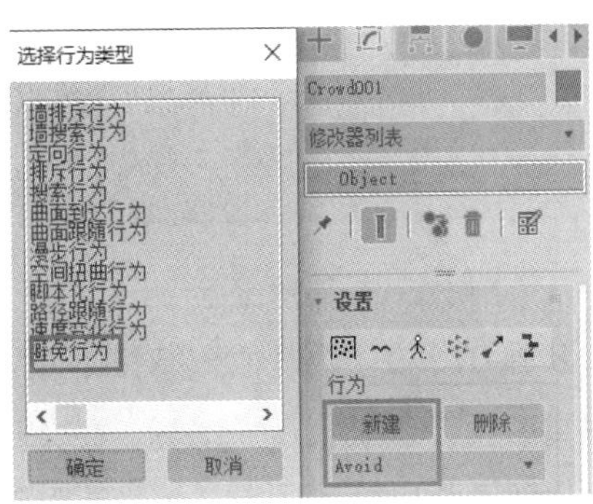

图 5.135

（6）分散复制代理对象

步骤 01：确认当前群组对象处于被选择状态，在［修改］面板的［设置］卷展栏中单击［散布］按钮，在弹出的［散布对象］对话框的［克隆］选项卡中单击［要克隆的对象］下的 -无- 按钮，在弹出的［选择］对话框中选取“Delegate001”对象，单击 选择 按钮，按钮上出现了“Delegate001”字样，表示对场景中的“Delegate001”对象进行复制。

步骤 02：在［数量］选项后的文本框中输入“19”，然后单击 生成克隆 按钮，如图 5.136 所示。

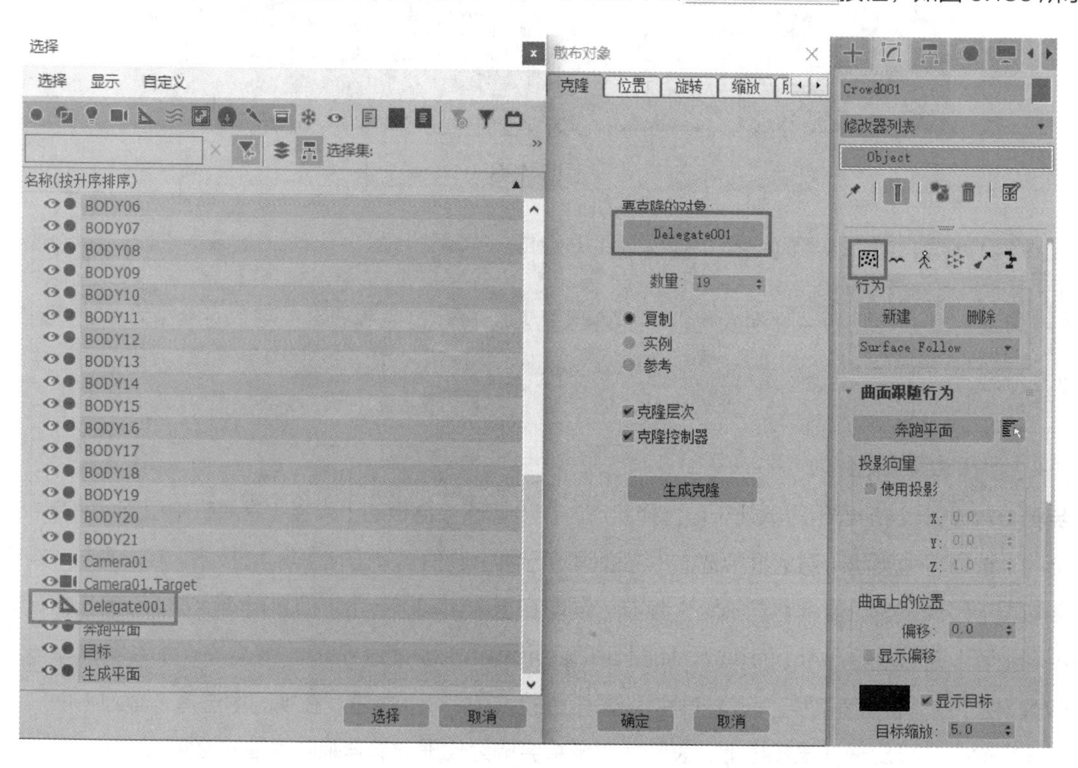

图 5.136

提示

①在［数量］选项后的文本框中输入“19”，是要复制出 19 个新的代理对象，这样加上原来的 1 个，总共是 20 个。因为在场景中共有 20 个角色，每个角色对应 1 个代理对象。

②在视图中并没有看到新复制出的 19 个代理对象，但是用鼠标单击一个代理对象，将其移动后会发现 19 个新复制出的代理对象与原始代理对象已经完全重叠在一起。

（7）调整代理对象位置

步骤 01：在［散布对象］对话框的［位置］选项卡中选择［放置相对于对象］下的［在曲面上］选项，单击其下的 -无- 按钮，在弹出的［选择］对话框中选择“生成平面”对象，单击 选择 按钮，按钮上出现了“生成平面”字样，表示要将复制出的代理对象放置在“生成平面”之上。

步骤 02：单击面板下方的 生成位置 按钮，在顶视图中新复制出的代理对象随机地分散到了［生成平面］

上，如图 5.137 所示。

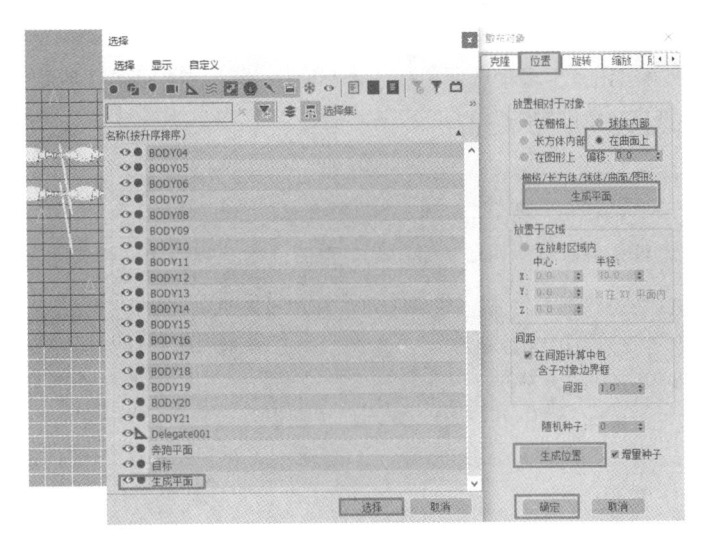

图 5.137

提示

如果对生成代理对象的位置不满意，可以继续单击［生成位置］按钮，观察每单击一次按钮后视图中代理对象的分布位置，直到满意为止。

（8）调整代理对象方向

步骤 01：在［散布对象］对话框的［旋转］选项卡中选择［注视目标］下的［选定对象］项目，单击其下的 -无- 按钮，在弹出的［选择］对话框中选择“目标”对象，单击 选择 按钮，按钮上出现了“目标”字样，表示要将复制出的代理对象朝向“目标”对象。

步骤 02：单击面板下方的 生成方向 按钮，在顶视图中观察，发现代理对象的方向已经由默认的向上变成了统一朝向“目标”对象的方向，如图 5.138 所示。

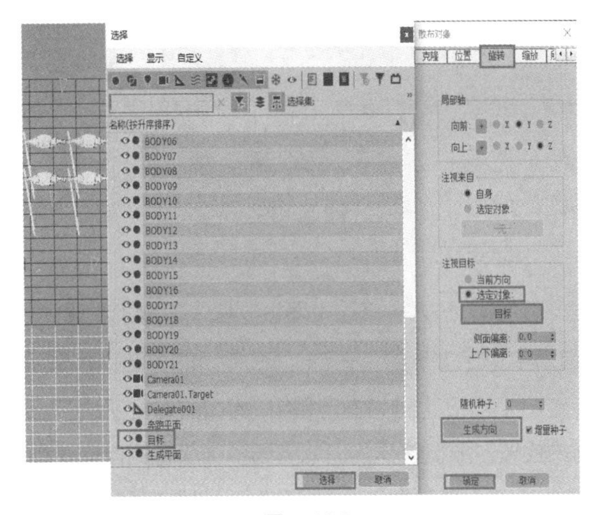

图 5.138

（9）设置代理对象之间避免互相交叉

在［避免行为］卷展栏中单击［多个选择］按钮，在弹出的［选择］对话框中选择所有的代理对象（共20个），然后单击 选择 按钮，［多个选择］按钮前的长按钮上出现了“多个”字样，表示多个代理对象之间避免互相交叉，如图5.139所示。

提示

［避免行为］中的避免对象要根据不同的场景而做不同的设置。如场景中所有的代理对象在运动过程中都要躲避一个建筑物对象，此时要单击［避免行为］卷展栏中的 -无- 按钮，选择需要躲避的建筑物对象，这可以使所有代理对象统一躲避一个对象。本案例中所有代理对象在运动过程中要互相躲避，以防相互穿透对方，所以要使用［多个选择］按钮。

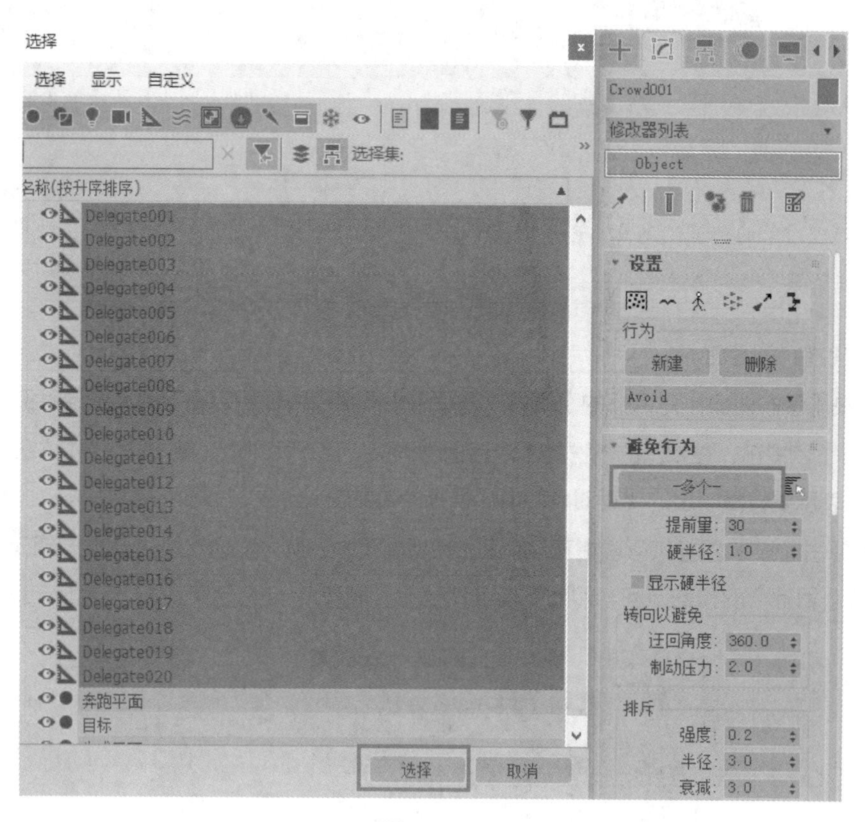

图5.139

（10）行为指定

步骤01： 在视图中选择群组对象，进入［修改］面板，在［设置］卷展栏中单击［行为指定］按钮，在弹出的［行为指定和组］窗口中单击 新建组 按钮，在弹出的［选择代理］对话框中单击 全部 按钮，选择所有的代理对象，单击 确定 按钮。［行为指定和组］窗口的右侧新建了一个组，默认名称是“Team0”，组的列表中包含了场景中所有的代理对象。这样我们就将场景中所有的代理对象组成了一个组。

步骤02： 选择［行为指定和组］窗口左下方的“Team0”项目，再配合Ctrl键选择行为列表中的

3 个行为，确保它们都处于被选择状态。再单击上面显示一列右箭头的长按钮，将 3 个行为指定给所有的代理对象，窗口中间位置出现了 3 个行为被指定的提示，最后单击 确定 按钮，完成行为的指定，如图 5.140 所示。

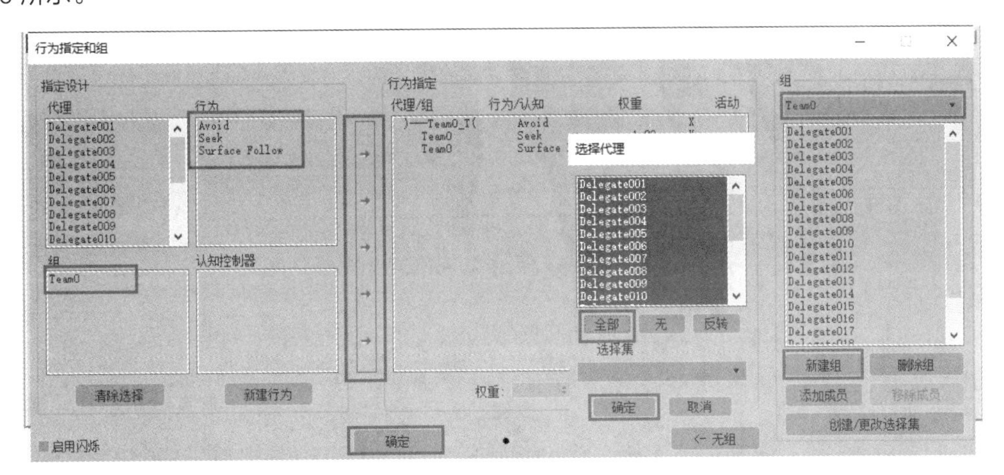

图 5.140

提示

上面显示一列右箭头的长按钮不是很明显，以至于有些读者根本不会注意到它是一个按钮，而它恰恰是一个非常重要的按钮，没有它就无法为代理对象指定各种行为。

（11）修改代理对象方向

步骤 01: 行为指定完成后，稍微调整视图，在顶视图中所有代理对象的方向再次全部朝上，如图 5.141 所示。

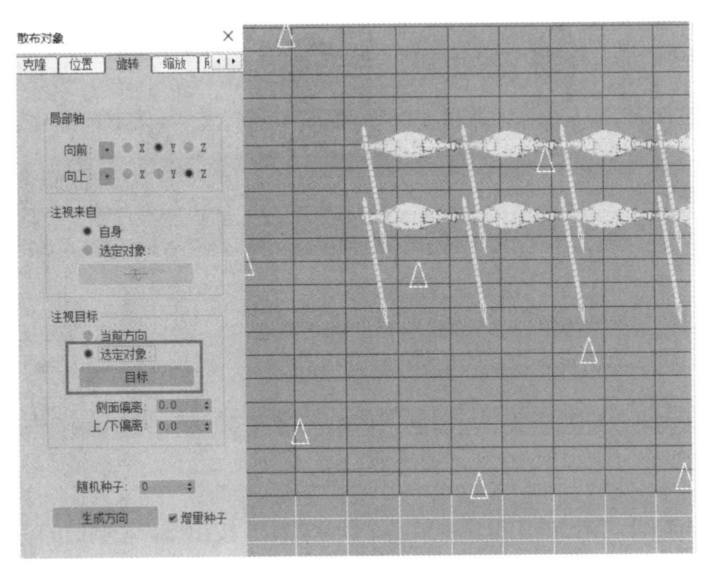

图 5.141

步骤 02: 确认当前群组对象处于被选择状态，在［修改］面板的［设置］卷展栏中单击［散布］按钮，在弹出的［散布对象］对话框的［旋转］选项卡中，［选定对象］选项下的按钮处于未被选择状态。

步骤 03： 在“选定对象”4 个字的位置单击鼠标左键，［选定对象］选项下的按钮显示正常了，单击对话框下方的 生成方向 按钮，顶视图中所有代理对象的方向也正确了，如图 5.142 所示。

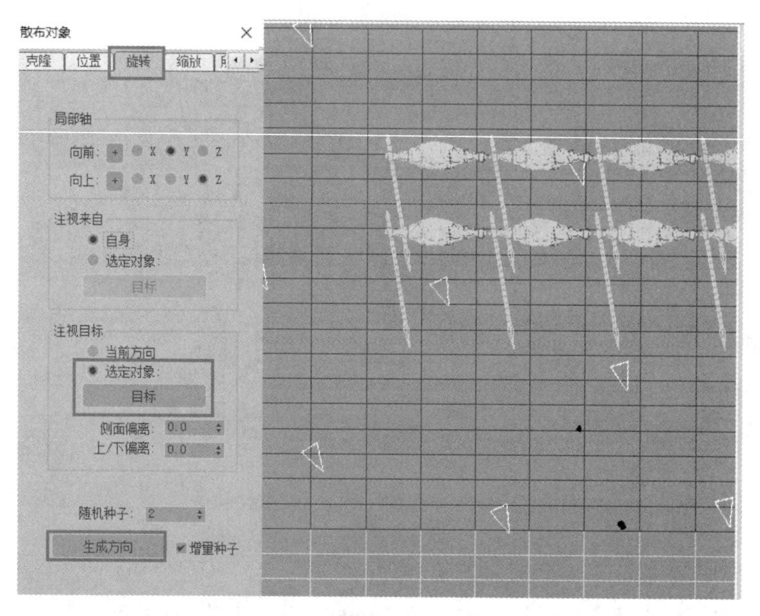

图 5.142

提示

在［散布对象］对话框中设置代理对象的方向后，如果再进行行为指定，则关闭［行为指定和组］窗口之后，代理对象的方向就会出错，请读者注意这个问题。

（12）新建运动流并创建动作剪辑

步骤 01： 在视图中选择任意一根 Biped 骨骼，单击 按钮进入［运动］面板。单击［Biped］卷展栏中的［运动流模式］按钮，再单击［显示图形］按钮，会自动弹出［运动流图］窗口，如图 5.143 所示。

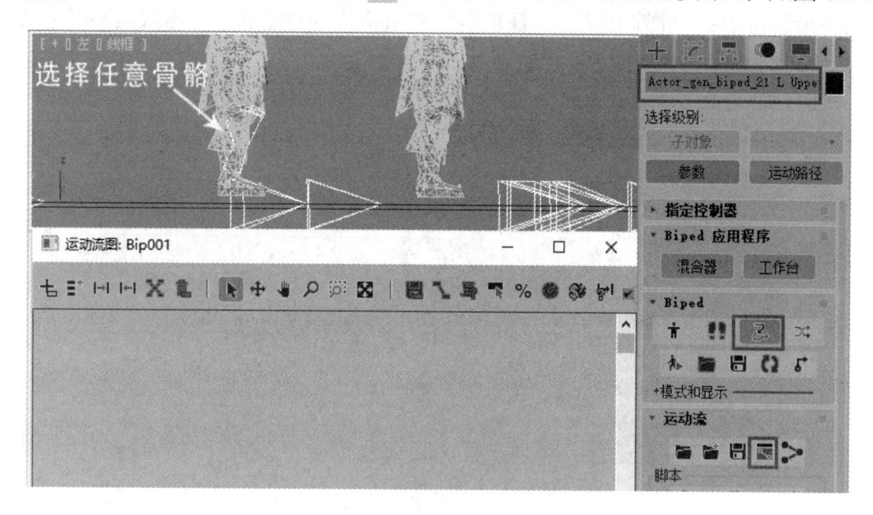

图 5.143

步骤 02： 在［运动流图］窗口的工具栏中单击［创建剪辑］按钮，在窗口的空白处单击，创建一个新的运动剪辑文件。右键单击新建的“clip1”运动流程，弹出［clip1］对话框。

步骤 03: 单击 [clip1] 对话框中的 浏览... 按钮，在弹出的 [打开] 对话框中打开配套学习资源中的“场景文件 \ 第 5 章 \5.3.3\ 拿枪跑 .BIP”文件，可以在 [打开] 对话框的预览窗口下方拨动滑块，这是一个跑步的运动文件，单击 打开(O) 按钮引入该动作剪辑文件，如图 5.144 所示。在弹出的 [帧速率更改] 对话框中单击 确定 按钮，此时，“clip1”运动流程的名称自动更改为“拿枪跑”，单击 [确定] 按钮。

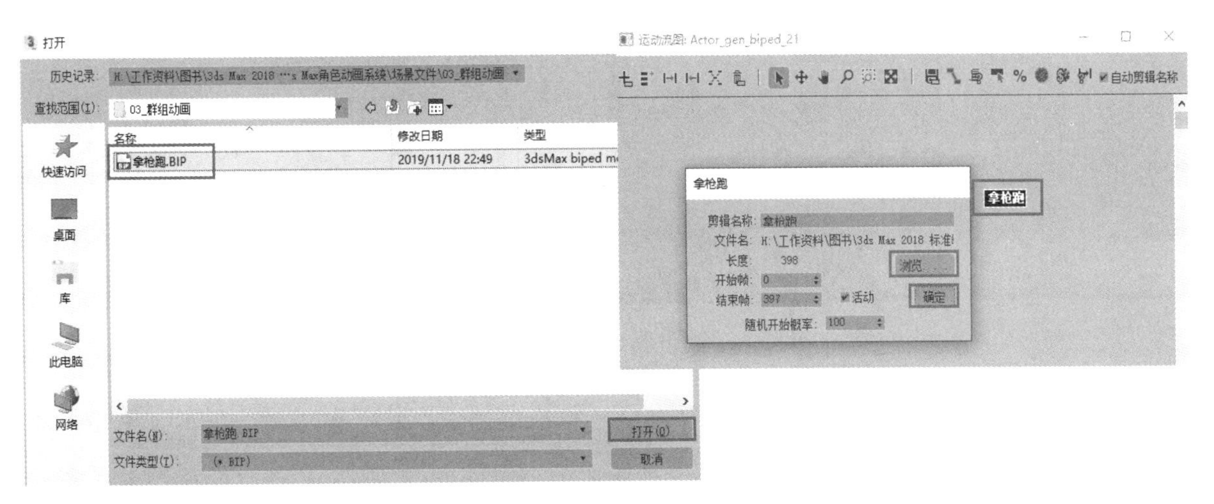

图 5.144

提示

弹出 [帧速率更改] 对话框的原因是，本案例中系统默认的帧速率是 30 帧 / 秒，而该剪辑文件在制作的时候用的是 25 帧 / 秒的系统环境。保持默认设置，直接单击 确定 按钮就是让系统自己进行帧速率的变更。

（13）创建随机开始剪辑

在 [运动流图] 窗口的工具栏中单击 [选择随机开始剪辑] 按钮 %，在窗口中单击新建的“拿枪跑”运动流程，“拿枪跑”运动流程上的文字变成了“拿枪跑 100”。工具栏中 [选择随机开始剪辑] 按钮 % 旁的 [创建随机运动] 按钮 % 也自动处于被按下状态。“拿枪跑”运动流程变为紫色，“100%”表示它的概率值为 100，由于运动流程图中只有这一个运动剪辑，所以这个运动剪辑被作为起始运动文件的概率值当然为 100%，如图 5.145 所示。

图 5.145

（14）保存运动流文件

在［运动流］卷展栏中单击［保存文件］按钮，在弹出的［另存为］对话框的［文件名］文本框中输入文件名，单击保存(S)按钮，如图 5.146 所示。

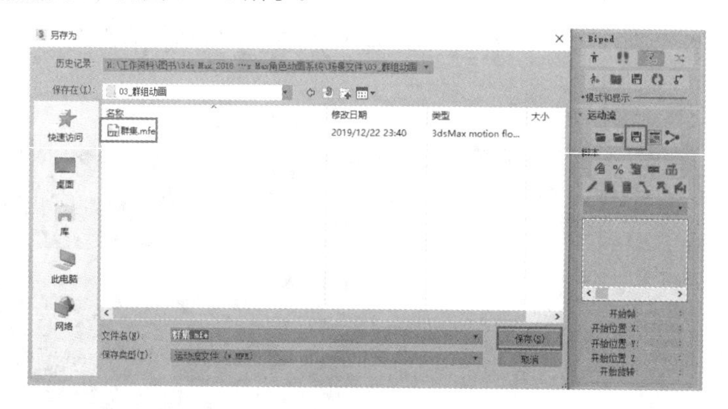

图 5.146

提示

只有将调整好的运动流保存，才能将其赋予其他的角色。

（15）共享运动流

步骤 01: 在［运动流］卷展栏中单击［共享运动流］按钮，在弹出的［共享运动流］对话框中单击新建按钮，在按钮上方出现了"ShareMoflow0"项目。这样，我们就新建了一个共享运动流文件。

步骤 02: 在［共享运动流］对话框中单击加载 .mfe按钮，从弹出的［打开］对话框中选择上一步保存的运动流文件，单击打开(O)按钮，在弹出的［帧速率更改］对话框中保持所有默认设置，单击确定按钮，将该运动流导入。

步骤 03: 在［共享运动流］对话框中单击添加按钮，在弹出的［选择］对话框中选择所有的 Biped 对象，然后单击［选择］按钮，则列表中列出了场景中所有的 Biped 对象。单击［在运动流中放置多个 Biped］按钮，最后单击确定按钮，完成共享运动流设置，如图 5.147 所示。

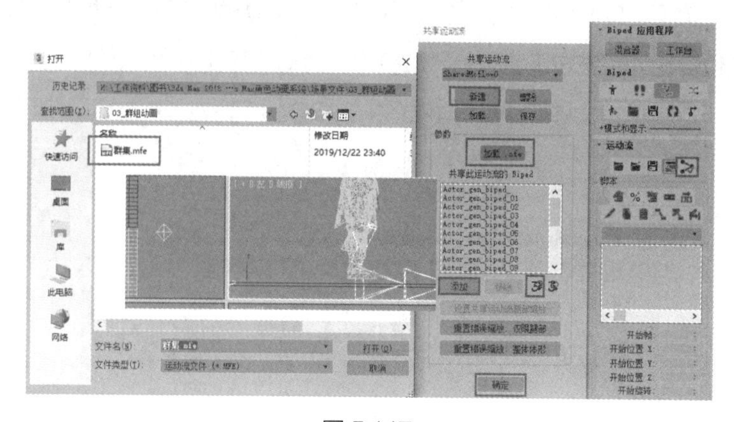

图 5.147

（16）创建随机运动

步骤 01: 在[运动流]卷展栏中单击[创建随机运动]按钮，在弹出的[创建随机运动]对话框中设置[随机开始范围] 的数值为 0 和 20，表示每个 Biped 骨骼随机将奔跑动作前 20 帧中的某一帧作为自己开始运动的帧数。

步骤 02: 在 [创建随机运动] 对话框中取消对 [创建统一的运动] 的勾选，再勾选 [创建共享该运动流的所有 Biped 的运动] 选项，单击 创建 按钮。[运动] 面板列表下方的几个项目一直在闪，而且 [开始帧] 的数值每闪一下都不一样，表示每个 Biped 的骨骼的起始运动帧数各不相同。

步骤 03: 拨动时间滑块，视图中所有的角色都已经有了相同的跑步动作，而且在第 0 帧的动作都一样，但是起始运动的帧数不同。有的在第 1 帧就开始运动，有的在第 20 帧才开始运动，如图 5.148 所示。

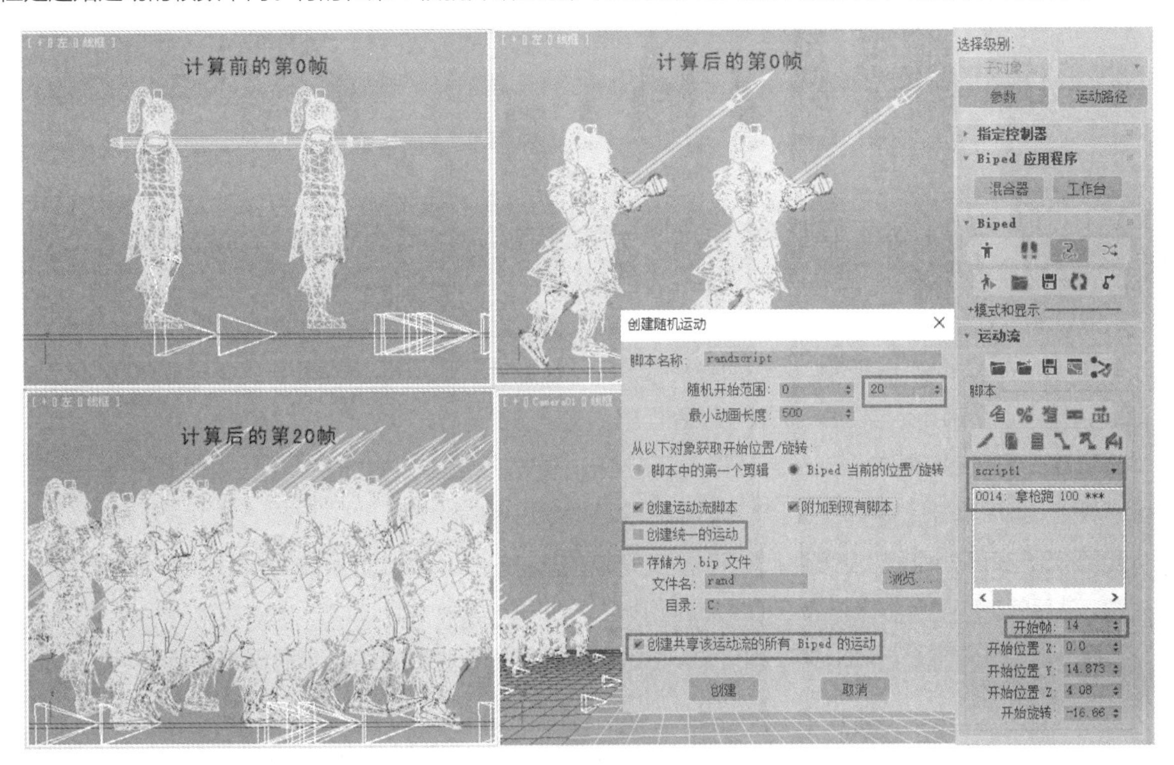

图 5.148

（17）编辑多个代理

步骤 01: 选择群组对象，进入 [修改] 面板，单击 [设置] 卷展栏中的 [多个代理编辑] 按钮，自动弹出 [编辑多个代理] 对话框，在其中单击 添加 按钮，在弹出的 [选择] 对话框中选择所有的代理对象，单击 [选择] 按钮，将它们添加进 [要编辑的代理] 列表中。

步骤 02: 在 [常规] 参数组中取消对 [约束到 XY 平面] 选项的勾选，再勾选其后的 [设置] 选项。

步骤 03: 在 [Biped] 参数组中勾选 [使用 Biped] 和其后的 [设置] 选项。

步骤 04: 在 [Biped] 参数组中勾选 [当前脚本的第一个剪辑] 和其后的 [设置] 选项。

步骤 05: 在 [Biped] 参数组中勾选 [开始帧] 后的 [随机] 和 [设置] 选项，默认 [值 1] 为 0，设置 [值 2] 为 20。

步骤 06： 单击 应用编辑 按钮，关闭 [编辑多个代理] 对话框，如图 5.149 所示。

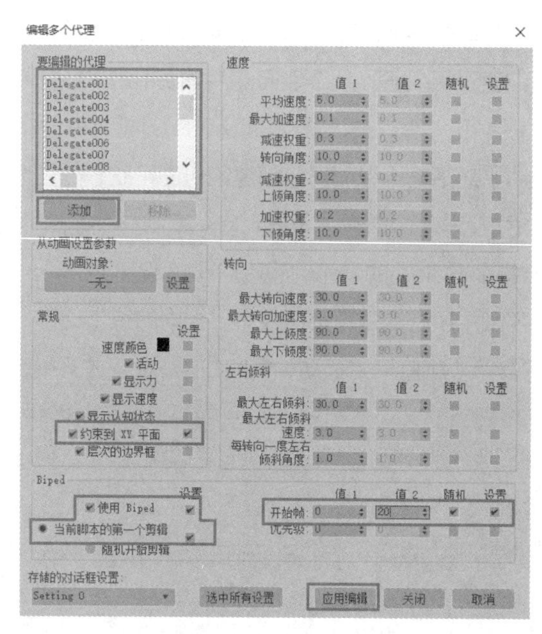

图 5.149

（18）编辑代理关联解算

步骤 01： 确认当前群组对象处于被选择状态，在 [修改] 面板的 [设置] 卷展栏中单击 [Biped/ 代理关联] 按钮，弹出 [将 Biped 与代理相关联] 对话框。

步骤 02： 在该对话框的 [Biped] 列表框下方单击 添加 按钮，在弹出的 [选择] 对话框中选择所有的 Biped 骨骼，然后单击 选择 按钮，将它们添加进 [Biped] 列表中。

步骤 03： 在该对话框的 [代理] 列表框下方单击 添加 按钮，在弹出的 [选择] 对话框中选择所有的代理对象，然后单击 选择 按钮，将它们添加进 [代理] 列表中。

步骤 04： 单击 关联 按钮，将 Biped 对象和代理对象一一对应地关联起来，如图 5.150 所示。

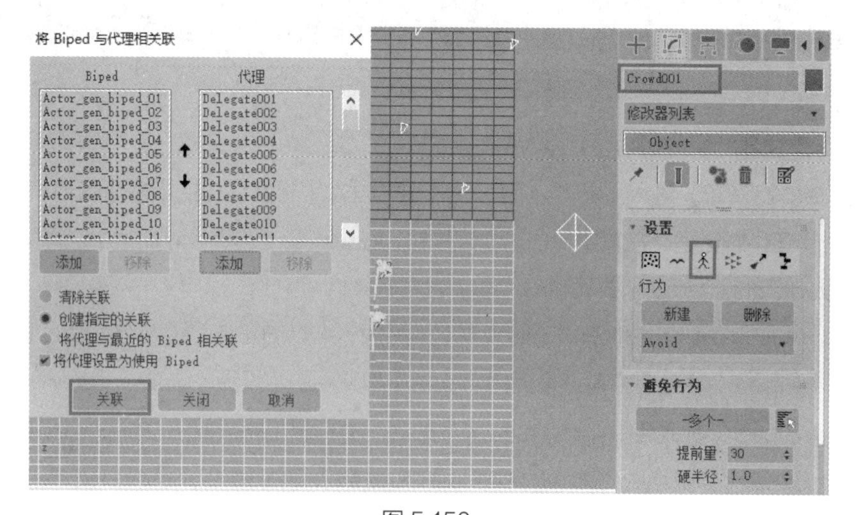

图 5.150

步骤 05： 在［解算］卷展栏中设置［结束解算］值为 220，如图 5.151 所示。

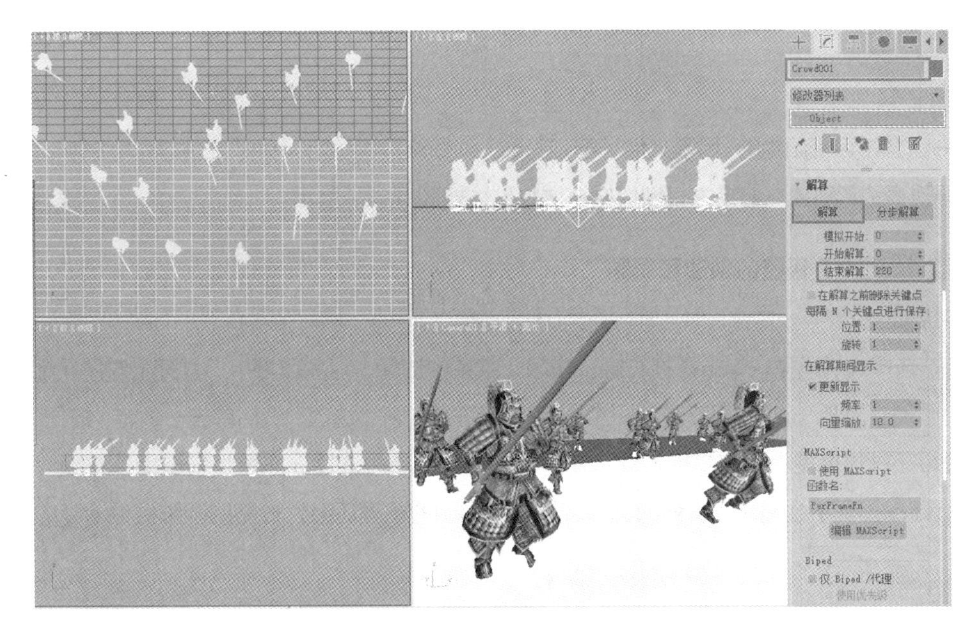

图 5.151

提示

［结束解算］值默认为 100，而本案例中整个场景总长度为 220 帧，所以要设置［结束解算］值，否则只解算 100 帧。

步骤 06： 勾选［在解算之前删除关键点］选项，单击 解算 按钮，计算 Biped 对象的运动过程。

提示

①勾选［在解算之前删除关键点］选项，可以在每次单击 解算 按钮之前删除上一次解算得到的动画关键点。

②在解算过程中，如果发现效果不理想，可以按键盘上的 Esc 键停止解算。

③通常情况下，我们为了加快模拟运动的计算，在［解算］卷展栏中［在解算期间显示］参数组下将［频率］值设置得高一些，避免计算结果每帧都在视图中更新。

5.3.4 CAT 案例——爬行的蜥蜴

范例分析

本案例将使用 3ds Max 中的 CAT 模块来制作一只蜥蜴沿着曲线向前爬行，并且在爬行过程中停下，做一个东西张望的动作，然后继续沿着曲线行走的效果。本案例涉及的知识点包括 CAT 预设骨骼的创建和调整、[蒙皮] 修改器的运用、CAT 动画层的创建和设置，以及 CATMotion 的基本运用等。

场景分析

打开随书配套学习资源中的“场景文件\第 5 章\5.3.4\骨骼搭建初始 .max”文件，场景中有一个蜥蜴模型，这是一个可编辑多边形对象，已经为其制作好材质纹理，如图 5.152 所示。

制作步骤 1：CAT 骨骼的创建和调整

（1）冻结模型

步骤 01： 选择蜥蜴模型，单击鼠标右键，在四元菜单中选择 [对象属性]，打开 [对象属性] 窗口，然后在该窗口中勾选 [透明] 选项，取消勾选 [以灰色显示冻结对象] 选项，然后单击 [确定] 按钮关闭该窗口。

步骤 02： 在蜥蜴模型上单击鼠标右键，在弹出的四元菜单中选择 [冻结当前选择] 选项。这样在架设骨骼过程中，蜥蜴模型不会影响到骨骼的选择和调整，透明的模型还会为骨骼的调整提供清晰的参考，如图 5.153 所示。

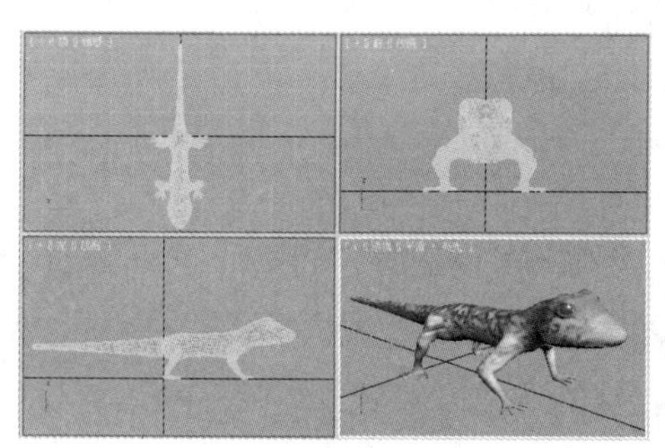

图 5.152

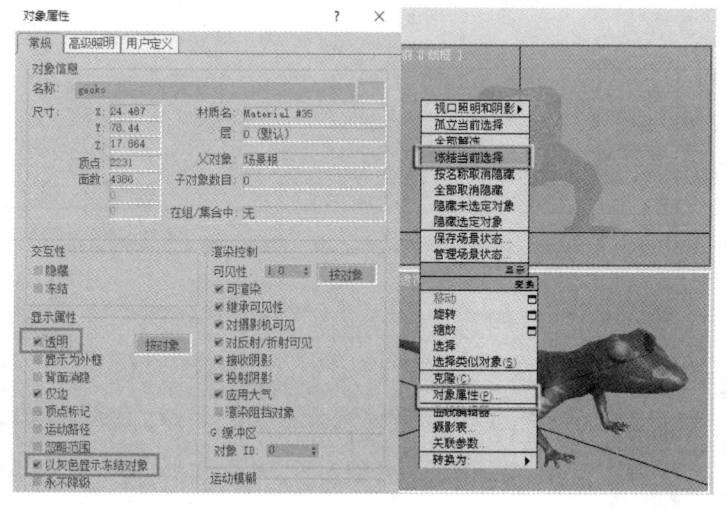

图 5.153

（2）创建 CAT 骨骼

步骤 01： 进入 [辅助对象] 面板，在下拉列表中选择 [CAT 对象]，按下 [CAT 父对象] 按钮，然后在 [CATRig 加载保存] 卷展栏中选择 [Lizard] 选项。

步骤 02： 在场景中的蜥蜴模型处按住鼠标左键拖曳光标，创建一个 CAT 系统自带的蜥蜴骨骼。选择底部的根骨骼，利用移动工具将蜥蜴的骨骼放置在模型位置上，接着选择骨骼的胯部和胸部，将它们向上移动，

> **提示**
>
> 在 CAT 角色系统中，搭建骨骼的方法有两种，一种是使用 CAT 中预设的骨骼，另一种是手动搭建骨骼。在本例中，CAT 的预设骨骼中包括 Lizard（蜥蜴）类型，因此我们在这个预设骨骼上进行修改即可。

使蜥蜴骨骼与模型的高度一致，如图 5.154 所示。

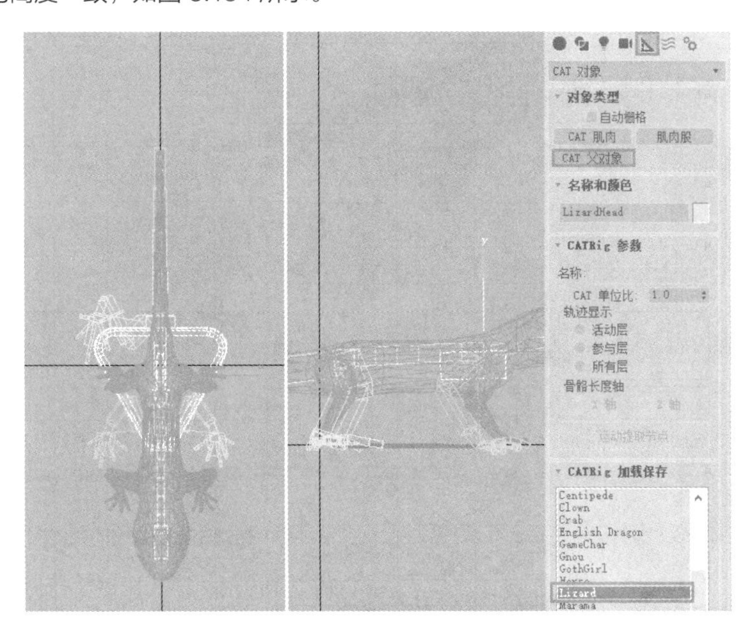

图 5.154

（3）调整右后腿骨骼

步骤 01： 默认状态下蜥蜴后腿有 3 节骨骼，选择右后腿上的任意一根骨骼，在修改面板中将右后腿骨骼的数量设置为 2。

步骤 02： 调整右后腿两节骨骼的位置、长度和旋转角度，使它们与模型的腿部基本吻合，如图 5.155 所示。

图 5.155

提示

在调整骨骼时，如果要移动或旋转当前骨骼节点上所有的链接骨骼，那么只需双击该节骨骼即可，这样可以选择所有与它有链接关系的骨骼。

（4）调整右后脚脚趾

选择右后脚掌骨骼，在修改面板中将 [手指数] 设置为 4，然后选择所有脚趾的根骨骼，利用旋转和移动工具，将脚趾骨骼与脚趾模型对齐，如图 5.156 所示。

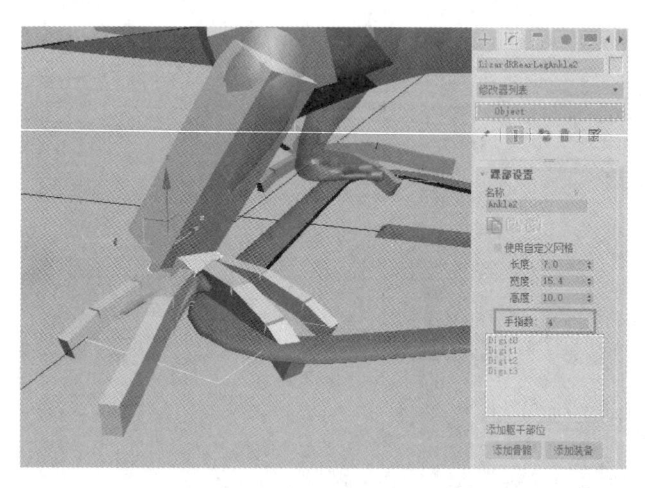

图 5.156

（5）设置脚趾长度

每段脚趾的长度可以通过修改面板中的相应参数进行设置，但是这样需要单独选择每段脚趾，然后一段一段地更改，由于脚趾的段数较多，因此，我们可以采用脚本命令进行修改。选择右后脚掌上的所有脚趾，执行 [脚本 > MAXScript 帧听器] 菜单命令，打开脚本侦听器窗口。在该窗口中，首先按下快捷键 Ctrl+D，清空侦听器窗口中的默认内容，然后输入脚本“for a in selection do a.length=4”，这句话的意思是将所选的对象的长度统一设置为 4。按 Enter 键执行该命令后，所有被选择的脚趾骨骼长度都变为 4，如图 5.157 所示。

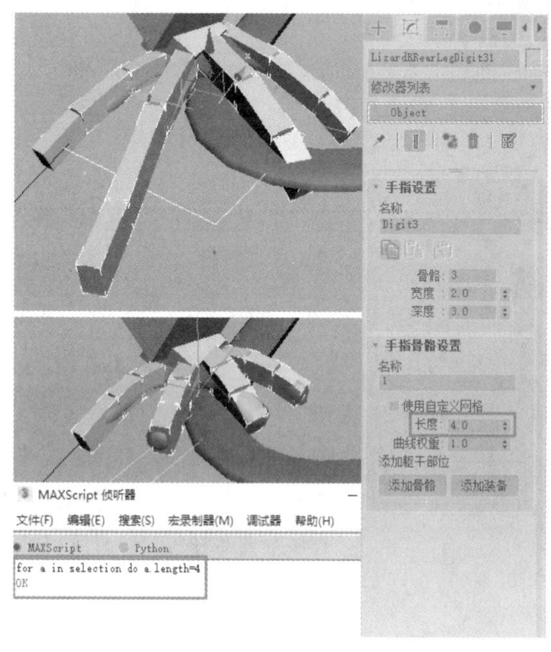

图 5.157

提示

关于 MAXScript 脚本语言的用法请参见本书第 8 章。

（6）镜像复制姿态

选择蜥蜴右后腿上的根骨骼（股骨），在修改面板的［肢体设置］卷展栏中单击［复制肢体设置］按钮，然后选择蜥蜴左后腿上的根骨骼，然后单击［肢体设置］卷展栏中的［粘贴 / 镜像肢体设置］按钮，这样右侧骨骼上的姿态设置会被自动镜像到左侧骨骼上，如图 5.158 所示。

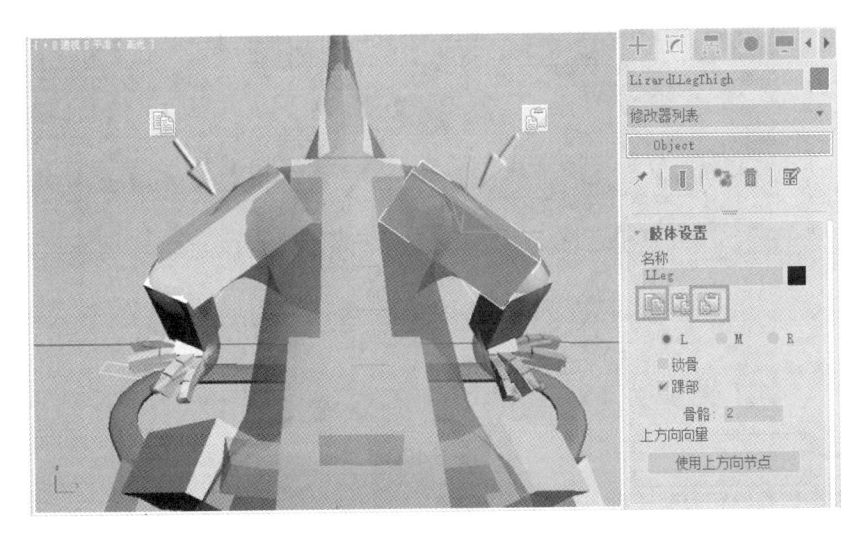

图 5.158

（7）调整尾部骨骼

选择尾部骨骼，利用移动和旋转工具调整每段尾部骨骼的位置和角度，然后在修改面板中调节骨骼的大小，使尾部骨骼与模型的尾部基本一致，如图 5.159 所示。

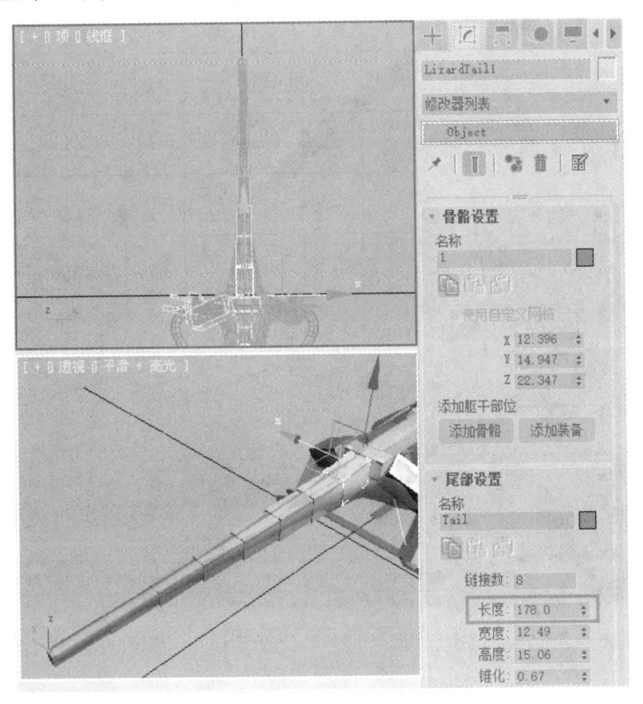

图 5.159

（8）调整右前腿骨骼

选择右前腿骨骼，在修改面板中将［骨骼］参数设置为 2，然后使用移动和旋转工具，使右前腿骨骼与右前腿模型的姿态一致，如图 5.160 所示。

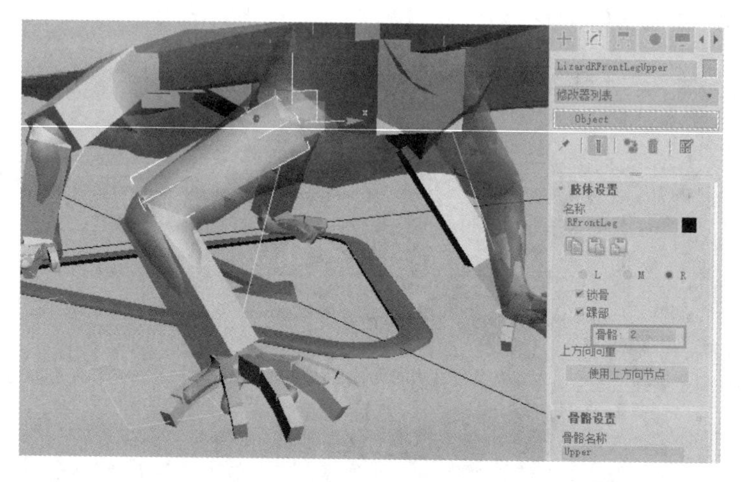

图 5.160

（9）调整右前脚骨骼和骨骼长度

选择右边右前脚掌骨骼，在修改面板中将［手指数］设置为 4，然后选择所有的脚趾骨骼，在［MAXScript 侦听器］中再次执行“for a in selection do a.length=4”脚本命令，将所有的脚趾骨骼长度设置为 4，然后通过移动和旋转工具把脚趾骨骼与模型对齐，如图 5.161 所示。

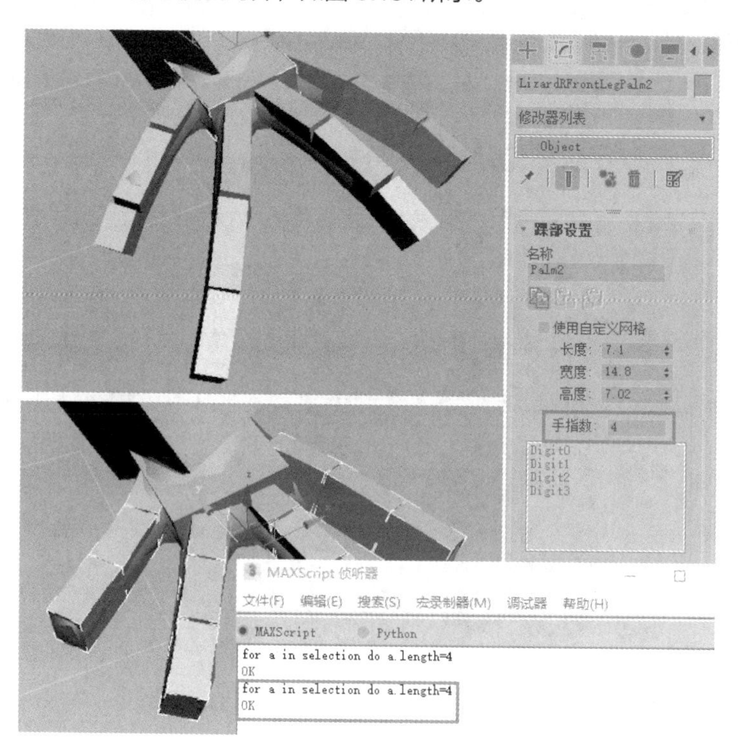

图 5.161

（10）镜像前肢姿态

选择蜥蜴右前肢顶端的锁骨，在修改面板的［肢体设置］卷展栏中单击［复制肢体设置］按钮，然后选择左前肢顶端的锁骨，单击［肢体设置］卷展栏中的［粘贴 / 镜像肢体设置］按钮，将右侧设置好的骨骼姿态复制到左侧骨骼中，如图 5.162 所示。

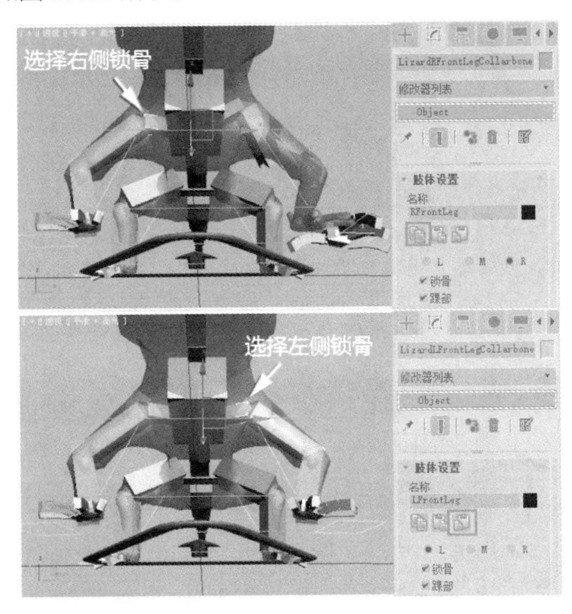

图 5.162

（11）调整颈部骨骼

选择蜥蜴颈部的任意一根骨骼，在修改面板中设置［骨骼］为 2，然后设置骨骼的大小、长度、位置和角度，使它们与模型的颈部基本对齐，如图 5.163 所示。

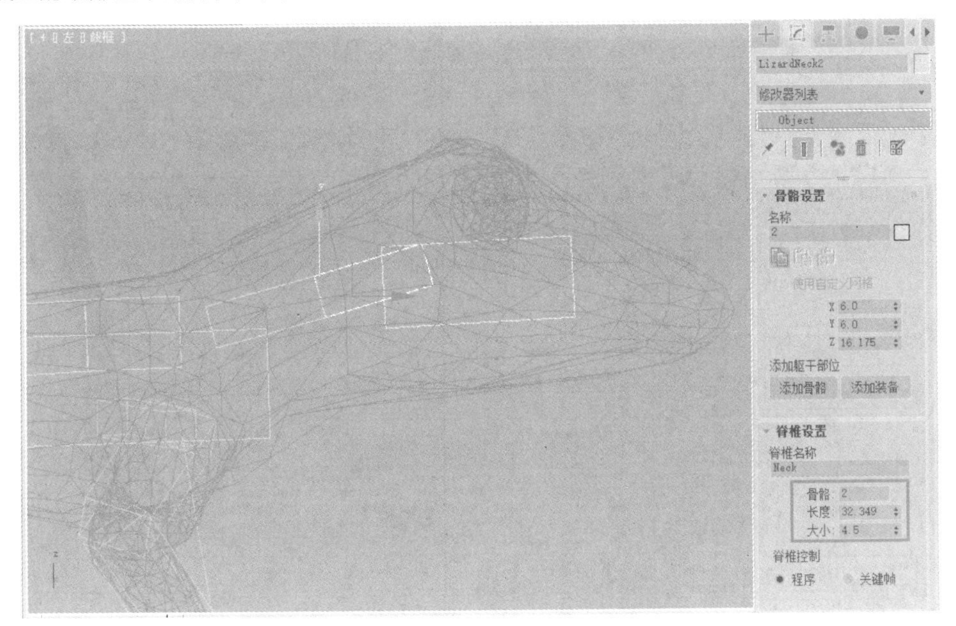

图 5.163

（12）缩放头部骨骼

在默认状态下，蜥蜴头部的骨骼是一个长方体，我们可以在修改面板中调节长方体的［长度］、［宽度］和［高度］，以确定骨骼的大小，如图 5.164 所示。

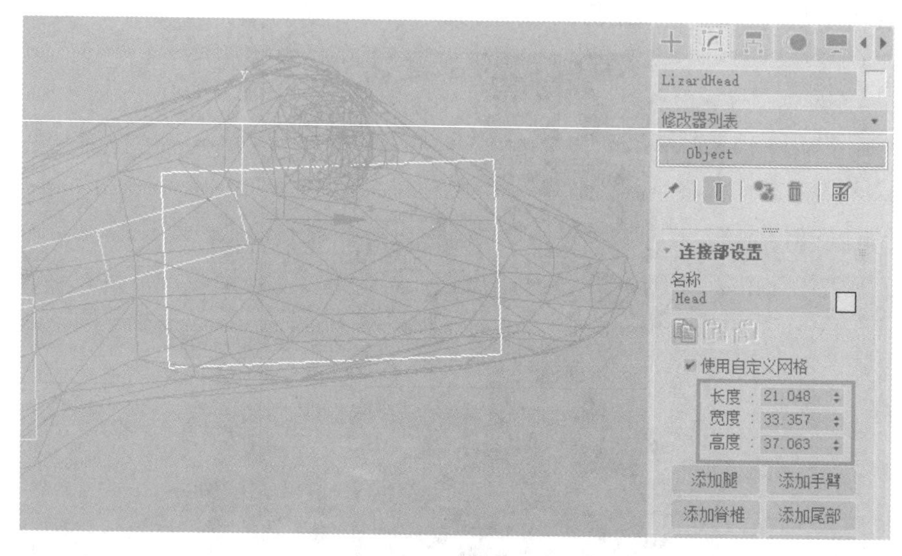

图 5.164

（13）编辑头部骨骼

为了使蜥蜴头部的骨骼更加准确，我们可以为头部骨骼添加一个［编辑多边形］修改器，然后进入［顶点］、［边］和［多边形］等子对象级别中，利用多边形工具调整头部骨骼的形态，使其呈现出蜥蜴头部的大致轮廓。头部骨骼的形态调整完毕后，单击鼠标右键，选择［转换为 > 转换为可编辑网格］，将其转换为［可编辑网格］对象，这样头部骨骼将自动恢复到骨骼调整状态，如图 5.165 所示。

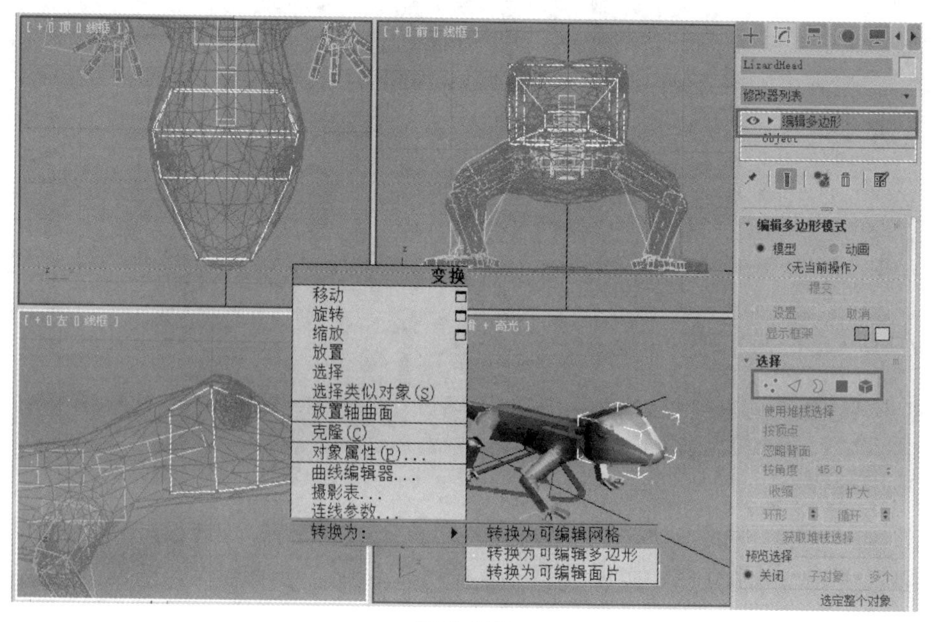

图 5.165

制作步骤 2：蒙皮和动作调试

骨骼架设完成后需要对模型进行蒙皮，这样骨骼才能带动模型运动。CAT 模块没有自己的蒙皮系统，但是支持 3ds Max 自带的［蒙皮］修改器，也支持 Character Studio 中的 Physique 蒙皮工具，本案例中将使用［蒙皮］修改器，该修改器有着优秀的蒙皮功能，蒙皮后的网格变形和拉伸效果也非常真实。

（1）将模型解冻并取消透明显示

步骤 01： 单击鼠标右键，在弹出的四元菜单中选择［全部解冻］命令，这样就可以选择蜥蜴模型了。

步骤 02： 选择蜥蜴模型，单击鼠标右键，在弹出的四元菜单中选择［对象属性］，打开［对象属性］窗口，在该窗口中取消对［透明］选项的勾选，显示出蜥蜴模型和材质纹理，如图 5.166 所示。

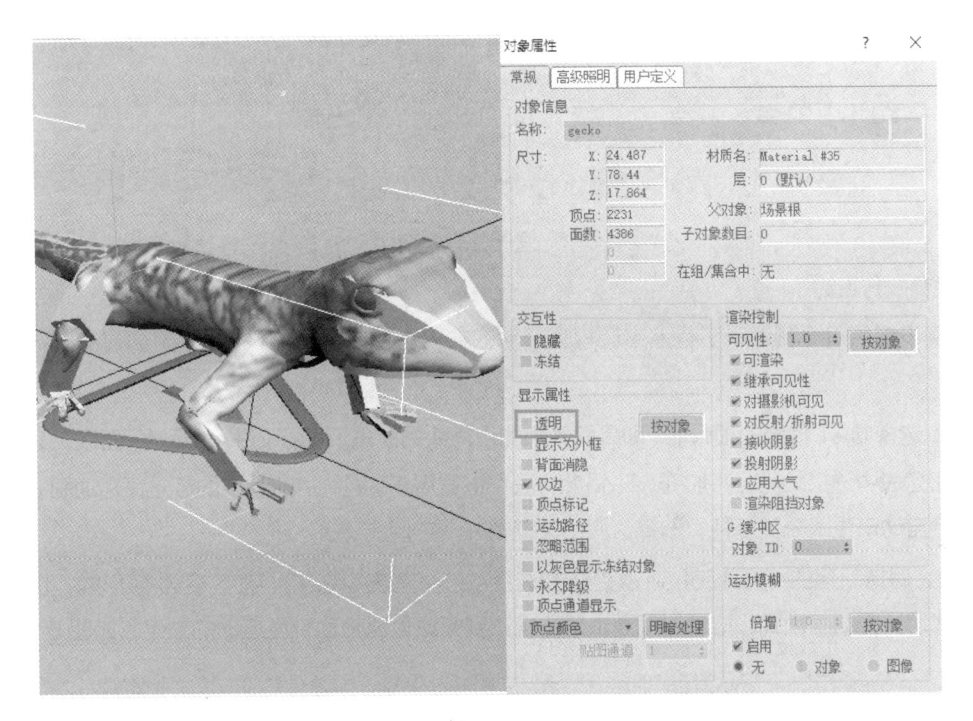

图 5.166

（2）添加［蒙皮］修改器

保持蜥蜴模型处于被选择状态，在修改面板中为其添加一个［蒙皮］修改器，单击［添加］按钮，在弹出的指定骨骼对话框中选择除了根骨骼和 4 个脚掌骨骼以外的所有骨骼，然后单击［选择］按钮即可，如图 5.167 所示。在中文版的 3ds Max 中，不需要选择的 5 个骨骼的默认名称为“Lizard”“LizardLFrontLeg 平台”“LizardLLeg 平台”“LizardRFrontLeg 平台”“LizardRRearLeg 平台”。

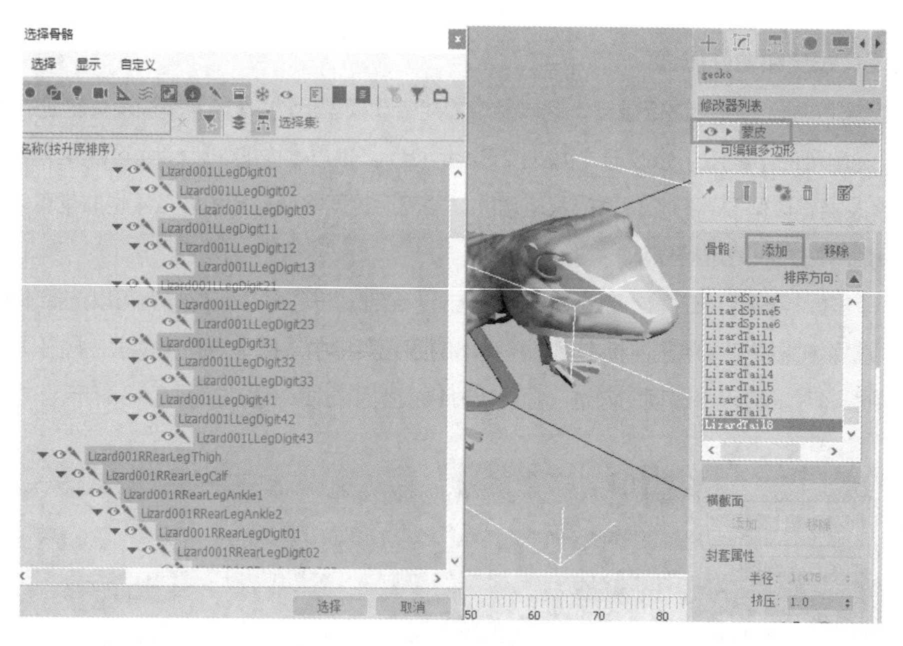

图 5.167

（3）设置爬行运动

完成蒙皮设置后需要测试一下骨骼带动模型运动的效果，在这里我们采用 CAT 内置的爬行动作来进行测试。

步骤 01: 选择 CAT 骨骼的根骨骼，即骨骼底部的带箭头的三角形图标。进入[运动]面板，按住按钮，在弹出的按钮列表中选择，添加 CATMotion 层，该层用于创建 CAT 默认的行走循环动画。此时在时间线的首尾处会自动产生两个关键帧，选择这两个关键帧并将它们删除。

步骤 02: 保持新建的 CATMotion 层处于被选择状态，单击按钮，使其变为形式，也就是将运动层从设置模式切换为动画模式，拖动时间滑块即可观察到蜥蜴骨骼带动模型运动的效果，如图 5.168 所示。

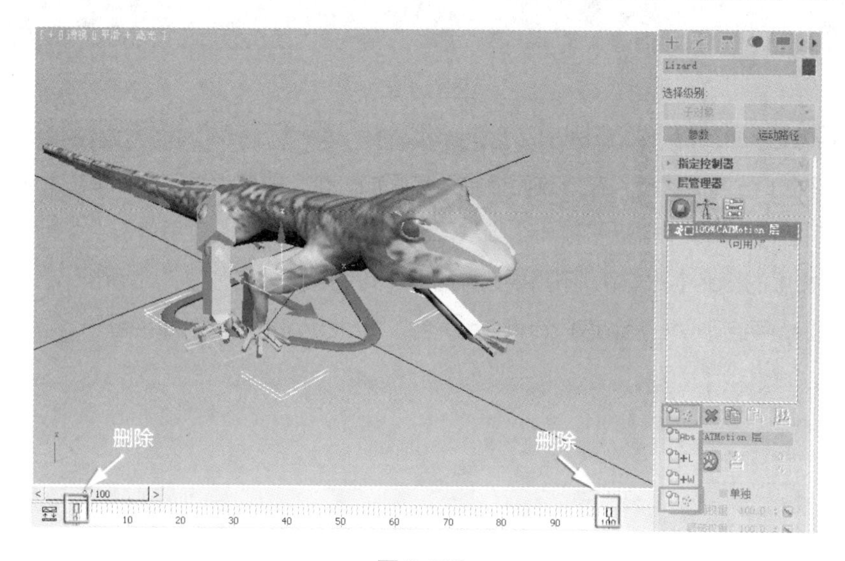

图 5.168

（4）测试蒙皮效果

在显示面板中将骨骼对象隐藏，播放动画可以测试骨骼的蒙皮效果，如果出现较为明显的网格拉伸或撕裂现象，可以进入蒙皮工具的封套级别或骨骼模式调整骨骼和蒙皮封套的大小。[蒙皮] 修改器是一款非常优秀的蒙皮工具，使用该工具进行蒙皮后，很少会出现上述错误，如图 5.169 所示。

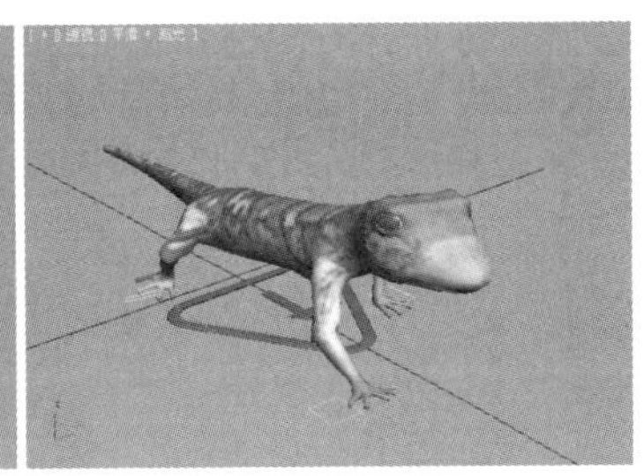

图 5.169

制作步骤 3：使蜥蜴沿曲线运动

蒙皮工作完成后，我们为蜥蜴模型创建一个沿着曲线爬行的动画，在爬行过程中，蜥蜴会停下来，向左右望一下，然后继续沿着路径向前爬行。

（1）绘制路径

使用 [线] 创建工具在场景的顶视图中绘制一条“S”形的样条曲线，其默认名称为“Line001”，注意曲线的弯曲程度不要太大，可以进入样条曲线的 [顶点] 级别调整顶点的位置和曲率，效果如图 5.170 所示。

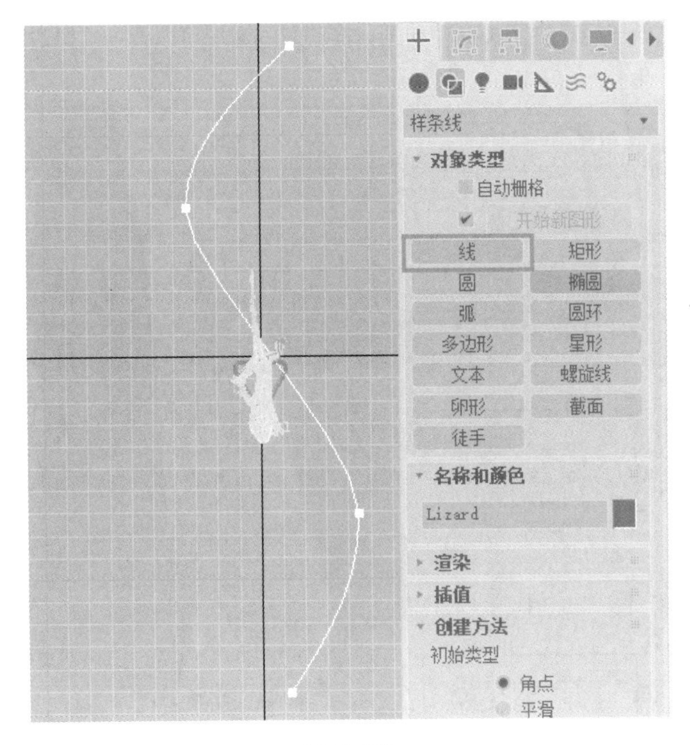

图 5.170

（2）创建虚拟对象

在［辅助对象］面板的下拉列表中选择［标准］，按下［虚拟对象］按钮，在场景中创建一个虚拟对象，它的默认名称为“Dummy001”。由于后面还要对虚拟对象进行路径约束，因此虚拟对象的位置可以随意安排，如图 5.171 所示。

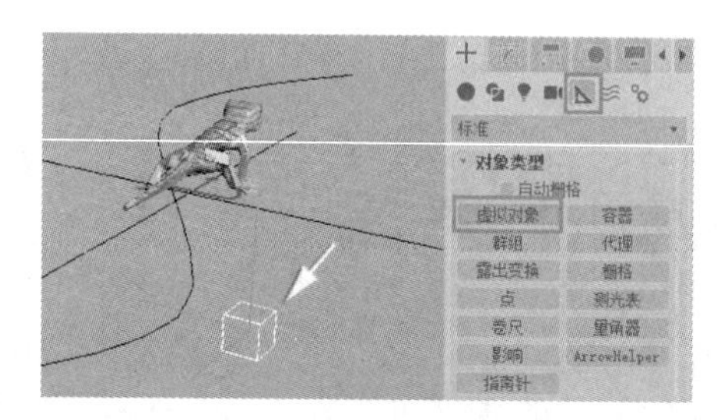

图 5.171

（3）添加路径约束

步骤 01：在添加路径约束之前，首先调节时间轴的长度。调节时间轴长度的方法有两种：第一种是按下按钮打开［时间配置］窗口，在该窗口中设置动画的［结束时间］为 150 帧；第二种方式是按住 Ctrl 键和 Alt 键，用鼠标右键拖动时间轴，也可以改变动画的结束时间。

步骤 02：保持虚拟对象“Dummy001”处于被选择状态，执行［动画 > 位置控制器 > 路径约束］命令，此时在场景中移动光标时，可以观察到由虚拟对象的中心位置延伸出一条虚线，将光标放置在样条线“Line001”上并单击鼠标左键，此时虚拟对象会移动到样条线的起始位置。

步骤 03：保持虚拟对象处于被选择状态，进入［运动］面板，勾选［路径参数］中的［跟随］选项。在时间轴上可观察到虚拟对象已经产生了关键帧动画，拖动时间滑块可以看到虚拟对象沿着样条线运动，如图 5.172 所示。

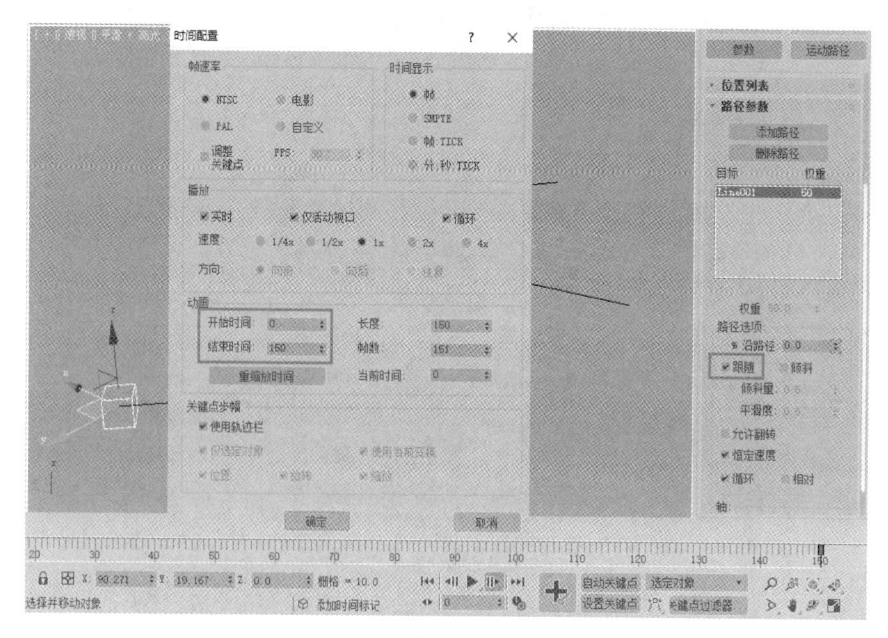

图 5.172

（4）路径节点绑定

步骤 01： 选择 CAT 骨骼的根骨骼，即骨骼底部的带箭头的三角形图标。在［运动］面板中单击按钮打开［CATMotion］编辑器，在左侧的列表中选择［Globals］项目。

步骤 02： 在［CATMotion 范围］中设置［开始］的时间为 0 帧，［结束］的时间为 150 帧。

步骤 03： 按下［路径节点］按钮，然后在场景中拾取虚拟对象“Dummy001”，这样蜥蜴模型就会被自动绑定到虚拟对象上，但是运动的角度和方向不正确，如图 5.173 所示。

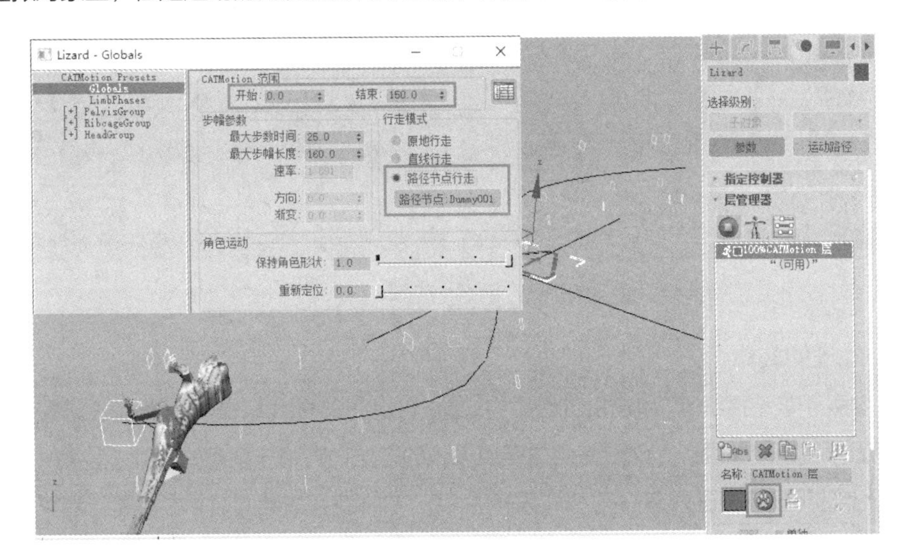

图 5.173

（5）调整方向

步骤 01： 选择虚拟对象“Dummy001”，在［运动］面板的［轴］参数组中选择［Y］选项，然后打开角度捕捉工具，配合旋转操作将虚拟对象绕着局部对象的 y 轴旋转 −90°，如图 5.174 所示。

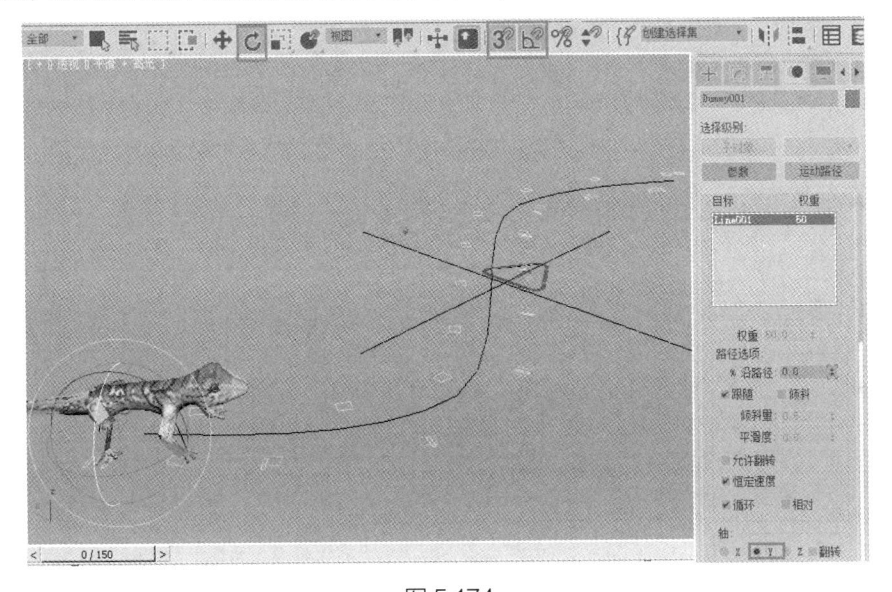

图 5.174

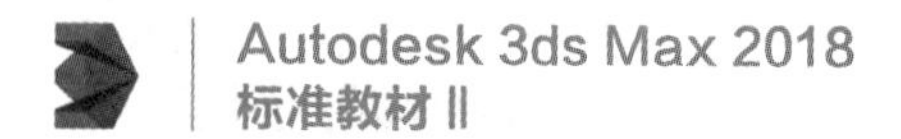

步骤 02：经过旋转操作，蜥蜴的运动方向和角度都变得正常了，播放动画，可观察到蜥蜴沿着样条曲线爬行，如图 5.175 所示。

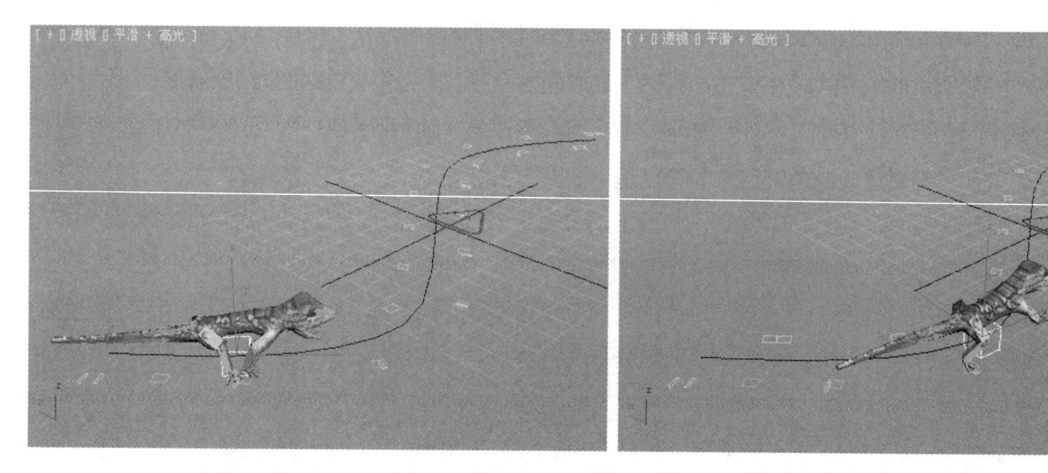

图 5.175

（6）修改虚拟对象运动

保持虚拟对象处于被选择状态，单击主工具栏中的按钮打开[曲线编辑器]窗口。在虚拟对象的路径[百分比] 动画曲线上添加两个关键点，然后使用关键点输入的方法，将第一个点的 [帧] 设置为 75，[值] 设置为 50；第二个点的 [帧] 设置为 90，[值] 设置为 50。这样在播放动画时，蜥蜴爬行到第 50 帧时停下，而到第 90 帧以后将继续向前走，如图 5.176 所示。

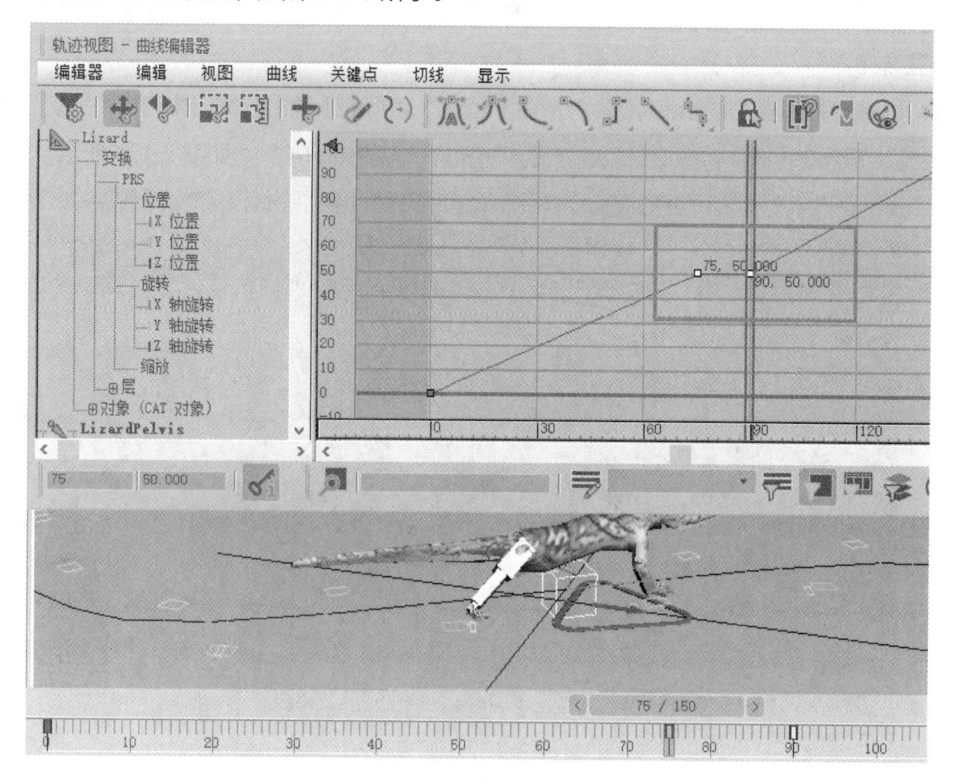

图 5.176

（7）调整动画层的姿态

步骤 01：将时间滑块移动到第 75 帧，选择 CAT 骨骼的根骨骼，即骨骼底部的图标对象，在 [运动] 面板中按住Abs按钮，在弹出的列表中选择Abs添加一个动画层，然后在时间线上将自动产生的首尾关键点删除。

步骤 02：保持该动画层处于被选择状态，调整蜥蜴的头部和胯部骨骼，使它的头部扭向身体的左边，如图 5.177（上）所示。

步骤 03：按住 Abs按钮，在弹出的列表中选择Abs再次添加一个动画层，然后在时间线上将自动产生的首尾关键点删除。

步骤 04：保持新建的动画层处于被选择状态，再次调整蜥蜴的头部和胯部骨骼，使它的头部扭向身体的右边，如图 5.177（下）所示。

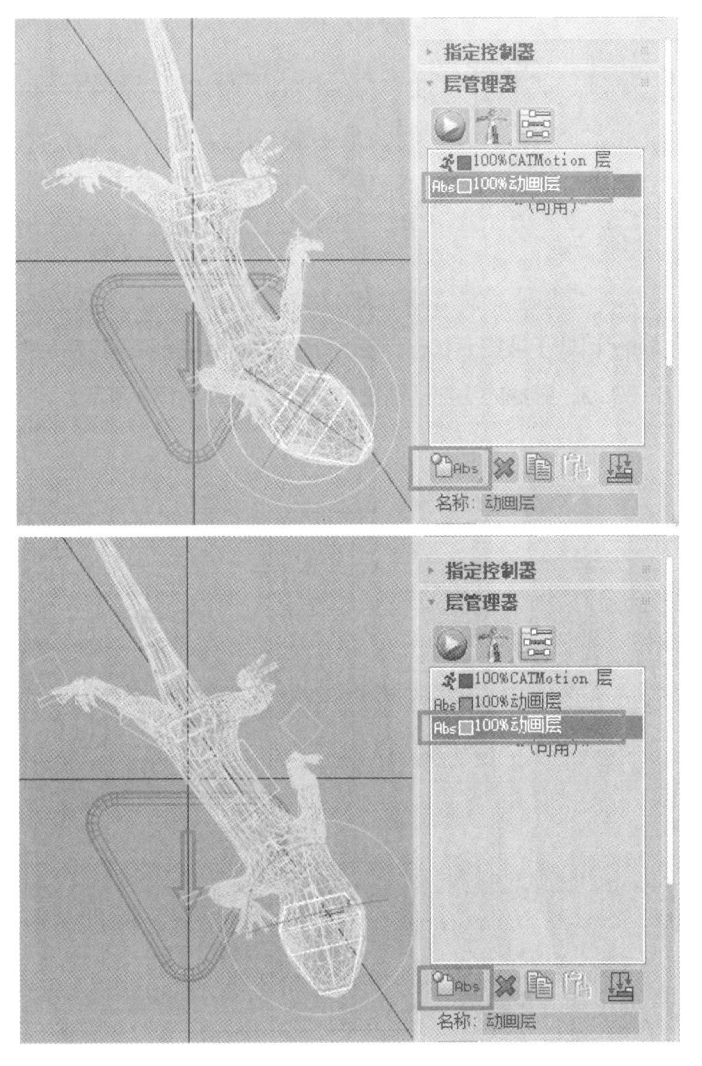

图 5.177

（8）设置动画权重

步骤 01：时间滑块保持在第 75 帧处，选择先前建立的动画层，按下 [自动关键点] 按钮，将 [全局权重]

参数设置为 0，然后删除第 0 帧处的关键点，如图 5.178 所示。

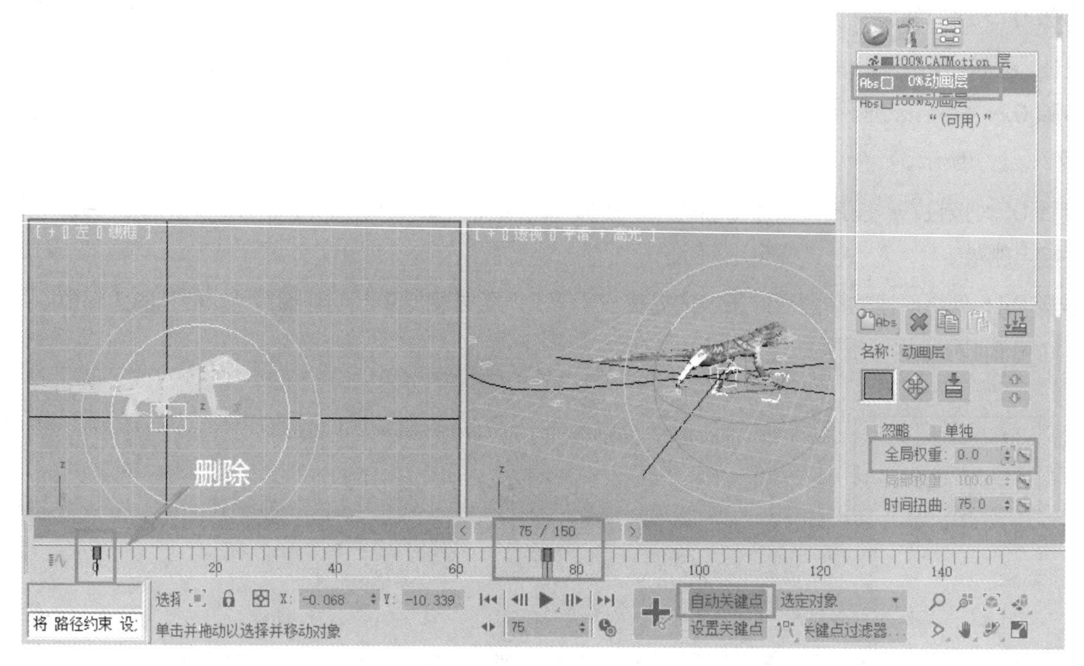

图 5.178

步骤 02: 保持[自动关键点]处于被按下状态，将时间滑块移动到第 80 帧，然后把该动画层的[全局权重]设置为 100。这样在第 75~80 帧，蜥蜴的头部逐渐扭向左边，如图 5.179 所示。

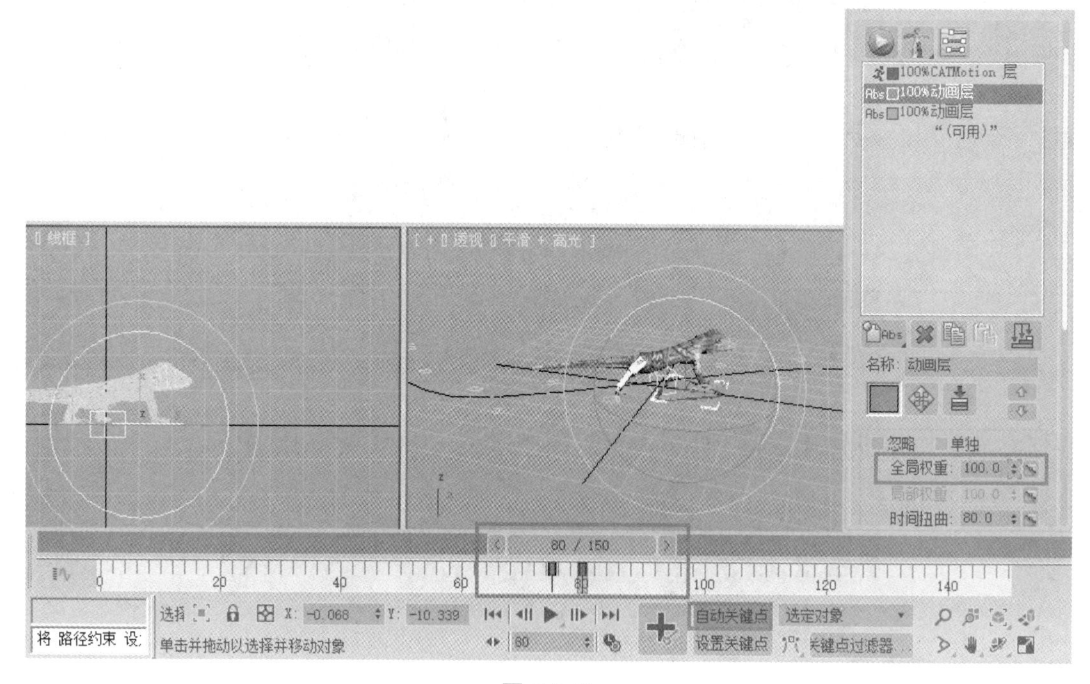

图 5.179

步骤 03: 保持[自动关键点]处于被按下状态，将时间滑块移动到第 81 帧，然后把该动画层的[全局权重]设置为 0。这样在第 80~81 帧，蜥蜴的头部又回到正常位置，如图 5.180 所示。

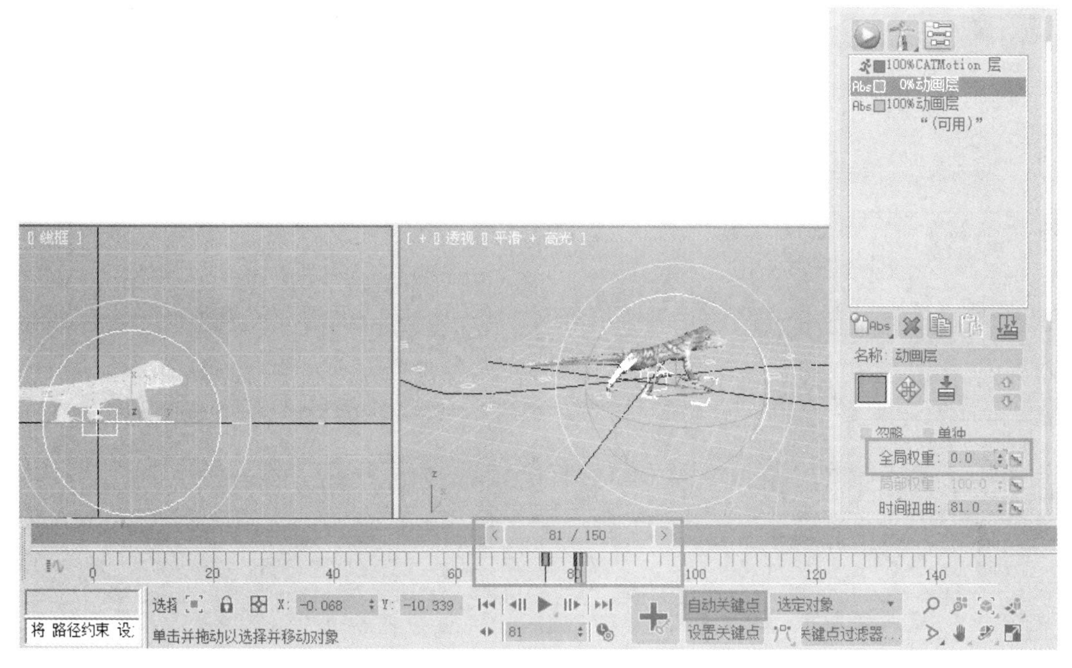

图 5.180

步骤 04: 保持 [自动关键点] 处于被按下状态，将时间滑块保持在第 81 帧处。选择第二个动画层，将该层的 [全局权重] 设置为 0，删除第 0 帧处的关键点，如图 5.181 所示。

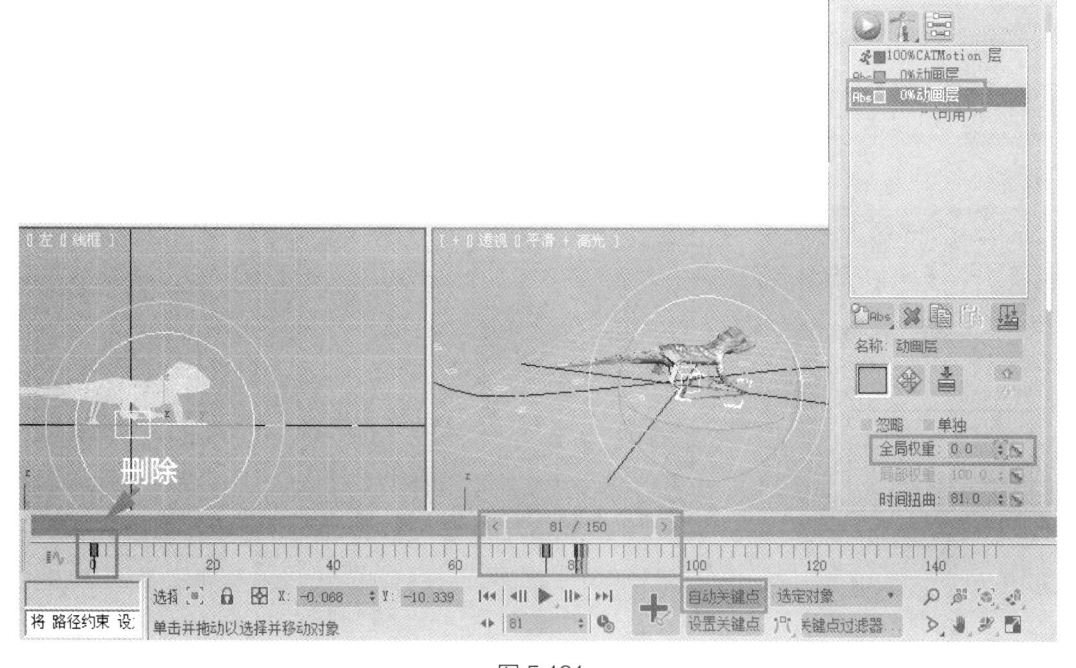

图 5.181

步骤 05: 保持[自动关键点]处于被按下状态，将时间滑块移动到第 85 帧，然后把该动画层的[全局权重]设置为 100。这样在第 81~85 帧，蜥蜴的头部扭向身体的右侧，如图 5.182 所示。

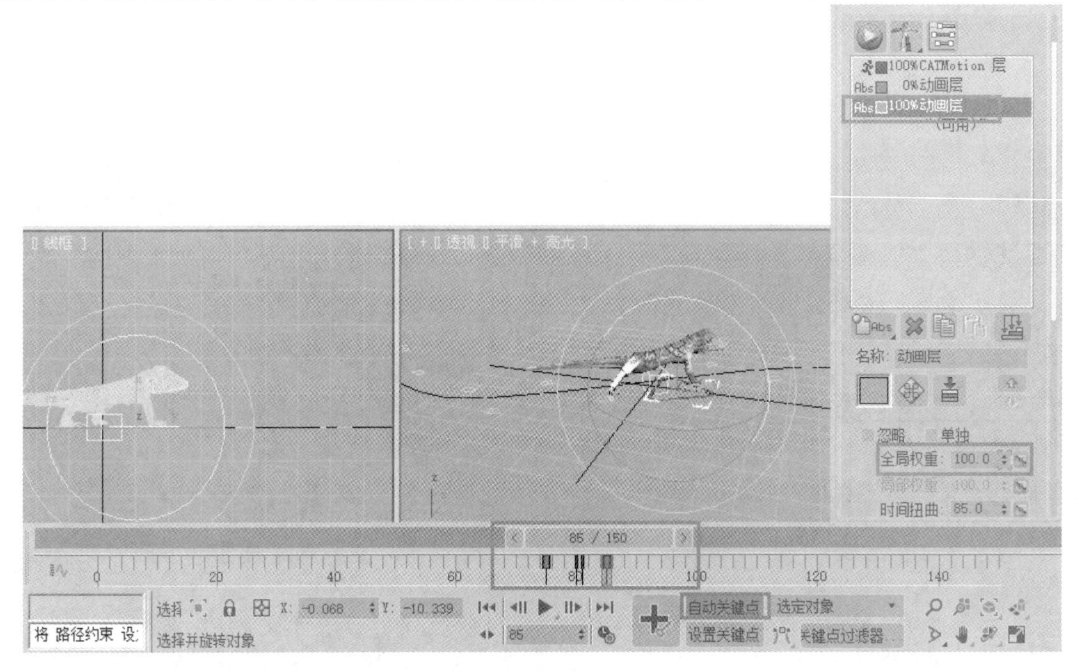

图 5.182

步骤 06: 保持[自动关键点]处于被按下状态，将时间滑块移动到第 90 帧，然后把该动画层的[全局权重]设置为 0。这样在第 85~90 帧，蜥蜴的头部又逐渐回复到正常位置，如图 5.183 所示。

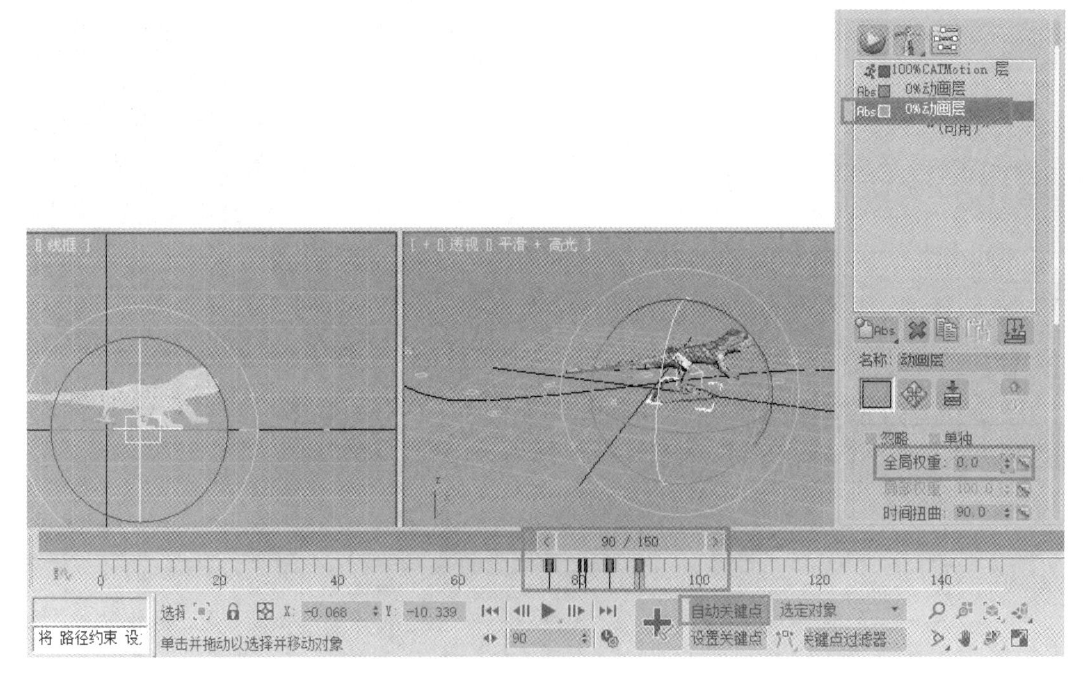

图 5.183

（9）测试动画

动画设置完成后在显示面板中将［骨骼对象］和［虚拟对象］隐藏，播放动画，可以观察到蜥蜴在向前爬行过程中停下，向左右望一望，然后继续向前爬行，如图 5.184 所示。

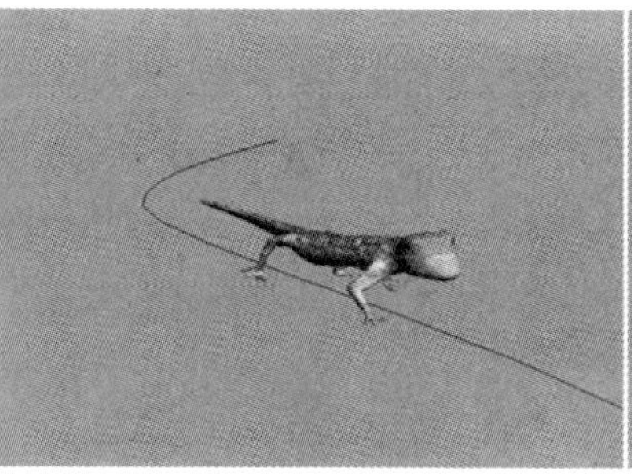
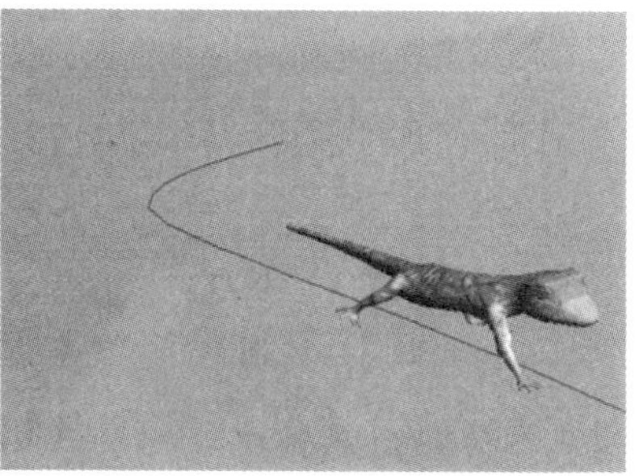

图 5.184

5.4 本章小结

Character Studio 和 CAT 是 3ds Max 中 2 个极其强大的角色动画制作工具包，分别适合于制作两足和多足动物的动画。本章使用几个角色动画案例，详细讲解了使用 Biped 和 CAT 父对象进行骨骼创建；使用 Physique 进行骨骼蒙皮，其中涉及了有翅膀的怪兽翅膀部位的蒙皮技巧，以及将动作和表情混合在一起的流程；控制多个角色生成［群组］动画的各种方法和技巧，其中涉及了多个重要行为的学习，如避免、搜索、曲面跟随等。熟练掌握 Character Studio 和 CAT 将会为制作角色动画带来极大的便利。

5.5 参考习题

1. 下列选项中的 ＿＿＿＿＿＿ 不属于 Physique 修改器下的子对象层级。

A. 封套

B. 链接

C. 元素

D. 凸出

2. 在运动流模式中，可以导入进行混合的运动文件，以及在对多个骨骼应用［共享运动流］时必须调用的运动流文件的格式分别是 ＿＿＿＿＿＿。

A. BIP 和 STP

B. BIP 和 MFE

C. BVH 和 MFE

D. FIG 和 STP

3. 如图 5.185 所示，使用 CAT 模块制作角色沿路径运动的效果，得到了图 A 中的错误效果，如果要将其改正为图 B 中的正确效果，需要执行的步骤是 ___________。

A. 选择虚拟对象，使用旋转工具配合角度捕捉和局部坐标系，绕相应轴旋转 90°

B. 选择角色骨盆，使用旋转工具配合角度捕捉和局部坐标系，绕相应轴旋转 90°

C. 选择路径，使用旋转工具配合角度捕捉和局部坐标系，绕相应轴旋转 90°

D. 以上 3 种说法都不对

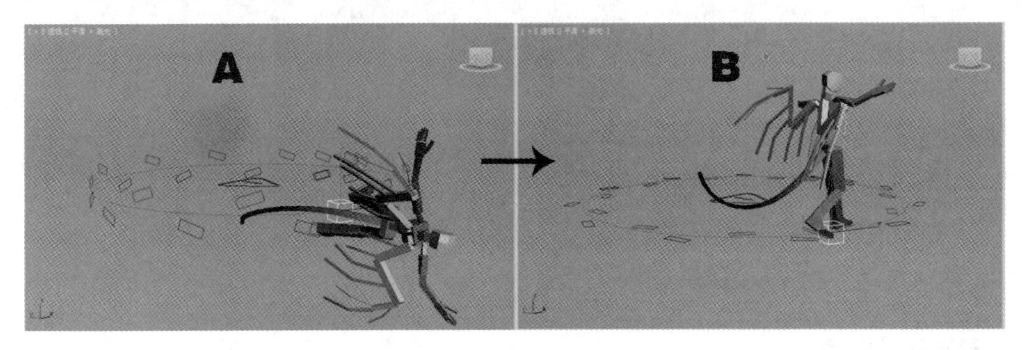

图 5.185

参考答案

1. C　2. B　3. A

第 6 章 3ds Max 粒子流系统

6.1 知识重点

粒子流(Particle Flow)是一个非常强大的事件驱动型粒子系统，与 3ds Max 自带的基本粒子系统相比，采用节点式操作的粒子流可以得到更加灵活和丰富的效果。本章将详细讲解粒子流与事件驱动型控制的基本概念及粒子流系统的创建，还将介绍使用各种操作符和测试制作各种粒子效果的基本流程。

- 掌握粒子流的基本参数和概念。
- 熟练掌握粒子视图的使用方法。
- 熟练掌握标准粒子流的创建和使用方法。
- 掌握常用操作符和测试的使用方法。

6.2 要点详解

6.2.1 [粒子流]简介

[粒子流]系统是 3ds Max 6 版本新增的一个全新的事件驱动型粒子系统，它很大程度上弥补了早期的 3ds Max 版本中 6 种基础粒子系统功能方面的不足，可用于创建各种复杂的粒子动画，如图 6.001 所示。它的操作思路和早期的基础粒子系统有所不同。它可以自定义粒子的行为，测试粒子的属性，并根据测试结果将其发送给不同的事件驱动。在[粒子视图]中可以可视化地创建和编辑事件，在每个事件中都可以为粒子指定不同的属性和行为。由于[粒子流]系统的功能非常强大，基本上原有的各种粒子系统都可以被取代，而且它能和 MAXScript 脚本语言紧密结合，能够实现各种复杂的效果，早期版本的粒子视图如图 6.002 所示。

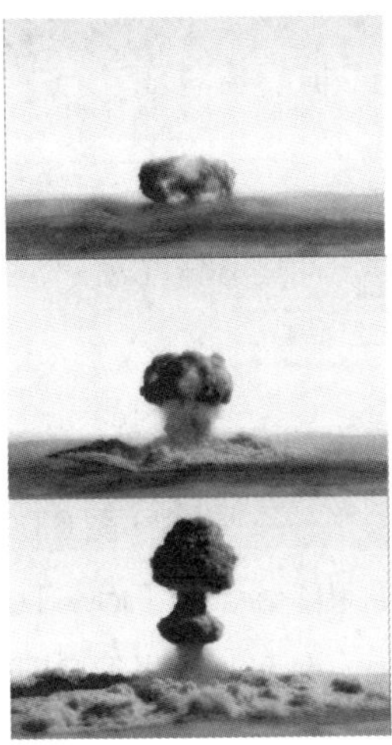

图 6.001

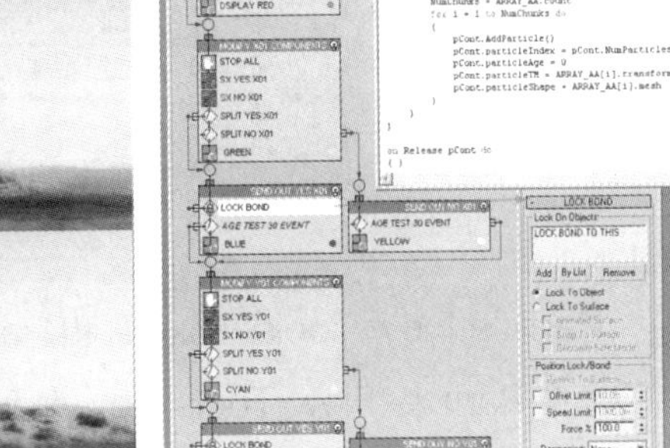

图 6.002

粒子流系统采用现在很多软件流行的节点式操作方式，更为方便和直观，如图 6.003 所示。在电影《功夫》和《后天》中就大量运用了粒子流系统来制作各种特效。

图 6.003

［粒子流］系统还有自己的插件，叫作 Particle Flow Tools Box，共有 3 版，分别是 Particle Flow Tools Box #1、Particle Flow Tools Box #2 和 Particle Flow Tools Box #3，在原始系统基础上增添了许多实用的控制器。毫无疑问，粒子流系统现在是栏目包装、影视广告和电影电视特效制作人员的首选。

从粒子流推出时的 3ds Max 6 版本一直到 2009 版本，从来没有进行过该功能的升级。但是在 3ds Max 2009 版本发布之后，Autodesk 官方推出了一个扩展包，对粒子流工具进行了有力的扩充，弥补了粒子流在实际制作中的一些弱项。

这个扩展包在 3ds Max 2010 版本中被合并了进来，作为 3ds Max 的内置工具，实际上这个扩展包就是前面提到的 Particle Flow Tools Box #1，它在粒子流系统原有控制器的基础上又增加了很多更实用的控制器，如［锁定 / 粘着］控制器和［物体贴图］坐标控制器，其中［锁定 / 粘着］控制器可以将粒子锁定在对象表面上并跟随表面运动，如图 6.004 所示，而后者是专门为粒子流系统设置贴图坐标的一个工具，它可以解决粒子流系统很久都没有解决的一个问题，就是如何用大量的粒子共同显示出一张贴图的效果。

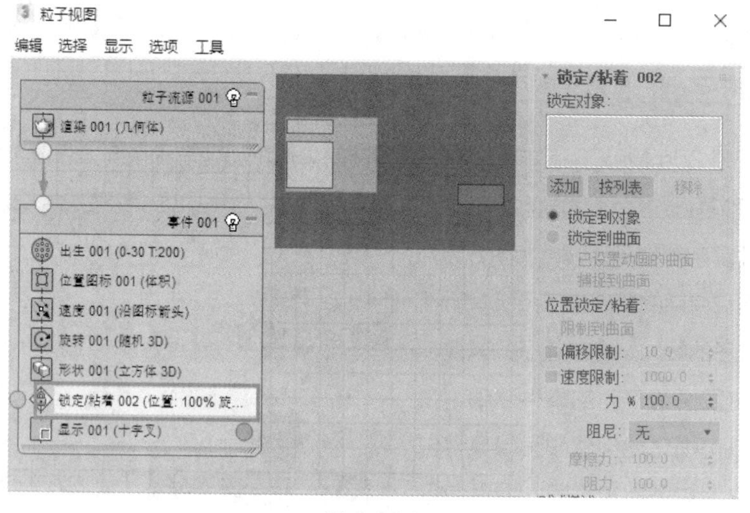

图 6.004

Particle Flow Tools Box #2 和 Particle Flow Tools Box #3 是两个功能更加强大的粒子模块，它们并没有像 Particle Flow Tools Box #1 那样提供很多现成的控制器，而是提供了很多底层的工具和粒子动力学功能。这些工具单一使用可能不会有很好的效果，但是经过合理的组合和连接就可以实现非常复杂并且令人眼花缭乱的效果，如图 6.005 所示。

图 6.005

6.2.2 粒子流基本概念及基本参数

1. 粒子流基本概念

在学习本小节之前我们需要先了解一下粒子系统中经常涉及的几个概念。

事件驱动：3ds Max 提供了两种类型的粒子系统，它们分别是 [事件驱动] 粒子系统和 [非事件驱动] 粒子系统。[事件驱动] 粒子系统也就是本章所讲的 [粒子流] 系统，它可以自定义粒子的行为，设置寿命、碰撞、速度等测试条件，并根据测试的结果产生相应的行为，具有较高的灵活性和可控制性，适合制作较为复杂的粒子动画，如爆炸随时间生成碎片、火焰和烟雾等；[非事件驱动] 粒子系统主要指随时间生成的粒子动画系统，设置起来相对简单和快捷，适合于制作简单的粒子动画效果，如喷泉、雨雪、灰尘等。

粒子流：一种 [事件驱动] 型的粒子系统。[粒子流] 包含一个特定的发射器，每个粒子系统可以由多个不同的 [粒子流] 组成，而这些 [粒子流] 都拥有各自不同的发射器。[粒子流] 使用 [粒子视图] 面板来设置 [事件驱动] 模型，以便进行粒子属性和行为方面的设置更改。[粒子流] 会随着事件的发生而不断地计算列表中的每个操作，并相应地更新粒子系统操作。

粒子视图：用于创建、修改 [粒子流] 系统的主用户界面，按数字 6 键就可以打开或关闭它。

发射器：用来发射粒子。默认情况下，粒子流使用自身的图标作为 [发射器]，但也可以选择场景中的其他对象作为发射器，如图 6.006 所示。

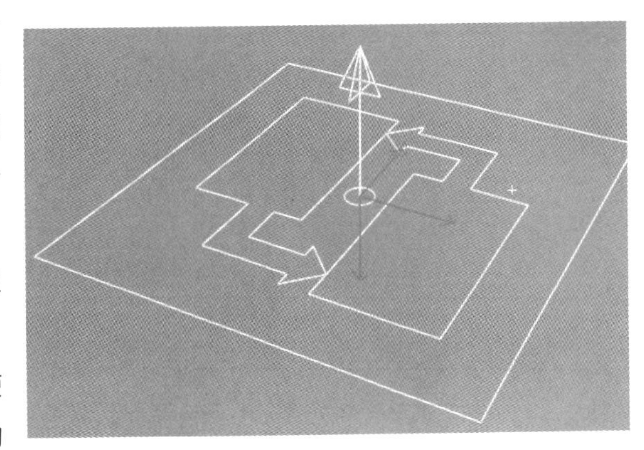

图 6.006

事件：定义粒子的状态。事件是组成粒子流的基本单位，不同的事件可以互相连接起来组成粒子流。[事件] 可分为 [全局] 事件和 [局部] 事件，事件由多个 [动作] 组成。

动作：是粒子系统中最小的组成单位，也是粒子系统的核心部分，每个动作都有很多控制粒子的基本参数。[动作] 分为 [操作符] 和 [测试] 两种类型，它们位于 [仓库] 面板中。

操作符：也称“操作”，用于描述粒子的速度、方向、形状、外观等属性，可将 [操作符] 拖动到某个事件中以便为特定期间内的粒子赋予某种特性。

测试：可确定粒子是否满足一个或多个测试条件，若粒子满足条件，测试值为真，将符合条件的粒子发送到下一个事件当中，若粒子不满足条件，测试值为假，不满足条件的粒子会仍然停留在原事件中，反复接受操作和测试，如图 6.007 所示。

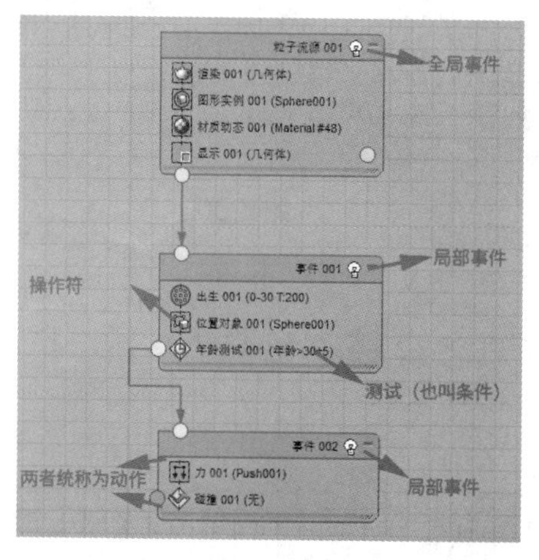

图 6.007

2. 粒子流基本参数

[粒子流] 主要由发射器图标和 [粒子视图] 面板组成。一个基本的 [粒子流] 可以通过菜单命令 [创建 > 粒子 > 粒子流源] 来创建，或者从 [创建] 面板的粒子系统中创建。

创建 [粒子流] 后，视图中会显示一个代表粒子流的图标，即 [源] 图标，它是粒子流创建后默认的图标，显示为带有中心箭头的徽标和外部的矩形，如图 6.008 所示。

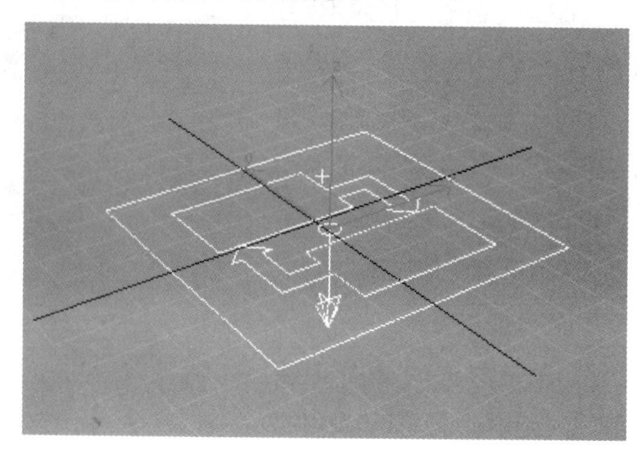

图 6.008

提示

如果删除该图标，那么相应的粒子流也会被删除。不过删除该图标后，该图标所代表的粒子流的相关事件仍然存在，只是粒子流中的全局事件会转化为孤立的局部事件，也就是说，原来彼此相连接的事件都断开了，如图 6.009 所示。如果要彻底删除粒子流，还需要在［粒子视图］中将这些孤立的局部事件删除。

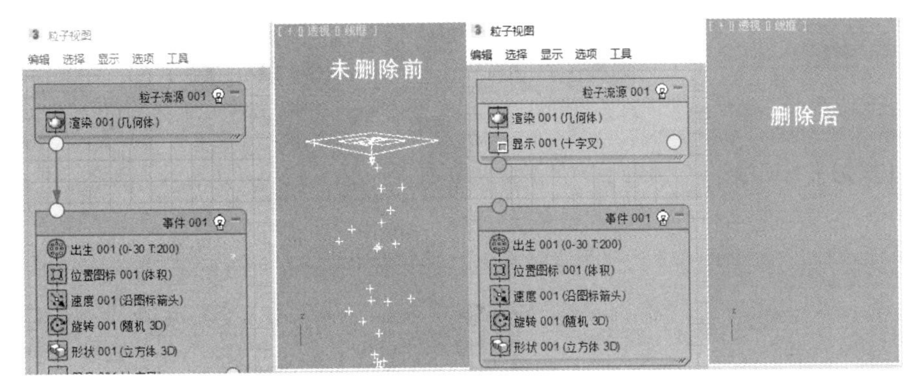

图 6.009

（1）［设置］卷展栏

启用粒子发射：该选项可以打开或关闭粒子系统。

提示

该项目在调整一个场景中的多个粒子流的时候常用。我们可以在调整一个粒子流的时候取消勾选其他粒子流的［启用粒子发射］项目，此时拨动时间滑块，视图中只有该粒子流起作用。待调整完毕后再取消勾选其［启用粒子发射］项目，然后勾选另外一个粒子流的［启用粒子发射］项目并进行调整，这样可以极大地提高调整的效率和视图的显示速度，如图 6.010 所示。

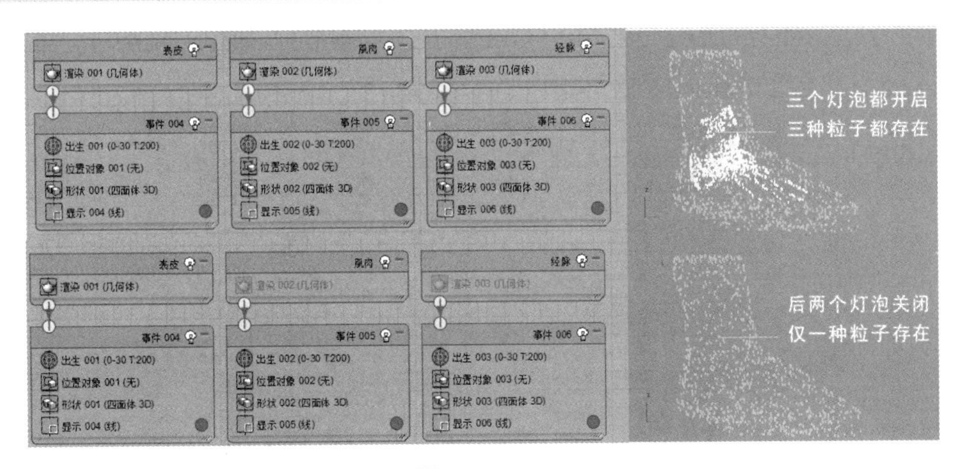

图 6.010

粒子视图：在［修改］面板中单击此按钮可以打开［粒子视图］窗口，按数字 6 键或执行菜单栏中的［图形编辑器 > 粒子视图］命令也可以达到相同的目的，如图 6.011 所示。

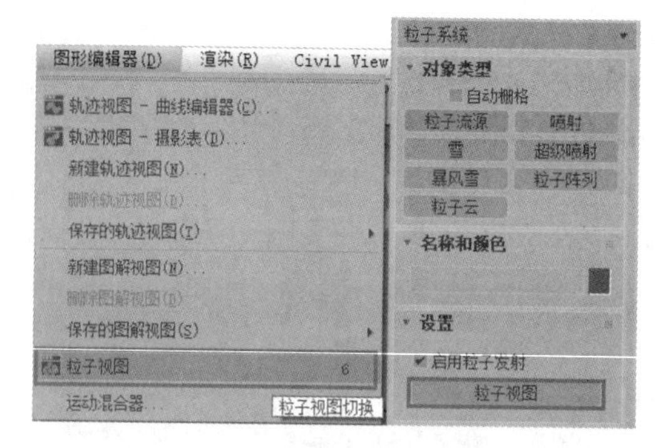

图 6.011

（2）[发射] 卷展栏

徽标大小：设置视图中源图标中心的徽标大小。

> **提示**
>
> [徽标大小] 项目的值没有太大作用，箭头的方向决定粒子默认的速度方向，如图 6.012 所示。

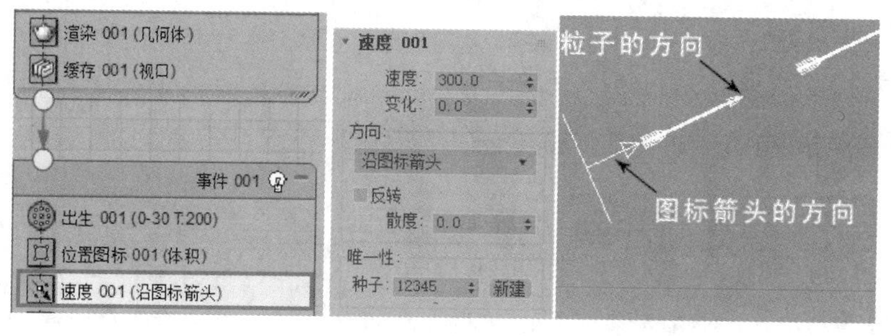

图 6.012

图标类型：可选项包括 [长方形]、[长方体]、[圆形] 和 [球体]，默认为 [长方形]。可以通过下面的长度和宽度设置图标的大小，图标的大小决定了粒子的发射范围，如图 6.013 所示。当选择 [长方体] 时，视图中看起来仍显示为矩形，此时可以增加 [高度] 值。

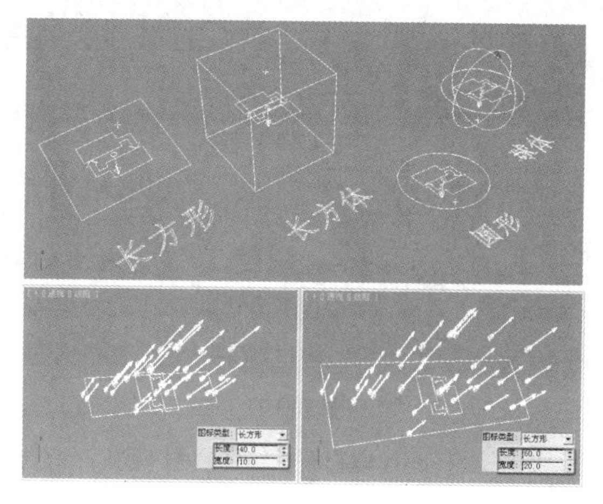

图 6.013

提示

只有当源图标作为粒子发射器时，此选项才起作用。如果使用场景中的其他对象作为发射器，该项目的设置将失效。

视口%：在视口中显示的粒子数占总数的百分比，默认值为 50%。

提示

在场景比较大或场景中的粒子数目比较多的情况下，将［视口%］的数值降低，可以提高视图的交互和显示速度，它不会影响渲染时的粒子数量，如图 6.014 所示。

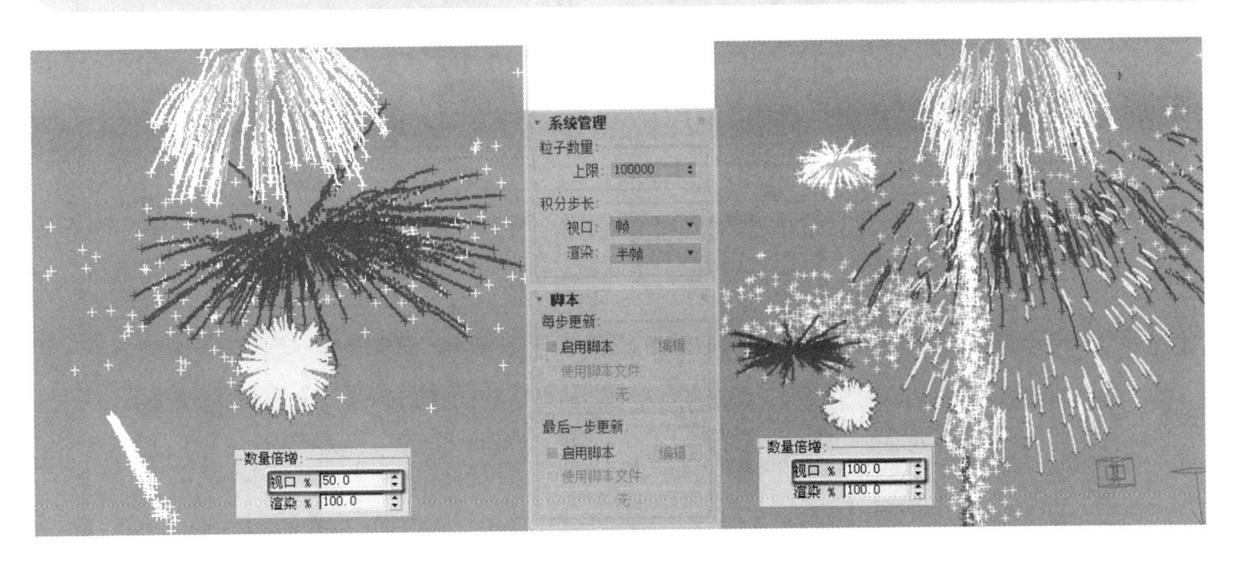

图 6.014

（3）［选择］卷展栏

［粒子］：进入［粒子］层级，可单击或拖动一个区域来选择粒子。

提示

粒子流系统与基本粒子系统的一个差别就是它可以选择某个粒子进行单独的操作。

［事件］：进入［事件］层级，可在列表中按事件选择粒子系统，如将 0 ~ 30 帧的粒子发射作为第一个事件，而将 30 ~ 60 帧的粒子被风吹走作为第二个事件，在这里可以单独选择某个事件中包含的粒子，如图 6.015 所示。

（4）［系统管理］卷展栏

［粒子数量］参数组：设置粒子数量的上限。

上限：设置粒子最大数目，如图 6.016 所示，取值范围为 1 ~ 10 000 000。

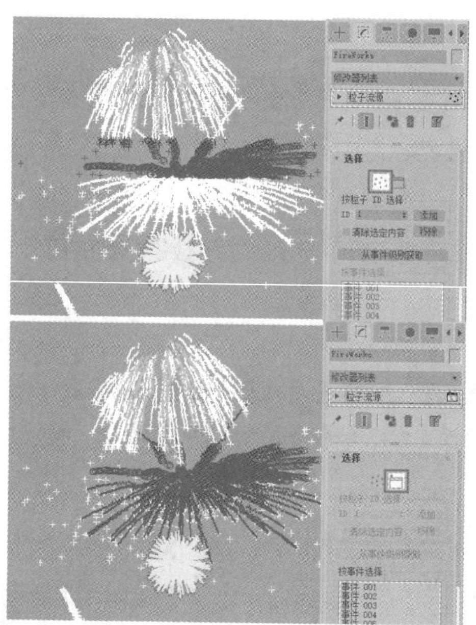

图 6.015

[积分步长] 参数组：该组选项可设置视口和渲染的积分步长，较小的积分步长可以提高精度，但同时也要花费较多的时间用于计算。

提示

在实际制作中，经常会碰到这样的情况，粒子在渲染的时候效果是正确的，但是在视图中显示的总是不够精确，这时就要考虑提高其 [视口] 值与 [渲染] 值，使它们的设置相同，视图中的动画效果就正常了，如图 6.017 所示。

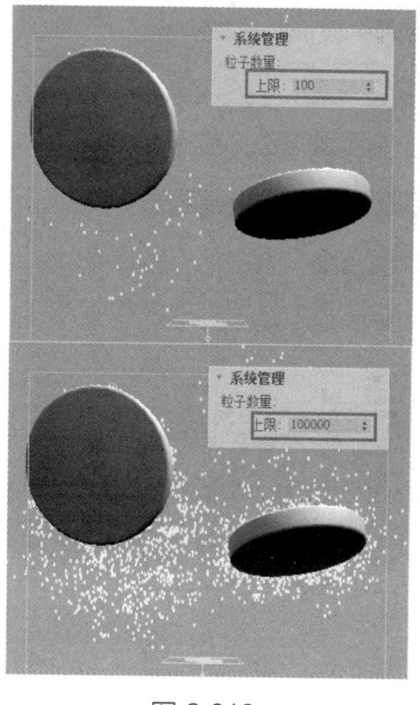

图 6.016

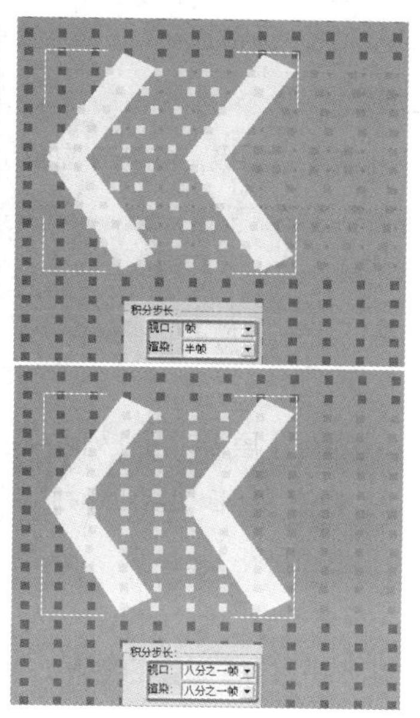

图 6.017

视口：设置在视口中播放动画的积分步长，默认为帧，范围为 1/8 帧～ 1 帧。

渲染：设置渲染的积分步长，默认为半帧，范围为 1Tick ～ 1 帧。

提示

1 s ＝ 4 800 Tick，若按每秒 30 帧（NTSC）的速率播放，1 帧＝ 160 Tick。

（5）［脚本］卷展栏

［脚本］卷展栏可以将脚本应用于粒子系统，以实现粒子流系统默认设置中没有的功能或比较高级的功能，如图 6.018 所示。

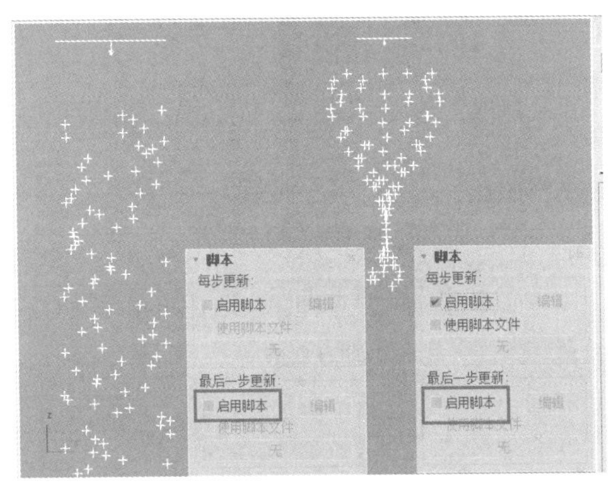

图 6.018

6.2.3 粒子视图界面及重要命令

1. ［粒子视图］界面

［粒子视图］窗口是创建和修改粒子流的主用户界面，是［事件］和［流］的编辑环境，创建了［粒子流源］后，在［修改］命令面板中单击 粒子视图 按钮（或按键盘上的数字 6）即可打开粒子视图窗口，如图 6.019 所示。

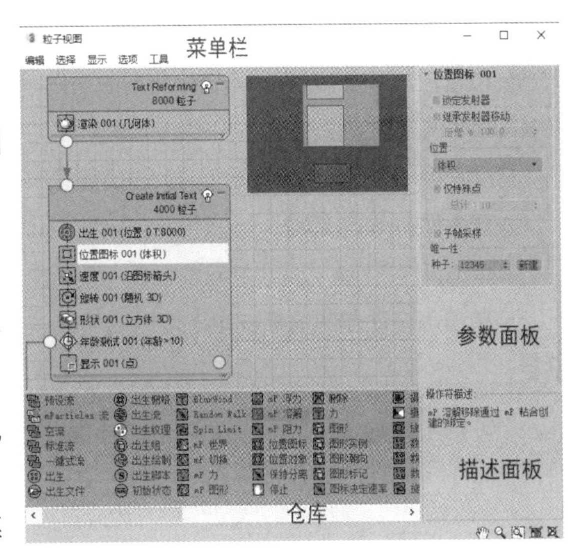

图 6.019

菜单栏：提供了一些基本操作功能，其中大部分命令都可以在交互操作和右键快捷菜单中找到。

全局事件：粒子流中的第 1 个事件，这个事件中包含的任何操作都可以影响整个粒子系统。默认情况下，全局事件包含一个［渲染］操作符，该操作符指定了系统中所有粒子的渲染属性。

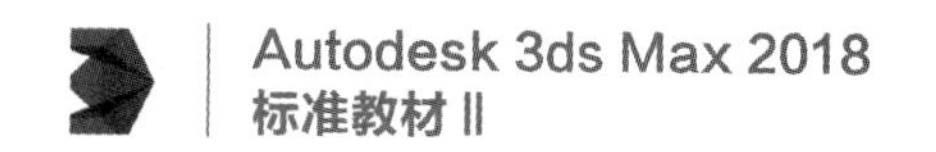

出生事件：粒子流中的第 2 个事件。出生事件属于特殊类型的局部事件，它包含定义粒子系统初始属性的［出生］操作符和其他几个定义粒子基本属性的操作符。

局部事件：出生事件和其他后续的事件统称为局部事件，局部事件中的动作只影响当前处于事件中的粒子。

连线：通过连线可为上一事件的测试输出端与下一事件的输入端创建连接测试，如图 6.020 所示。

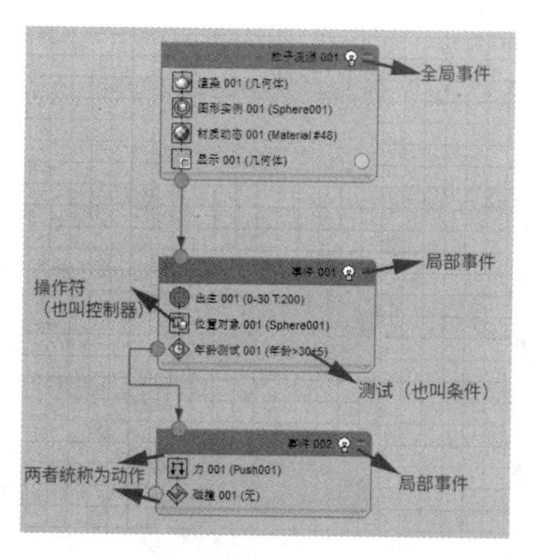

图 6.020

提示

每个新建的事件都有一个输入端，每一个［测试］动作都有一个输出端。

参数面板：当选择了事件中的某个动作时，会在参数面板中显示出该动作的选项和参数，并可对其进行调整操作。

仓库：仓库窗口中列出了所有可用的动作，可从中选择一个动作并拖动到事件中。出现蓝色的线表示插入当前位置，出现红色的线表示替换当前的动作。也可将动作拖动到空白区来创建一个新事件驱动，然后在参数面板中调节其参数。

描述面板：为仓库中高亮显示的动作项目显示简短的说明。

关于事件的操作如下。

- 单击事件名称旁边的小灯泡按钮，可以激活或关闭整个事件。
- 单击每个动作的图标按钮，可以启用或禁用该动作，禁用的动作表现为灰色，但仍可编辑其参数设置。
- 创建连线时，将鼠标指针放在测试输出端的圆点上，当圆点变亮时将其拖动到下一个事件顶端的圆点上，直至目标圆点变绿时再松开鼠标左键。
- 测试输出端可放置在测试动作的左边或右边，若要改变输出端口位置，将鼠标指针放置到输出端口位置，按住 Alt 键和鼠标左键，当光标变为 形状时，拖动到另一端时再松开鼠标左键。

2. [粒子视图]菜单

粒子视图顶部的菜单栏中大部分命令都可以在交互操作和右键快捷菜单中找到。下面对交互操作和右键快捷菜单中没有的几个常用命令进行说明。

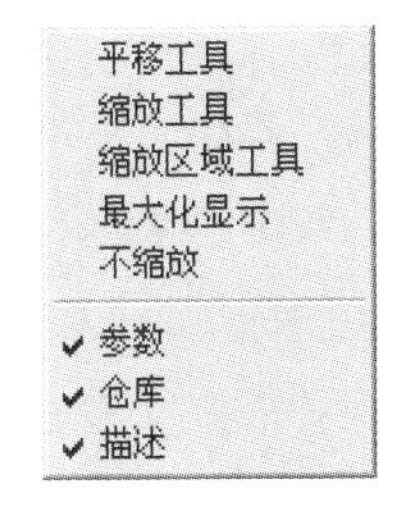

图 6.021

(1)[显示]菜单

参数：控制视图窗口右侧参数面板的显示与隐藏，默认为显示，如图 6.021 所示。

仓库：控制视图窗口下方仓库面板的显示与隐藏，默认为显示。

描述：控制视图窗口右下方描述面板的显示与隐藏，默认为显示。

提示

如果在视图连接区连接的事件太多，现有的区域已经无法将所要测试的区域显示出来，则可以在适当情况下隐藏［仓库］和［描述］面板，而只保留［参数］区，这样可以保持对控制器中某些参数的实时修改，还能腾出大量的显示空间。

(2)[选项]菜单

跟踪更新：为粒子系统提供一些显示更新选项。

粒子数：勾选后，可在每个粒子事件右上角显示在该粒子事件中的粒子数量，在全局事件中显示总的粒子数量，如图 6.022 所示。

更新进度：勾选后，粒子流进行计算时会以彩色高亮显示当前计算的动作，勾选此选项会为系统增加大量的计算负荷，一般不建议勾选。勾选后可便于初学者在拖动时间滑块时观察哪个控制器在起作用，但对于事件连接复杂或粒子数目多的场景不太适合，如图 6.023 所示。

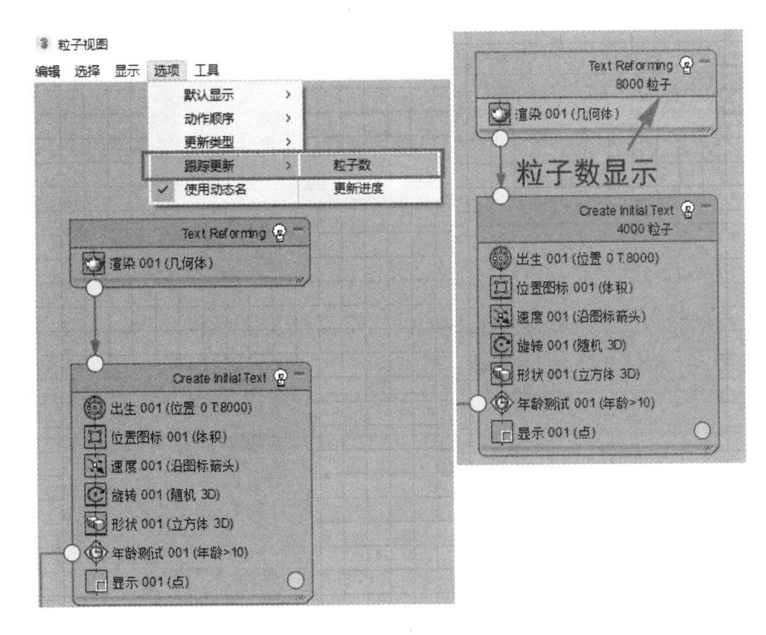

图 6.022

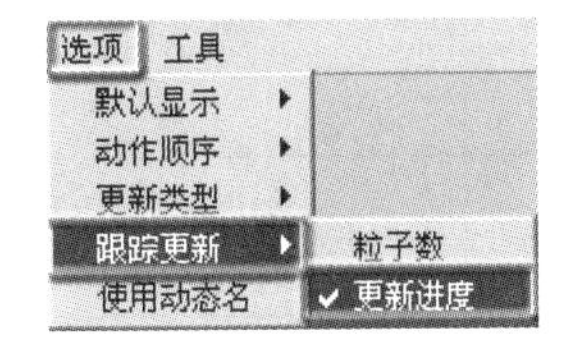

图 6.023

6.2.4 粒子流控制器简介

本小节将列举粒子视图［仓库］面板中的基本控制器和测试，以及其主要功能描述，以便于我们对粒子系统中包含的控制器有一个整体的认识。基本控制器包括［流］控制器（白色图标）、［出生］控制器（绿色图标）、［操作符］控制器（蓝色图标）和［其他］控制器（蓝色图标），而［测试］控制器是一个单独部分（黄色图标）。使用时将控制器从仓库中拖动到相应位置即可。

各控制器简介如下。

（1）［流］控制器

［流］控制器提供了粒子系统的起始设置，如表 6.001 所示。

表 6.001 ［流］控制器

图标	名称	功能
	预设流	将以前保存的粒子流设置合并到当前场景中
	空流	创建一个空白的粒子流，只包含一个渲染控制器
	标准流	创建一个默认的标准粒子流，包含一些基本控制器
	一键式流	创建一个默认的粒子流，可以调取 Maya 的 nCache 粒子文件

（2）［出生］控制器

［出生］控制器只能在粒子流开始时使用，它们可以定义粒子何时开始发射、何时停止发射，以及粒子的数量和发射速率等，如表 6.002 所示。

表 6.002 ［出生］控制器

图标	名称	功能
	出生	创建粒子并设置其初始属性
	出生文件	读取和调用 Maya 或 Softimage 中的 nCache 粒子缓存文件
	出生绘制	借助 Particle Paint 辅助对象，在特定的图案或区域中创建粒子
	出生脚本	使用脚本语言来创建粒子
	出生纹理	使用动画纹理来创建和计算粒子的持续时间、位置和大小，一般在白色区域发射粒子
	初始状态	使用其他粒子系统快照作为新事件的起点

（3）［操作符］控制器

［操作符］控制器用于描述粒子的形状、速度、贴图等各种属性，如表 6.003 所示。

表 6.003 ［操作符］控制器

图标	名称	功能
	删除	删除粒子或赋予粒子寿命
	力	添加一个能够影响粒子的空间扭曲（如重力、风力等）
	组操作符	配合［组选择］操作，将事件应用于一部分粒子
	组选择	可以按照位置、属性、随机以及其他条件任意选择粒子

续表

图标	名称	功能
	保持分离	控制粒子间的距离，避免粒子相撞
	贴图	设置粒子的贴图坐标
	映射对象	利用参考对象为粒子指定整张贴图
	材质动态	为粒子赋予材质，该材质在其生命周期内不断变化
	材质频率	按百分比为粒子赋予多维子对象材质中的不同子材质
	材质静态	为粒子赋予材质，该材质在其生命周期内不发生变化
	放置绘制	从 Particle Paint 辅助对象中获得粒子种子，进而设置粒子的位置、旋转和贴图等属性
	位置图标	设置粒子在发射器图标上发射
	位置对象	设置粒子从任何几何体对象上发射
	旋转	设置粒子的初始旋转方向
	自旋	设置粒子在运动过程中产生自身旋转
	缩放	缩放粒子
	脚本操作符	通过编写脚本来创建新的粒子行为
	图形	设置粒子的形状
	图形朝向	使用朝向摄影机或对象的平面来作为粒子外形
	图形实例	指定场景中的对象作为粒子的外形
	图形标记	使用矩形作为粒子的外形，主要用于在碰撞中产生标记
	速度	定义粒子的速度、大小和方向
	图标决定速率	使用特定的图标来定义粒子的速度、大小和方向
	速度按曲面	使用对象的曲面来定义粒子的速度、大小和方向

（4）[测试] 控制器

[测试] 控制器用于判断各种条件是否成立，每个测试可以返回一个真或假值，如表 6.004 所示。测试能够检查很多事情，如粒子速度、碰撞、粒子年龄或者缩放比例。当设置条件后，若测试返回一个真值，则可以把粒子送到下一个事件中；若返回一个假值，则粒子会停留在当前事件中，直到下一个测试返回真值。例如，我们可以测试粒子速度，如果测试结果比指定的值高，就可以把粒子送向另一个事件中。

表 6.004 [测试] 控制器

图标	名称	功能
	年龄测试	测试粒子的年龄
	碰撞	测试粒子是否与选定的导向板发生碰撞
	碰撞繁殖	若粒子与选定的导向板发生了碰撞，则产生新粒子
	查找目标	使粒子寻找图标或某个目标对象，当粒子到达目标时，返回一个真值
	进入旋转	从当前旋转平滑过渡到下一旋转类型操作符定义的旋转，粒子在过渡结束时将被发送到下一个事件中
	锁定 / 粘着	将粒子绑定到对象上并随之产生动画

续表

图标	名称	功能
	缩放测试	测试粒子的缩放比例大小，当比例达到一定数值时，粒子被送到下一个事件中
	脚本测试	使用脚本测试粒子
	发送出去	将所有粒子无条件地转到下一个事件中或将所有粒子保留在当前事件中
	繁殖	从现有粒子中生成新粒子，然后把它们送到下一个事件中
	速度测试	测试粒子速度、加速度或转向速率
	拆分数量	按照百分比分离粒子，并送入下一个事件中
	拆分组	根据［组选择］中的粒子选择状态分割粒子
	拆分选定项	按照选择分离粒子，并送入下一个事件中
	拆分源	按照发射器来源分离粒子，并送入下一个事件中

（5）［其他］控制器

［其他］控制器主要用于指定粒子缓存、控制显示和渲染、添加注释等，如表 6.005 所示。

表 6.005 ［其他］控制器

图标	名称	功能
	缓存	将粒子播放的结果先存储在缓存中再播放，可以提高粒子在视图中的更新速度
	显示	指定粒子在视口中的显示方式
	注释	为任意事件添加注释
	渲染	提供对渲染粒子的相关控制

6.2.5 粒子流辅助对象

在 3ds Max 2010 以后的版本中，增加了一系列粒子流辅助对象。通常情况下，粒子流辅助对象会在创建相应的控制器时被自动添加到场景中，只有［粒子绘制］辅助对象除外。［粒子绘制］辅助对象主要配合［出生绘制］和［放置绘制］控制器使用，它可以通过笔刷绘制的方式在模型表面将粒子种子组合成各种图案，然后通过相应的操作符将粒子种子转换为粒子，这样我们就可以更加随意地控制粒子的形态和动画效果，如图 6.024 所示。

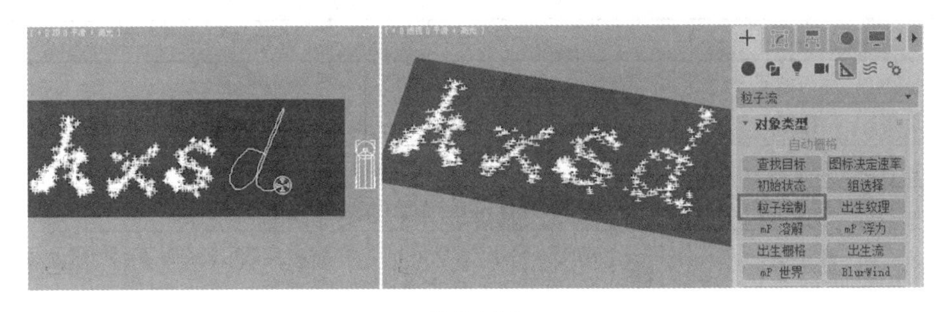

图 6.024

6.3 应用案例

6.3.1 飞心

范例分析

在本案例中，我们将使用 3ds Max 里面的粒子流系统中的 Particle Flow Tools Box 3 和 Particle Flow Tools Box 2 插件，也就是粒子的动力学和底层控制器功能，来制作一个非常漂亮的镜头旋转，心飞起的栏目包装效果如图 6.025 所示。

场景分析

打开学习资源中的“场景文件 \ 第 6 章 \6.3.1\video_start.max”文件。场景中有两个球体，里面一个，外面一个。在顶部位置有一个反光板，球体里面有一个字母的标志。在球的顶部有一盏灯光，属于主光，没有设置投影；底部也有一盏灯光，属于辅助光，强度为 1.0，也没有设置投影。在球体的旁边还有一盏天光，强度为 0.5。场景中还有两颗心的模型，两颗心组成了一个组，两颗心拥有不一样的材质。场景中已经有一个粒子系统的发射器，在球体的顶部，粒子发射器的相关参数都是已经调整好的，如图 6.026 所示。

图 6.025

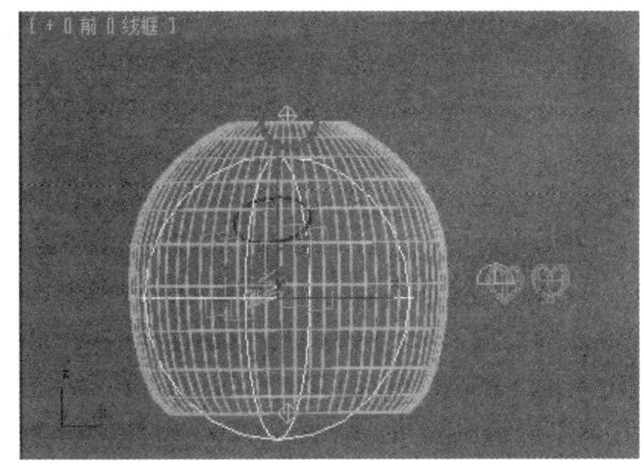

图 6.026

制作步骤

首先制作粒子动力学的上升效果。

步骤 01: 按数字 6 键，打开 [粒子视图] 面板，将 [mParticles 流] 拖曳到粒子编辑器中，断开 [粒子流源 002] 和 [事件 001] 的连接，删除 [粒子流源 002] 这个全局事件，将当前的发射器 [粒子流源 001] 与事件连接，如图 6.027 所示。

步骤 02: 设置粒子的出生。将 [出生] 拖曳到 [Birth Grid001] 上将其替换，设置 [发射开始] 为 −5，[发射停止] 为 0，[数量] 为 40，如图 6.028 所示。

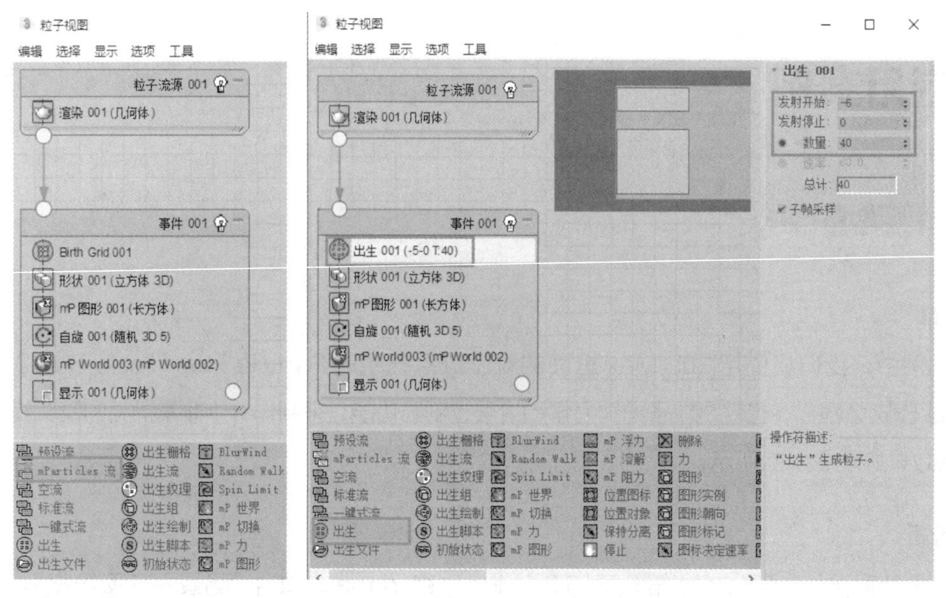

图 6.027　　　　　　　　　　图 6.028

步骤 03：设置粒子位置。将［位置图标］拖曳到［出生 001］的下面，来控制粒子的出生位置，让粒子在球体内出生，如图 6.029 所示。

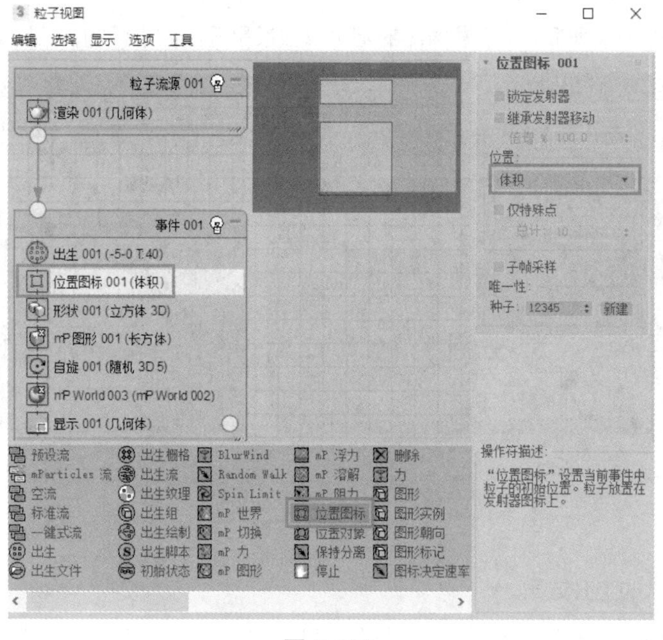

图 6.029

步骤 04：设置粒子形状。将［图形实例］拖曳到［形状 001］上，替换元素的图形，单击右侧参数面板［图形实例 001］下的 无 按钮，将场景中两个心的组拾取进来，在［以下项的单独粒子］中勾选［组成员］复选框，如图 6.030 所示。

步骤 05：此时的粒子还有点大，选择［图形实例 001］，在右侧的参数面板中将［比例 %］设置为 65，［变化 %］设置为 25，这样粒子就有大有小，如图 6.031 所示。

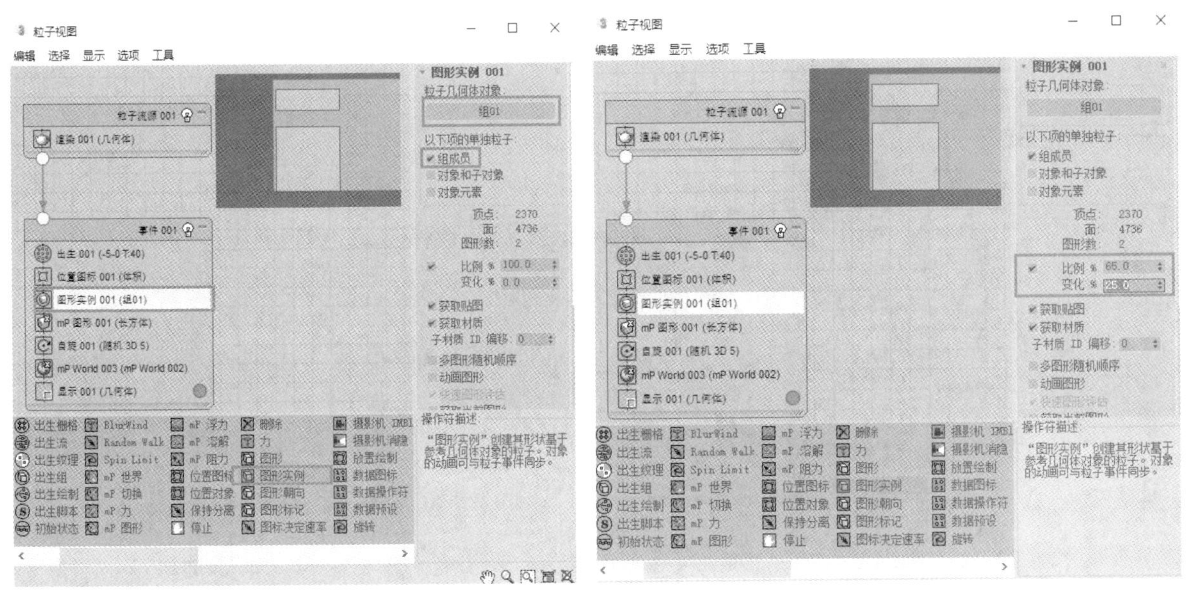

图 6.030　　图 6.031

步骤 06： 在视图中选择产生的动力学图标，也就是引擎，将其拖曳到底部，如果在视图中不方便选择，我们可以按 H 键，在弹出的［从场景选择］面板中选择［mP World 002］，单击［确定］按钮，如图 6.032 所示。在场景中将其移动到底部，使其不至于产生崩开的效果，如图 6.033 所示。

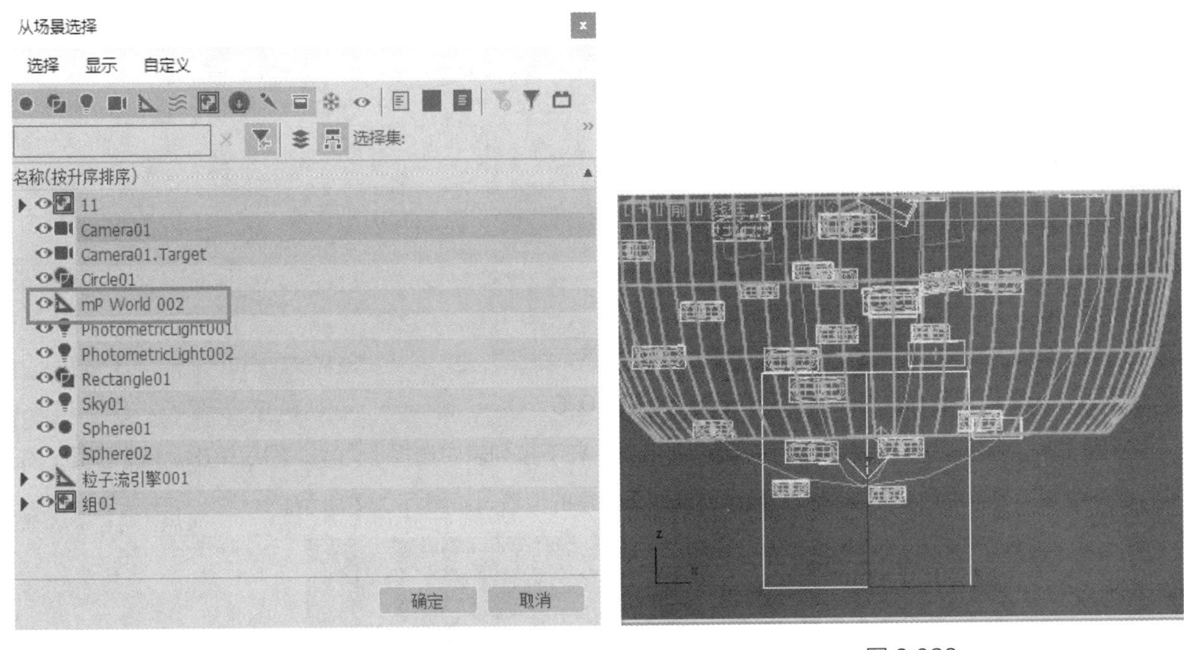

图 6.032　　图 6.033

步骤 07： 设置随机方向。将［旋转］拖曳到［位置图标 001］的下面，这样粒子产生的方向就各不相同了，如图 6.034 所示。

步骤 08： 设置［自旋］参数。将［自旋速率］设置为 130，［变化］设置为 80，如图 6.035 所示，这样粒子就能产生一个自己旋转的效果。

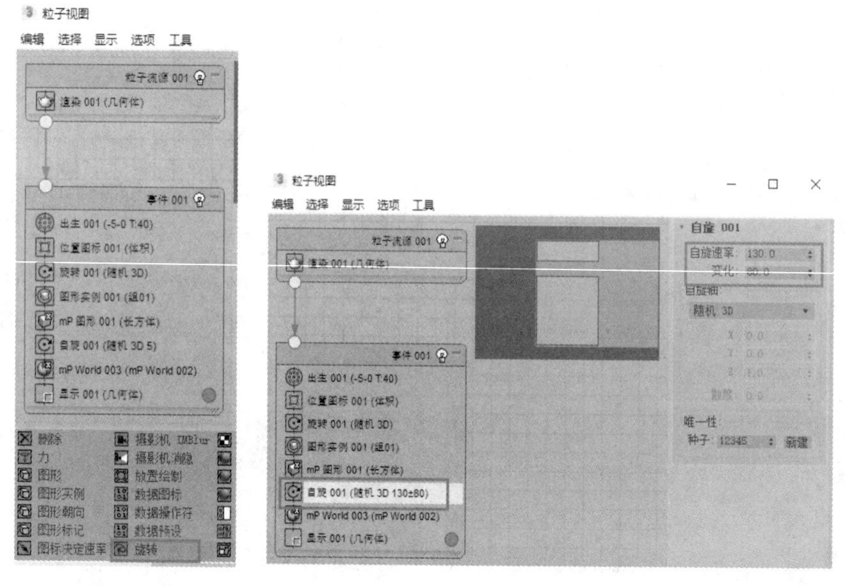

图 6.034 图 6.035

步骤 09： 此时的粒子都处于下落的状态，因为还缺少一个风的力量使粒子有往上飘的效果。在制作风力之前，先查看一下选择的引擎中重力加速度的大小，单击按钮，在［修改］面板中可以看到物体的重力加速度为 386.088，如图 6.036 所示。

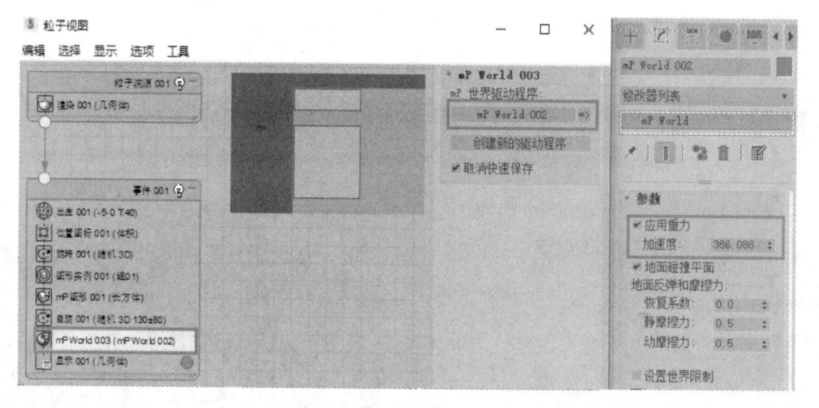

图 6.036

步骤 10： 创建风力。在创建面板中单击按钮，在下拉列表中选择［力］，然后单击［风］按钮，在顶视图中创建风力，然后在侧视图中将其移动到便于观察的位置，如图 6.037 所示。

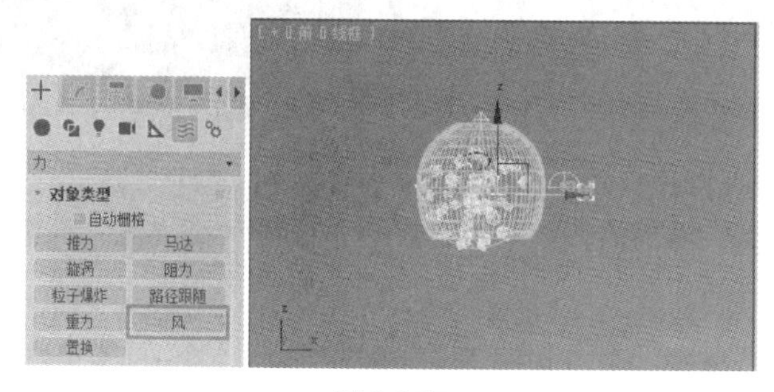

图 6.037

步骤 11: 按 6 键打开粒子视图，将 [mP 力] 拖曳到 [mP 图形 001] 的下面，因为这里需要一个自发的力。单击 [添加] 按钮，将视图中的风力拾取进来。如果不方便拾取可以按键盘上的 H 键进行选择，将 [影响 %] 设置为 2 000， [指数（10**N）] 设置为 2，如图 6.038 所示。场景中的粒子就有向上升起的效果了。

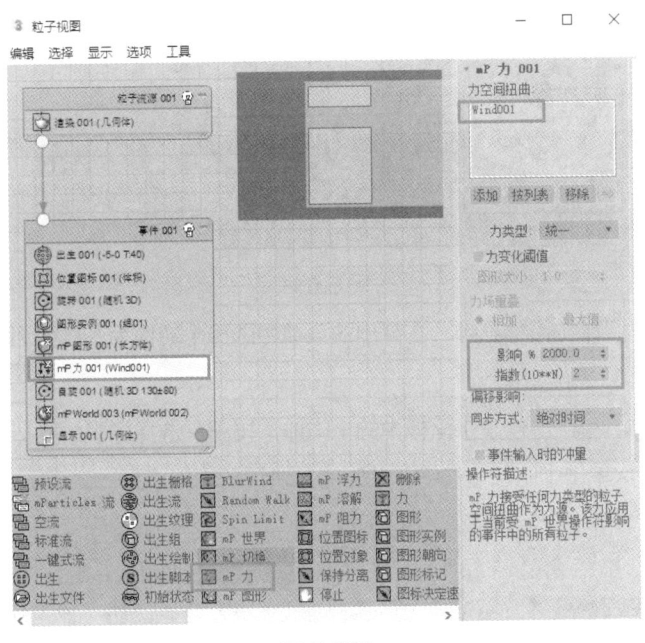

图 6.038

下面制作碰撞效果。因为在心上升的过程中会产生与标志碰撞的效果，所以还需要对其进行碰撞设置。

步骤 01: 选中标志，按 Alt+Q 组合键以孤立模式显示，将时间滑块移到第 0 帧，执行 [编辑 > 克隆] 命令，选择 [复制] 方式，将其原地克隆一个。选中复制出的标志，单击鼠标右键，在弹出的菜单中选择 [隐藏选定对象] 命令，将其隐藏，如图 6.039 所示。

步骤 02: 当前的模型面数不是很多，所以需要我们将其转成多边形。选择模型，单击鼠标右键，执行 [转换为 > 转换为可编辑多边形] 命令，将标志的两个模型都转换为多边形，如图 6.040 所示。将转换完的标志附加在一起，并重命名为“碰撞标志”。

图 6.039

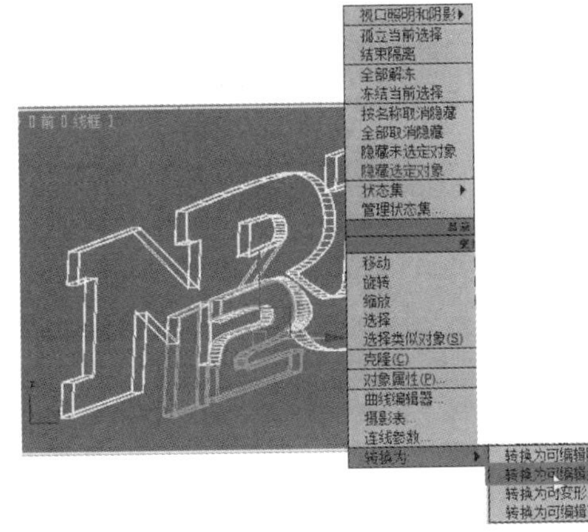

图 6.040

步骤 03： 在场景中创建一个长方体。在［创建］面板中单击［长方体］按钮，在视图中创建一个长方体，如图 6.041 所示。

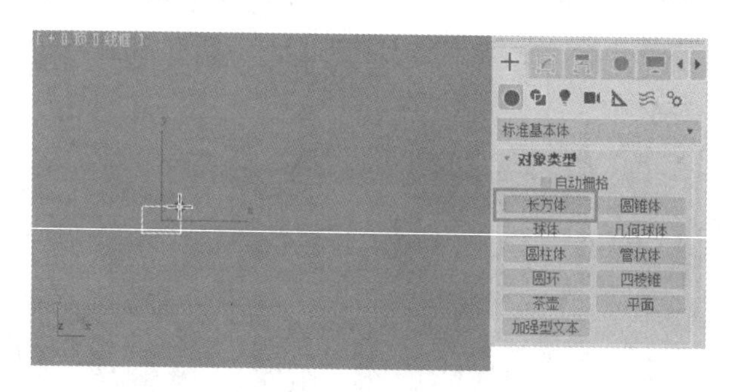

图 6.041

步骤 04： 选择长方体，单击鼠标右键，在弹出的菜单中选择［转换为 > 转换为可编辑多边形］命令，将长方体转换为多边形。

步骤 05： 选中长方体，单击［修改］面板中的［附加］按钮，选择场景中的标志模型，将模型附加到一起，如图 6.042 所示。再次单击［附加］按钮，此时的方块和标志就成为一体了。

提示

因为场景文件中的两个标志模型的轴心是不规整的，所以如果只是单纯为两个标志模型做附加的话，会产生模型位置的偏移，所以需要通过轴心规整的长方体来做附加效果。

步骤 06： 进入模型的［元素］级别，在视图中将创建的长方体删除，如图 6.043 所示。

步骤 07： 为标志增加粒子流碰撞。在［修改］面板的下拉菜单中选择［粒子流碰撞图形（WSM）］，如图 6.044 所示。

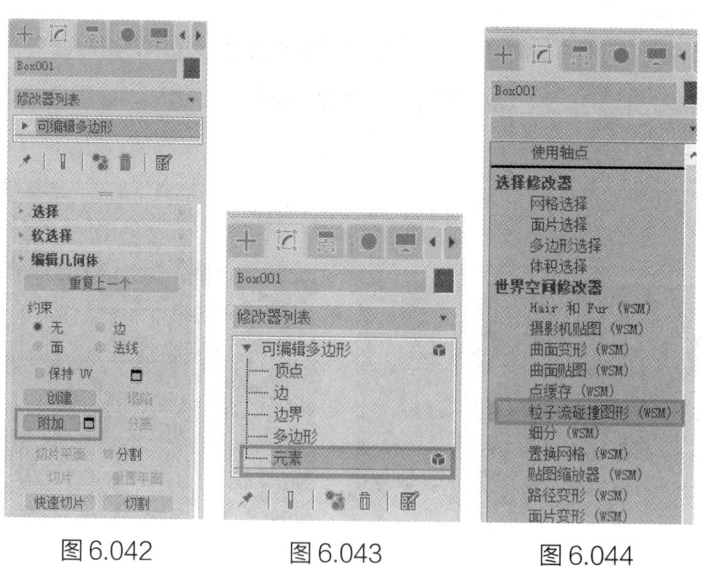

图 6.042　　图 6.043　　图 6.044

步骤 08: 单击［激活］按钮，按数字 6 键打开粒子视图，将［mP 碰撞］拖曳到引擎的下面，在右侧的［修改］面板里按下［添加］按钮，将场景中的标志模型添加进来，如图 6.045 所示。这样碰撞效果就制作完成了，心碰到标志就会被弹开，而不会有穿插现象。

步骤 09： 将名为“碰撞标志”的模型隐藏起来，然后将复制出的标志模型显示出来。

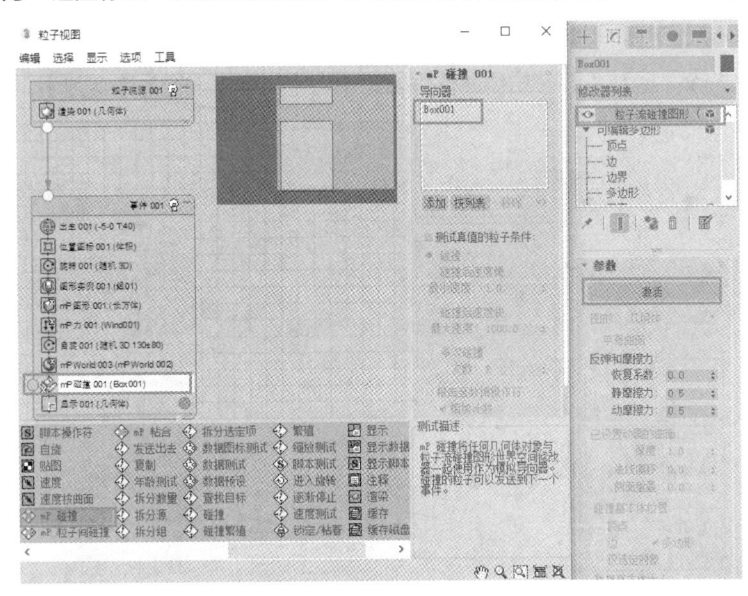

图 6.045

下面用 Particle Flow Tools Box 3 的功能来制作心体积越小飞得越快的效果。

步骤 01： 我们使用 [数据操作符] 来制作这样的效果，这个控制器可以对底层的控制器进行连接。将 [数据操作符] 拖曳到 [图形实例 001] 的下面，单击右侧参数面板中的 [编辑数据流…] 按钮，打开 [数据操作符] 底层编辑器，如图 6.046 所示。

步骤 02： 修改 [图形实例 001] 的参数。将其右侧参数面板中的 [变化 %] 修改为 50，如图 6.047 所示。这样能够让粒子的变化更加明显，小的更小，大的更大。

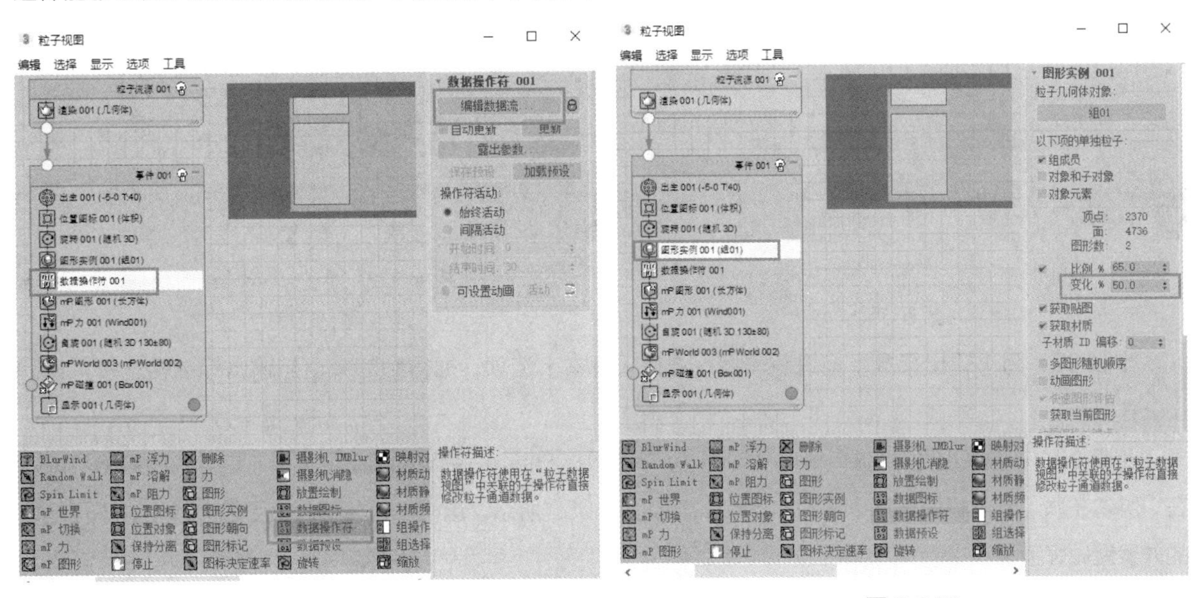

图 6.046　　图 6.047

下面在［数据操作符］底层编辑器中编辑参数。

步骤 03： 在［数据操作符 001］面板中，将［输入标准］拖曳到编辑器中，单击参数，在右侧的属性编辑栏中的［输入标准 001］中选择［缩放］选项，如图 6.048 所示。

步骤 04： 再拖入一个［函数］，在右侧属性编辑栏中将［类型］设置为［实数］，如图 6.049 所示。

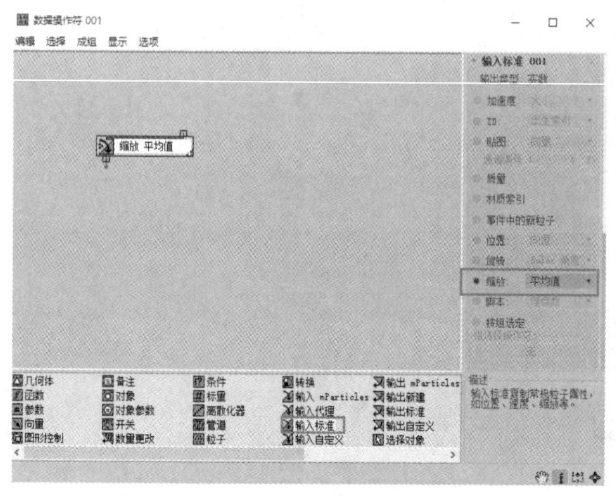

图 6.048

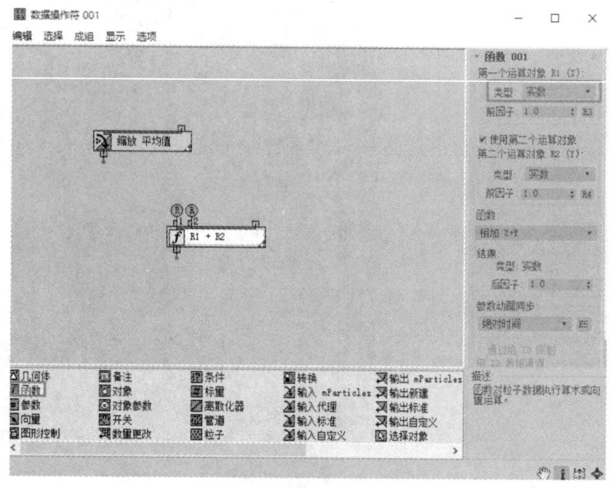

图 6.049

步骤 05： 拖入一个［标量］，在属性编辑栏中将［值］设置为 50，如图 6.050 所示。

步骤 06： 将 3 个控制器连接，在［函数］的下拉列表中选择［相乘 X*Y］选项，如图 6.051 所示。

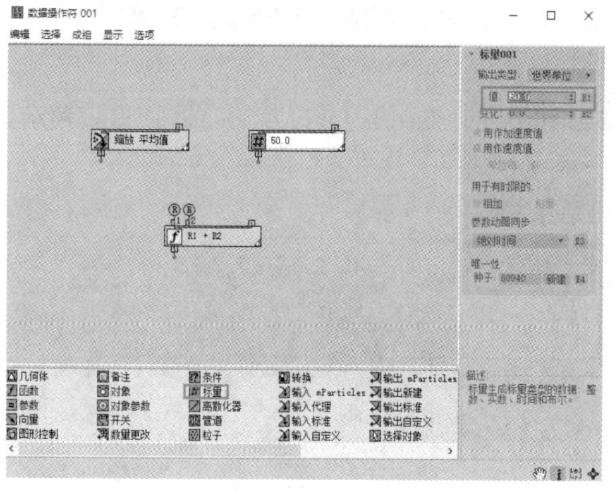

图 6.050

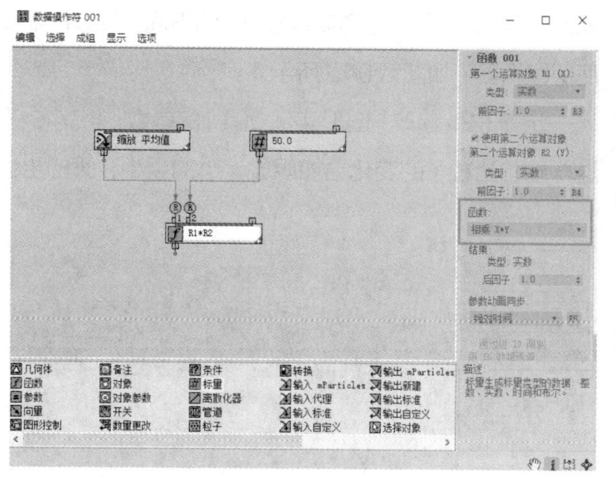

图 6.051

步骤 07： 将［输出标准］拖进编辑器，选择［脚本］选项，把得到的数值与输出标准相连接，如图 6.052 所示。

步骤 08： 在粒子视图中选择［mP 力 001］，单击鼠标右键，在弹出的菜单中选择［使用脚本关联］命令，在［脚本关联］卷展栏里选择［从脚本浮点］，如图 6.053 所示。这样一个体积越大受的力越小，飞得越慢的效果就做好了。

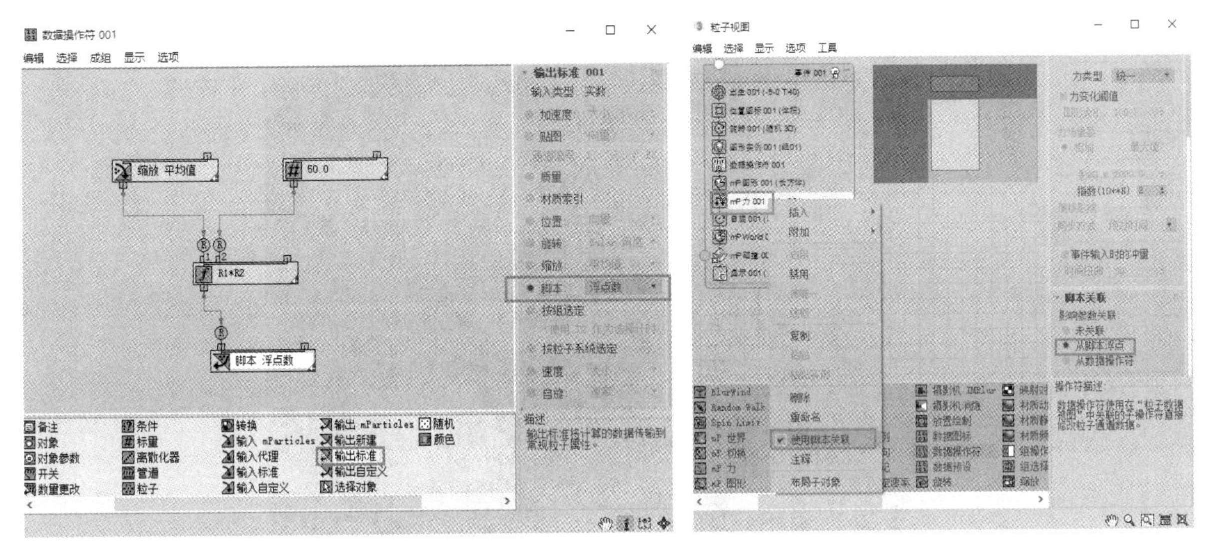

图 6.052　　　　　　　　　　　　　　图 6.053

下面让粒子与球体碰撞。

步骤 01： 选择名为“Sphere01”的球体，在［修改器列表］中选择［粒子流碰撞图形］，单击［激活］按钮，如图 6.054 所示。

步骤 02： 在粒子视图中选择［mP 碰撞 001］控制器，单击右侧参数面板中的［添加］按钮，将“Sphere01”球体添加进来，这样球体就与粒子产生了碰撞，如图 6.055 所示。

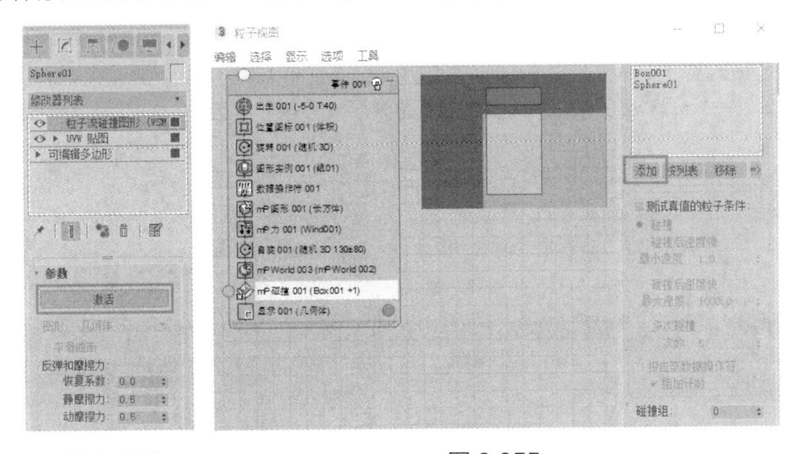

图 6.054　　　　　　　　　　　　　　图 6.055

这样一个心飞舞、碰撞的栏目包装效果就制作完成了。本案例主要是运用数据操作符制作一个高级的粒子控制效果。通过对本案例的学习，大家能够对 Particle Flow Tools Box #3 的功能有一个全面的认识。

6.3.2 翻板成标

范例分析

在这个案例中，我们将学习使用 3ds Max 的粒子流系统中的［映射对象］控制器。通过运用 Particle

Flow Tools Box 插件里面最重要的控制器，来实现一个翻板的效果，如图 6.056 所示。

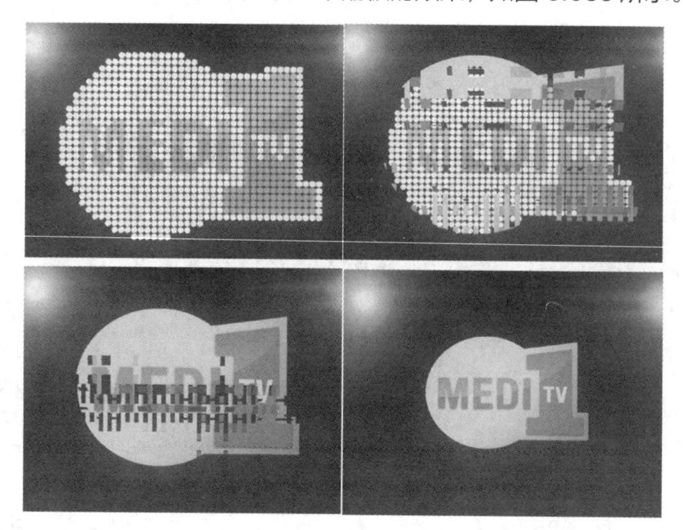

图 6.056

场景分析

首先打开配套学习资源里面中的“场景文件 \ 第 6 章 \6.3.2\video_start.max”文件，这里有一个 16×49 分段的出生平面，如图 6.057 所示。添加 [编辑多边形]，是为了看清楚画面中一共有多少个顶点。进入 [编辑多边形] 中的 [点] 级别，按 Ctrl+A 组合键可以选中全部的顶点，这里显示一共有 850 个顶点，如图 6.058 所示。

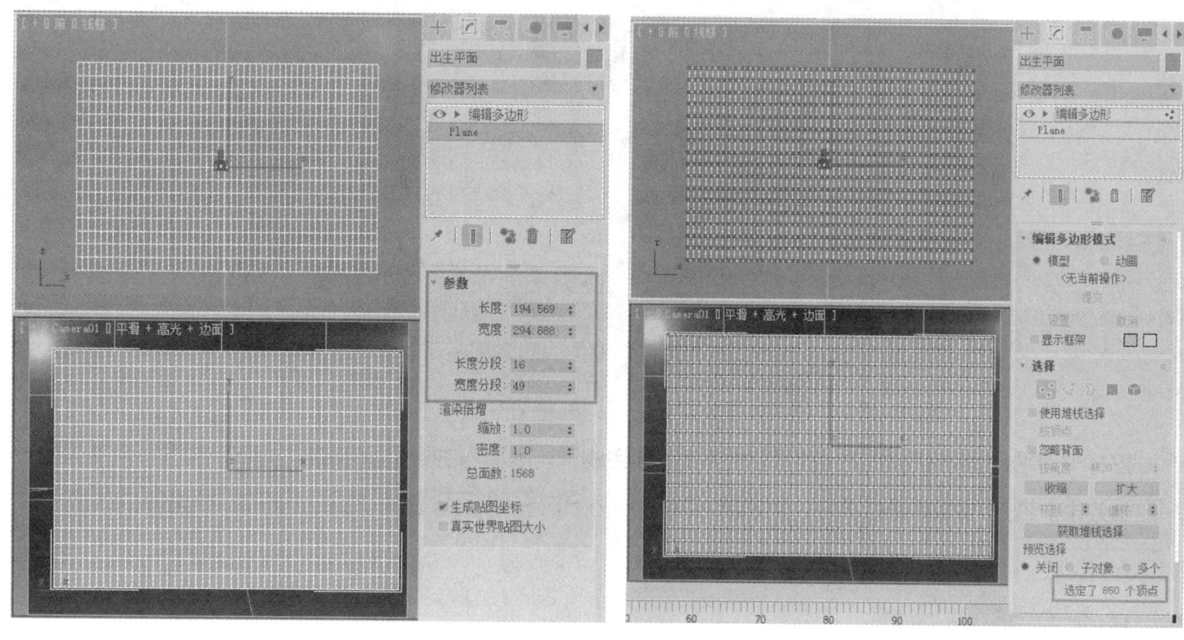

图 6.057　　　　图 6.058

这个平面的旁边有一个小的方片，我们要让每一个顶点上出现这么一个小的方片，目的是将其作为翻板的粒子外形使用，如图 6.059 所示。

在场景文件中，我们还可以找到一个带有镜头推进动画的摄影机，场景中的背景墙和地面我们都已经赋予了材质。可以打开材质编辑器，观察一下背景墙，图 6.060 所示就是我们已经赋予好材质的背景墙效果。

图 6.059

图 6.060

地面材质的不透明度上面加了一个贴图，贴图的效果是中间不透明边上透明（黑色代表透明，白色代表不透明），如图 6.061 所示。

在反射属性上增加了一个衰减的效果。在默认的渲染效果中，我们可以看到地面的反射分别对背景墙和出生平面产生了效果，如图 6.062 所示。

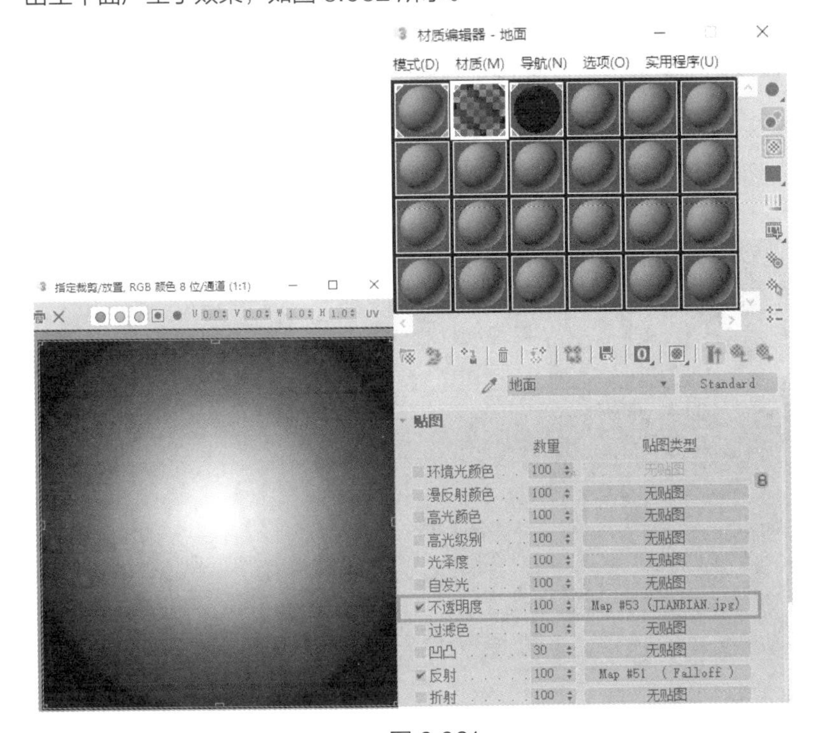

图 6.061

图 6.062

制作步骤

首先制作粒子外形。

步骤 01： 我们要将粒子外形制作成带壳的方片。选择方片“Plane03”，单击［修改器列表］下拉按钮，选择［壳］，如图 6.063 所示。

步骤 02： 选择方片，在［修改］面板中将［外部量］设置为 0.2，使其稍微薄一点，如图 6.064 所示。

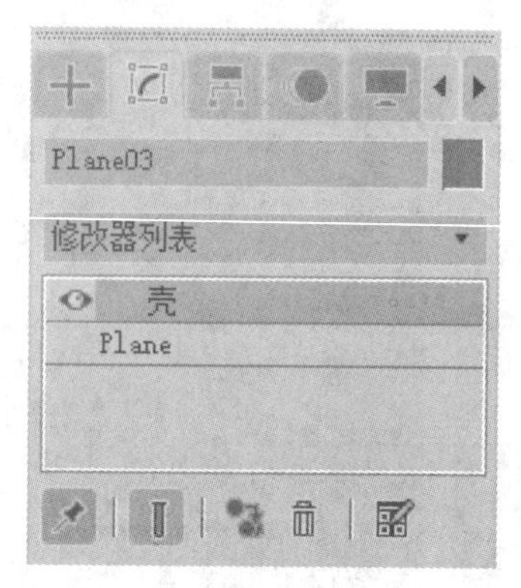

图 6.063

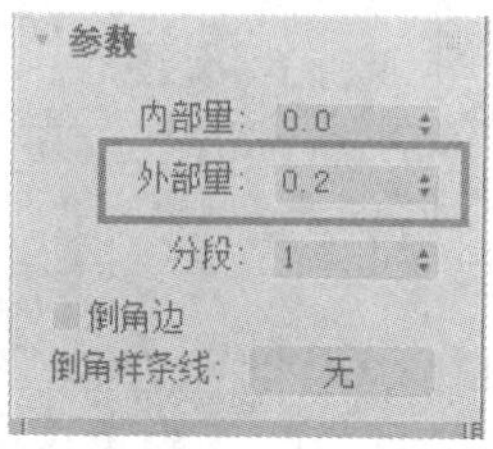

图 6.064

下面我们要实现方片正面显示黑色，转过来显示的是贴图的效果。

步骤 03： 在透视图中选择方片模型，按 Alt+Q 组合键，切换到孤立模式，这样便于观察和编辑。

步骤 04： 选择方片，在［修改］面板的［修改器列表］中选择［编辑多边形］，如图 6.065 所示。

为方片赋予材质。

步骤 05： 选中［编辑多边形］修改器，单击［修改］面板中［选择］卷展栏下的［多边形］按钮■，先选中方片的后面部分，在［修改］面板的［多边形：材质 ID］卷展栏下将［设置 ID］设置为 2，如图 6.066 所示。

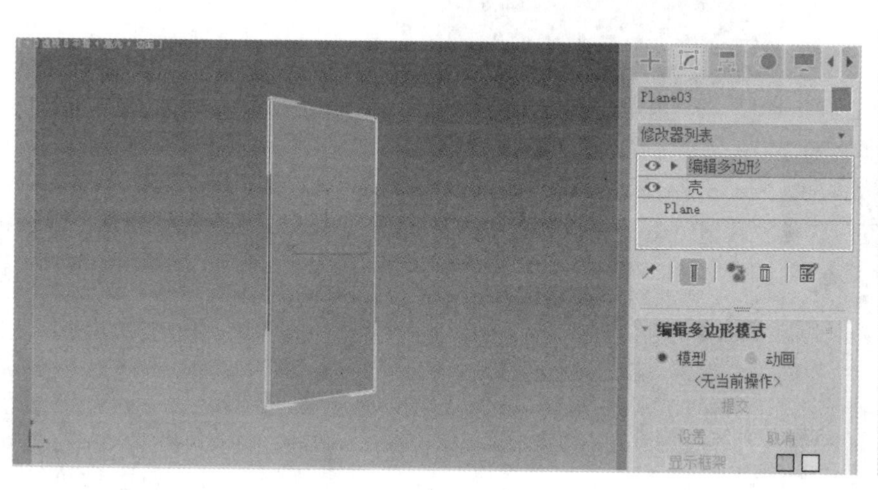

图 6.065

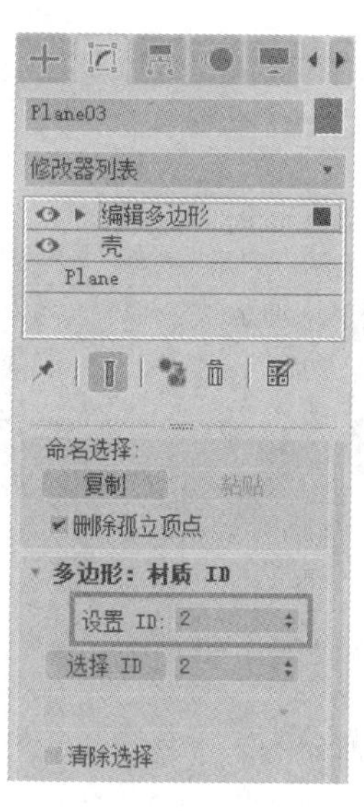

图 6.066

步骤 06： 在［修改］面板的［修改器列表］中为方片加一个［X 变换］修改器，如图 6.067 所示。

步骤 07： 单击［X 变换］前面的▶按钮，展开级别选项，单击［Gizmo］选项，在这个级别下做动画，如图 6.068 所示。

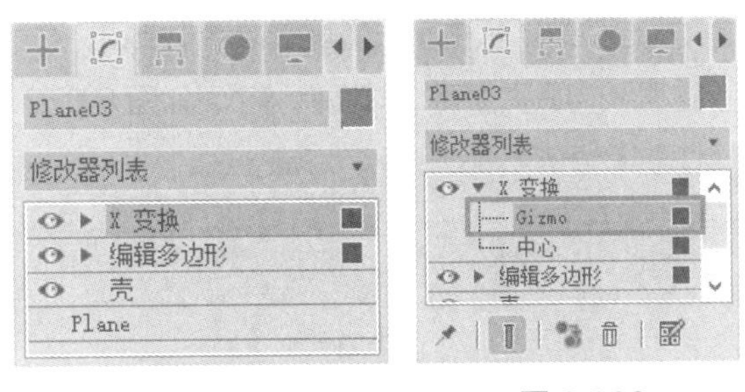

图 6.067　　图 6.068

提示

在粒子流系统中，如果粒子外形是带动画的，那么旋转和缩放的变换动画是不能直接使用旋转工具来进行制作的。系统认的只是修改器的动画，所以我们需要在［X 变换］修改器中进行操作。

步骤 08：在时间轴上将时间滑块拨动到第 10 帧，单击［自动关键点］按钮，如图 6.069 所示。

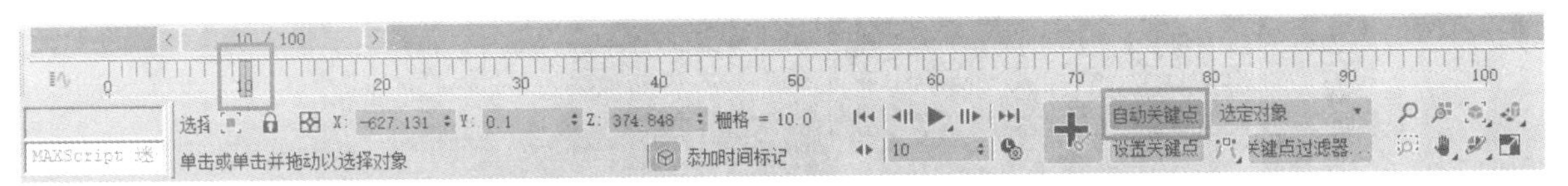

图 6.069

步骤 09：在主工具栏上单击按钮，然后在视图中将方片竖直旋转 180°，这样就有了一个方片旋转的动画。因为系统可识别的是［X 变换］修改器里 Gizmo 的动画，不识别直接旋转的动画。设置完成后关闭［自动关键点］。

步骤 10：单击主工具栏上的按钮，打开材质编辑器。我们将材质编辑器中默认的第一个材质球指定给方片。单击材质编辑器中的 Standard 按钮，因为这个出生平面具有多个面和不同的材质，所以我们选择［多维 / 子对象］材质，如图 6.070 所示。在弹出的对话框中选择［丢弃旧材质］，然后单击［确定］按钮，如图 6.071 所示。

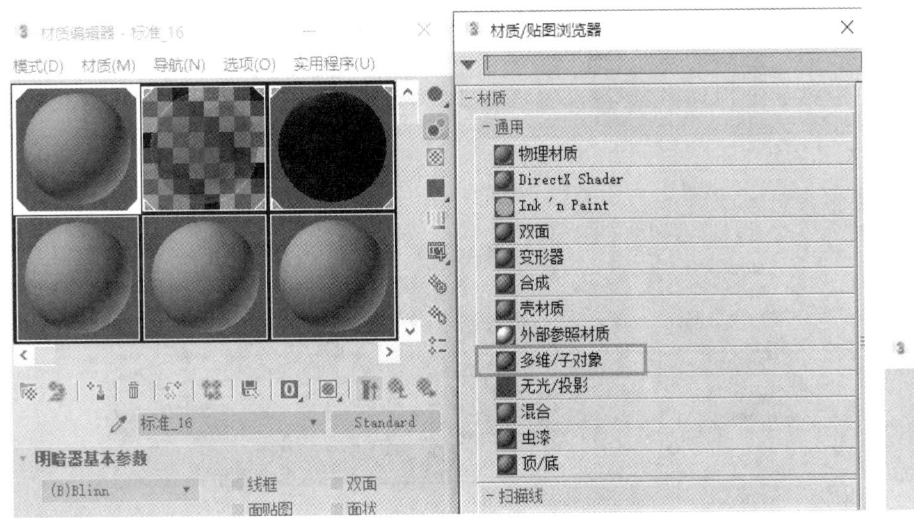

图 6.070

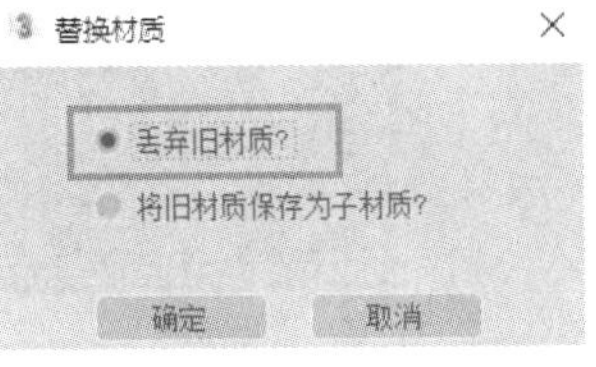

图 6.071

步骤 11： 在［多维 / 子对象基本参数］栏中单击［设置数量］按钮，在弹出的对话框中将［材质数量］设置为 2，单击［确定］按钮，这里我们只需要两个材质就够了，如图 6.072 所示。

图 6.072

步骤 12： 我们将第一个材质设置为［标准］材质。单击材质 1 的 无 按钮，在弹出的对话框中选择［标准］材质，单击［确定］按钮，如图 6.073 所示。

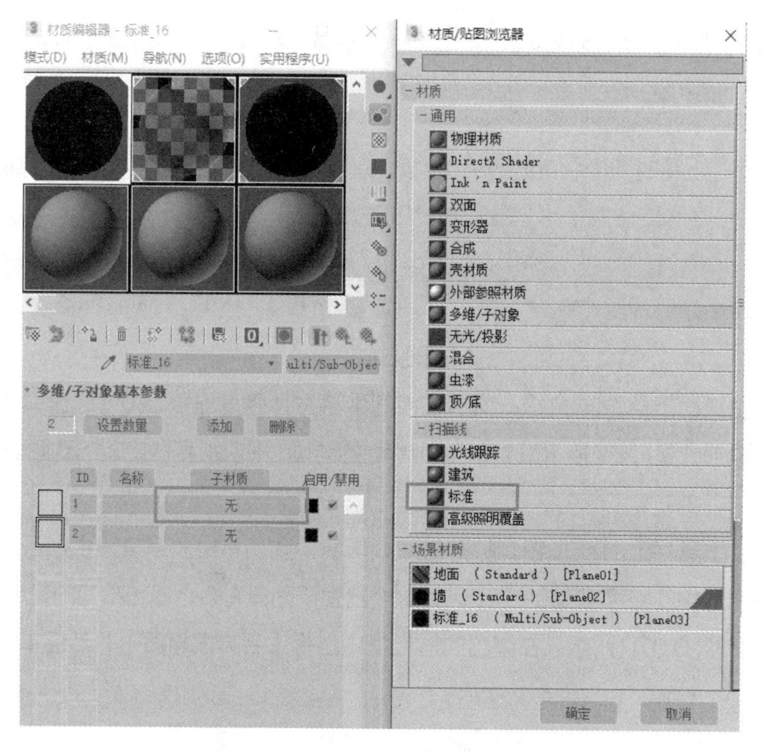

图 6.073

步骤 13： 设置［漫反射］参数。在［Blinn 基本参数］卷展栏中单击［漫反射］旁边的颜色按钮，为其选择一个纯黑的颜色，如图 6.074 所示。

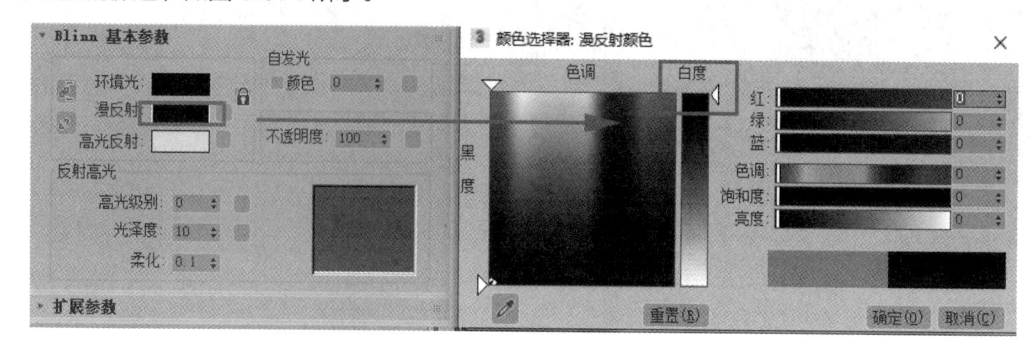

图 6.074

步骤 14: 用相同的方法将第 2 个材质也设置为[标准]材质，然后设置参数。展开[贴图]卷展栏，单击[漫反射颜色]后面的 无贴图 按钮，选择[位图]，单击[确定]按钮，在学习资源中找到“场景文件 \ 第 6 章 \6.3.2\logo++gai.jpg”文件，将其指定给材质球，如图 6.075 所示。

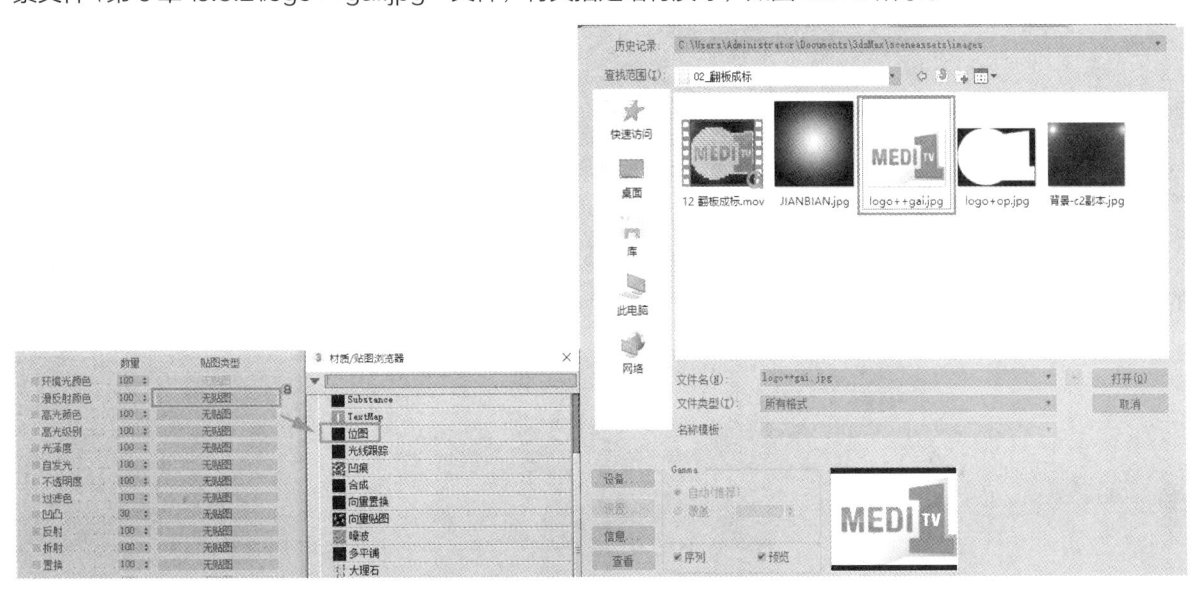

图 6.075

这样正面和背面已经被赋予了不同的材质，在场景透视图中可以直接观察到效果，如图 6.076 所示。

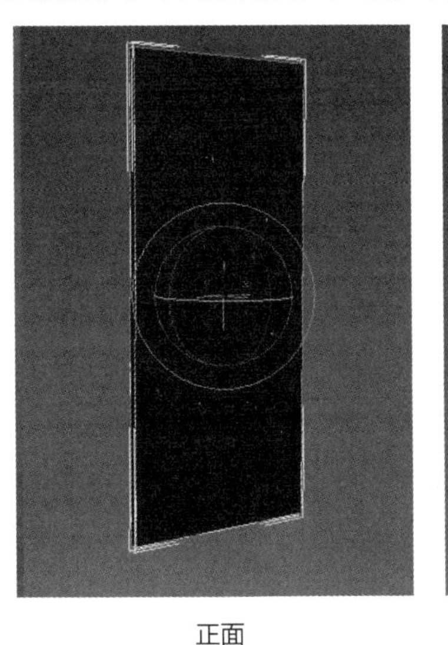

正面

背面

图 6.076

步骤 15: 在[贴图]卷展栏中勾选[高光级别]复选框，然后单击[高光级别]通道后面的 无贴图 按钮，选择[位图]，单击[确定]按钮，在场景文件中找到“logo+op”图片，将其指定给材质球。这样这个材质球就有了高光效果。

步骤 16: 在[光泽度]通道中为其添加一个和[高光级别]相同的贴图。可以在[高光级别]旁边的贴图类型按钮上按住鼠标左键直接将其拖曳到[光泽度]的贴图类型按钮上，在弹出的对话框中选择[复制]

方式，将贴图复制给［光泽度］，如图 6.077 所示。

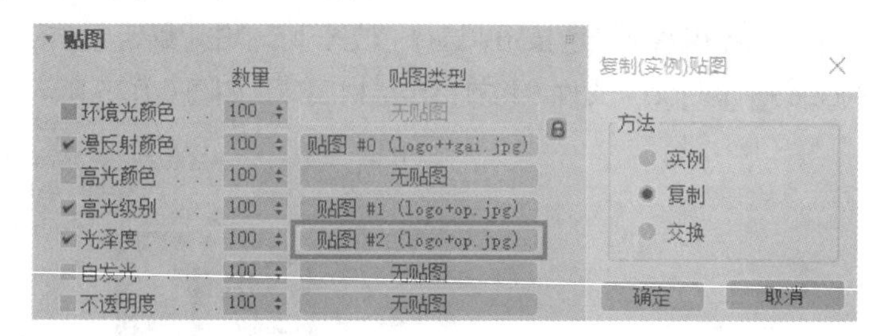

图 6.077

步骤 17： 将［光泽度］的贴图复制给［反射］通道，并将反射的数量设置为 10，这里我们只需要 10% 的轻微反射就可以了，如图 6.078 所示。

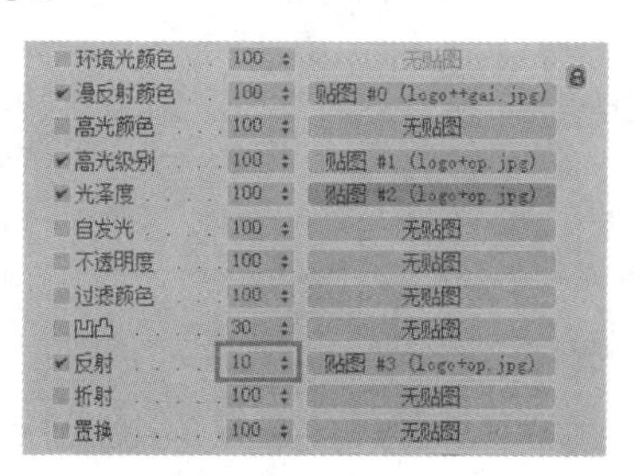

图 6.078

下面制作粒子效果。

步骤 18： 单击时间轴下方的按钮，退出孤立模式。按键盘上的 6 键，打开粒子视图，将［标准流］拖曳到粒子编辑器中，选择［粒子流源 001］，设置右侧参数面板中［发射］卷展栏下的［视口 %］为 100，［系统管理］卷展栏中的［视口］为帧，如图 6.079 所示。

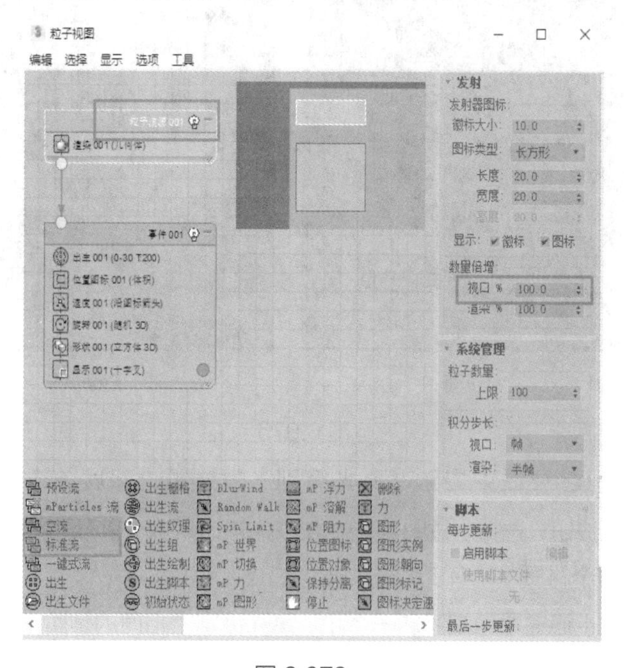

图 6.079

步骤 19： 选择［出生 001］选项，将［发射开始］和［发射停止］都设置为 0，将［数量］设置为 850，如图 6.080 所示。

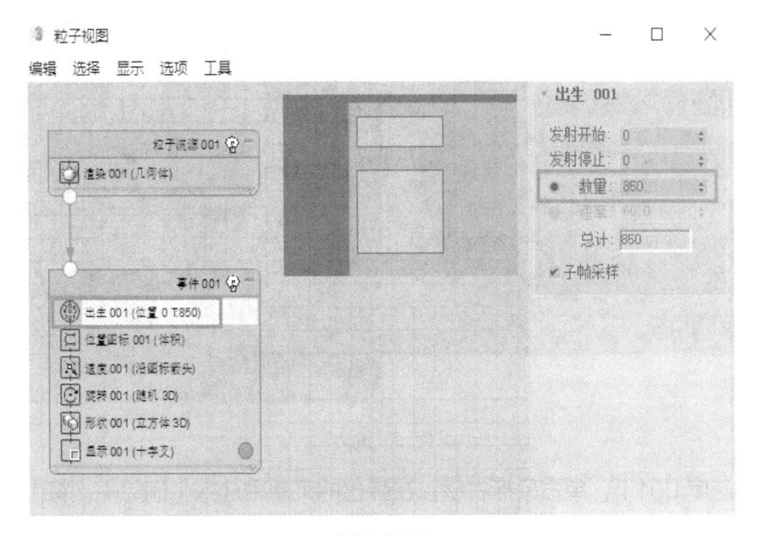

图 6.080

步骤 20： 在粒子视图下方的仓库中找到［位置对象］，直接将其拖曳到［位置图标 001］上，目的是让粒子直接出生在我们设定的位置上，如图 6.081 所示。

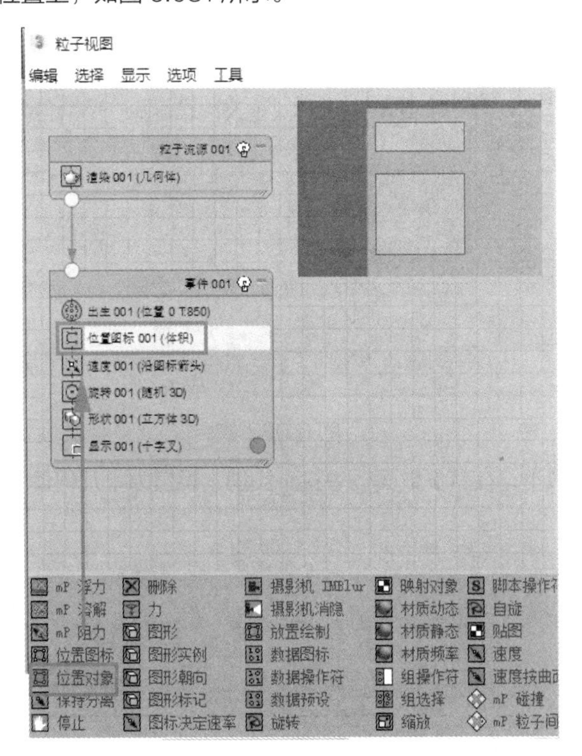

图 6.081

步骤 21： 在［发射器对象］参数组中单击［添加］按钮，在视图中选择出生平面模型。按键盘上的 F3 键，在［位置］参数组中的下拉列表中选择［所有顶点］选项，这样场景视图中的每个顶点上面都能显示出粒子，如图 6.082 所示。

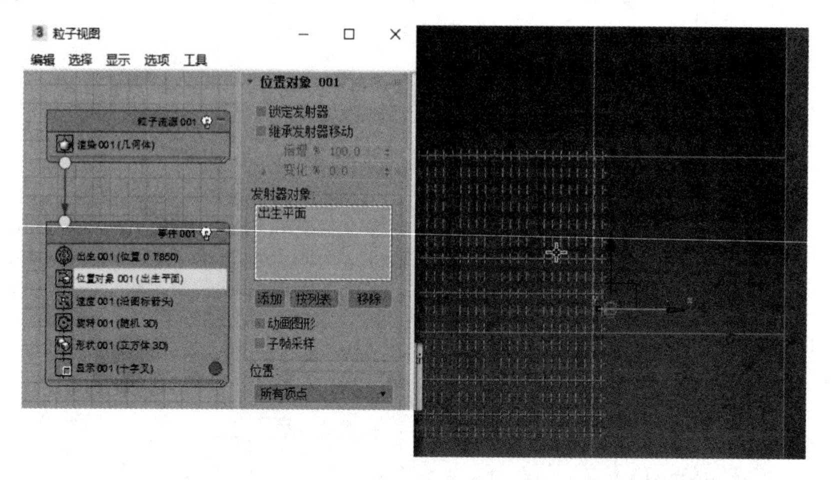

图 6.082

步骤 22：选择［速度 001］，单击鼠标右键，在弹出的菜单中选择［删除］，将［速度 001］删除，因为这里不需要这个参数值的变化。

步骤 23：将下方的［图形实例］拖曳到［形状 001］上，单击右边参数面板中的［粒子几何体对象］下面的 无 按钮，然后按 H 键，选择［Plane03］，如图 6.083 所示。单击［拾取］按钮，将场景中的方片拾取进来。

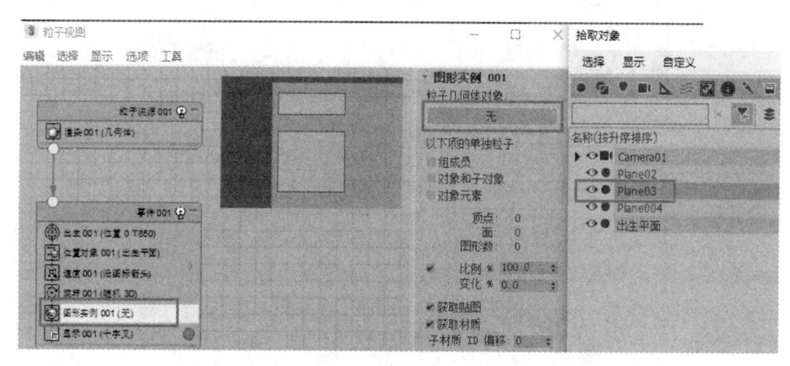

图 6.083

步骤 24：选择［显示 001］，在其参数面板中将［类型］设置为［几何体］，如图 6.084 所示。

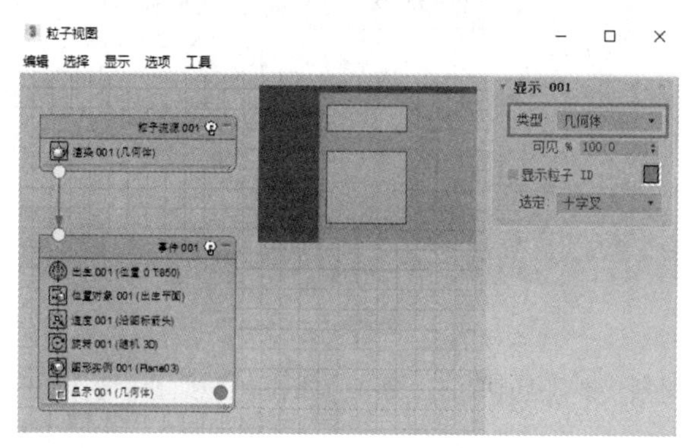

图 6.084

步骤 25： 选择［旋转 001］，设置方向为［世界空间］，设置［X］值为 90，如图 6.085 所示。

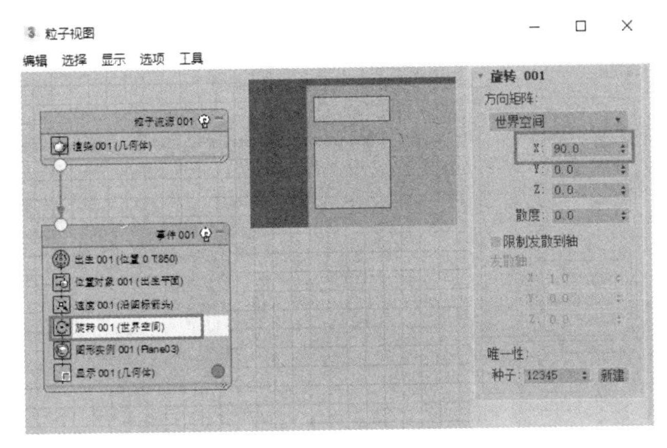

图 6.085

下面设置导向板与粒子碰撞的动画。

步骤 26： 将［碰撞］控制器拖曳进［事件 001］栏中，如图 6.086 所示。

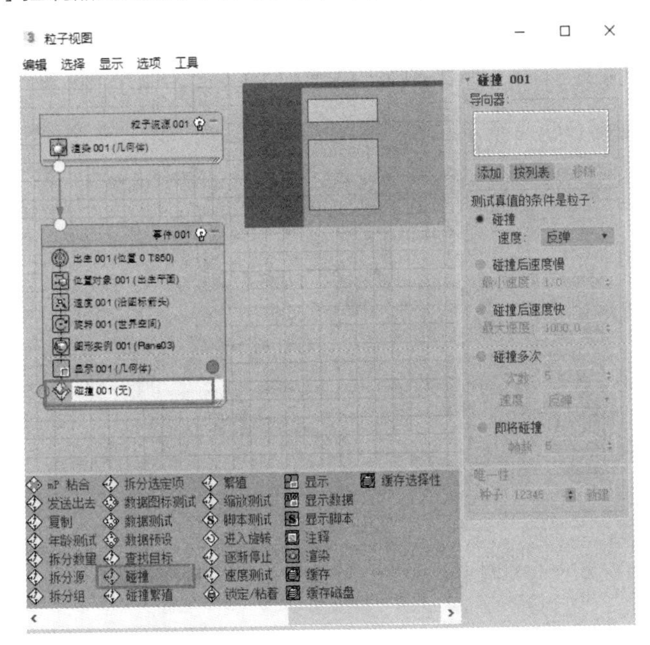

图 6.086

步骤 27： 在顶视图中，根据当前图片的大小，也就是每个粒子的大小，创建一个空间扭曲的导向板。单击［创建］面板中的按钮，在下方的下拉菜单中选择［导向器］。在［对象类型］中单击［导向板］按钮，如图 6.087 所示。在顶视图中框选整个出生平面模型，让它从上到下碰到所有的粒子。

步骤 28： 在第一帧的时候，把创建的［导向板］移动到顶部，然后将时间滑块拨动到第 70 帧的位置，单击时间轴下方的［自动关键点］按钮，打开［自动关键点］，再将导向板移动到底部，动画设置完成后，关闭［自动关键点］。

步骤 29： 按键盘上的 6 键，打开粒子视图，选择［碰撞 001］，单击右侧的［添加］按钮，在场景视图中选择导向板，在 [碰撞] 中将 [速度] 设置为 [继续]，使被碰到的粒子能够继续保持原来的状态，如图 6.088 所示。

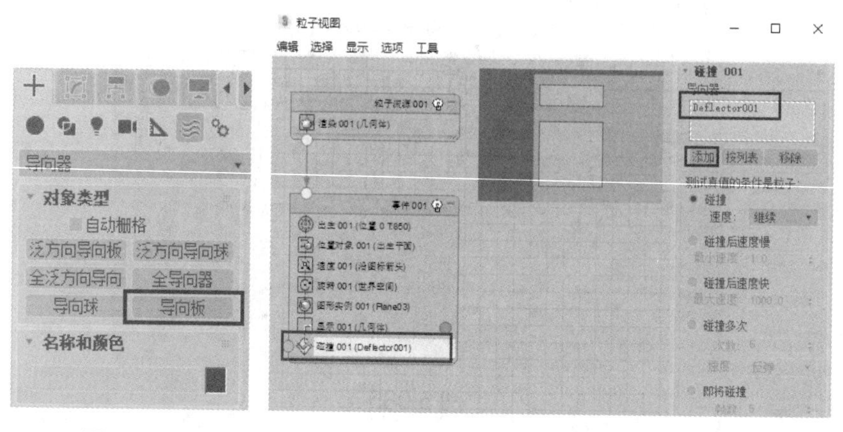

图 6.087

图 6.088

步骤 30: 选择 [图形实例 001]，按 Ctrl+C 组合键将其复制，按 Ctrl+V 组合键进行粘贴。将复制出的 [事件 002] 连接到 [碰撞 001] 控制器上，这一次需要让其带动画，所以在 [图形实例 002] 的参数面板中勾选 [动画图形]。将 [动画偏移关键点] 的 [同步方式] 设置为 [事件期间]，目的是让粒子在碰到导向板之后进入新的事件再产生动画，如图 6.089 所示。

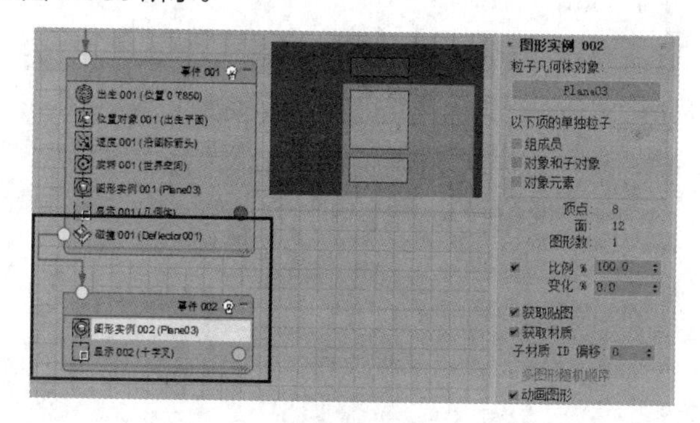

图 6.089

步骤 31: 将 [显示 002] 的 [类型] 改为 [几何体]，如图 6.090 所示。

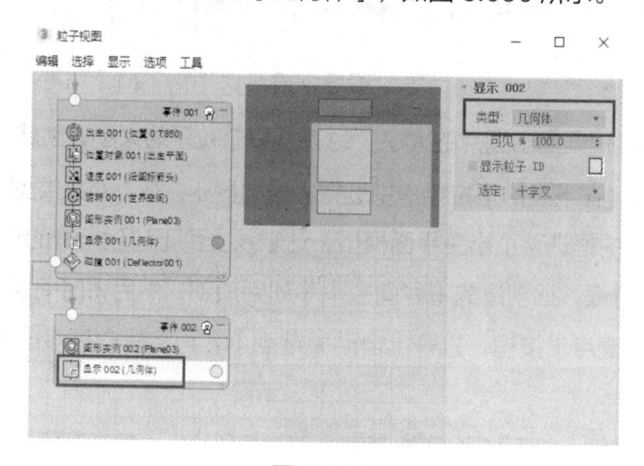

图 6.090

下面对场景中的问题进行调整。

步骤 32：设置完毕后可以在视图中观察碰撞动画的效果，这个时候发现两个材质正好反了，我们需要对调一下材质。打开材质编辑器，将材质 1 的子材质按钮拖曳到材质 2 的子材质按钮上，在弹出的 [实例（副本）材质] 面板中选择 [交换] 来对调材质，如图 6.091 所示。

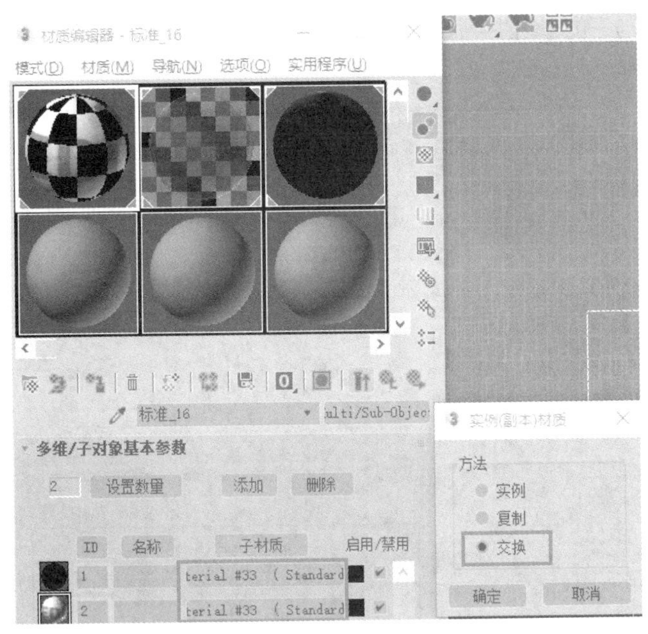

图 6.091

如果发现材质显示反了，那需要重新赋予一下方片的贴图坐标。

步骤 33：选中粒子的出生平面，执行 [编辑 > 克隆] 命令，将其原地克隆一个。在弹出的 [克隆选项] 中，设置 [对象] 为 [复制]，并命名为“贴图坐标平面”，如图 6.092 所示。

步骤 34：选择复制出的平面，在命令面板中单击按钮，删除 [编辑多边形]，将 [长度分段] 和 [宽度分段] 都设置为 1，再调整 [长度] 和 [宽度] 的值，让其包住出生平面模型，如图 6.093 所示。

图 6.092

图 6.093

步骤 35： 设置贴图坐标控制器。在粒子视图中将［映射对象］拖曳到［图形实例 002］的下面，在右侧的参数面板中取消勾选［每个粒子的统一颜色］复选框，单击［添加］按钮，将复制出的贴图坐标平面模型添加进去，如图 6.094 所示。

步骤 36： 这个时候就达到我们想要的效果了，选择贴图坐标平面模型，单击［隐藏选定对象］按钮，隐藏［贴图坐标平面］，对粒子的［出生平面］也执行相同的操作，将其隐藏，如图 6.095 所示。

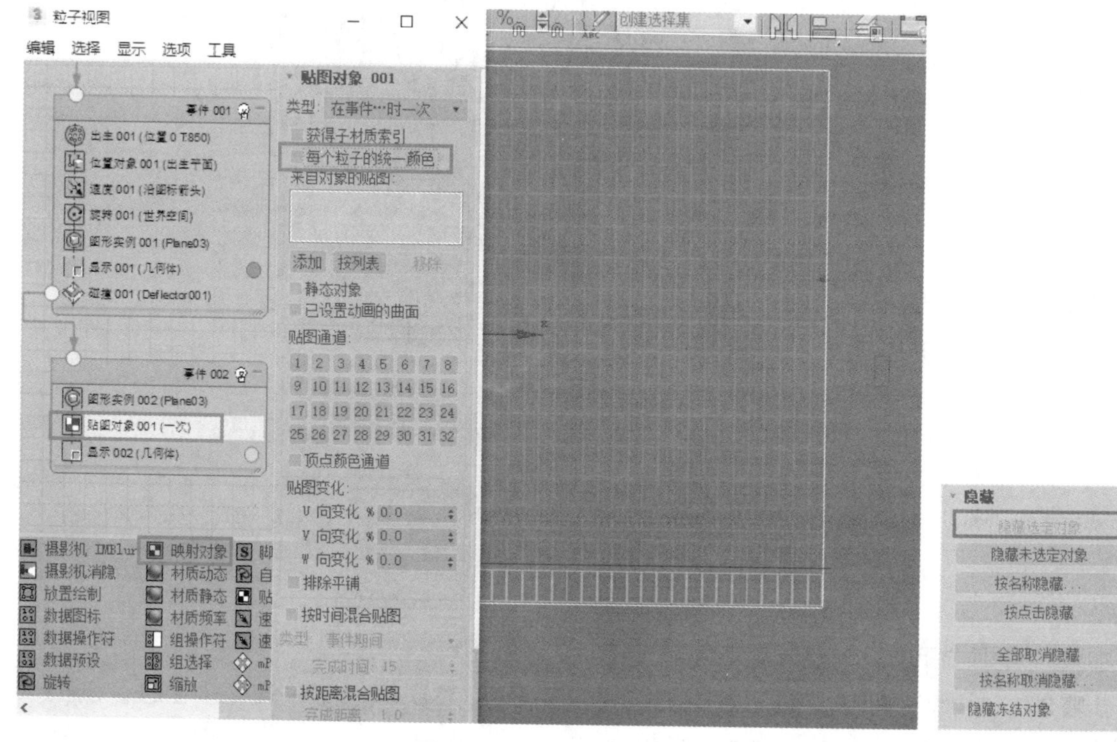

图 6.094

图 6.095

步骤 37： 如果此时的贴图是反的，我们可以打开材质编辑器，在材质 1 的［漫反射颜色］的贴图坐标中进行调整，将角度的［U］、［V］、［W］3 个参数都设置为 180，并用同样的方法将其他通道中的贴图的角度的 3 个参数值都设置为 180，如图 6.096 所示。

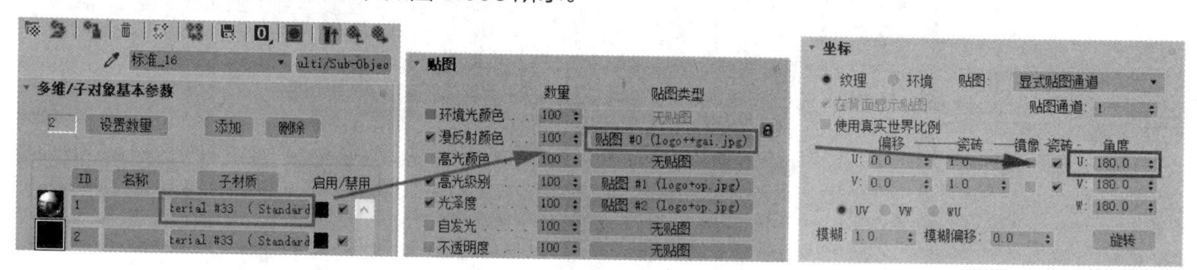

图 6.096

此时的贴图效果与原图的还是有不同，我们还需要进一步调整。

步骤 38： 按键盘上的 6 键，选择［贴图对象 001］，在右侧的参数面板中将［类型］设为［连续］，目的是让贴图在连续的每一帧都能被检测，如图 6.097 所示。

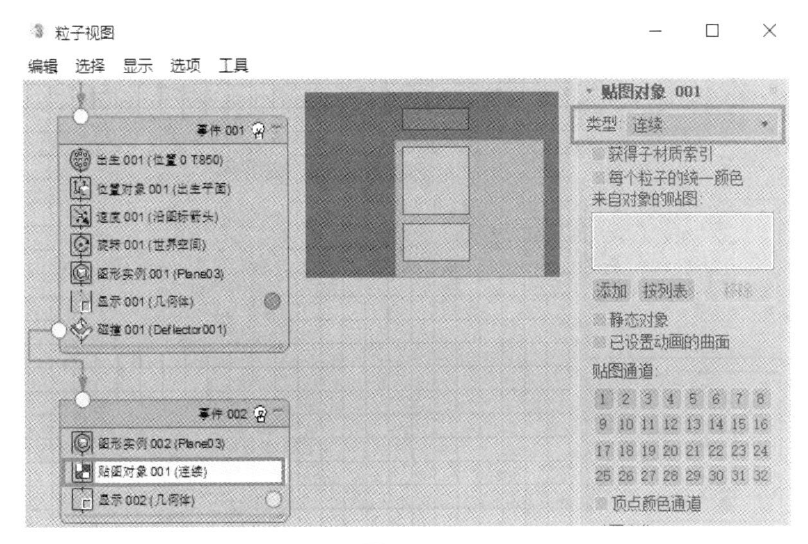

图 6.097

步骤 39：设置其不规则效果。选择［图形实例 002］，在右侧参数面板中勾选［随机偏移］复选框，将该参数的值设为 10，如图 6.098 所示，渲染效果如图 6.099 所示。

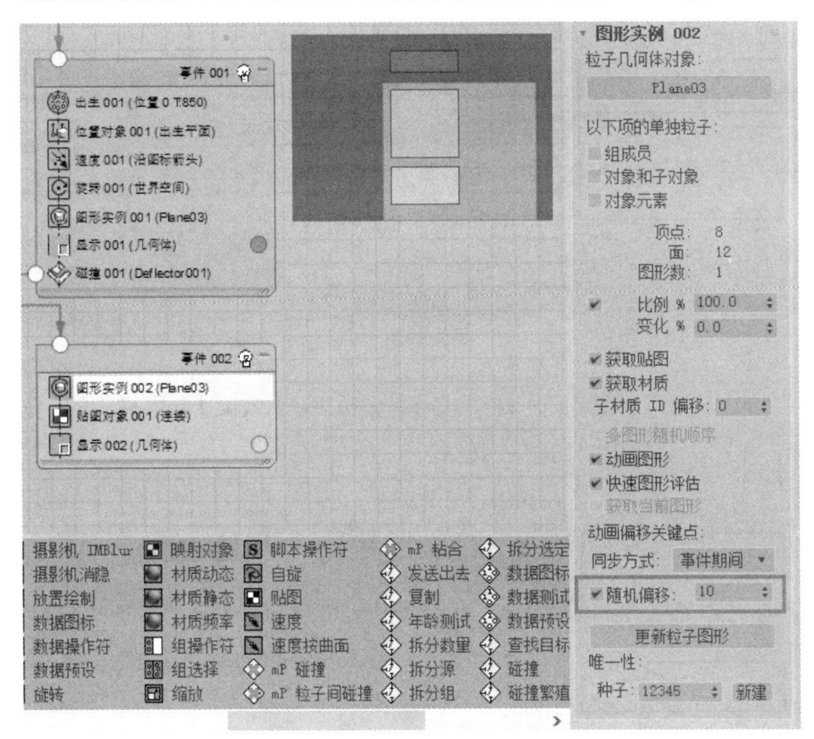

图 6.098

图 6.099

下面为粒子制作发光效果。

步骤 40：在粒子视图面板中的［粒子流源 001］上单击鼠标右键，在弹出的菜单中选择［属性］，在打开的［对象属性］面板中将［G 缓冲区］中的［对象 ID］设置为 1，如图 6.100 所示，并单击［确定］按钮。

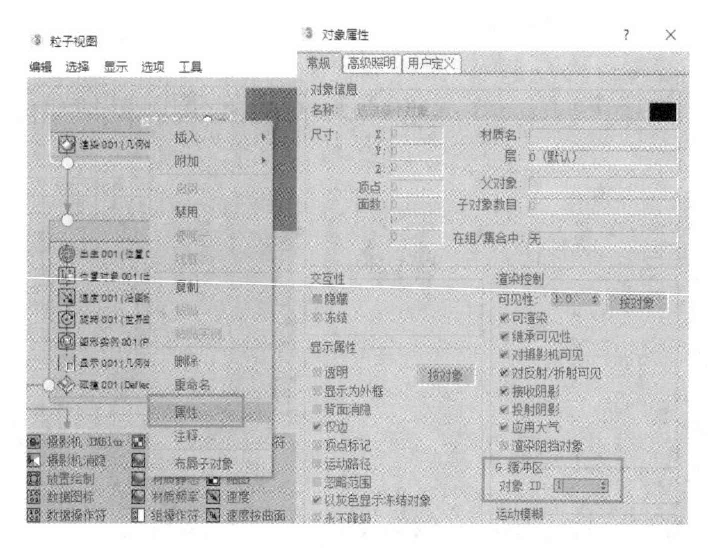

图 6.100

步骤 41： 将时间滑块拨到一半的位置，按 8 键，打开［环境和效果］面板，在［效果］标签下单击［效果］卷展栏中的［添加］按钮，在弹出的［添加效果］面板中选择［镜头效果］，单击［确定］按钮，在［镜头效果参数］卷展栏中选择［光晕］，然后单击箭头按钮 >，如图 6.101 所示。

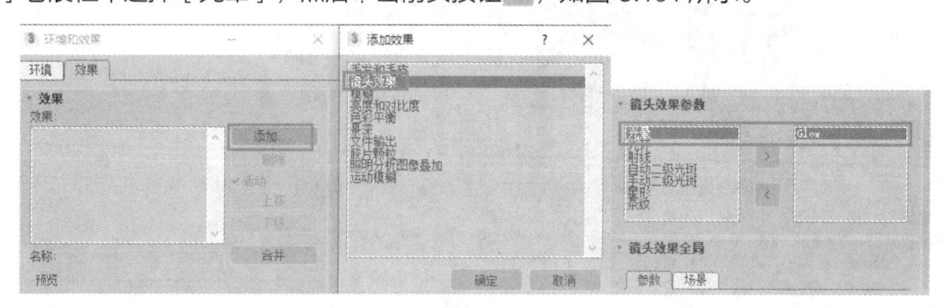

图 6.101

步骤 42： 在［光晕元素］卷展栏中的［选项］里面勾选［对象 ID］复选框，在［效果］卷展栏中的［预览］中勾选［交互］复选框，这样就产生了光晕效果，如图 6.102 所示。

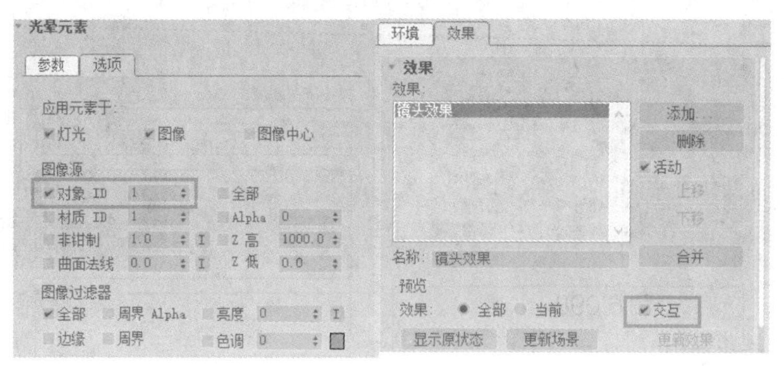

图 6.102

步骤 43： 在［光晕元素］卷展栏中的［参数］中将［大小］设置为 1，［强度］设置为 40，［使用源色］设置为 100，这样就能产生淡淡的光感效果，如图 6.103 所示。

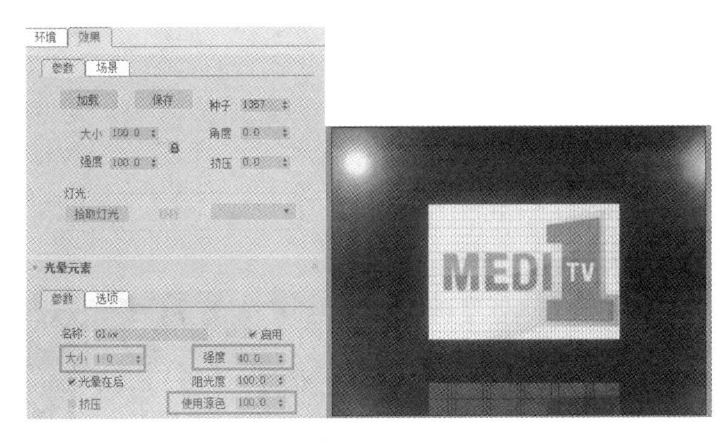

图 6.103

最后渲染一张大图。

打开渲染设置面板，在 [公用] 中将 [输出大小] 中的 [宽度] 设置为 800，[高度] 设置为 600，在 [渲染器] 中勾选 [抗锯齿] 和 [启用全局超级采样器] 复选框，在 [光线跟踪器] 中勾选 [全局光线抗锯齿器] 中的 [启用] 复选框，设置完成后单击 [渲染] 按钮，进行渲染，如图 6.104 所示。

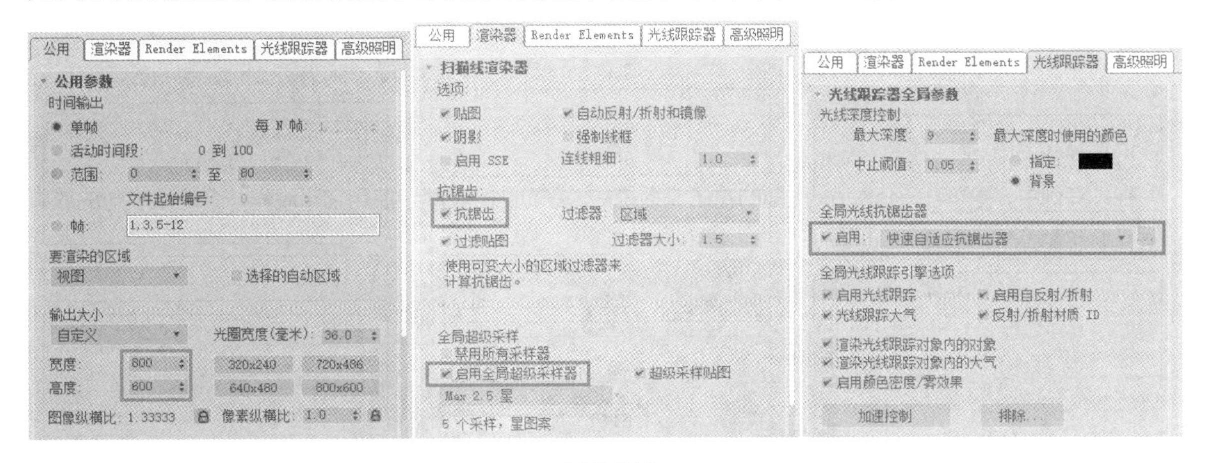

图 6.104

在最终的渲染效果中，可以看到方片的发光和地面的反射效果，如图 6.105 所示。

图 6.105

如果想增强画面的对比度，打开材质编辑器，在材质球贴图的漫反射 [输出] 卷展栏中，勾选 [启用颜色贴图] 复选框，并在下面的曲线编辑器中进行对比度的调整，如图 6.106 所示。这样翻板成标的效果就制作完成了，最后的渲染效果如图 6.107 所示。

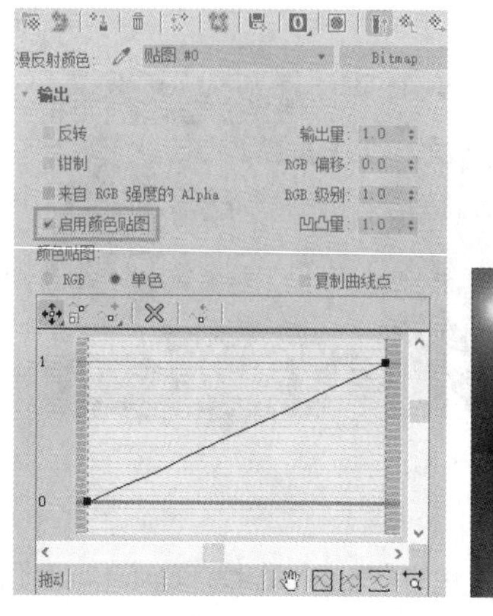

图 6.106

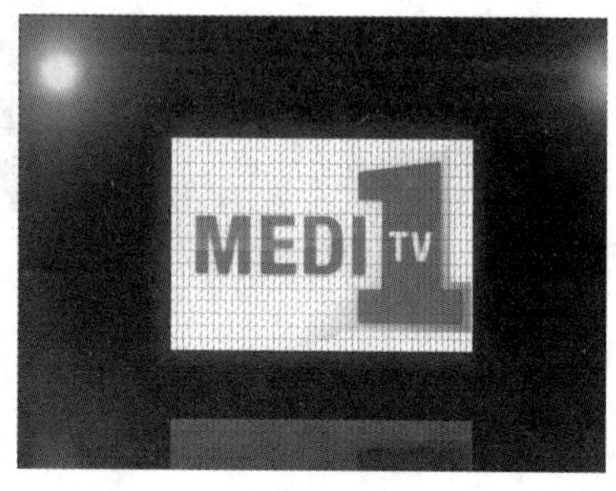

图 6.107

6.3.3 彩虹糖喷射

范例分析

在本案例中，将学习 3ds Max 里面的粒子流系统的粒子动力学功能，使用它来制作一个糖果喷射的效果，如图 6.108 所示。

图 6.108

场景分析

首先打开配套学习资源里面中的“场景文件 \ 第 6 章 \6.3.3\video_start.max”文件，在文件里有一个已经做好的数字“6”的模型。模型的中间有一个盖子，已经设置了关键帧的动画。“6”模型的圆孔中间有一个圆管，圆管的作用就是为了和粒子进行碰撞。旁边有一个反光板，场景中还有一个地面，在前视图中还能看到小的彩虹糖模型，材质都是已经设置好的。

制作步骤

首先制作糖果的材质。

步骤 01：选择［粒子外形］模型组，执行［组 > 打开］命令，选择［Sphere01］模型，按下按钮，打开材质编辑器，选择一个材质球，指定给 [Sphere01]，并将组关闭，单击材质编辑器上的 [Standard] 按钮，在弹出的 [材质 / 贴图浏览器] 面板中选择 [光线跟踪] 材质，如图 6.109 所示。

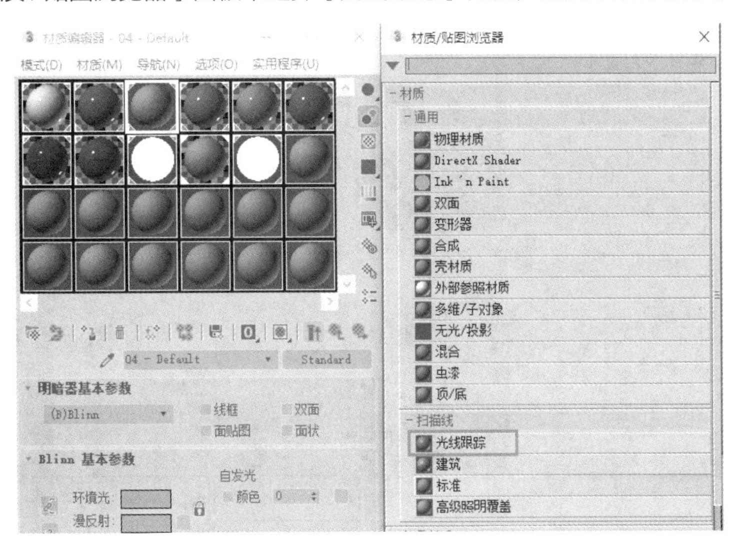

图 6.109

步骤 02：在 [光线跟踪基本参数] 卷展栏下，将 [漫反射] 的颜色设置为淡黄色，如图 6.110 所示。

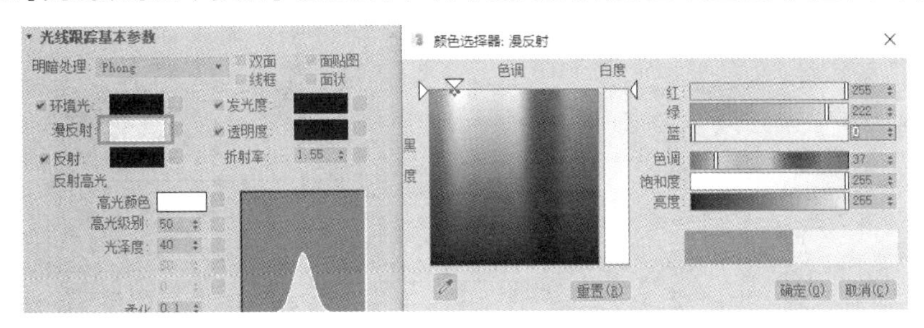

图 6.110

步骤 03：单击 [反射] 旁边的 按钮，指定一张 [衰减] 贴图，如图 6.111 所示。

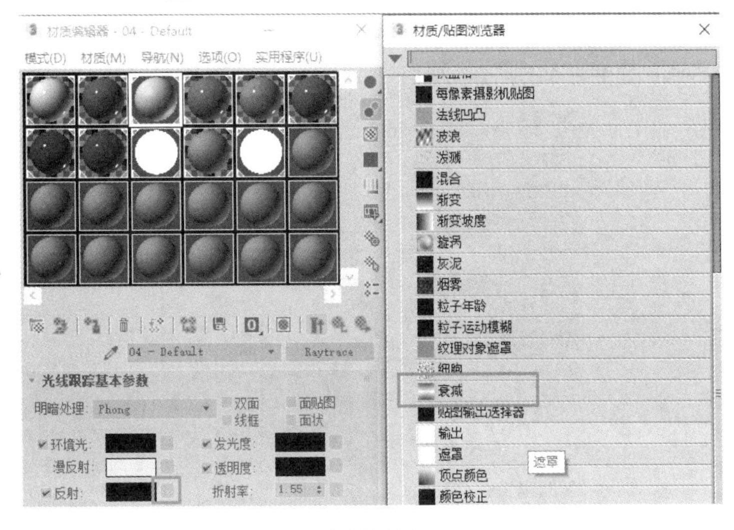

图 6.111

步骤 04： 在［衰减参数］卷展栏下将［前：侧］颜色修改为上面为黑色，下面为灰色，如图 6.112 所示，此时的材质球效果如图 6.113 所示。

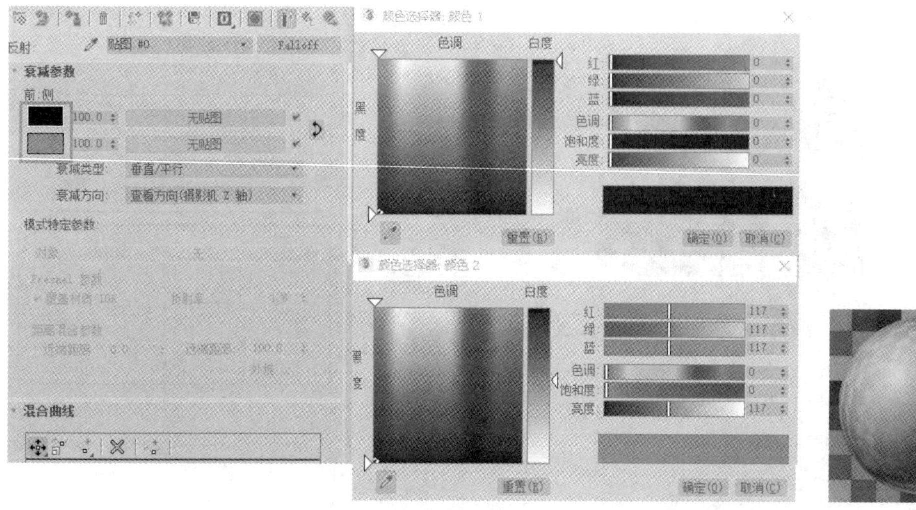

图 6.112

图 6.113

步骤 05： 如果觉得此时的对比不是很强烈的话，将［衰减类型］设置为［Fresnel］，如图 6.114 所示。

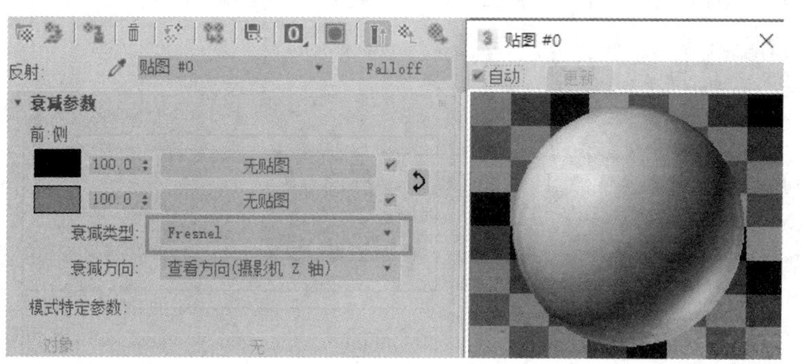

图 6.114

步骤 06： 在［关系跟踪基本参数］下，将［高光级别］调高一些，［光泽度］设置得小一些，这是为了让高光更亮，面积更小一点，如图 6.115 所示。

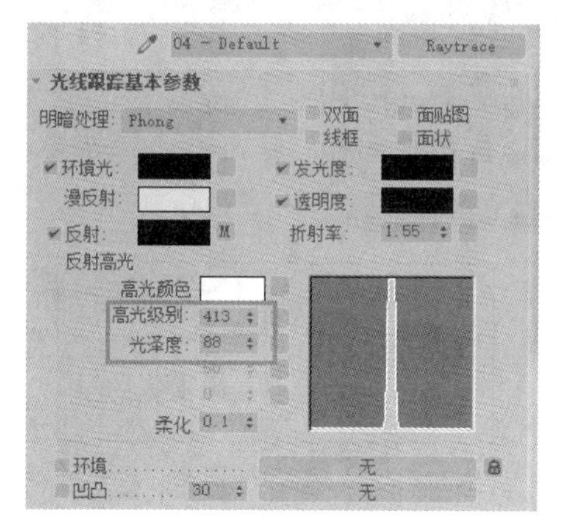

图 6.115

下面制作粒子发射。

步骤 07： 在场景文件中，我们可以在数字“6”的圆孔中看到一个粒子发射器，如图 6.116 所示，按 6 键打开粒子视图，在视图里有一个粒子流的发射器，一个全局事件。

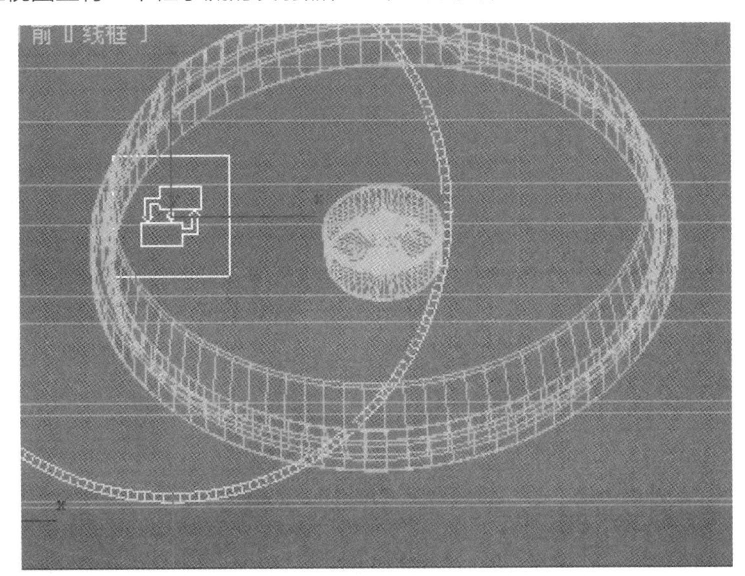

图 6.116

步骤 08： 将仓库中的 [出生] 拖曳到粒子编辑器中，如图 6.117 所示。

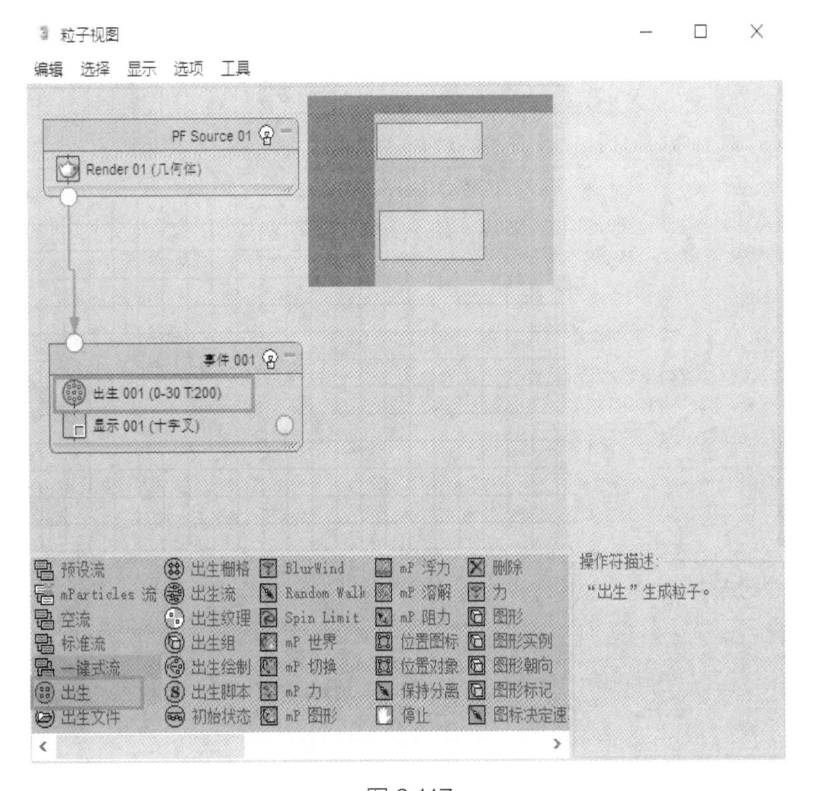

图 6.117

步骤 09： 设置 [出生 001] 的参数。将 [发射开始] 设置为 1 帧，[发射停止] 设置为 30 帧，将 [数量] 设置为 200 个，如图 6.118 所示。

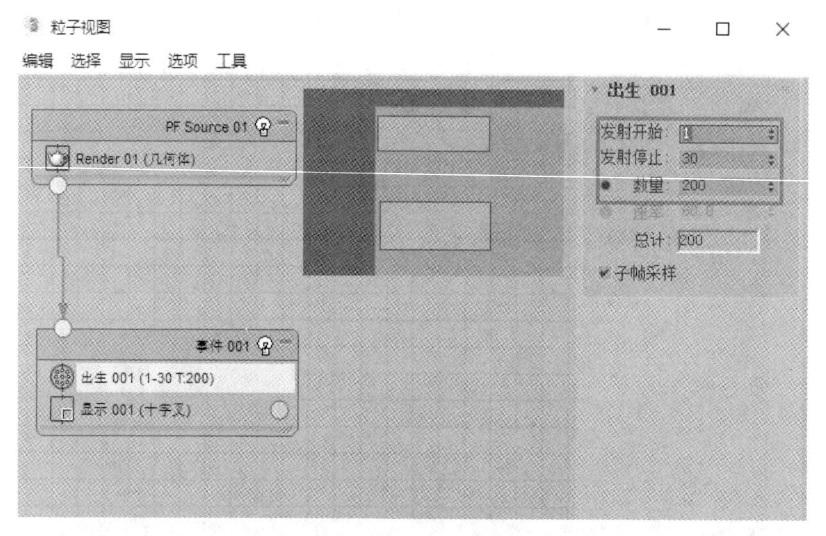

图 6.118

步骤 10： 设置出生位置。将 [位置图标] 拖曳到 [出生 001] 的下面，来控制粒子的出生位置，如图 6.119 所示。

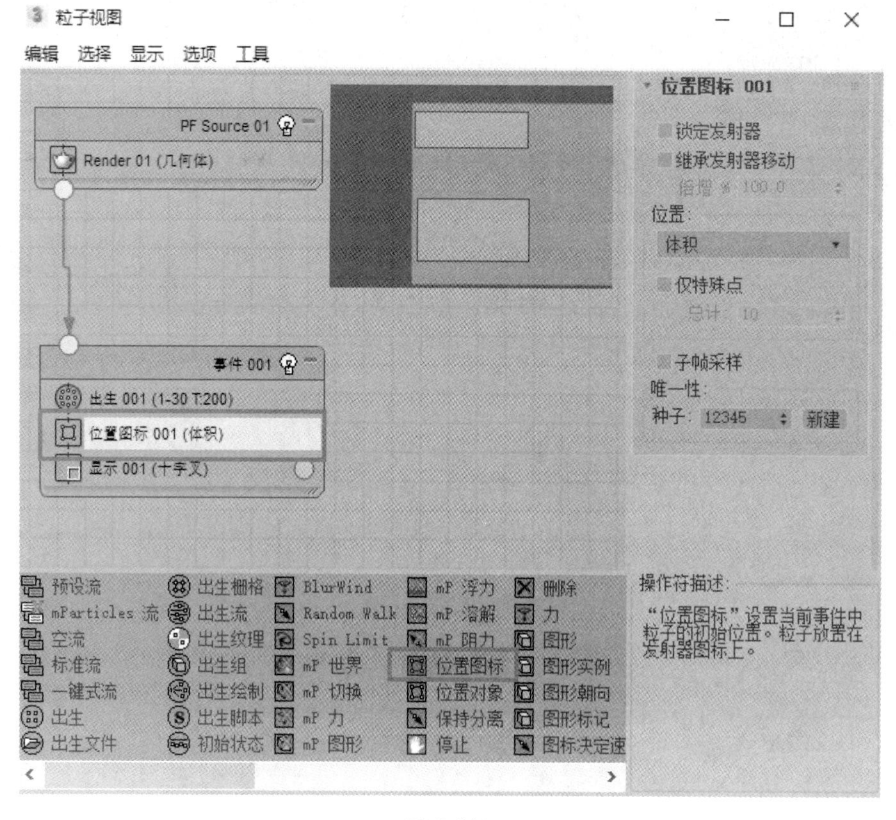

图 6.119

步骤 11： 将［速度］控制器拖曳到［位置图标 001］的下面，将［速度］设置为 4 000，让粒子发射得更快一些，将［散度］设置为 12，让粒子发射得分散一些，如图 6.120 所示。

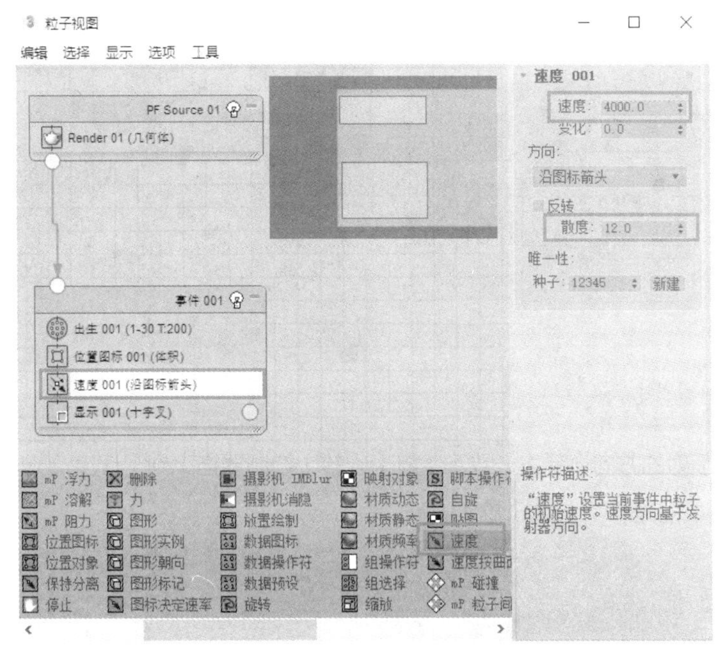

图 6.120

步骤 12： 将［图形实例］控制器拖曳到［速度 001］的下面，在［图形实例 001］卷展栏下，单击［粒子几何体对象］下的 无 按钮，选择场景中设置好的彩虹糖模型，然后勾选［组成员］复选框，如图 6.121 所示。

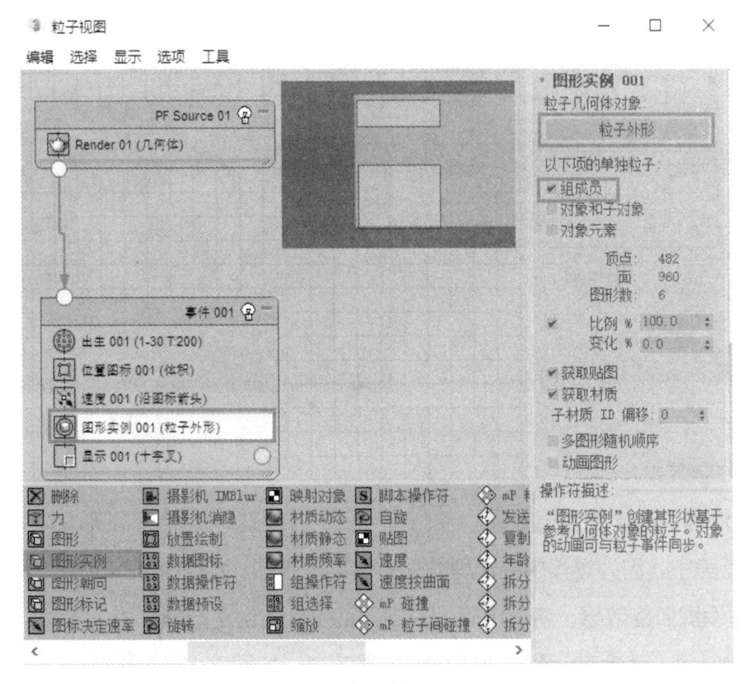

图 6.121

步骤 13： 将［显示 001］控制器的类型设为［几何体］，这样粒子就被彩虹糖的模型所代替了，如图 6.122 所示。

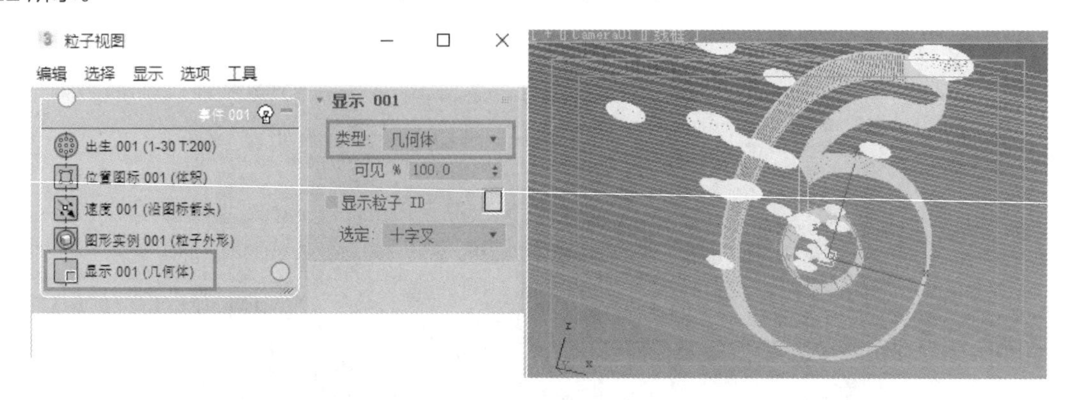

图 6.122

步骤 14： 此时的喷射的方向还是太一致了，将［旋转］控制器拖曳到［速度 001］的下方，这样粒子在发射的时候就有方向随机的效果了，如 6.123 所示。

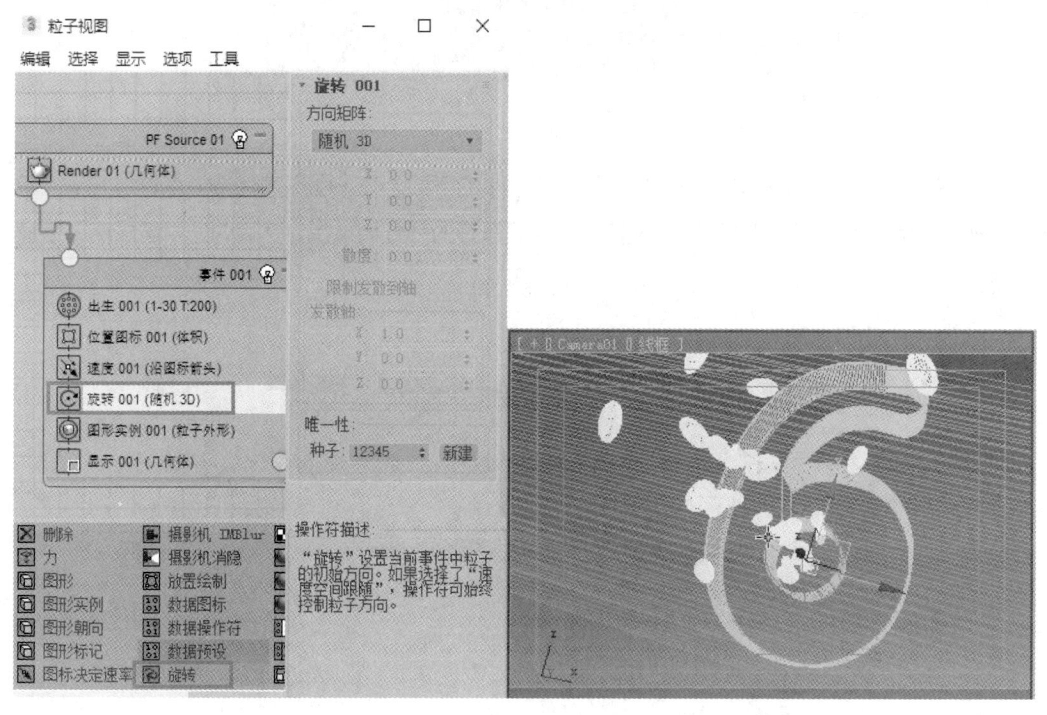

图 6.123

下面设置粒子动力学效果。

步骤 15： 为模型制作动力学的碰撞效果。将［mP 图形］控制器拖曳到［图形实例 001］的下面，将［碰撞为］设置为［凸面外壳］，因为场景中的模型的外形是不规则的，如图 6.124 所示。

步骤 16： 为物体设置自旋效果。将［自旋］控制器拖曳到［mP 图形 001］下面，将［自旋速率］设置为 5，这样粒子发射的时候，就会有一个轻微的自动旋转效果，如图 6.125 所示。

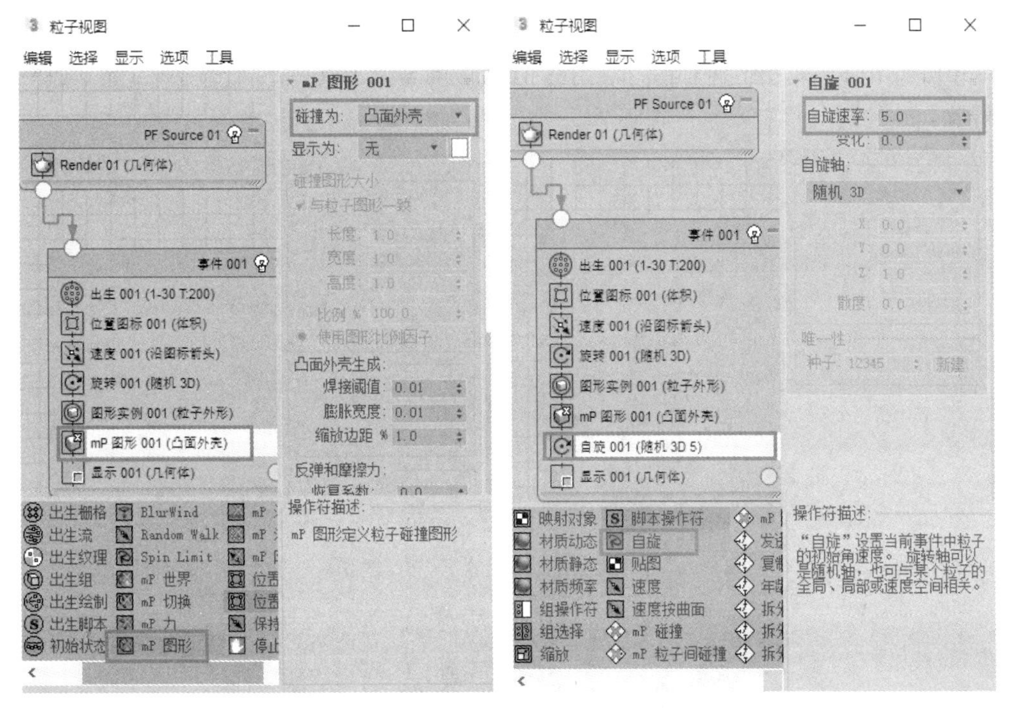

图 6.124　　　　　　　　　　　　　　图 6.125

下面添加动力学引擎。

步骤 17： 将［mP 世界］控制器拖曳到［自旋 001］的下面，单击［创建新的驱动程序］按钮，创建一个新的引擎，如图 6.126 所示。单击［mP World 003］旁边的=>按钮，在场景视图中对引擎进行设置，将其摆放在地面的位置上，但不要与地面有交叉。

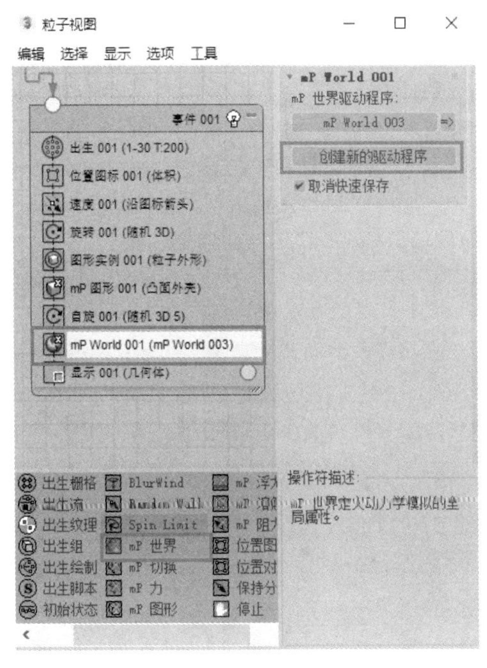

图 6.126

步骤 18： 如果觉得［mP World 003］太小，不方便调整的话，将参数面板中的［长度］、［宽度］和［高度］设置为 100，这样就方便调整了，勾选［地面碰撞平面］复选框，让粒子与地面可以产生碰撞，如图 6.127 所示。

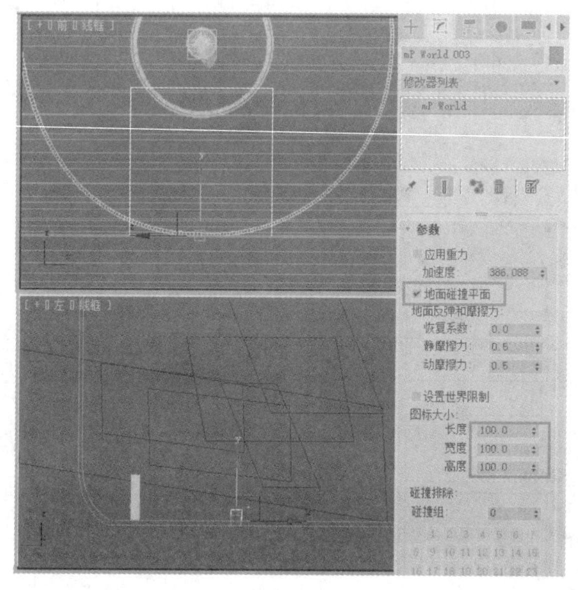

图 6.127

下面设置圆管与粒子的碰撞效果。

步骤 19： 选择圆管，即［碰撞外形］模型，在［修改器列表］中选择［粒子流碰撞图形（WSM）］，单击［激活］按钮，如图 6.128 所示。

步骤 20： 打开粒子视图，找到［mP 碰撞］控制器，将其拖曳到［mP World 001］的下面，单击［添加］按钮，在视图中将圆管模型拾取进来，这样就不会与模型发生碰撞了，如图 6.129 所示。

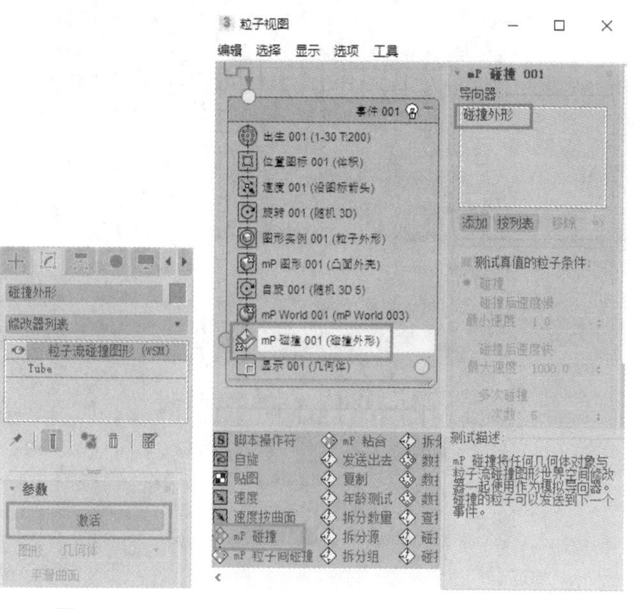

图 6.128　　图 6.129

步骤 21：选择模型，在 [显示] 面板中单击 [隐藏选定对象] 按钮，将圆管隐藏起来，如图 6.130 所示。

图 6.130

步骤 22：彩虹糖的体积有些小，单击 [图形实例 001]，将 [比例 %] 调为 200，如果想让彩虹糖还能有一些变化的话，将 [变化 %] 设置为 30，如图 6.131 所示。至此，一个漂亮的彩虹糖喷射的效果就制作完成了。

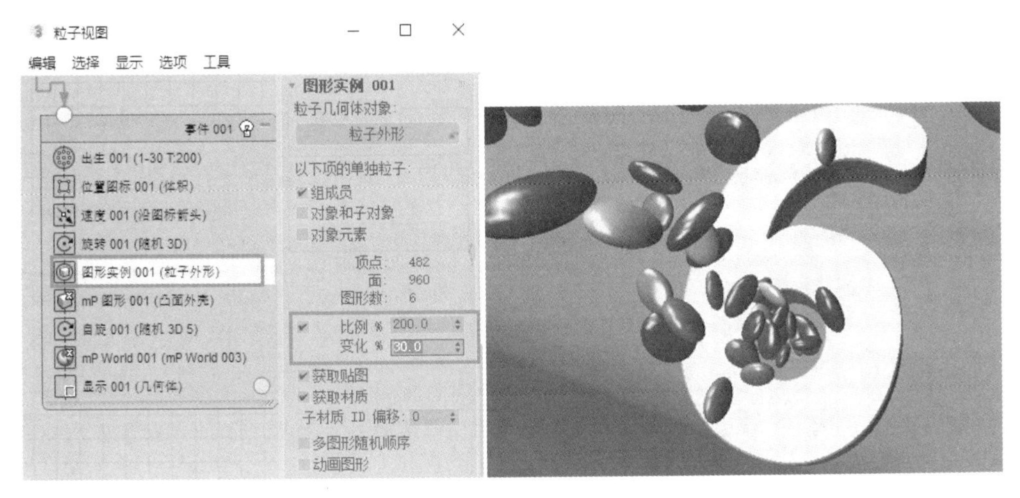

图 6.131

6.4 本章小结

本章使用 3 个实例详细讲解了粒子流系统的实际应用，涉及了广告和片头中常用的效果。其中第 1 个案例讲解了粒子流系统中 Particle Flow Tools Box #3 和 Particle Flow Tools Box #2 插件的使用方法、控制粒子的形状、风力的使用方法、数据操作符的使用、[mP 碰撞] 控制器的使用等知识点；第

2 个案例讲解了贴图控制器的使用、双面材质的制作、导向器的制作及粒子发光效果的制作等知识点；最后一个案例综合讲解了多种控制器联合使用的技巧和思路，其中包括 [旋转] 控制器、[速度] 控制器、[mP 世界] 控制器等。灵活掌握粒子流系统的使用方法，可以在栏目包装、影视广告及特效制作领域发挥出极大的作用。

6.5 参考习题

1. 下列控制器中，________ 不属于默认的标准粒子流中已有的控制器。

   A. 出生

   B. 位置图标

   C. 材质静态

   D. 形状

2. 下列控制器中，控制粒子在运动过程中自身产生旋转，如模拟树叶在下落过程中的自旋效果，应该使用的控制器是 ________。

   A. 旋转

   B. 位置图标

   C. 自旋

   D. 拆分数量

参考答案

1. C　2. C

第 7 章
3ds Max 毛发制作系统

7.1 知识重点

毛发（Hair and Fur）制作系统可以为角色创建毛发，并且能够模拟真实的毛发动力学效果。本章将详细介绍毛发的制作及使用方法，包括如何在网格对象上生成毛发、怎样使用样条线轮廓修饰毛发造型、如何调整毛发材质，以及如何设置毛发动力学。

- 熟练掌握创建毛发的方法。
- 熟练掌握 [Hair 和 Fur（WSM）] 修改器的使用。
- 掌握毛发材质的调整方法。
- 掌握制作毛发动画的各种技巧。

7.2 要点详解

7.2.1 毛发制作系统简介

3ds Max 中的毛发制作系统源自于 Joe Alter 所创造的 Shave and a Haircut 毛发解决方案，Shave and a Haircut 是一款功能强大的毛发制作插件，它支持毛发造型编辑、动力学碰撞及渲染，能够为角色创建非常真实的毛发效果，还可用于创建树叶、花朵、草丛等植物对象。3ds Max 在 8.0 版本中将其完全整合进来，并命名为“Hair and Fur”，它与 Mental Ray 渲染器能够完全兼容。这使得多年以来在 3ds Max 中只能靠插件制作毛发效果的局面被彻底扭转，从而使 3ds Max 的功能更加强大，在角色制作领域更加专业，如图 7.001 所示。

图 7.001

3ds Max 的毛发系统主要包括三大模块，它们分别是［Hair 和 Fur（WSM）］修改器、［毛发和毛皮］渲染效果器和［毛发灯光属性］。在 3ds Max 中，为一个对象创建毛发效果通常是使用［Hair 和 Fur(WSM)］修改器来完成的，它不仅能够在选定的对象上生成毛发效果，还可以进一步完成调整形态、创建动力学动画等工作，因此可以说它是整个毛发系统的核心。毛发的创建和调整完成后，如果需要调节毛发的阴影参数，可以通过［毛发灯光属性］来完成，其中的参数可以控制场景中的灯光照明与毛发所产生的阴影效果。系统还提供了多种毛发样式以供选择，并且可以将用户自己定义的毛发样式保存以供以后调用，如图 7.002 所示。

图 7.002

为了在渲染输出时得到更好的效果，可以通过［毛发和毛皮］渲染效果器对毛发的渲染输出参数进行设置，该渲染效果器提供了毛发的渲染、运动模糊、阴影等参数的设置选项，为最终的渲染结果提供了更全面的保障。

在 3ds Max 9 以后的版本中，对毛发的梳理不需要在单独的窗口内进行，可以直接在视图中梳理毛发，还能够在视图中实时地显示毛发的颜色和形态，如图 7.003 所示。

图 7.003

7.2.2 毛发技术基础

①毛发系统使用［导引线］概念来描述毛发的基本形状与特性，导引线只在生长毛发的多边形的每个顶点处产生，毛发是在导引线之间插值产生的。在进行毛发梳理和动力学计算的时候，起主要作用的都是［导引线］，而不是毛发本身。如图 7.004 所示，其中在平面的每个顶点生长出来的一根根直立的黄色线条就是［导引线］，而随机散乱生长的弯曲的线条才是毛发。

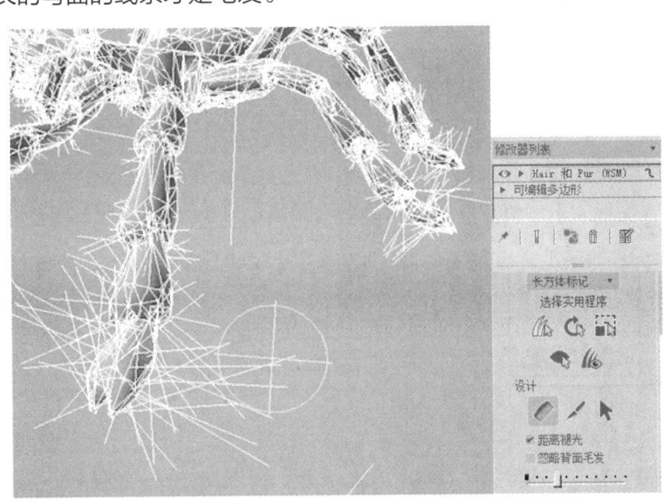

图 7.004

②毛发系统支持 Arnold 渲染器，如图 7.005 所示。

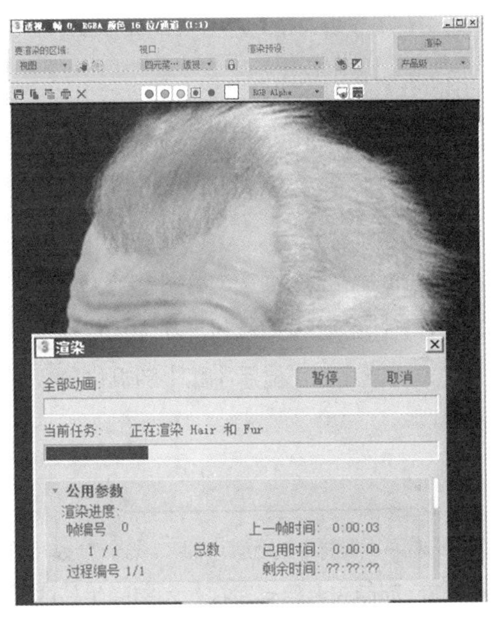

图 7.005

③在早期的版本中，只有［聚光灯］和［阴影贴图］阴影才能支持毛发系统的渲染和投影，但随着软件的发展，泛光灯和平行光（必须开启泛光化），以及其他类型的阴影也可以使用了，但是不支持 mr 灯光、IES 太阳、

IES 天空等类型的灯光，如图 7.006 所示。如果想启用天光，则需要在 Hair 和 Fur 效果面板中进行设置。

④毛发可以生长在 [样条线] 和 [网格] 两种对象上，如图 7.007 所示。

图 7.006

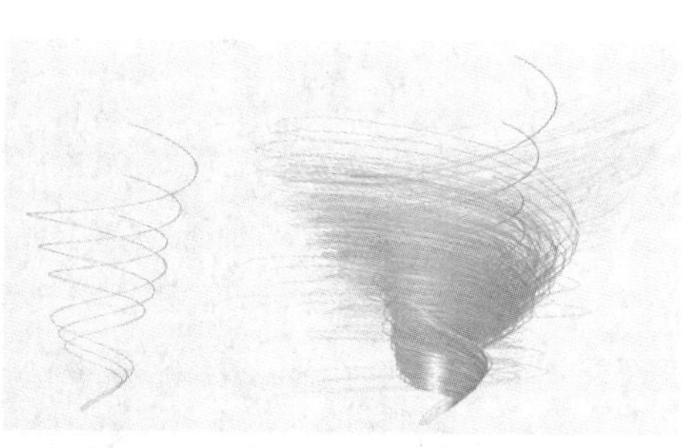
图 7.007

提示

在样条线之间插值产生的毛发是不支持梳理和动力学计算的。

7.2.3 [Hair 和 Fur（WSM）] 修改器

3ds Max 的毛发系统允许用户在网格对象或者曲线之间生成毛发。因此，在制作毛发效果之前，首先要完成基本模型的创建，然后通过在 [修改] 面板中添加 [Hair 和 Fur（WSM）] 修改器的方式在对象上生成毛发。之后，便可以在 [修改] 面板中看到多个卷展栏，在这里能方便地调整毛发参数、修改毛发造型等，这是整个毛发系统的核心部分。

添加了毛发修改器后，可以在对象的 [修改] 面板中看到 14 个卷展栏，它们分别是 [选择]、[工具]、[设计]、[常规参数]、[材质参数]、[自定义明暗器]、[海市蜃楼参数]、[成束参数]、[卷发参数]、[纽结参数]、[多股参数]、[动力学]、[显示] 和 [随机化参数]。下面就来讲解常用卷展栏中工具的使用方法和注意事项。

1. [选择] 卷展栏

[导向] 、[面] 、[多边形] 和 [元素] ：第一个是毛发的梳理级别，只有在该级别下才能对毛发进行梳理，而后三者是毛发在对象表面生长的 3 个子对象级别，可以通过毛发修改器的后 3 个子对象级别来选择毛发生长的具体位置，如图 7.008 所示。

忽略背面：勾选此复选框后，只能选择视图中可见部分的面，不可见的面不会被选择；取消勾选后，所选范围内所有的面都会被选择。

图 7.008

命名选择集：可以在同一个模型的不同位置生长不同的毛发，如图 7.009 所示。

更新选择：当子对象选择区域更改后，毛发的生成区域不会自动更新，需要单击此按钮来重新计算毛发的生成区域并刷新视图。

2. ［工具］卷展栏

［工具］卷展栏中提供了对毛发进行编辑的各种工具，其中的各项功能都以工具按钮的形式出现，如发型、实例节点、渲染设置等，如图 7.010 所示。

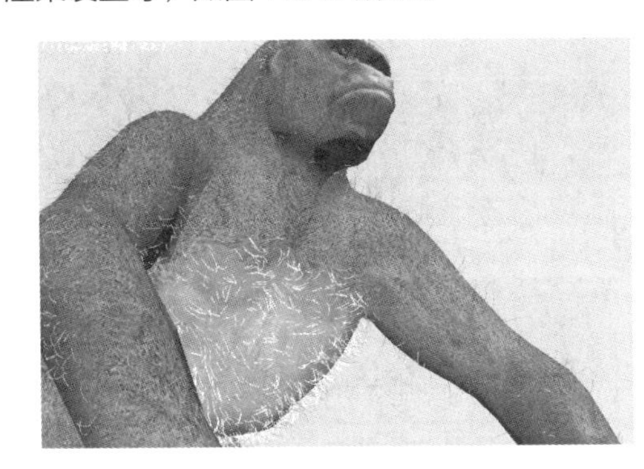

图 7.009

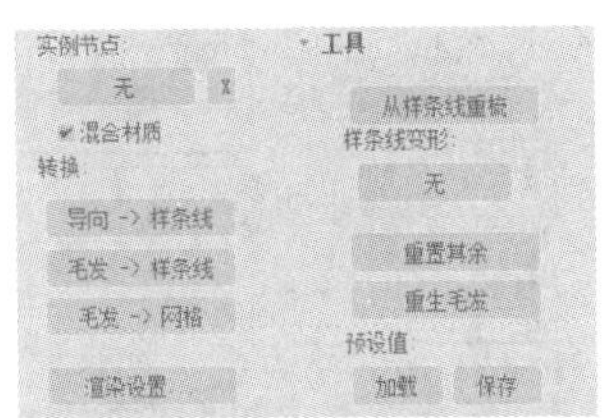

图 7.010

下面来分析其中的几个重要工具。

从样条线重梳：使毛发沿样条线的走向生长，如图 7.011 所示，白色的是样条线，黑色的是毛发。

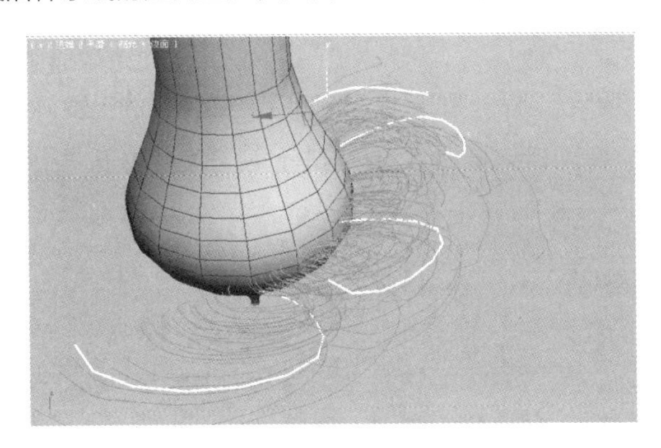

图 7.011

样条线变形：这是在 3ds Max 2010 中新增的一项功能，与［从样条线重梳］相比，该功能不仅能通过样条线来实时地设计毛发形状，还能为毛发设置动画效果，如图 7.012 所示。

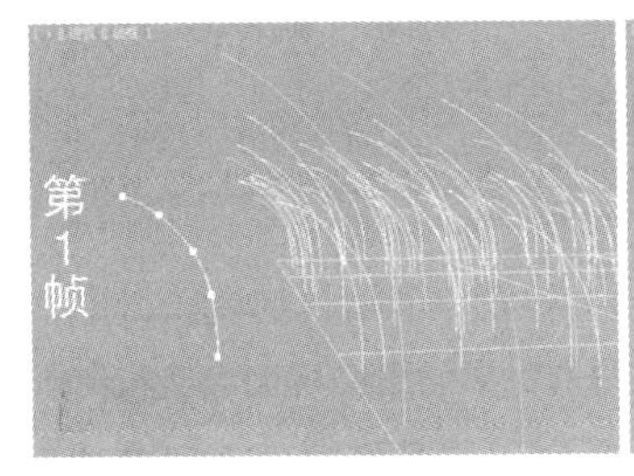

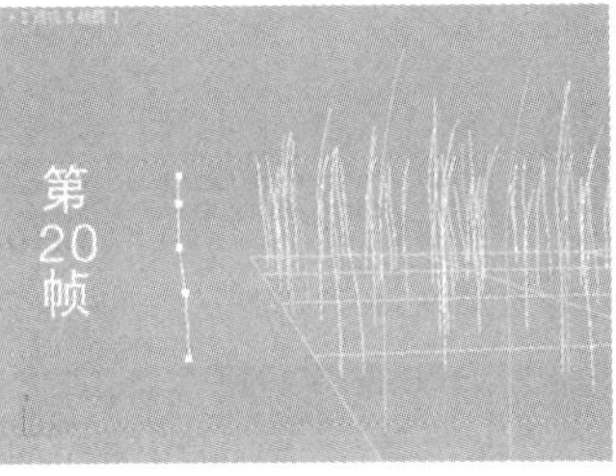

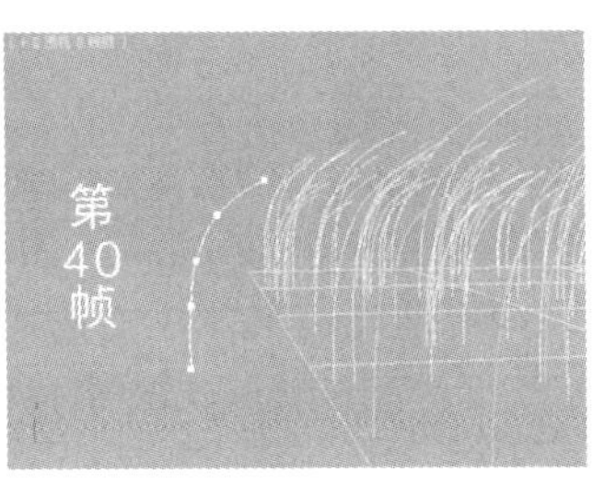

图 7.012

重生毛发：该工具用来取消之前所有的毛发调整信息，使其恢复到默认的状态，保留修改器当前的所有参数设置，如图 7.013 所示。

预设值：使用该功能时可以方便地使用［加载］或［保存］按钮来读取或保存毛发方案。需要注意的是，每一个预设方案都包含了毛发修改器所有的参数设定，但是却不包含发型调整信息。系统默认提供了一些毛发方案供用户使用，可以通过单击［加载］按钮打开［Hair and Fur 预设值］窗口，各种预设方案以形象的缩略图显示，如图 7.014 所示。

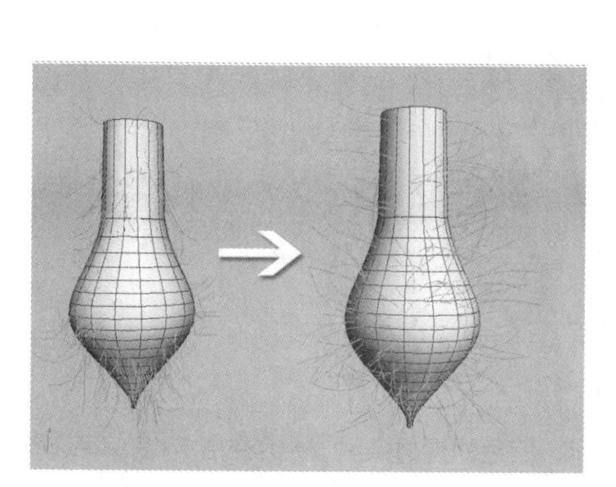

图 7.013

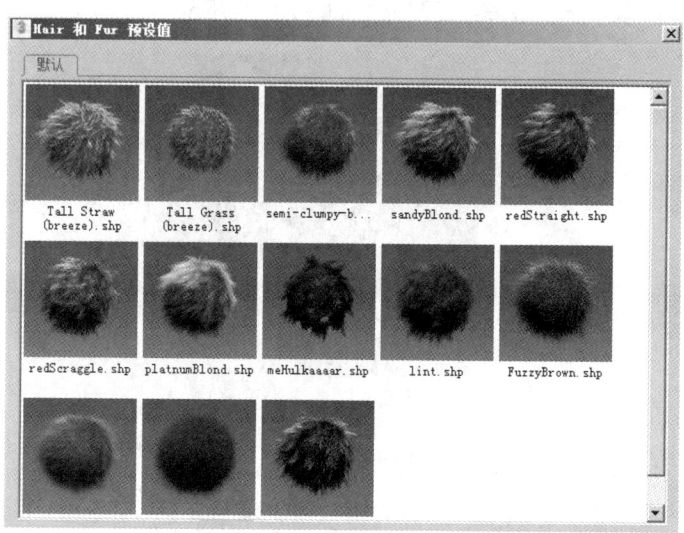

图 7.014

双击某个项目就可以将其调用。当然，如果自己制作了一款不错的毛发效果，也可以通过单击［保存］按钮将其保存，在需要的时候将其调用，省时省力。这些预设方案存放于“3ds Max 2018\Hair\presets”文件夹中，如图 7.015 所示。

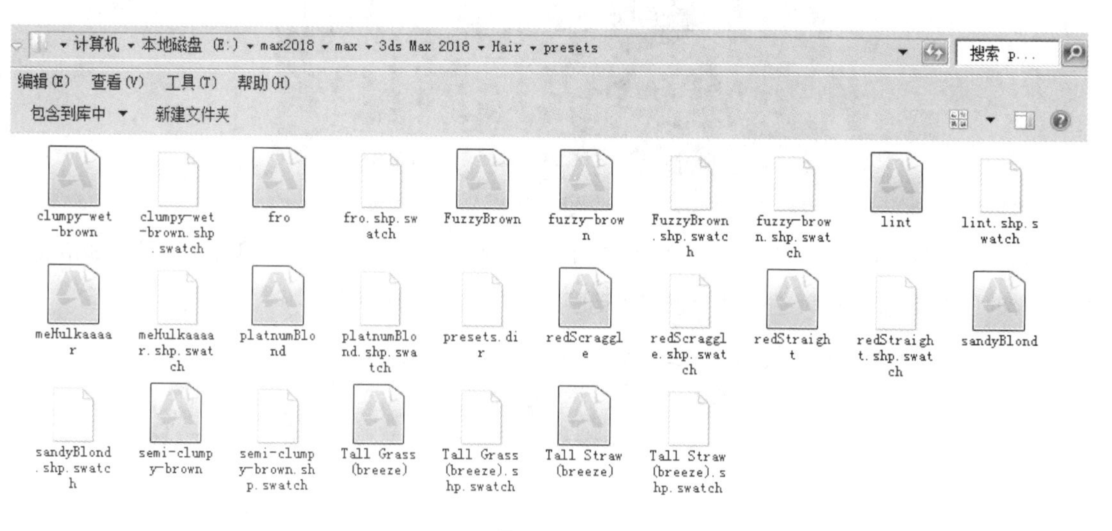

图 7.015

实例节点：可以使用任何几何体对象来替代毛发的外形，这样做的好处是可以节省大量系统内存，加快操作速度，很多情况下还可以得到意想不到的效果。如果勾选［显示］卷展栏中的［作为几何体］复选框，则实例节点的形状可以显示在视图中，如图 7.016 所示。

图 7.016

3. ［常规参数］卷展栏

在这个卷展栏中，包含了毛发的基础设置参数，如［毛发数量］、［毛发段］、［密度］等，通过这些参数可以快速设置毛发的一些最基本的特性，如图 7.017 所示。下面来分析其中的重要参数。

图 7.017

毛发数量：该参数用于设置所生成的毛发总数，这是一个近似数值，实际数量会十分接近该数值。在默认状态下，这个参数的数值是 15 000，可调节范围为 0 ~ 10 000 000。通常情况下，毛发系统按照表面密度来分配毛发，多边形的面积越大，其所拥有的毛发数量越多，但是渲染时间越长，如图 7.018 所示。

毛发段：［毛发段］类似于样条线中的分段数概念，如需要制作大量弯曲的毛发，可以通过增加［毛发段］值来达到使毛发更加平滑柔顺的效果。对于直发来说，将该参数的数值设置为 1 即可，因为直发没有弯曲细节表现。设置过多的段数会浪费大量的渲染时间，所以在实际应用中，该参数的数值设置应以实际要求为准。默认的［毛发段］值为 5，可调节范围为 1 ~ 150，如图 7.019 所示。

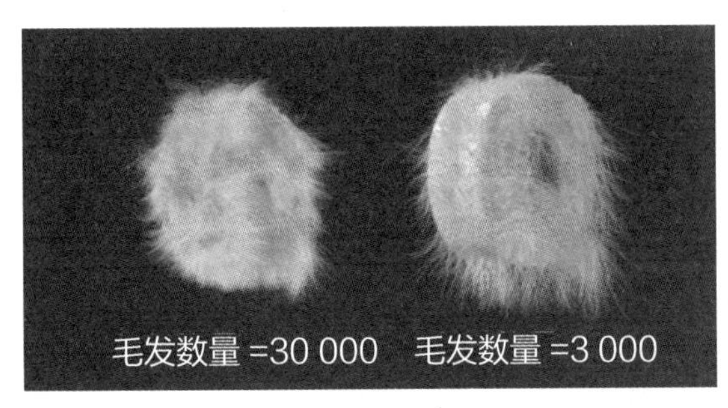

图 7.018

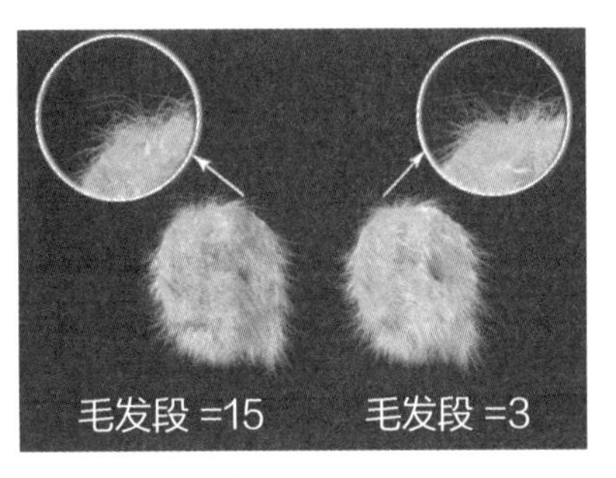

图 7.019

毛发过程数：该参数用来设定毛发的透射传递数值，表现在效果上就是毛发的纤细感和透光感。当［毛发过程数］的数值增大时，毛发的透射度增大，因此看起来毛发变得更细了，如图 7.020 所示。这个参数的默认值为 1，可调节范围为 1 ~ 20，该参数的值设置得过高会极大地增加渲染时间。

密度：该参数实际是前面介绍的［毛发数量］参数的扩展，它可以使用贴图来控制毛发的生长数量，特别是在需要毛发在模型表面上不均匀生长时显得尤为有用。它的原理是：按照贴图的灰度级别来分配毛发，贴图中白色区域的毛发生长茂密，而黑色区域不生长毛发。该参数默认值为 100.0，可调节范围为 0.0 ~ 100.0。

提示

如果为该参数加入一张黑底白色标志的贴图，则毛发只生长在标志部分上，这样就可以得到由毛发组成的标志效果。

比例：该参数可以对毛发进行全局缩放，它改变毛发长度的方式是使毛发整体按百发比缩放。它同样可以指定贴图，例如，为其指定一张渐变贴图，可以实现毛发在不同区域长短不一的效果。该参数的默认值为 100.0，可调节范围为 0.0 ~ 100.0。

剪切长度：该参数可以对毛发进行修剪，它表示毛发被修剪掉的长度占原长的百分比，也可以使用贴图进行控制。当使用灰度渐变贴图时，不同灰度位置的毛发按照灰度值被修剪掉一定百分比的长度，但发根的形状不发生改变，如图 7.021 所示。默认数值为 100.0，调节范围为 0.0 ~ 100.0。

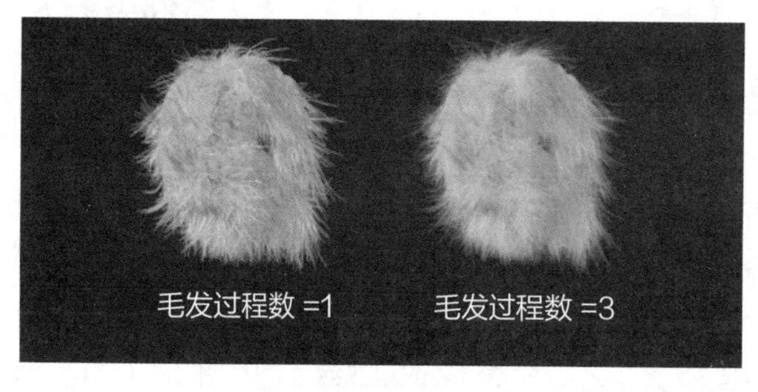

图 7.020

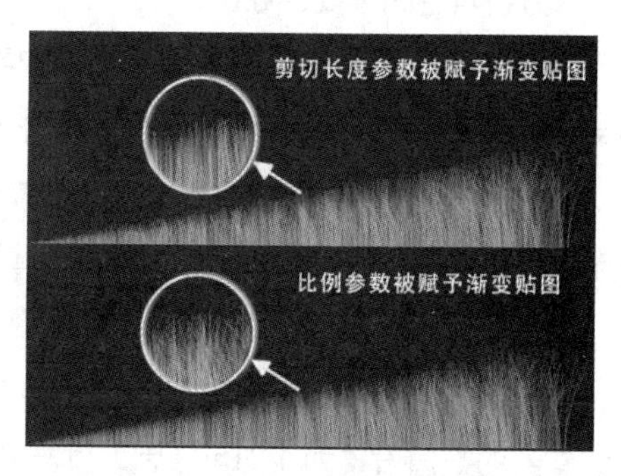

图 7.021

随机比例：该参数用来控制毛发的随机缩放，值为百分比。当设定好一个值之后，该百分比的毛发将会随机缩小，当该参数值为 0 时，所有的毛发都不产生缩放。这个参数的默认值是 40.0，可调节范围为 0.0 ~ 100.0，如图 7.022 所示。

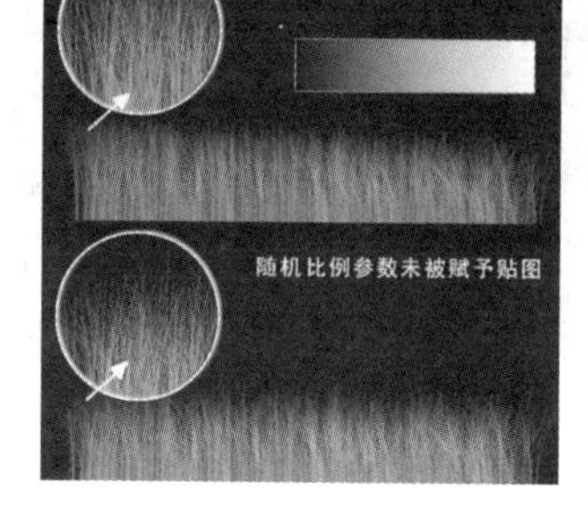

图 7.022

[根厚度] 和 [梢厚度]：这两个参数分别控制着毛发的根部和梢部的粗细。[根厚度] 还可以用来控制作为毛发替代对象的实例几何体的尺寸，如图 7.023 所示。

置换：这个参数控制毛发根部与毛发生长对象间的距离，默认数值为 0，即毛发从生长对象表面上产生，该参数的可调节范围是 – 999 999.0 ~ 999 999.0。它可以用来制作毛发飞离生长对象表面的动画效果，如图 7.024 所示。

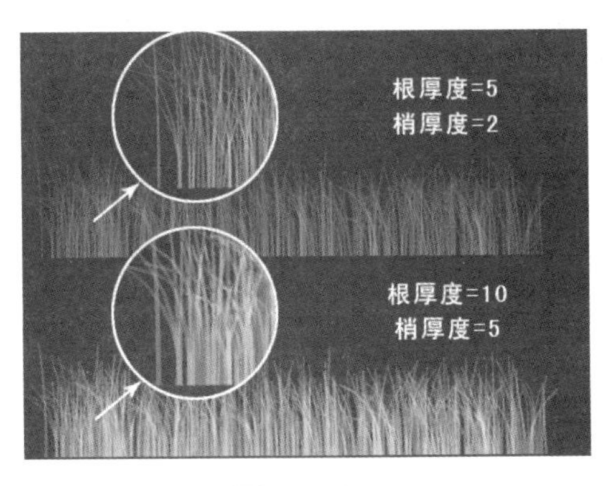

图 7.023

图 7.024

4. [材质参数] 卷展栏

该卷展栏主要用于对毛发的材质和阴影等参数进行设置，以得到不同质感和颜色的毛发，如图 7.025 所示。

阻挡环境光：该参数用来平衡场景灯光和漫反射颜色（表面固有色）对毛发的影响。该参数的值越高，场景灯光对毛发表面的影响越小，毛发的颜色就越接近于材质参数中设置的固有色；该参数的值越小，则场景灯光对毛发的影响越大，毛发表面呈现出较多的阴影关系和灯光颜色等属性。通常我们采用降低该参数的值的办法来提高毛发表面的对比度，如图 7.026 所示。该参数的值在 0.0 到 100.0 之间变化，默认值为 40。

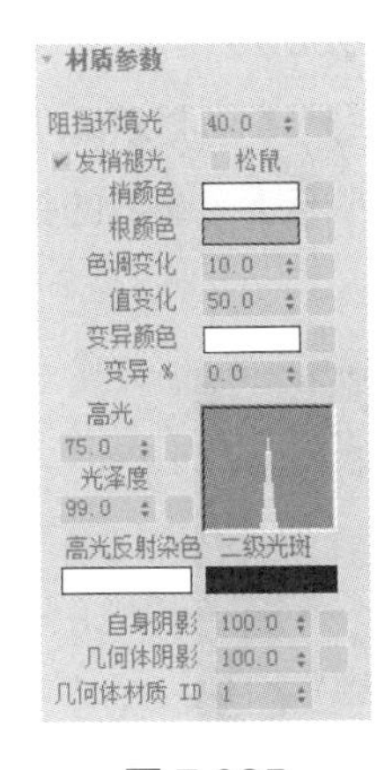

图 7.025

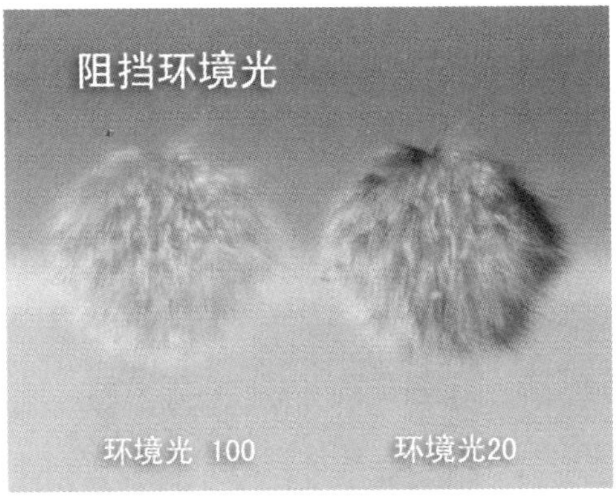

阻挡环境光

环境光 100

环境光20

图 7.026

[梢颜色] 和 [根颜色]：此组参数用来控制毛发尖端（远离生长对象表面的一端）的颜色和毛发根部

的颜色，单击参数后的色块会弹出一个颜色拾取器，可以从中选择所需要的颜色，并设置不同的亮度、饱和度数值，如图 7.027 所示。

色调变化：该参数用来控制毛发产生色相变化的程度，如图 7.028 所示。该参数默认值为 10.0，可调节范围是 0.0 ~ 100.0。

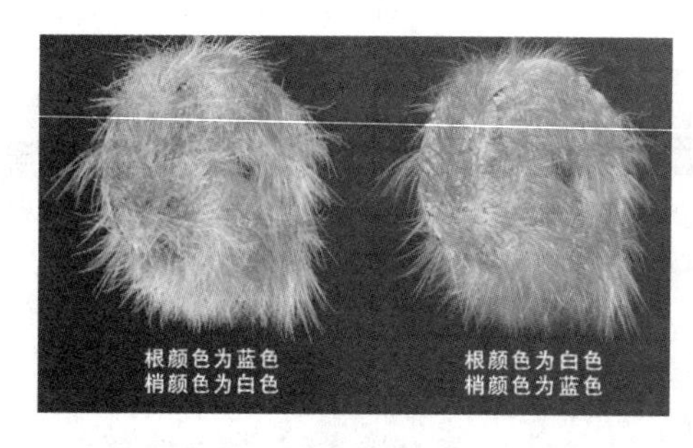

图 7.027

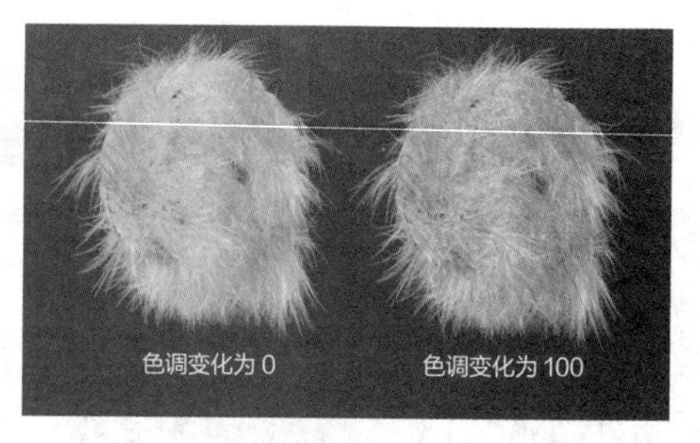

图 7.028

值变化：这是一个控制毛发亮度变化程度的参数，调节该参数的数值能够影响毛发的亮度变化程度，如图 7.029 所示。该参数默认值为 50.0，可调节范围值是 0.0 ~ 100.0。

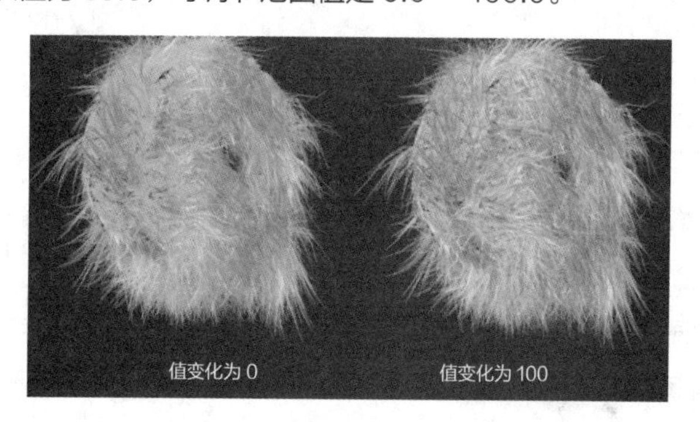

图 7.029

变异颜色：使用这个参数可以控制随机抽取的一些变异毛发的颜色。举例来说，在制作老人的头发和胡须时，在原始黑色毛发的基础上，需要随机产生一些发白或发灰的毛发，这些发白或发灰的毛发就是所谓的变异毛发。这个参数需要结合下面讲到的 [变异 %] 参数使用，如图 7.030 所示。

变异 %：这个参数用来控制产生的变异毛发的数量，数值是一个百分比，通过和 [变异颜色] 参数配合，可以制作出老人灰白的头发和胡须、生物的花色毛皮等，如图 7.030 所示。该参数的默认值是 0.0，可调节范围是 0.0 ~ 100.0。

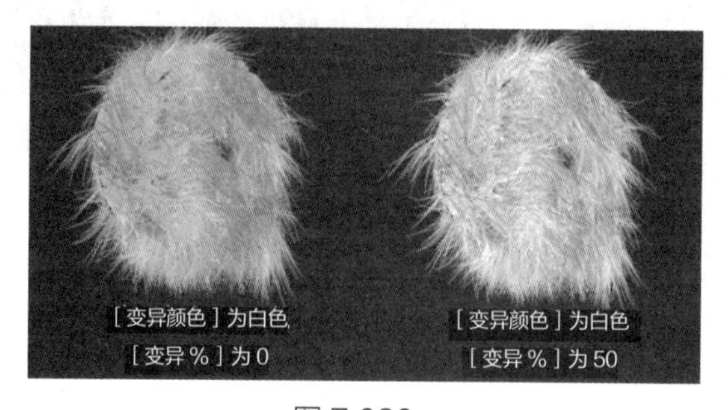

图 7.030

[高光] 和 [光泽度]：用来调节毛发的高光强度和高光面积，拥有高光的毛发看起来更加光滑，如图 7.031 所示。

自身阴影：该参数用来控制毛发自身投射阴影的程度，它可以将同一修改器中的一根毛发的影子投射到另一根毛发上，这个参数往往会结合 [毛发灯光属性] 来使用。它的默认值为 100.0，可调节范围值是 0.0 ~ 100.0，如图 7.032 所示。

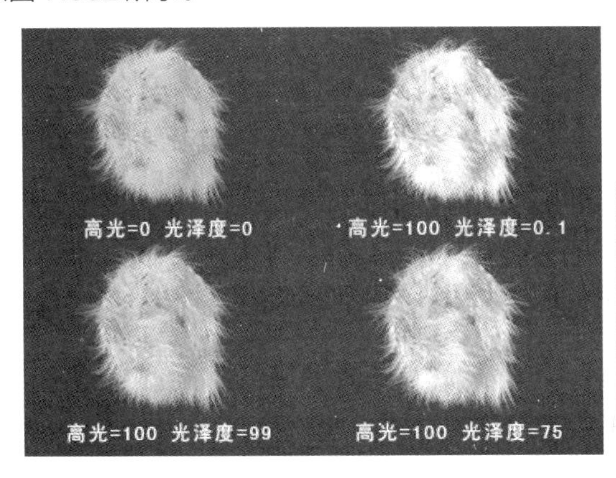

图 7.031

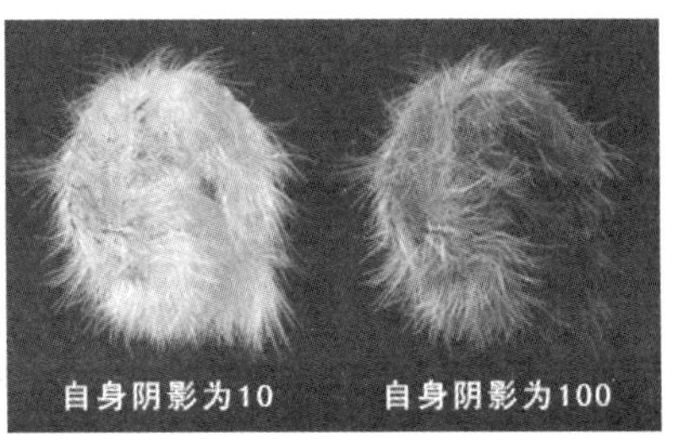

图 7.032

5. [卷发参数] 卷展栏

在实际应用中，毛发往往表现为各式各样的卷曲效果，3ds Max 的毛发模块提供了完整的卷发参数，通过 [卷发参数] 卷展栏即可为毛发设置出各种卷发效果，如图 7.033 所示。

[卷发根] 和 [卷发梢]：使用这组参数可以分别控制毛发根部和尖部的卷曲程度，毛发的卷曲效果是通过置换来实现的，这两个参数可以调整置换的程度。将这两个参数与后面的坐标轴卷曲调整参数结合使用可以得到逼真的毛发卷曲效果，如图 7.034 所示。

图 7.033

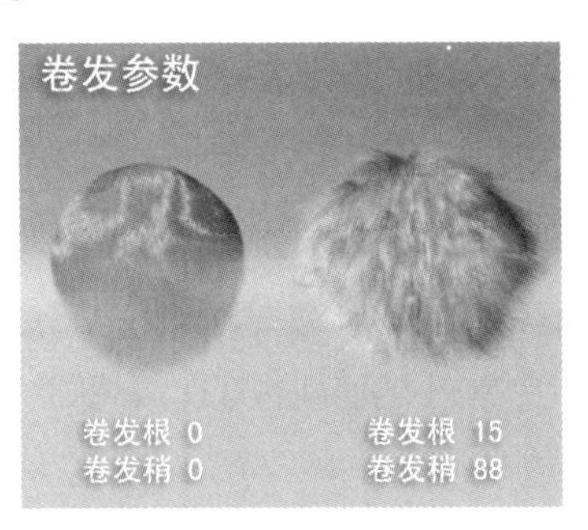

图 7.034

[卷发 X 频率]、[卷发 Y 频率] 和 [卷发 Z 频率]：这组参数分别用来控制毛发在坐标轴上的卷曲频率。该组参数的默认值均为 14.0，可调节范围值是 0.0 ~ 100.0。

提示

仔细调节该卷展栏中的各项参数可以模拟出毛发随风飘动的效果。

6. [纽结参数] 卷展栏

在日常制作中，除了要表现毛发的卷曲效果之外，往往还需要表现毛发的扭结效果，它是比卷曲效果更加强烈的一种卷发方式。因此，3ds Max 的毛发系统提供了一个 [纽结参数] 卷展栏，在这里可以设置毛发的扭结效果，其原理和用法与前面的 [卷发参数] 卷展栏相似，如图 7.035 所示。

[纽结根] 和 [纽结梢]：这组参数分别用来控制毛发的根部和尖部的扭结置换程度，通过调节这些参数的数值，可以设置毛发的扭结程度，如图 7.036 所示。

[纽结 X 频率]、[纽结 Y 频率] 和 [纽结 Z 频率]：这一组参数配合 [纽结根] 和 [纽结梢] 参数，可以进行更细致的扭结效果设置。这组参数可以分别控制坐标轴上毛发扭结的程度，它们的默认值均为 2.3，可调节范围值是 0.0 ~ 100.0。

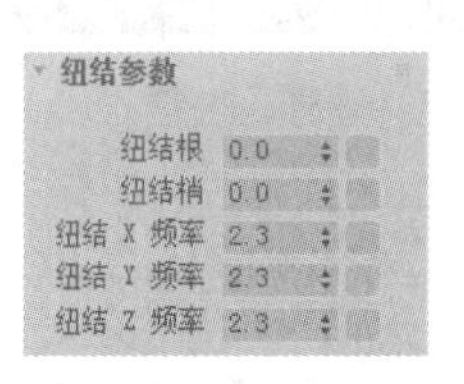

图 7.035

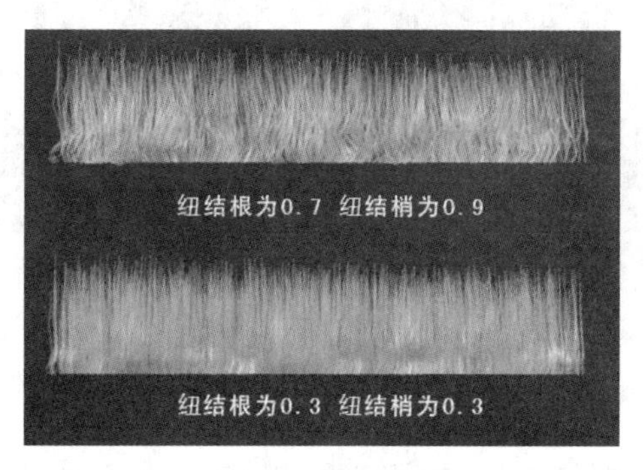

图 7.036

7. [多股参数] 卷展栏

该卷展栏中的项目主要通过渲染周围的附加毛发来控制发束的形状，如图 7.037 所示，此处仅对重要参数进行讲解。

数量：该参数用于控制每个发组的毛发数量，但过高的值会大大增加渲染时间，如图 7.038 所示。

根展开：用于控制根部扩张的幅度，描述为专业化的语言即新生的附加毛发与原始毛发根部的随机位移量。该参数的值过大将使发组看起来更加蓬乱，而较小的值可以生成一个比较规则的发束，如图 7.038 所示。

梢展开：该参数与上个参数属于同一类型，只不过它用来控制毛发的尖部扩张量，即新生毛发与原始毛发尖部的随机位移量。同样地，较小的值能生成比较规则的发束，而较大的值生成的发束则比较凌乱，如图 7.038 所示。

图 7.037

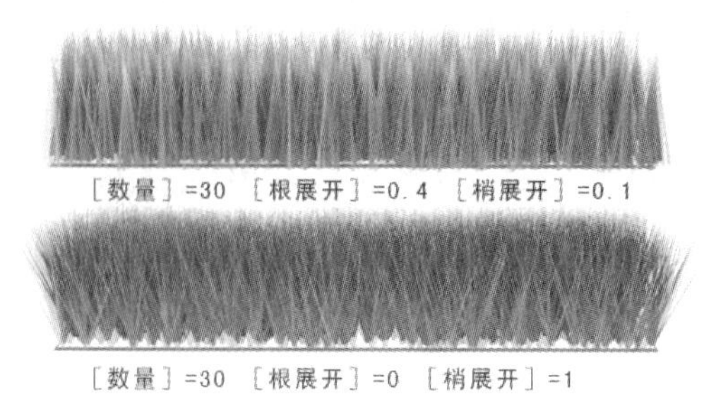

图 7.038

8. [动力学] 卷展栏

在 3ds Max 的毛发系统中，除了能够通过各项基础参数、各种发型编辑工具等创建出真实的毛发静态效果以外，还可以为毛发创建动画效果。3ds Max 的毛发系统提供了 [动力学] 卷展栏，对其中的参数进行合理的设置后，可以使毛发受到风力或重力等外力影响，并且还会与其他多边形对象发生碰撞，如图 7.039 所示。

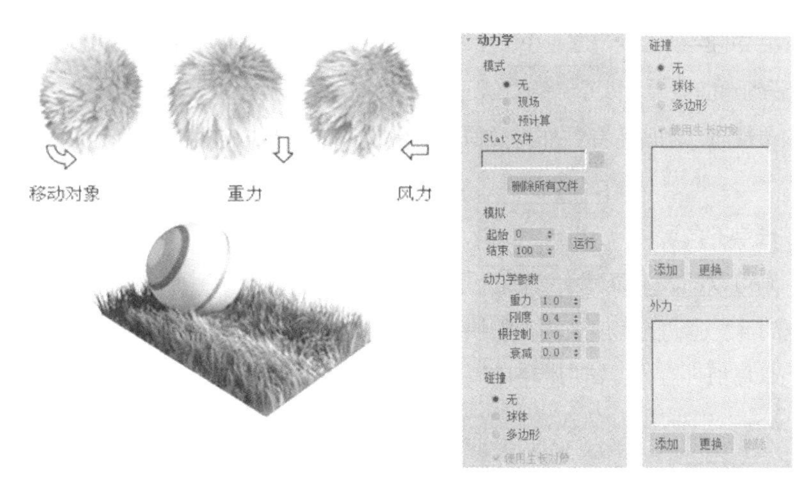

图 7.039

模式：在 [动力学] 卷展栏中，首个参数组为 [模式] 参数组，它用来设定毛发产生动态效果的模式，其中包括以下几种。

① [现场] 模式：特别适合试验效果，毛发将在视图中实时模拟显示，配合 [显示] 卷展栏中的 [作为几何体] 选项能得到最好的实时显示效果。

② [预计算] 模式：可以将毛发的动态效果保存成动力学数据文件，但必须在设置了动力学数据文件的名称和保存路径之后才可以使用该选项。

Stat 文件：在这里设置状态文件的名称和保存到的目录，可以用来记录和回放毛发的动态模拟计算结果。3ds Max 的毛发系统会为填写的文件名追加 4 位数字作为帧数，并且会添加“.stat”作为扩展名。在这个参数组中还有一个 [删除所有文件] 按钮，通过它可以删除所有目标目录下以定义的文件名为名称的前半部分的相关文件。

提示

如果要保存计算过毛发动力学的文件，一定要连带存储动力学数据的文件夹，否则再次打开这个文件后，动力学数据会丢失。

模拟：这组参数用来设定模拟的长度并执行模拟过程，它同样也必须在设置了状态文件后才能被调整。其中 [起始] 参数为模拟的起始帧， [结束] 参数为模拟的结束帧，设置好之后单击 [运行] 按钮可以开始计算动画效果，并将其保存在状态文件中。在模拟计算的过程中，如果需要中止模拟过程，可以单击状态栏中的 [取消] 按钮。

动力学参数：在这个参数组中，包含 4 个用于设置毛发动态的参数，它们的数值将直接影响到毛发的动态效果，每个参数的作用和设置方法如下。

①重力：可以指定一个影响毛发的力，如果设置为负值会将毛发拉起，设置为正值则将毛发垂下。如果需要使毛发不受重力的影响，可以将这个参数值设置为 0.0。该参数的默认值为 1.0，可调节范围是 -999.0 ~ 999.0。

②刚度：设置毛发的坚硬程度，值越小，毛发越软，如果将这个参数设置为最大值 1.0，则毛发在动力学计算过程中不会产生任何弯曲效果。该参数的默认值是 0.4，调节范围是 0.0 ~ 1.0。

③根控制：该参数与 [刚度] 参数作用类似，但只会影响到毛发的根部，其默认值为 1.0，可调节范围是 0.0 ~ 1.0。

④衰减：从物理学的角度可以知道，包含动力学的毛发会将其速度带到下一帧中，如果要求不同帧之间的速度衰减增加，则可以加大 [衰减] 参数的值，这样在实际动画效果中，毛发移动就会显得很困难（即有很大的阻力，使推动毛发运动的速度衰减得很快）。该参数的默认值是 0.0，可调节范围是 0.0 ~ 1.0。

碰撞：在动力学模拟计算中，可以模拟毛发与其他对象的碰撞效果。这个参数组中包含以下几个控制碰撞的选项。

①多边形：该选项使毛发系统考虑到碰撞对象的每个多边形，因此计算量最大，运算速度最慢，但却能得到最精确的结果。

②使用生长对象：该选项用于控制毛发是否与生长对象发生碰撞，当勾选它时毛发将会与生长对象发生碰撞。

外力：在这个参数组中，可以让用户指定参与动力学计算的空间扭曲力场，例如，可以配合风力空间扭曲来创建毛发被风吹动的效果。

9. [显示] 卷展栏

在 3ds Max 的毛发系统中，为了便于操作，视图中显示的毛发并不是最终渲染的毛发效果，只是可以显示一定数目的毛发和导引线。根据不同操作者的习惯及场景的情况，往往需要改变毛发外形和导引线的显示方式，通过 [显示] 卷展栏可以对它们的显示效果进行修改操作。该卷展栏的参数如图 7.040 所示，修改它们只是修改了视图中毛发的显示效果，并不会对渲染产生影响。

显示导向：默认情况下，该复选框为未被勾选状态，即在视图中不显示导引线。而当其被勾选时，可以在视图中显示导引线，同时还可以通过单击 [导向颜色] 后边的色块打开颜色拾取器，来选择导引线的显示颜色。

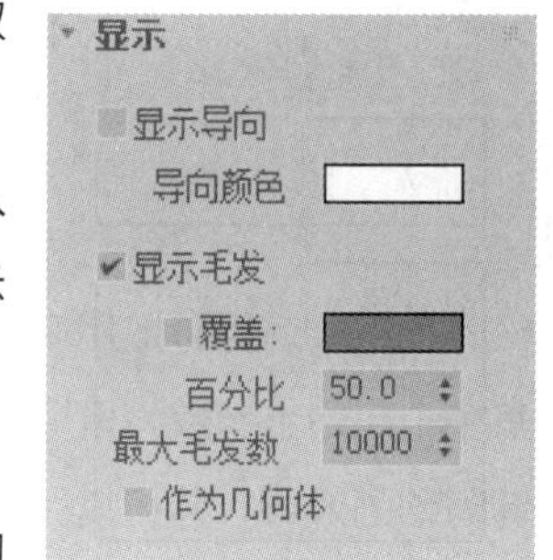

图 7.040

显示毛发：该参数默认为被勾选状态，即毛发可以显示在视图中，毛发默认的显示颜色为红色，可以通过单击 [覆盖] 后边的色块来改变视图中毛发的显示颜色。

覆盖：勾选此复选框之后，可以设定毛发在视图中的显示颜色。

百分比：用来控制视图中显示的毛发的百分数。在创建一个毛发数量较多的对象时，为了使视图操作更加流畅，可以减小这个数值，只在视图中显示少量的毛发即可。

最大毛发数：该参数可以控制在视图中显示的最大毛发数量。有时要在视图中显示多于 1 000 根的毛发，必须调高此值。

作为几何体：该参数默认状态下未被勾选，即通过样条线显示毛发，当被勾选时会在视图中以实际渲染的几何体形式显示毛发，这样会在一定程度上影响操作的速度和流畅程度。

以上多个卷展栏构成了整个［Hair 和 Fur（WSM）］修改器，该修改器参数众多，且非常重要，可以说是整个 3ds Max 毛发系统的核心，掌握整个毛发系统的精髓后，在实际工作中就可以不必再去依靠繁杂的外挂插件来实现毛发效果了。

7.3 应用案例——扫帚

范例分析

本案例中我们将使用 3ds Max 软件来制作一个具有真实效果的扫帚模型。最终模型效果如图 7.041 所示，其中扫帚的杆部、头部与扫帚的扫毛根部的色泽一致，而附着于扫帚上的毛发顶部颜色较深，趋于黑色，底部色泽较浅，趋于蓝色。同时，在制作过程中还需要考虑到扫帚的周边投影效果。

场景分析

打开配套学习资源中的“场景文件\第 7 章\7.3\video_start.max”文件，在这个场景中我们看到有两面墙、地面、垃圾桶、扫帚的杆部和头部模型，如图 7.042 所示。我们接下来需要做的就是让扫帚的底部生成毛发，形成完整的扫帚效果。

图 7.041

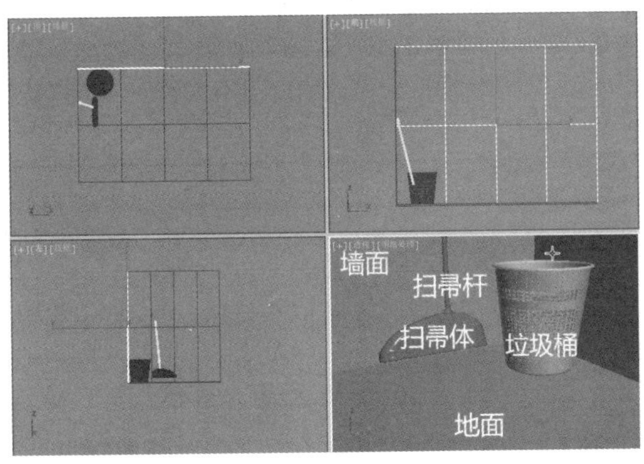

图 7.042

制作步骤

首先生成扫帚的毛发。

步骤 01： 按 Ctrl+C 组合键，在当前场景中创建出一个摄影机，然后切换至透视图，将摄影机隐藏，如

图 7.043 所示。

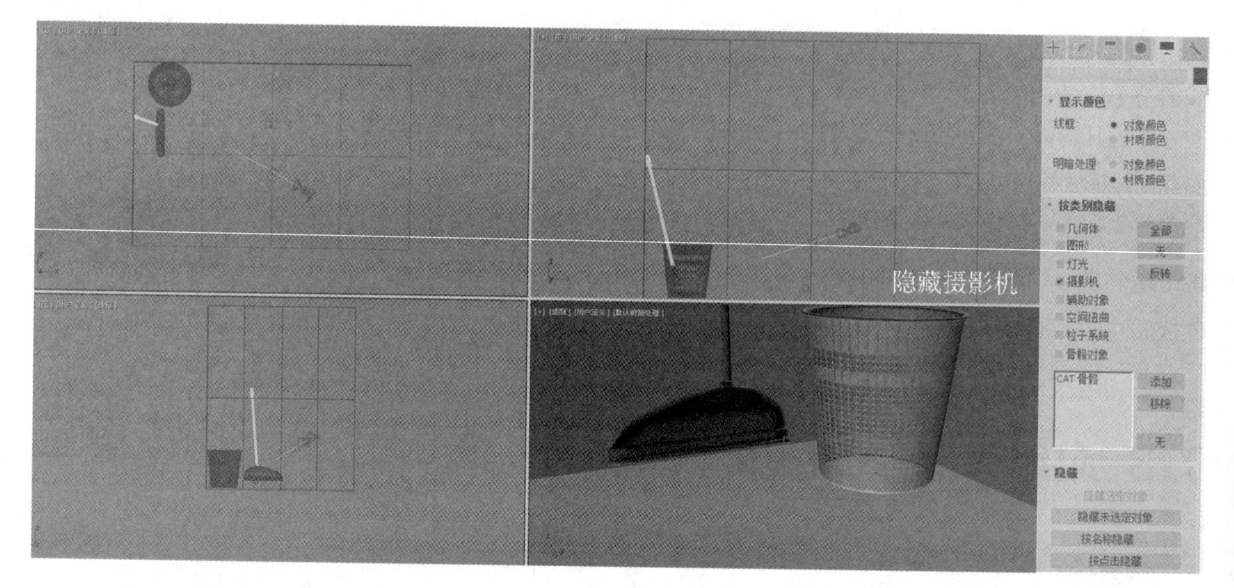

图 7.043

步骤 02： 选择扫帚底部的蓝色模型，按 Alt+Q 组合键，使其以孤立模式显示。按 F4 键启用边面模式，如图 7.044 所示。在修改面板中为模型添加一个［Hair 和 Fur（WSM）］修改器，此时蓝色模型就整体长出了毛发，如图 7.045 所示。

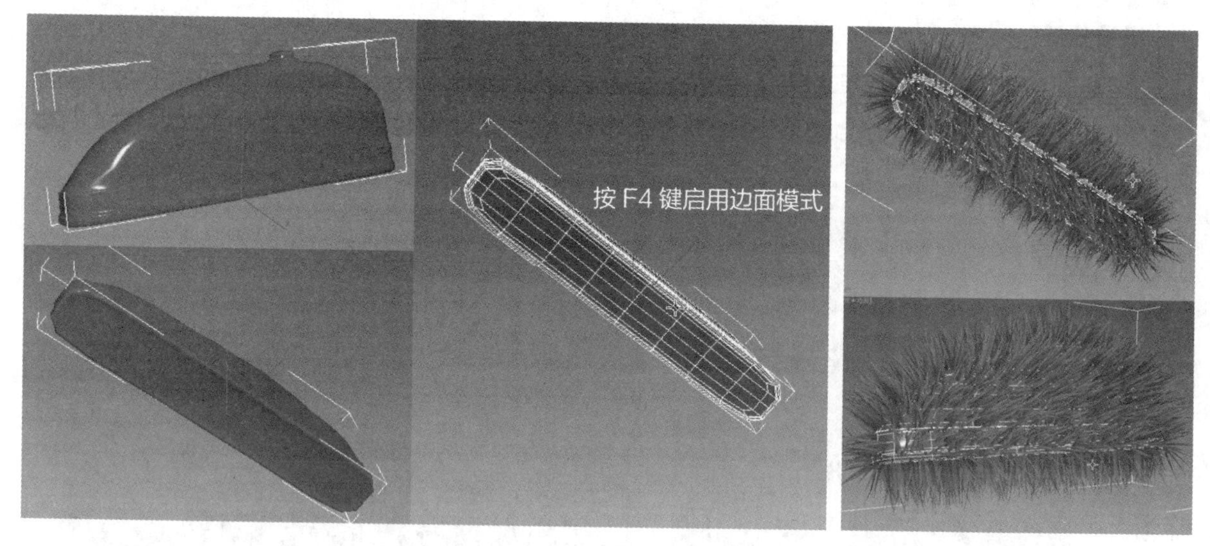

图 7.044

图 7.045

步骤 03： 在［Hair 和 Fur（WSM）］修改器的［显示］卷展栏中取消勾选［显示毛发］复选框，让当前毛发效果不在场景中显示。进入［Hair 和 Fur（WSM）］的［多边形］子对象级别，然后在场景中将要生长毛发的面通过按住 Ctrl 键单击选中，如图 7.046 所示。最后在［Hair 和 Fur（WSM）］修改器的［选择］卷展栏中单击［更新选择］按钮。

步骤 04： 在［Hair 和 Fur（WSM）］修改器的［显示］卷展栏中将［显示毛发］复选框勾选，我们可

提示

在加选过程中，注意不要误选到背面的面，在选择面之后要全面检查一下模型选择效果。

以看到现在毛发就均匀生长在扫帚底部了，如图 7.047 所示。

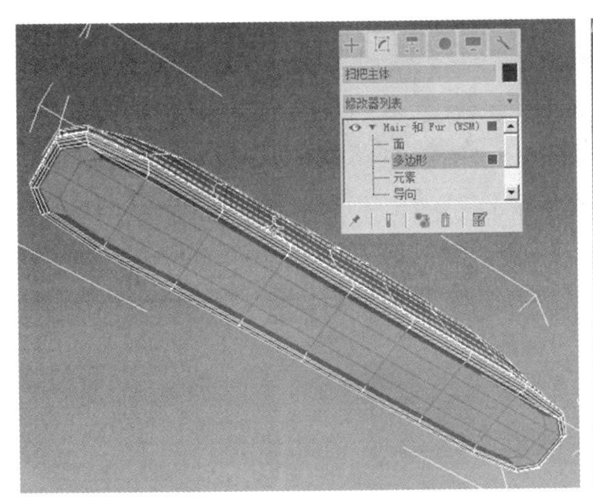

图 7.046

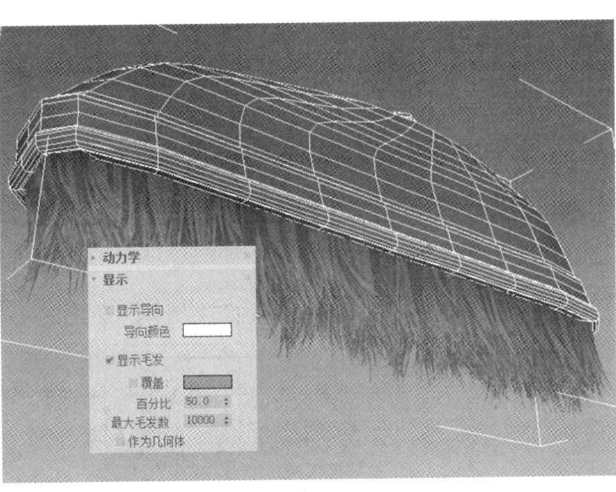

图 7.047

下面调整毛发细节造型。

步骤 01： 打开［常规参数］卷展栏，设置［毛发数量］为 1 000，［毛发段］为 4，［毛发过程数］为 1，［随机比例］为 0，［根厚度］为 8，［梢厚度］为 4，将［显示］卷展栏中的［百分比］设置为 100，如图 7.048 所示。

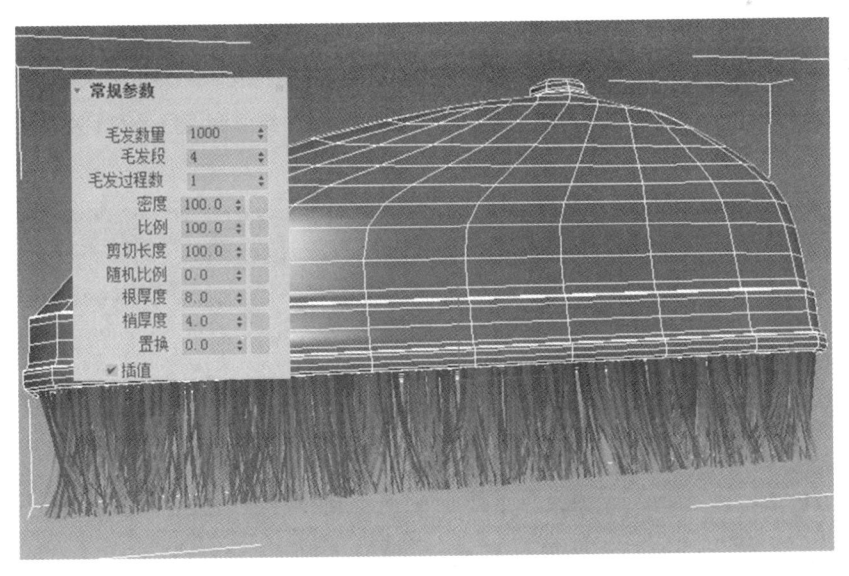

图 7.048

步骤 02： 切换至左视图，在［设计］卷展栏中单击［设计发型］按钮，然后在场景中调整毛发的导引线，在调整过程中可以通过推拉滑块来自动控制笔刷大小，并将扫帚两边的毛发向外偏移，调整出扫帚毛的卷翘造型，如图 7.049 所示。

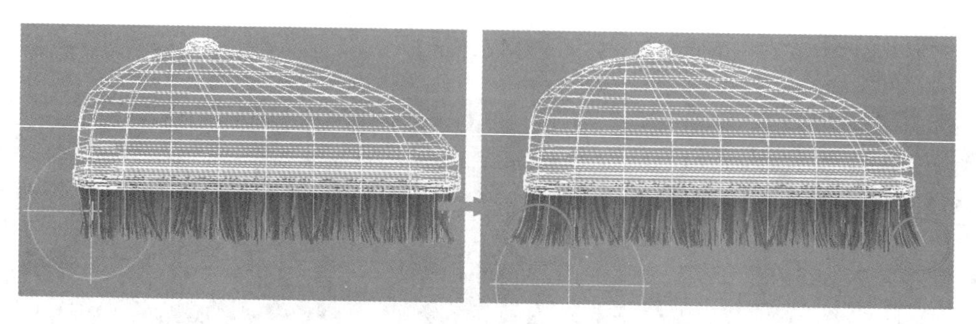

图 7.049

步骤 03： 同样，在前视图中也对另外两个侧面的毛发进行调整，如图 7.050 所示。

图 7.050

步骤 04： 现在我们觉得扫帚的毛发显得略短，退出孤立模式，参考毛发与地面之间的距离，单击按钮，将毛发的调整半径调大，然后在前视图中拉长毛发，使其与地面贴近，继续调整扫帚的毛发，使其两边更翘一些，最后单击［完成设计］按钮，完成效果的设计，如图 7.051 所示。

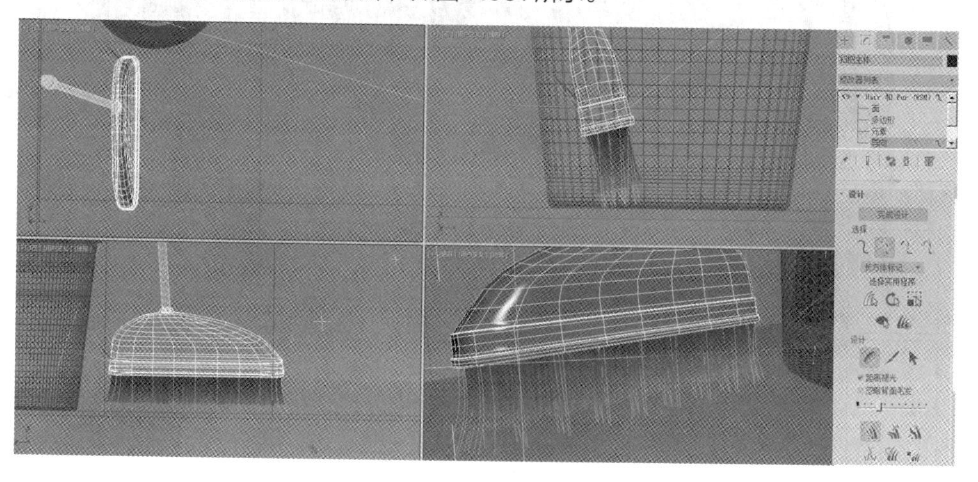

图 7.051

下面设置毛发材质。

步骤 01： 调整一下毛发的色泽。在［材质参数］卷展栏中调整毛发的［梢颜色］参数（RGB 参考值为 42、128、228）和［根颜色］参数（RGB 参考值为 20、47、78），然后得到扫帚根部颜色略深，尖部颜色略浅的视觉效果，如图 7.052 所示。

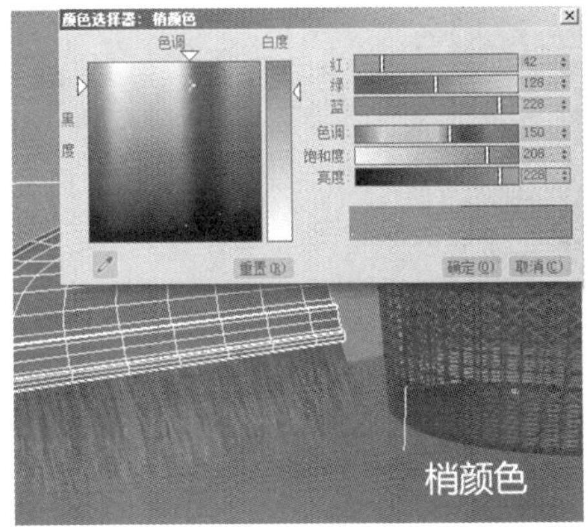

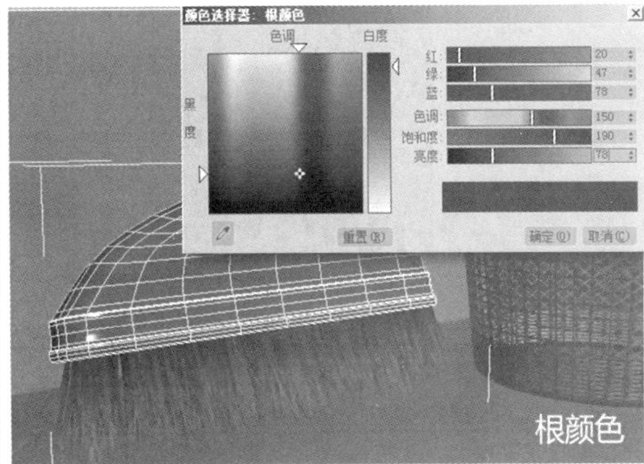

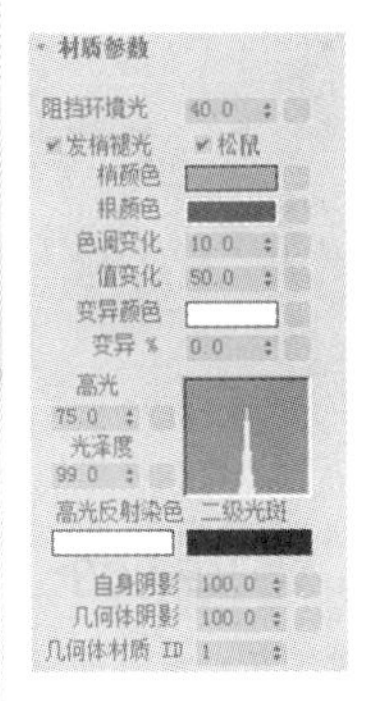

图 7.052

步骤 02： 在［卷发参数］卷展栏中设置［卷发根］参数为 5，［卷发梢］参数为 80，这样毛发会显得较直，如图 7.053 所示。

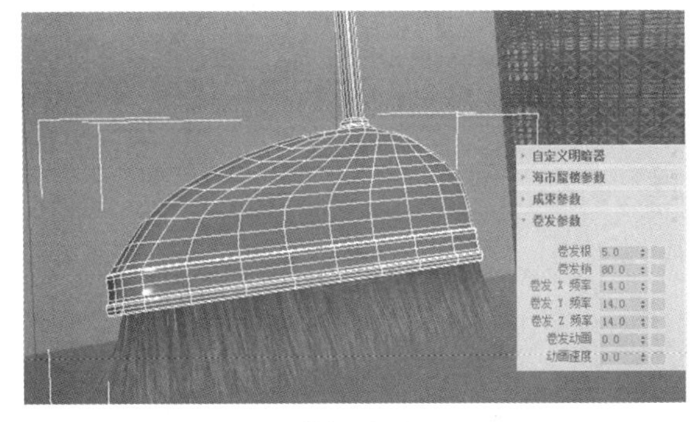

图 7.053

下面设置场景灯光。

步骤 01： 在场景中调整好四视图效果，在［创建］面板中单击［目标聚光灯］按钮，在顶视图中创建一盏灯光，将其目标点调整至垃圾桶和扫帚之间的位置，在前视图中调高光源点，如图 7.054 所示。

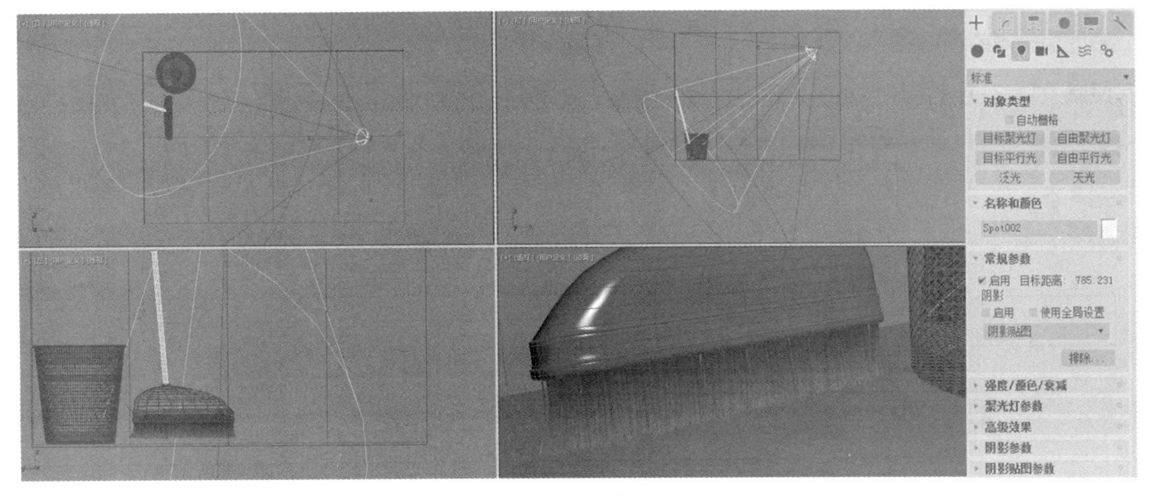

图 7.054

步骤 02： 调整灯光属性。在［阴影］参数组中勾选［启用］复选框，微调［倍增］值，使颜色为浅蓝色，如图 7.055 所示。

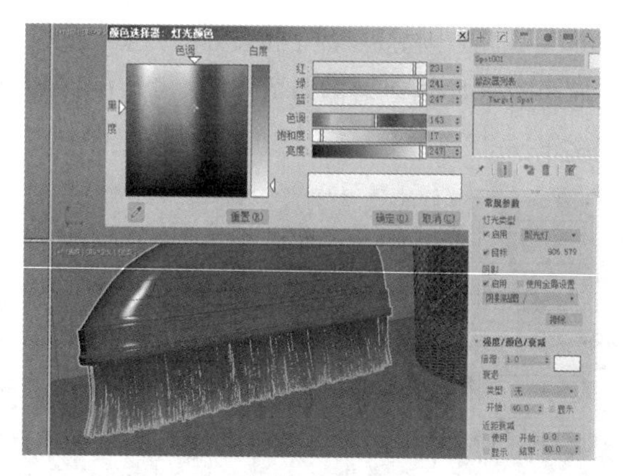

图 7.055

步骤 03： 设置［聚光灯参数］卷展栏中的［聚光区 / 光束］值为 46.9，［衰减区 / 区域］参数值为 87.5，在［阴影参数］中将对象阴影的［密度］参数调整至 0.5，如图 7.056 所示。

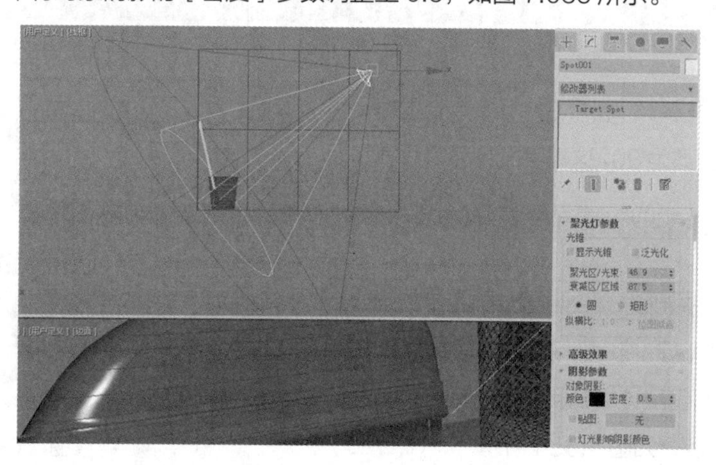

图 7.056

下面渲染当前场景。

步骤 01： 打开［渲染设置］窗口，设置输出大小为 500×375，如图 7.057 所示。

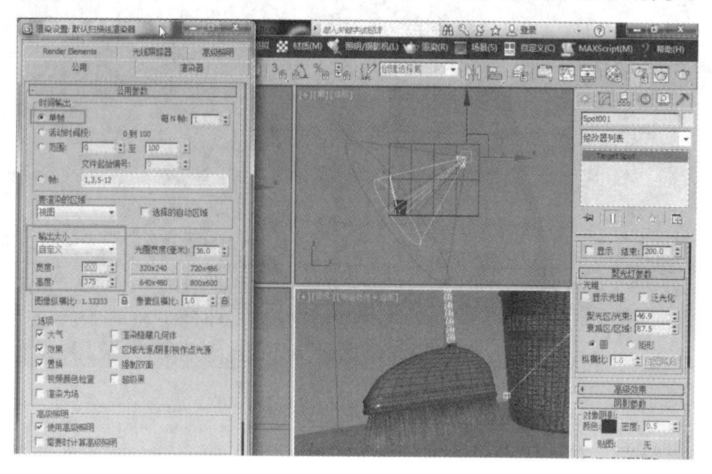

图 7.057

步骤 02：单击［透视］，在弹出的菜单中勾选［显示安全框］，在透视图中显示安全框。渲染当前场景，现在的毛发显得有些生硬，如图 7.058 所示。

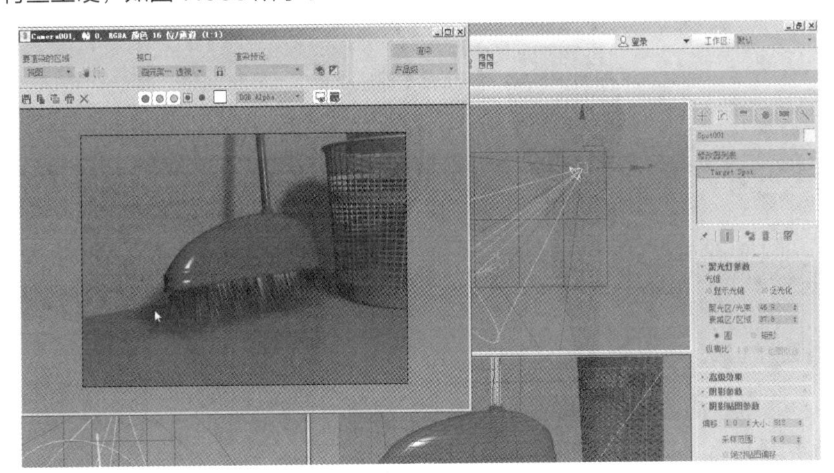

图 7.058

步骤 03：设置［卷发参数］中的［卷发根］参数为 15，［卷发梢］参数值为 150，在［常规参数］卷展栏中设置［毛发数量］为 5 000，并放大当前视图，进行渲染，渲染效果如图 7.059 所示。

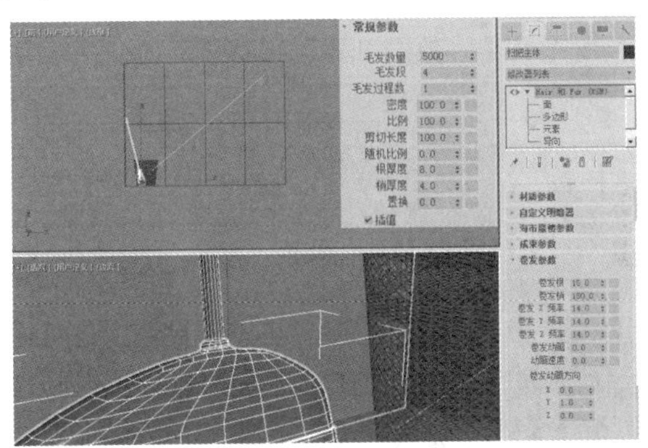

图 7.059

步骤 04：取消勾选［材质参数］卷展栏中的［松鼠］复选框，再次进行渲染，效果如图 7.060 所示。

图 7.060

步骤 05： 上一步骤中渲染出的发根部分显得过亮了，将［材质参数］中的［高光］参数值设置为 0 即可解决此问题，如图 7.061 所示。

图 7.061

步骤 06： 切换至摄影机视图，对当前场景效果进行渲染，效果如图 7.062 所示，此时扫帚的效果就制作完成了。

图 7.062

下面通过绘制样条线制作毛发效果。

步骤 01： 切换至左视图，选择［创建］面板中的［图形］面板中的［线］工具，在场景中扫帚毛的左边缘处绘制出一条有 3 个样条点的样条线，按 Alt+Q 组合键进入孤立模式，然后进入修改面板选择［顶点］级别，在场景中调整点的位置，使样条线形成一种下端向外偏的效果，如图 7.063 所示。

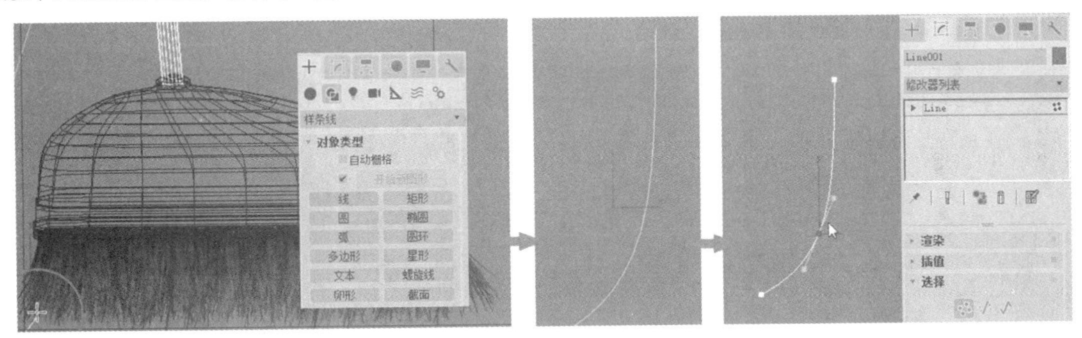

图 7.063

步骤 02：选择刚才绘制出的样条线，单击鼠标右键，在弹出的面板中选择［对象属性］选项，并在弹出的对话框中勾选［顶点标记］复选框，让样条线的顶点在视图中显示出来，如图 7.064 所示。

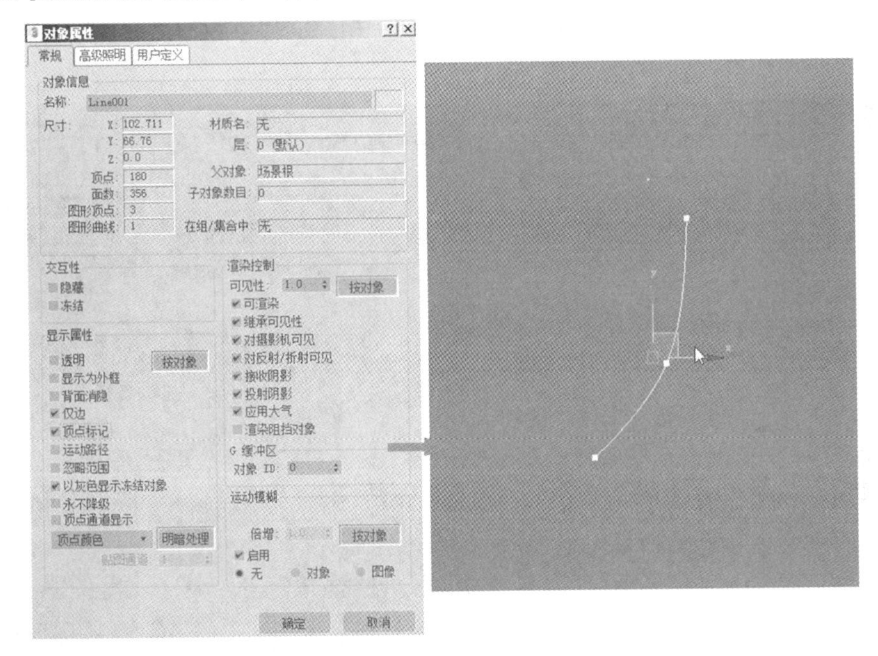

图 7.064

步骤 03：选择样条线，按住 Shift 键向右拖动 3 次，复制出 3 根相同的样条线，依次选中每根样条线，将其弯曲效果从左到右逐渐调小。最后再向右复制一根样条线，使其趋近于直线，然后将此样条线向右复制出 5 条，如图 7.065 所示。

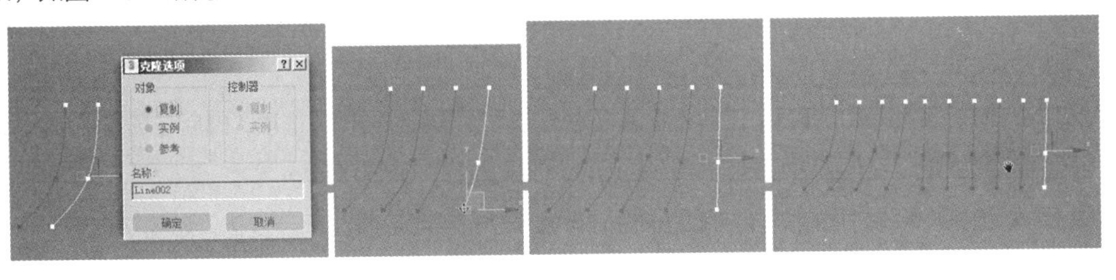

图 7.065

步骤 04： 退出孤立模式，继续复制趋近于直线的样条线。将最左边的 4 根弯曲样条线通过镜像工具复制，放置于扫帚右边，如图 7.066 所示。

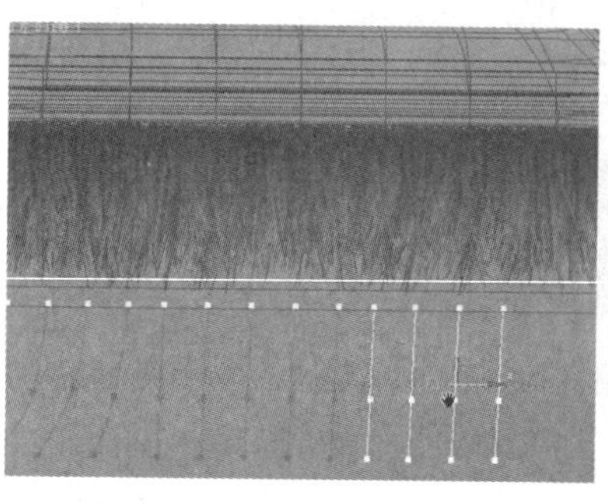
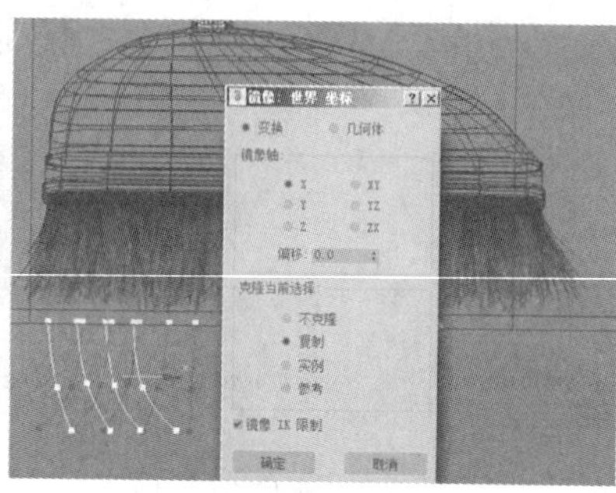
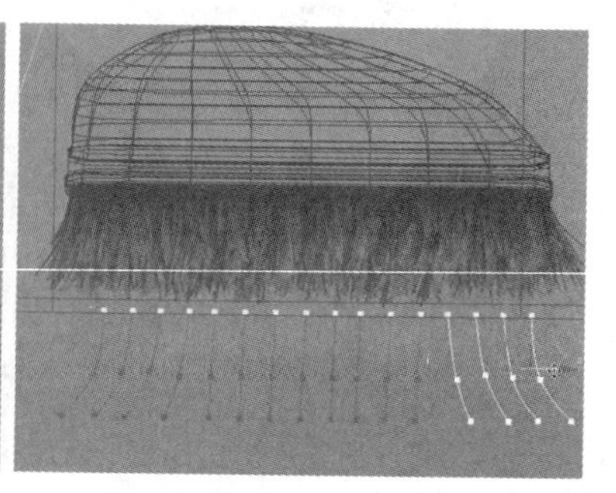

图 7.066

步骤 05： 选中其中一根样条线，在［几何体］卷展栏中单击［附加多个］按钮，将创建的样条线全部附加在一起，再将全部样条线的位置移至与扫帚毛的位置相吻合，并使用［旋转］工具将其角度也调整至与扫帚毛一致，如图 7.067 所示。

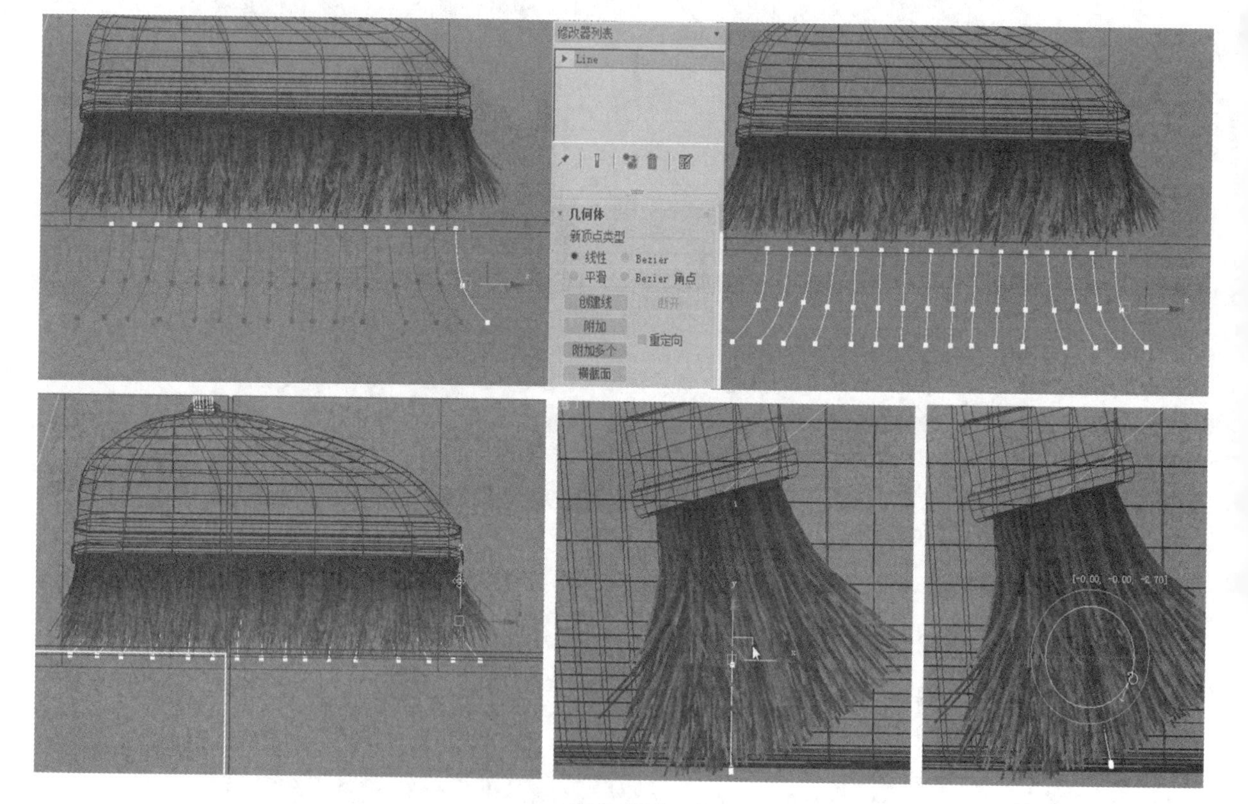

图 7.067

步骤 06： 选中扫帚头部，在其［工具］卷展栏中选择［从样条线重梳］选项，然后在场景中单击样条线，此时，扫帚毛立刻变成了我们刚才创建的样条线造型，效果如图 7.068 所示。

步骤 07： 选中样条线，直接对样条线的长短进行调节，扫帚毛会发生同步变化，如图 7.069 所示。

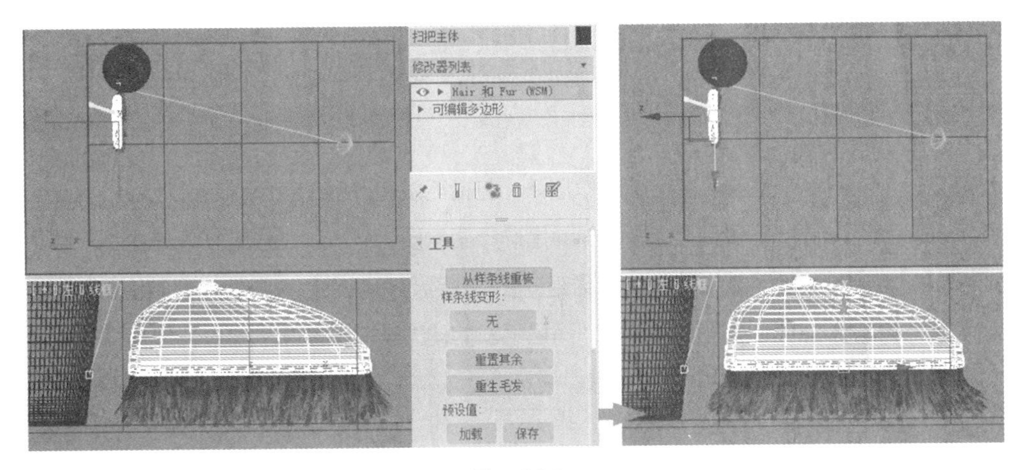

图 7.068

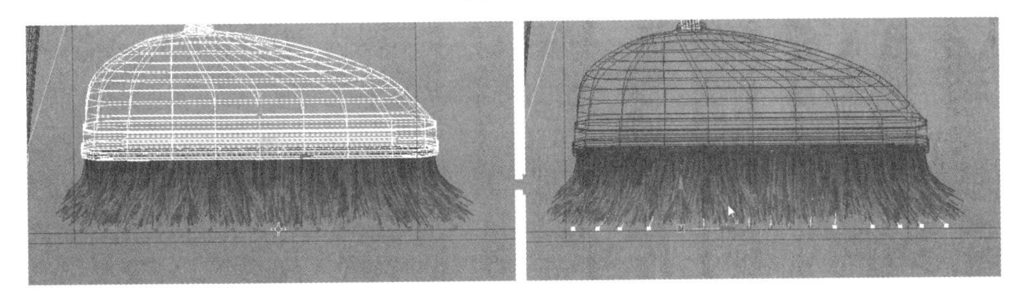

图 7.069

步骤 08: 按 P 键，在透视图中全面观察扫帚的毛发效果。按 C 键，切换至摄影机视图，打开 [渲染设置] 窗口，设置输出大小为 800×600，渲染效果如图 7.070 所示。到此，扫帚的效果就制作完成了。

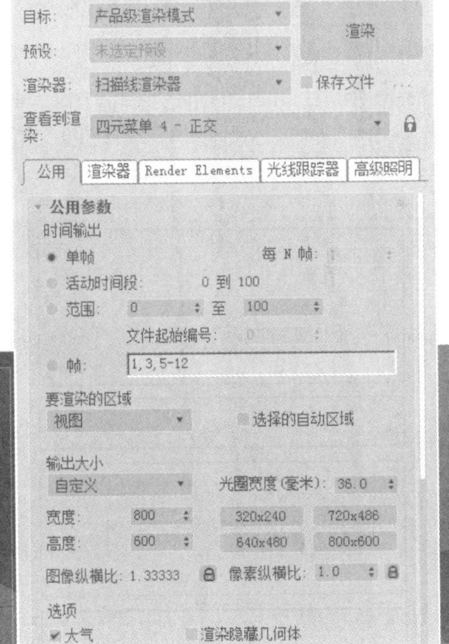

图 7.070

7.4 本章小结

本章讲解了一个案例，即使用毛发系统制作扫帚，包括毛发修改器的使用流程、毛发的梳理和毛发材质的调整，并且讲解了两种制作扫帚毛的方法，一种是选择面生成，另一种是通过样条线生成。要想学好 3ds Max 的毛发模块，必须准确地了解它的优势和劣势。它的优势是可以进行毛发的梳理和使用贴图控制毛发生长和动画，而其劣势是毛发的渲染速度比较慢，而且毛发的动力学并不是特别准确。掌握了这些，在读者日后使用毛发制作实际效果时，可提供一定的参考。

7.5 参考习题

1. 以下关于毛发的叙述，错误的是 ________。
   A. 毛发可以基于网格和样条线对象生长
   B. 毛发支持聚光灯和阴影贴图
   C. 毛发系统支持 Mental Ray 渲染器
   D. 设计发型时梳理的是毛发，导引线用来控制毛发的生长范围
2. 以下选项可以作为毛发 [实例节点] 对象的是 ________。
   A. 网格
   B. 图形
   C. 辅助对象
   D. 粒子系统
3. 如图 7.071 所示，在毛发系统中使用 ________ 可以实现由 A 到 B 的效果。
   A. 扭结
   B. 多股
   C. 卷发根
   D. 卷发稍

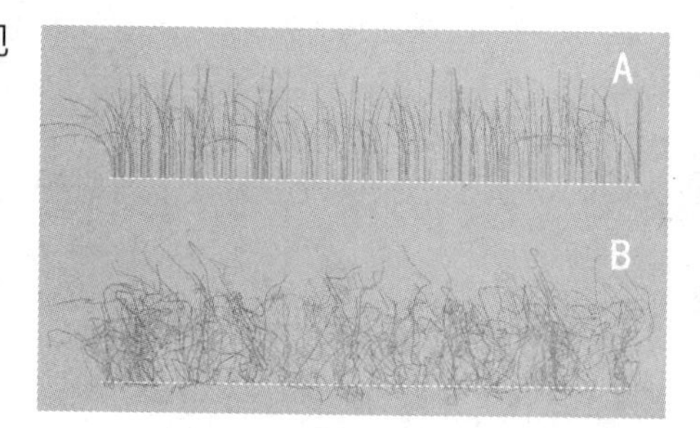

图 7.071

参考答案

1. D　2. A　3. A

第 8 章 3ds Max 编程技术

8.1 知识重点

使用 MAXScript 脚本语言可以扩展 3ds Max 的软件功能。本章将详细地介绍 MAXScript 脚本语言的基本概念和原理，以及在 3ds Max 中的使用方法。灵活掌握 MAXScript 脚本语言可以省去很多重复性的劳动，并且可以实现 3ds Max 软件没有提供的很多功能。

- 熟练掌握表达式的使用方法。
- 熟练掌握 MAXScript 脚本语言的基本语法。
- 熟练掌握 MAXScript 脚本语言的编写和调试流程。

8.2 要点详解

本章先通过两个范例来介绍表达式的使用方法，其中涉及的知识点包括关联参数的制作流程、关联参数窗口的调用、关联参数的修改、表达式书写的注意事项、表达式的保存和调用等；然后使用多个实例来介绍 MAXScript 脚本语言的基本语法和编写流程，其中包括如何使用脚本来创建基本模型、使用脚本语言来对对象进行变换操作、编辑修改对象、赋予对象材质并制作动画效果等知识点；在本章最后还将使用两个综合实例来详细讲解使用 MAXScript 脚本语言制作复杂动画和编写简单程序的流程。熟练掌握脚本语言，可以极大地提高工作效率，如图 8.001 所示。

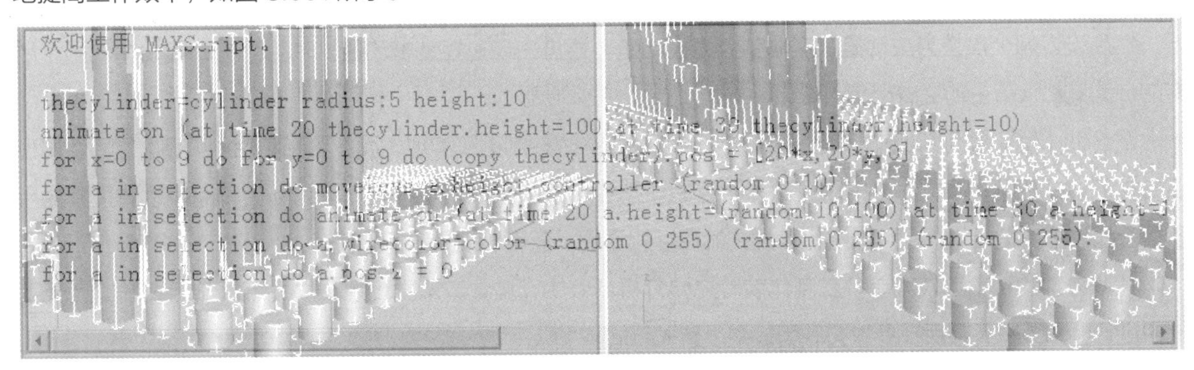

图 8.001

8.2.1 表达式简介

表达式是 3ds Max 中功能强大的动画制作工具，它能够使动画的控制更准确、更简捷，使复杂的设置自动完成。表达式提供了一种通过数学方式创建动画的途径，可以对有动画关联的参数以数学公式的形式进行设置，只要改变相关参数，其他关联参数会自动发生变化。而且一些用关键帧制作起来非常困难甚至不能实现的效果用表达式可以轻松地实现。图 8.002 所示是汽车行驶时车轮的转动角度与行进距离的关系，尤其是汽车做变速运动的时候，通过手动设置关键帧很难使车的位移与车轮转速达到完美的匹配，这时表达式就显示出它强大的威力了。表达式虽然是 3ds Max 中比较高级的功能，但它并不是深不可测的，读者感觉它很难是因为其中涉及数学的一些公式，其实对这些公式经过简单分析之后就会感觉它并不难。希望读者在学完本章之后能够轻松自如地运用 3ds Max 表达式来实现一些以往难以实现的效果。

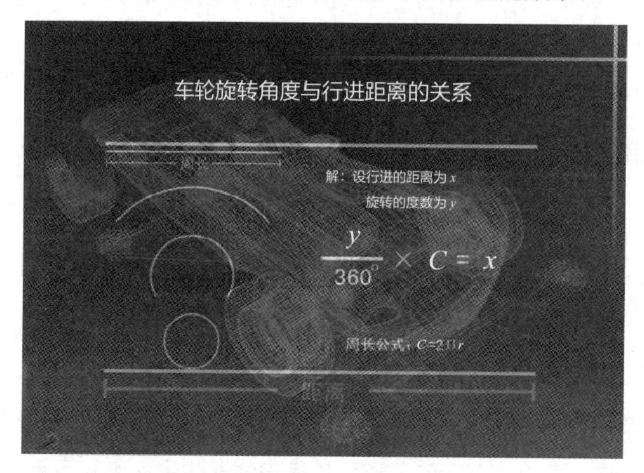

图 8.002

8.2.2 表达式的工作流程

表达式是一种区别于原始关键帧的动画制作工具，它可以为场景中几个对象之间的某些属性设置关联关系，然后设置哪个属性为主动量，其他参数为被动量，通过主动量控制被动量，最后为主动量设置动画，所有的被动量都跟随主动量做相应的变化。

在 3ds Max 4 版本之前，设置表达式只能通过表达式控制器来实现，而在 3ds Max 4 版本之后，出现了一种表达式的简单模式——关联参数。两者的差别是：关联参数用于一些简单的场合；而表达式控制器用于复杂的表达式指定，而且可以进行表达式的保存和调用，还可以设置时间的偏移。

关联参数的设置比较简单，在制作前首先要分析场景中哪些参数需要设置关联关系，然后在右键四元菜单中进行参数关联，最后在参数关联面板中设置关系式。

而表达式控制器的设置过程就相对烦琐一些，首先要将被动量的某个参数指定到表达式控制器上，然后在表达式面板中创建一个变量（矢量或标量），将该变量指定到常量或指定到控制器上，在面板的表达式输入区输入表达式结果。

8.2.3 MAXScript 脚本语言简介

如果软件内部的功能不能满足自己的制作需求，或者大量的手工重复性劳动使创作变得毫无乐趣，读者可以用脚本来实现想要的效果。使用脚本来辅助设计动画应该说是较高层次的 3ds Max 使用者的选择，但这并不意味着初学者看到脚本就要退避三舍。

对于熟悉 3ds Max 软件的人来说，脚本绝对可以带给大家全新的理念。读者会在不经意间发现，用脚本来制作动画是非常快捷和高效的。例如，通过脚本可以快速地制作出一片星云，星云中的每颗星星大小不同，颜色不同，分布位置符合一定的数学公式，可以随意设置星云的圈数、星云的整体半径等。这种效果如果用手工的方法创建是非常复杂和烦琐的，而使用脚本的话，只需要几行语句就可以轻松实现。下面是用早期 Max 版本编写的一个扇子生成器脚本的执行效果，它的优点在于：只要单击一个按钮，即可生成一把可以自动打开的扇子，生成后每根扇骨的长度和宽度可调，扇骨数目可调，扇骨张开角度可调，不合适可随时删除并重新创建，如图 8.003 所示。

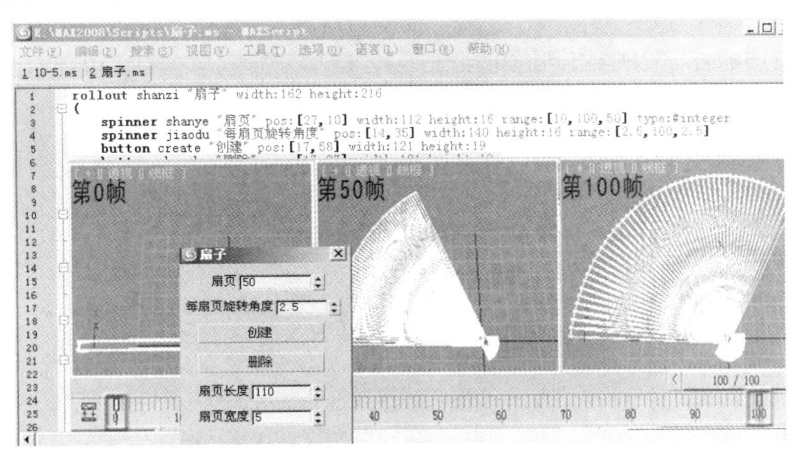

图 8.003

为了方便后面的范例学习，这里先来介绍一下 MAXScript 脚本语言，如图 8.004 所示。

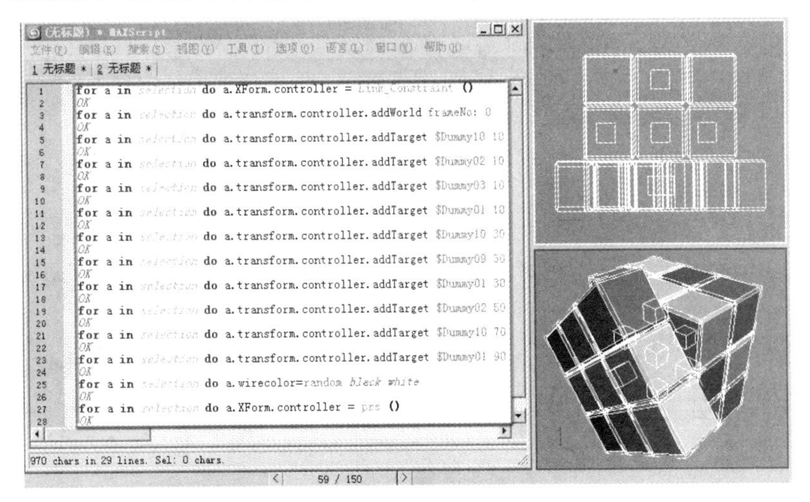

图 8.004

① MAXScript 脚本语言是为了扩展 3ds Max 的功能而专门设计的，它有许多其他语言所不具备的特点。例如，它可以指定场景系统的坐标，而且用脚本创建的对象和材质可以和在 3ds Max 用户界面中创建的对象和材质完全对应；它还可以生成自动关键帧动画，并且可以通过与 3ds Max 中对象层级相匹配的层级路径名来访问场景对象。

② MAXScript 脚本语言非常适合没有编程基础的人来学习，因为它的语法格式和规则非常少。MAXScript 脚本语言除了能把脚本做成工具栏的按钮以外，还可以通过命令行窗口将用户在 3ds Max 用户界面中的操作转化为 MAXScript 脚本。

③ MAXScript 应用 3D 矢量、矩阵和四维数等代数方法可以完成较复杂的程序设计任务，MAXScript 脚本语言非常适合对成批对象进行操作。

④ MAXScript 很好地融入了 3ds Max 用户界面，可以将脚本集成为程序面板、卷展栏、浮动窗口或者工具栏中的一个按钮，也可以用来扩展或替代对象、修改器、材质、贴图、渲染效果和大气效果的默认设置界面。

⑤ MAXScript 兼容 3ds Max 新旧版本，用户可以把 3ds Max 新版本中的数据调入旧版本，而不需要再修改程序的格式。

⑥ 3ds Max 8 版本加入了 MAXScript Debugger（脚本调试器），当创建和测试自定义脚本时，可以节省很多时间。

一般来说，MAXScript 脚本语言具有以下功能和用途。

- 完成一些建模、制作材质、制作动画、渲染、制作灯光等日常工作；
- 通过命令行窗口控制程序的交互运行；
- 可以用脚本语言编制自己的工具面板、卷展栏和浮动窗口，在这些窗口内将脚本集成，为脚本设置一个标准的 3ds Max 接口，方便用户操作使用；
- 将脚本转化为宏脚本，并且将它作为一个按钮放置在 3ds Max 的工具栏中；
- 扩展或者取代对象、修改器、材质、纹理、渲染效果和大气效果的用户界面；
- 为自定义的网格对象、修改器、渲染效果等建立插件；
- 使用内嵌的文件 I/O，建立定制的输入和输出工具，如图 8.005 所示。

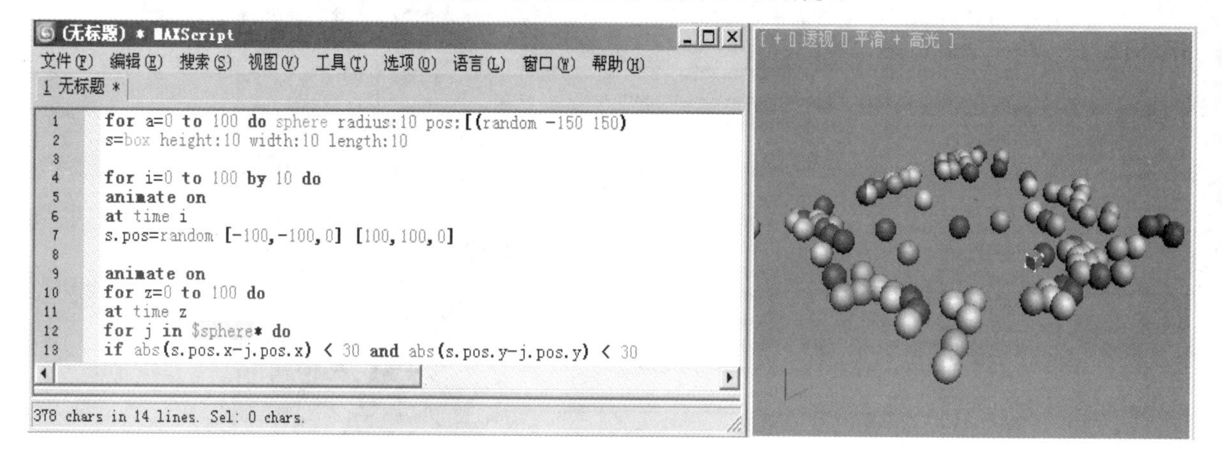

图 8.005

8.2.4 MAXScript 启动方式

在 3ds Max 中，可以通过多种途径访问 MAXScript 脚本语言编辑系统，其中包括［实用程序］面板、［脚本］菜单、［MAXScript 侦听器］、［宏录制器］、Visual MAXScript Editor（可视化 MAXScript 编辑器）等。下面就对这些途径做详细的介绍，揭开 MAXScript 脚本语言的神秘面纱。

概括起来，在 3ds Max 中可以通过以下 3 种方法开启 MAXScript 脚本语言编辑系统：

- 在［实用程序］面板中直接访问；
- 通过［脚本］菜单打开；
- 在视图区域的脚本窗口访问。

图 8.006

1. ［实用程序］面板

在［实用程序］面板中，单击 MAXScript 按钮，打开 MAXScript 脚本语言选项面板，里面提供了一些脚本语言的命令按钮，如图 8.006 所示。

2. ［脚本］菜单

除了在［实用程序］面板中可以使用 MAXScript 侦听器外，还可以通过［脚本］菜单执行相应的命令，如图 8.007 所示。

3. 视图区的［MAXScript 侦听器］

在 3ds Max 历代版本中可以将任意视图切换为［MAXScript 侦听器］窗口。在任意视图左上角的观察点标签菜单上单击，从弹出的菜单中执行［扩展视口 > MAXScript 侦听器］命令，当前视图会变为 3ds Max 脚本侦听器窗口，如图 8.008 所示。

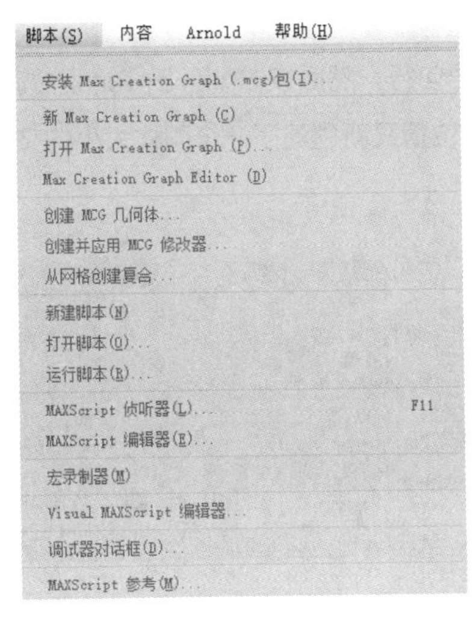

图 8.007

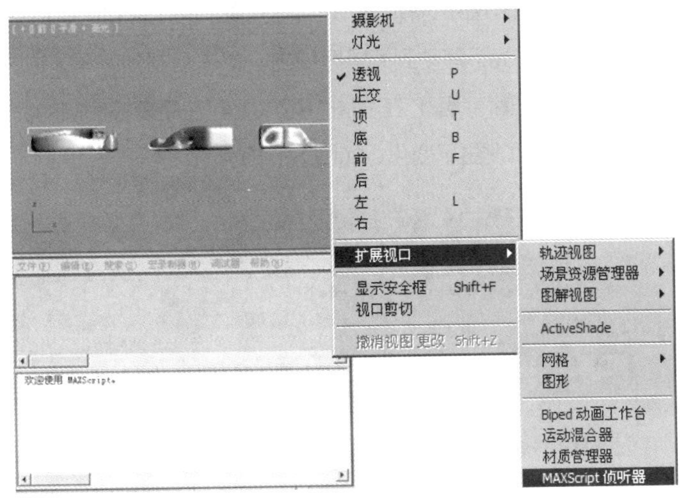

图 8.008

8.2.5 ［MAXScript 侦听器］的基本用法

为了了解［MAXScript 侦听器］的使用方法和基本原理，下面通过一个简单的练习来体会［MAXScript 侦听器］的奥妙。

步骤 01： 执行菜单命令［脚本 > MAXScript 侦听器］，打开［MAXScript 侦听器］窗口，其快捷键为 F11，关闭该窗口的快捷键为 Ctrl+W。

步骤 02： 单击［宏录制器］区域，然后在 3ds Max 脚本语言侦听器的菜单栏中执行［编辑 > 清除全部］命令，将当前宏记录区域清除干净。

步骤 03： 单击下面的编辑区域，用同样的方法将编辑区域清除。

步骤 04： 确认 3ds Max 主菜单下的［脚本 > 宏录制器］命令处于开启状态，这样在 3ds Max 中的大部分操作就会被记录下来，在［MAXScript 侦听器］的［宏录制器］区域内会显示相应的操作记录。

步骤 05： 打开［创建］命令面板，在［图形］面板中单击［文本］按钮，在下面的［文本］输入框中输入字母“S”，然后在前视图中拖动光标创建一个文本对象。

注意此时在宏记录区域出现了一条语句，此语句详细记录了此次操作的信息，如图 8.009 所示。

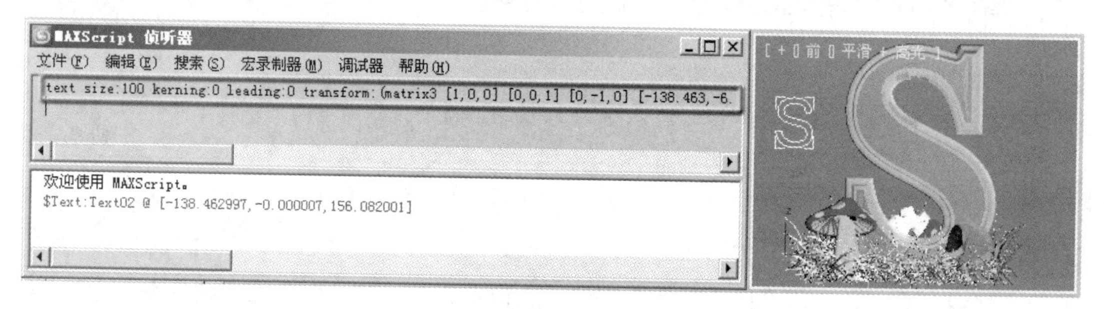

图 8.009

步骤 06： 用鼠标选择整行语句，按 Ctrl+C 组合键，将此语句复制到下面的编辑区域中。

步骤 07： 在视图中选择新建的文本对象，按 Delete 键将其删除。

步骤 08： 将光标移动到编辑区域内，单击复制到编辑区域的语句行，然后按 Shift+Enter 组合键（或者直接按小键盘的 Enter 键），在视图中可以看到在原来被删除的文本位置又新创建了一个同样大小的文本对象，只是该对象的颜色发生了变化，如图 8.010 所示。

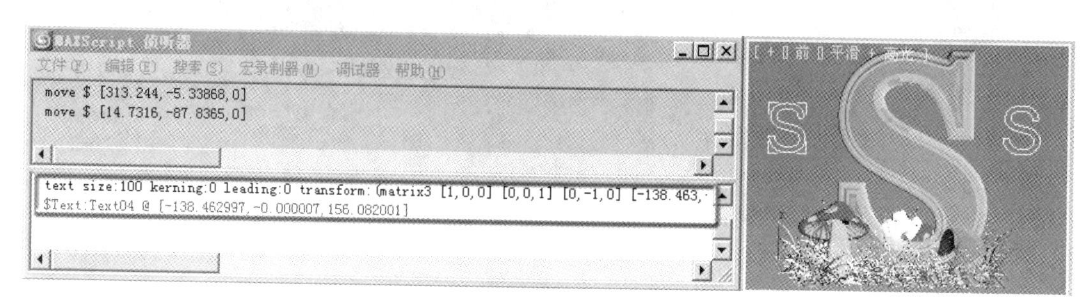

图 8.010

这种工作方式与最早的 DOS 操作系统非常相似，只要在 3ds Max 脚本语言侦听器中键入脚本语言命令，然后按 Enter 键就可以执行当前的命令，并且显示命令执行的结果。

这样就通过两种不同的方式创建了文本对象，一种方式是传统的通过鼠标操作；另一种方式是通过 3ds Max 脚本语言侦听器输入相应的脚本语言来完成创建操作。如果精通了 3ds Max 脚本语言，就会发现在某些情况下后一种方式更加方便快捷。

8.2.6 宏录制器

［宏录制器］是反馈脚本信息的重要区域，每一行键入的命令的执行和执行结果的显示都由 3ds Max 脚本侦听器来完成。

［宏录制器］属于 3ds Max 脚本语言的交互解释器，适用于进行交互工作和开发小的源代码程序。大的程序模块一般在脚本编辑窗中编写。

用鼠标拖动拆分栏，可以将［宏录制器］区域显示出来，如图 8.011 所示。在窗口的左边界有一列空白区域，当光标移动到此处时，会变成一个向右的箭头。如果此时单击鼠标左键，可以将整行选择，如果按住鼠标左键拖动鼠标，可以将多行同时选择，如图 8.012 所示。

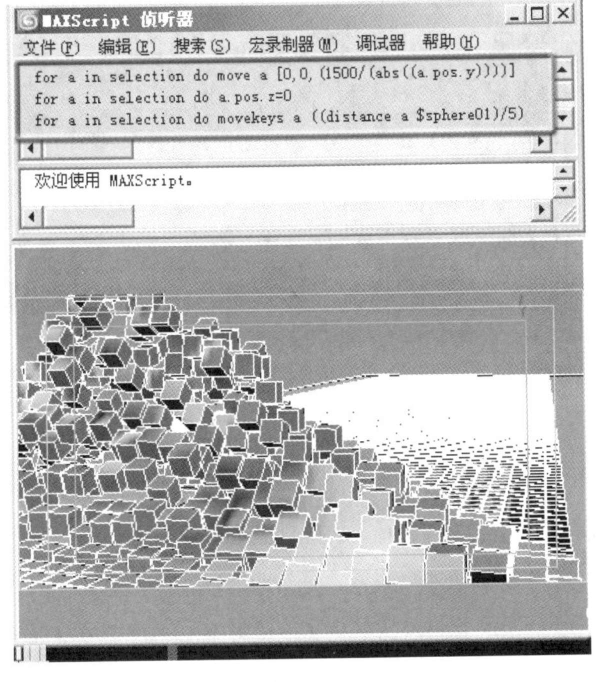

图 8.011

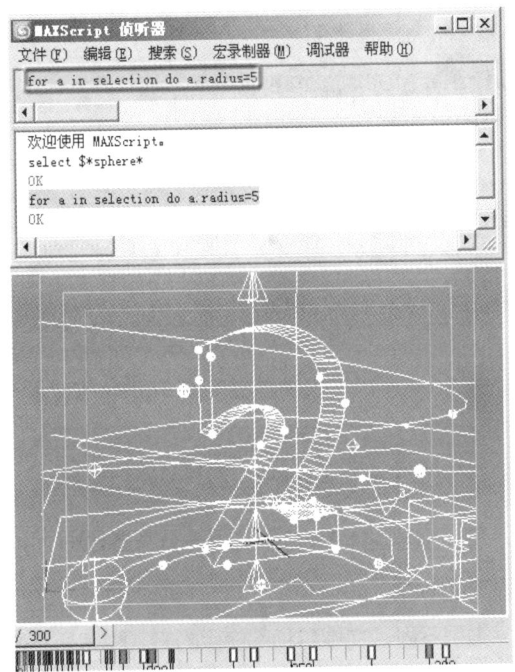

图 8.012

选择后可以通过鼠标拖动在［宏录制器］区域内复制文字，或者在［宏录制器］区域和下边的编辑区域之间复制文字。

输入的文字、输出的文字和错误信息的文字颜色各不相同，以便于区分。系统默认的颜色设置为：输入的文字为黑色；输出的文字为蓝色；错误信息的文字为红色。

8.2.7 ［MAXScript 调试器］对话框

［MAXScript 调试器］可以在创建和测试自定义的脚本时节省数小时的时间，但这也仅仅实现了 3ds Max 脚本语言开发的一部分功能。［MAXScript 调试器］允许 3ds Max 的主线程暂停，在线程不运行时，可以检查或修改全局、局部变量的值。［MAXScript 调试器］允许在命令行中执行 MAXScript 脚本语言命令，还可以直接在 MAXScript 代码中使用某些调用以使代码暂时停止运行，之后还可以使代码继续运行。

［MAXScript 调试器］是一个独立的线程，所以和 3ds Max 的主线程是分开的。［MAXScript 调试器］有独立的图标，运行时会在 Windows 任务栏中显示为一个独立的程序，用户通过［MAXScript 调试器］可以随时打断 3ds Max 线程的执行。

［MAXScript 调试器］对话框的大小是可调的，可以拖动对话框的右下角或者对话框的边缘来调整对话框的大小，如图 8.013 所示。

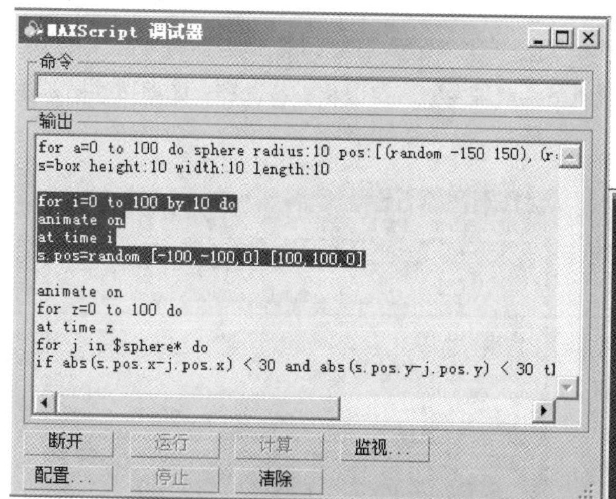

图 8.013

8.2.8 脚本类型和学习方法

3ds Max 的脚本文件大致分为 3 种类型，分别是程序型脚本（.ms）、插件型脚本（.ms 或者 .dlx）和宏脚本（.mcr）。

类型不同，文件名和所使用的方式也有所不同。3ds Max 软件本身提供了很多脚本范例，都可以直接使用，有些非常优秀，对制作有很大帮助。另外，国外的一些脚本网站也提供了大量的免费或收费脚本，下载后正确地安装之后就可以使用了。

大多数的动画制作者可能没有精力去深入研究脚本的功能，但还是非常有必要了解一些脚本的使用方法，直接安装和使用脚本非常简单，就像安装和使用一个简单的插件程序一样。因为很多脚本功能强大，而且大多数脚本都是免费的，所以推荐大家对 3ds Max 本身提供的脚本和一些网站提供的脚本进行必要的了解和研究，一定会极大地开阔眼界。

8.3 应用案例

8.3.1 用脚本语言制作文字变幻效果

范例分析

本例没有最终目标，只是针对各种变换操作和复制操作进行测试，如图 8.014 所示。其中涉及的知识点包括创建具有复杂参数的对象，批量复制对象、旋转对象、缩放对象，利用循环语句创建对象等。

图 8.014

首先创建切角圆柱体。

执行［脚本 >MAXScript 侦听器］命令，打开［MAXScript 侦听器］窗口，在窗口中的光标处输入“mychamfercyl=chamfercyl radius:10 height:20 fillet:0.2 filletsegs:3”，按 Enter 键，可观察到视图中坐标原点的位置出现了一个切角圆柱体，如图 8.015 所示。

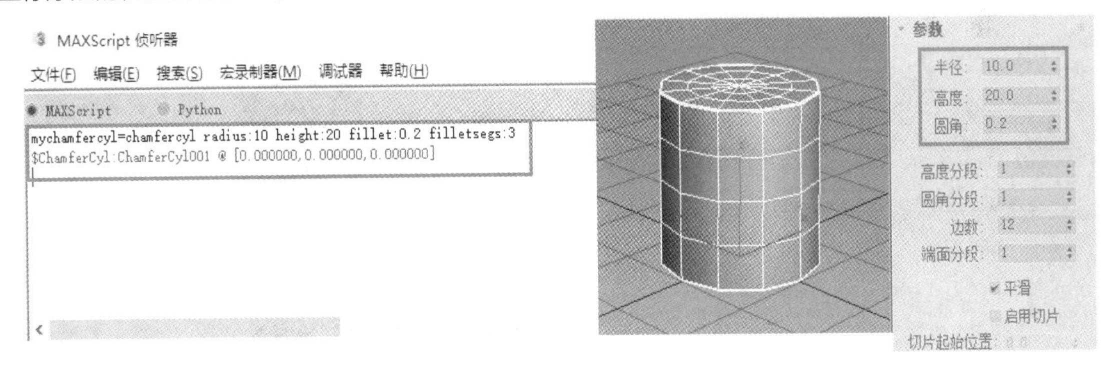

图 8.015

提示

在本条脚本中语句，等号后面的语句用来创建一个切角圆柱体对象，然后再将其赋予等号前的变量“*mychamfercyl*”。以后再对该切角圆柱体进行操作的时候，在脚本中就不用再输入该对象的名称，直接输入该变量名称就可以了。

下面进行旋转操作。

在［MAXScript 侦听器］窗口中的光标处输入“rotate mychamfercyl (angleaxis 45［1,0,0］)”，按 Enter 键，可观察到顶视图中切角圆柱体绕 x 轴逆时针旋转了 45°，如图 8.016 所示。

```
mychamfercyl=chamfercyl radius:10 height:20 fillet:0.2 filletsegs:3
$ChamferCyl:ChamferCyl001 @ [0.000000,0.000000,0.000000]
rotate mychamfercyl (angleaxis 45[1,0,0])
OK
```

图 8.016

提示

由于移动操作在之前范例中已经讲过，本例就不再重复。但与移动变换不同的是，在 MAXScript 脚本语言中有 3 种方式可以用于旋转一个对象，分别是 Euler Angles（欧拉角度方式）、Angleaxis（角轴向法）和 Quaternions（四元数法），其中比较常用的是 Angleaxis。设置旋转的 <轴>时，x 轴是［1，0，0］；y 轴是［0，1，0］；z 轴是［0，0，1］。顺时针旋转时，<旋转角度>值应设置为负值；逆时针旋转时，<旋转角度>值应设置为正值。

下面讲解实现旋转操作的另一种方法。

在［MAXScript 侦听器］窗口中的光标处输入“rotate mychamfercyl −45 z_axis”，按 Enter 键，可观察到顶视图中切角圆柱体绕 z 轴顺时针旋转了 45°，如图 8.017 所示。

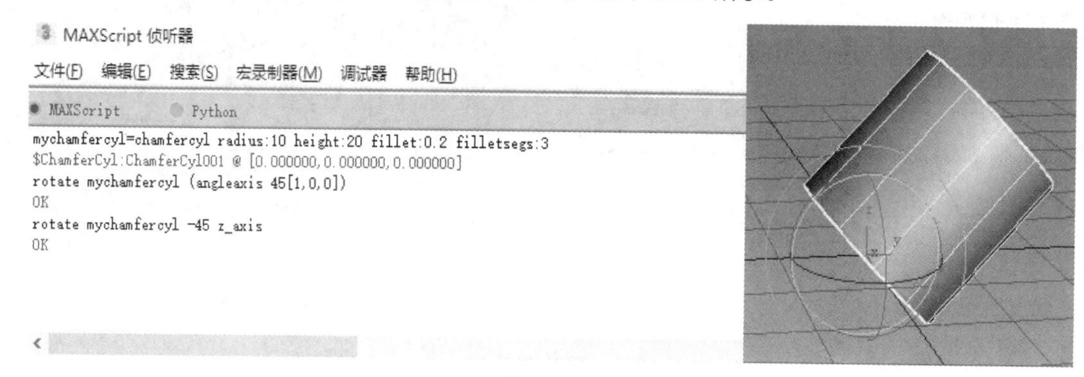

图 8.017

提示

本方法与前一种方法极其相似，只不过不是用“［0，0，1］”表示绕 z 轴旋转，而是使用“z_axis”来表示。而“−45”表示顺时针旋转 45°。

下面进行缩放操作。

将圆柱体还原到初始状态。在［MAXScript 侦听器］窗口中的光标处输入“scale mychamfercyl［1,1,2］”，按 Enter 键，视图中切角圆柱体沿 z 轴放大了两倍。如果输入“scale mychamfercyl［1,0,0.5］”那么这个切角圆柱体在高度变为默认高度的一半的同时在 y 轴的方向上缩成了一个片，如图 8.018 所示。

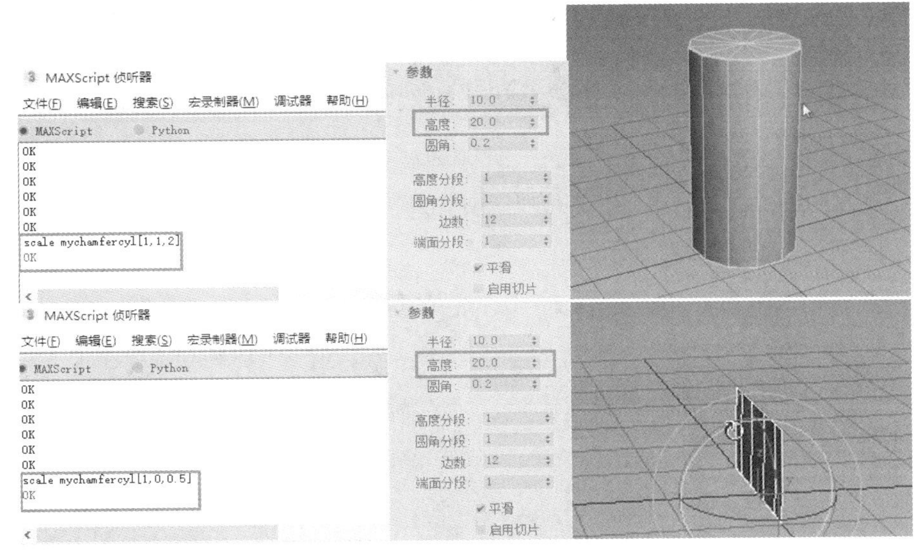

图 8.018

提示

缩放对象的语法格式为“scale object_name［<x,y,z >］”，与移动对象的类似。其中“object_name”是要缩放的对象名称，“<x,y,z >”是沿对象的 x 轴、y 轴、z 轴缩放对象的比例。如果值为 1，表示保持原来的尺寸，没有任何缩放效果；值大于 1，表示放大对象；值小于 1，表示缩小对象。

下面修改高度。

按 Ctrl+I 快捷键还原缩放操作为初始的切角圆柱体状态。在［MAX Script 侦听器］窗口中的光标处输入“mychamfercyl .height=40”，按 Enter 键，可观察到视图中切角圆柱体的高度高了一倍，如图 8.019 所示。

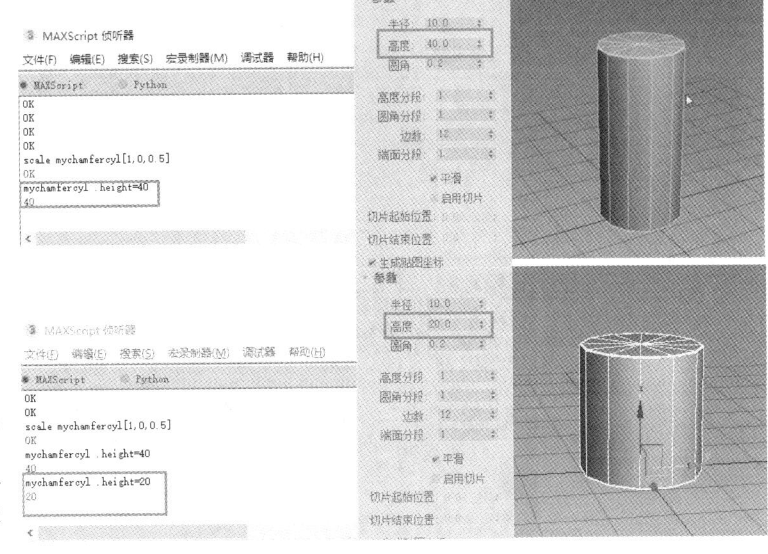

图 8.019

制作步骤

步骤 01：打开学习资源中的“场景文件\第 8 章\8.3.1\max\video_start.max”文件，场景中有一个字母的模型，摄影机有个移动动画，如

图 8.020 所示。

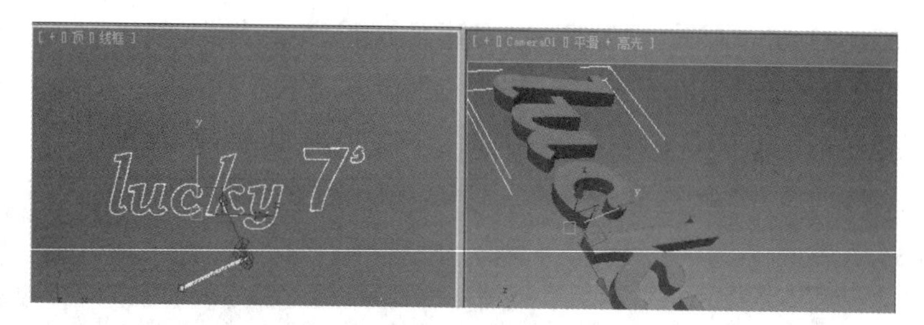

图 8.020

步骤 02: 在[MAXScript 侦听器]窗口中的光标处输入“for i=1 to 6 do (copy $). pos=[0,0,(11*i)]”，按 Enter 键，进行阵列，如图 8.021 所示。

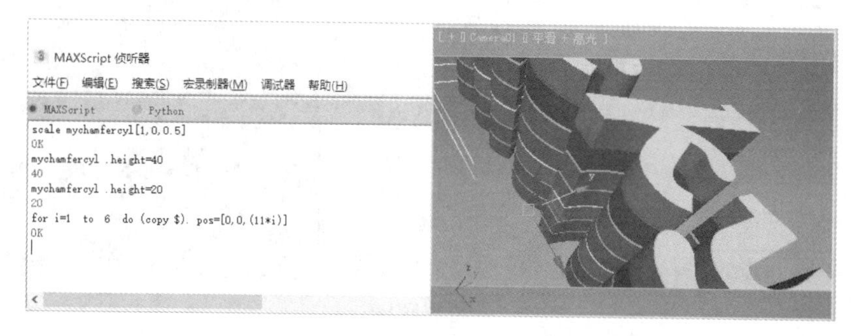

图 8.021

按顺序选择所有字母，在［MAXScript 侦听器］窗口中的光标处输入“x=0”，按 Enter 键，再按 H 键打开[从场景选择]面板，依次选择[Text01]、[Text002]、[Text003]、[Text004]、[Text005]、［Text006］、［Text007］模型，然后在［MAXScript 侦听器］窗口中输入“for a in selection do rotate a (x=x+5) z_axis”，并按 Enter 键，这样效果就制作完成了，如图 8.022 所示。

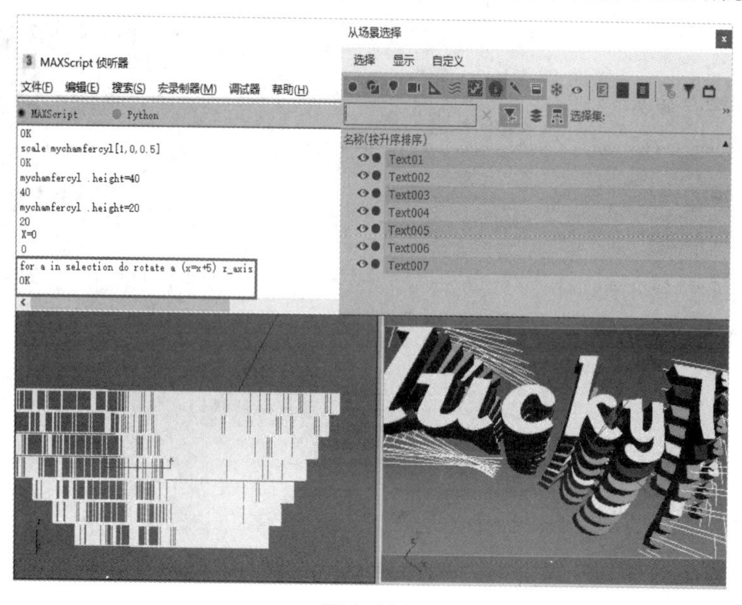

图 8.022

8.3.2 用 MassFX 制作文字动画

范例分析

本案例将讲解如何使用 3ds Max 的 MassFX 制作一个文字从高处落到地面上并产生自然弹跳的效果、两边用于装饰的长方体像彩色波浪一样摆动的效果怎样用 MAXScript 实现。最后，为模型设置材质，配合天光，渲染出非常漂亮的成品动画，效果如图 8.023 所示。

图 8.023

制作步骤

步骤 01： 新建一个空场景，在场景的前视图中创建一个长、宽、高分别为 40、50、1.2 的长方体，然后选择长方体，进入其层次面板，按下［仅影响轴］按钮，移动原点至长方体的左上角，目的是让整个长方体绕左上角旋转，如图 8.024 所示。

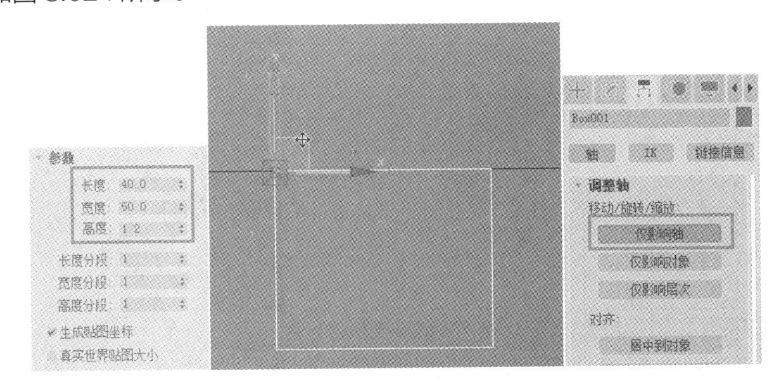

图 8.024

步骤 02： 设置关键帧。打开［自动关键点］，将时间滑块滑到 30 帧的位置，在前视图中将长方体旋转 35°。时间轴上产生两个关键点，按住 Shift 键将 0 帧的关键点复制到 60 帧的位置，再次按［自动关键点］按钮，取消关键帧的记录，这样就产生了一个摆到上面又摆下来的动画，如图 8.025 所示。

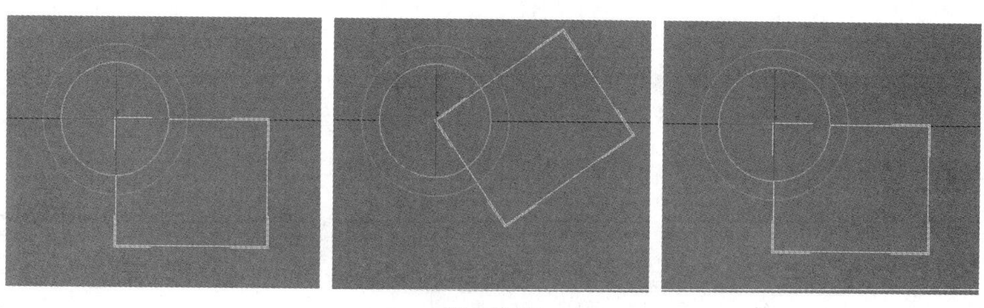

图 8.025

步骤 03： 进入［顶］视图，向上复制 20 个长方体，每个长方体之间要空出一点距离。这样每个长方体都有了相同的关键帧动画，如图 8.026 所示。

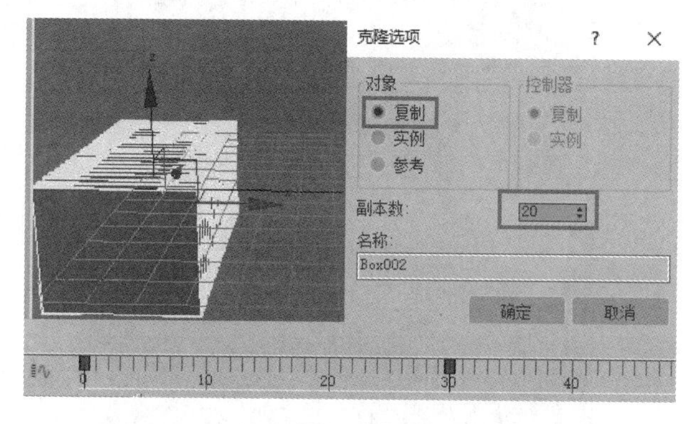

图 8.026

步骤 04： 偏移关键帧。选择所有的长方体，打开［MAXScript 侦听器］，快捷键为 F11，按 Ctrl+D 组合键清空脚本。定义变量 x=0 后按 Enter 键。在光标处输入“for a in selection do movekeys a(x+=4)”并按 Enter 键。这时能明显看到时间轴上多出很多有规律的关键帧，当时间轴显示不全时，按住 Ctrl+Alt+鼠标右键，在时间轴上向左拖动，使关键帧显示完整，大约在 170 帧左右，如图 8.027 所示。

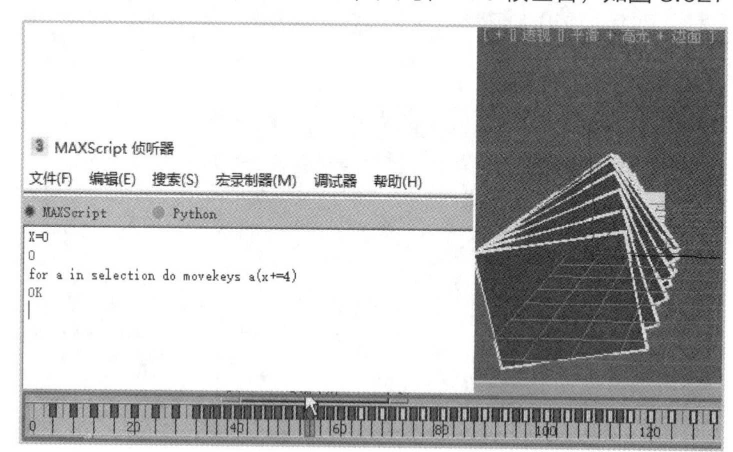

图 8.027

步骤 05： 复制长方体。选择所有的长方体，执行［组 > 组］命令，然后向右镜像复制，如图 8.028 所示。

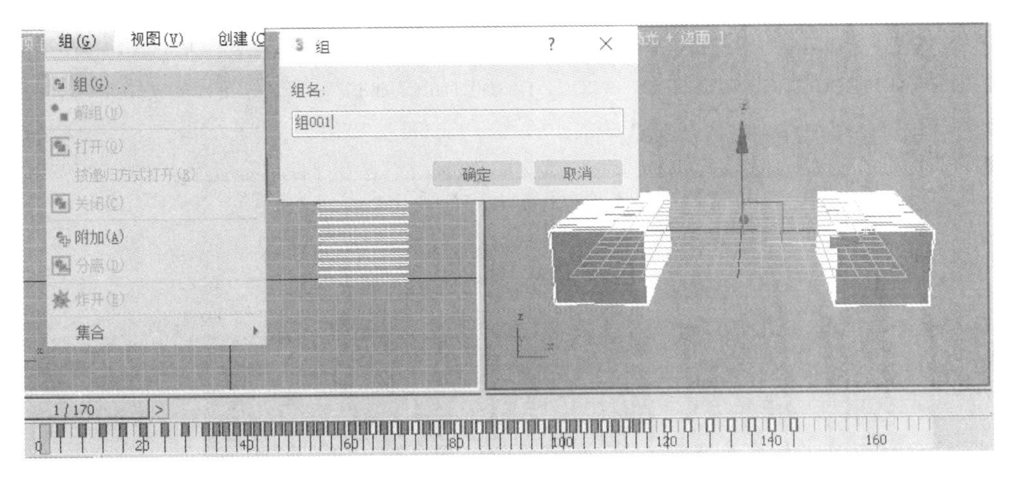

图 8.028

提示

此时重点是一定要成组，如果不成组就直接镜像复制，复制出来的一边的关键帧动画就会被打乱。

步骤 06: 制作材质。打开材质编辑器，选择第一个材质球，在 [反射] 通道中添加 [衰减] 贴图，为 [衰减] 中白色部分添加 [光线跟踪]，可以在材质球中看到反射的效果。然后调整 [衰减] 材质中的曲线，选择右上角的点，单击鼠标右键，在弹出的快捷菜单中选择 [Bezier- 角点]，调整滑杆，使当前材质球的反射只停留在边缘的位置，如图 8.029 所示。

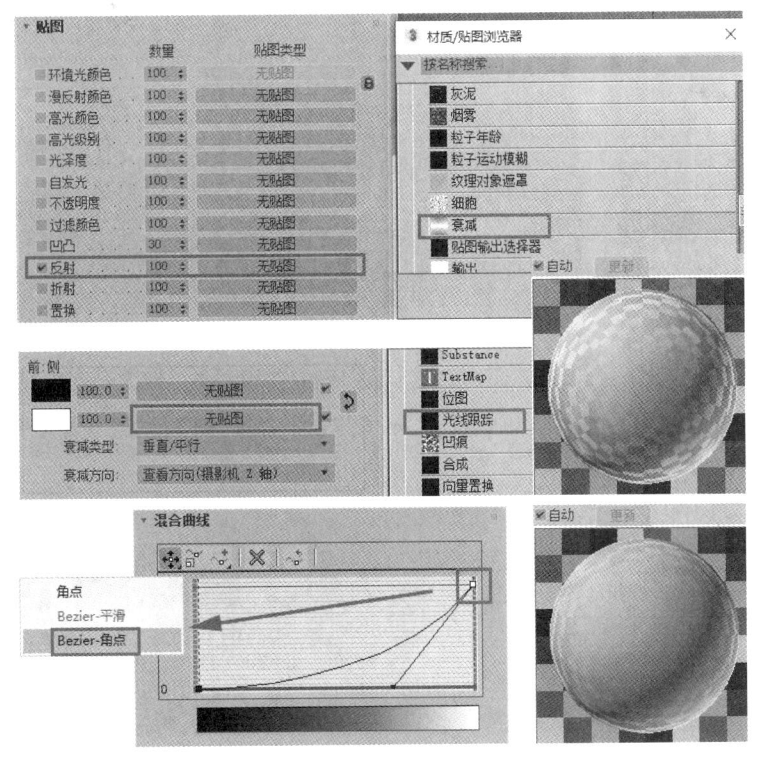

图 8.029

步骤 07： 为了使每个材质球的颜色都不一样，选择场景中的模型，打开［MAXScript 侦听器］，输入“for m=2 to 24 do meditmaterials［m］=copy meditmaterials［1］”后按 Enter 键。可看到所有的材质球材质都变成与第一个一样，如图 8.030 所示。

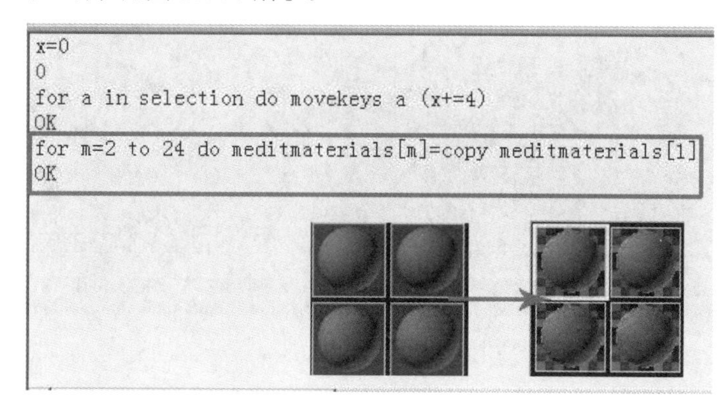

图 8.030

步骤 08： 定义选择集“y=#(red,yellow,blue,green,orange,brown,white)”，这个选择集由 7 种颜色组成，按 Enter 键后看到的蓝色文字为每个颜色对应的 3ds Max 标准颜色的 RGB 数值。继续输入“for m=1 to 24 do meditmaterials［m］.diffuse=y［random 1 7］”，按 Enter 键后可看到所有的材质球都改变了颜色，然后选择长方体，输入“for a in selection do a.material=meditmaterials［random 1 24］”并按 Enter 键，就将所有的材质赋予到所有长方体上了，如图 8.031 所示。

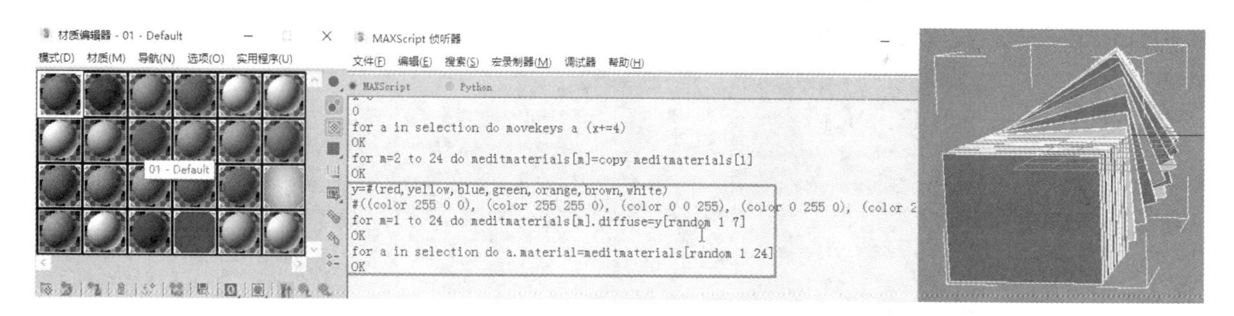

图 8.031

下面创建地面。

步骤 09： 在顶视图中创建一个长方体作为地面，调整其位置和大小，如图 8.032 所示。

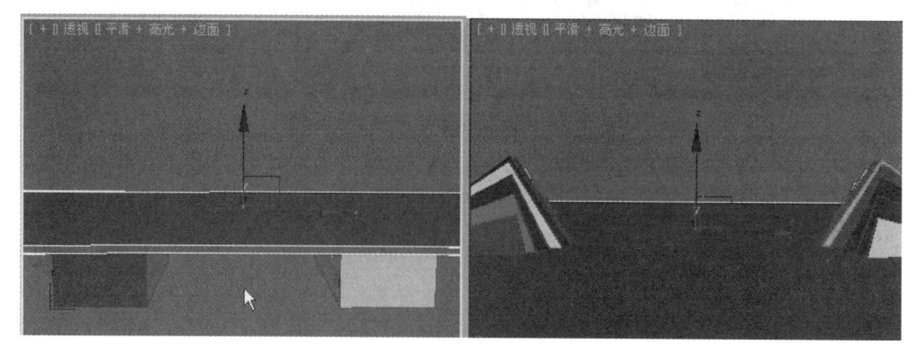

图 8.032

动画制作完成之后可以按照需要在中间创建对应的元素，如文字等，按照在前面章节中学习的内容完善效果，本章主要讲解脚本，不再赘述。

8.3.3 用脚本语言制作灯光动画

范例分析

在这一案例中，将使用 3ds Max 的 MAXScript 脚本语言制作两种灯光动画，如图 8.033 所示。

图 8.033

场景分析

打开学习资源中的“场景文件 \ 第 8 章 \8.3.3\video_start.max”文件，场景中有一个小灯模型、一个数字 4 模型和一架摄影机，如图 8.034 所示。

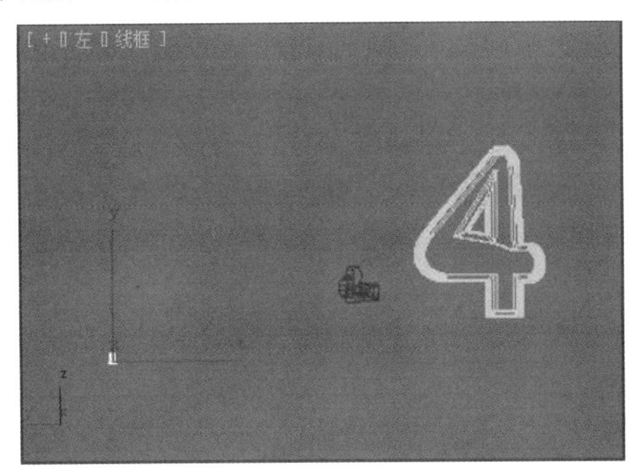

图 8.034

操作步骤

步骤 01: 首先为小灯的模型做可见性动画。将时间滑块滑到 1 帧，打开[自动关键点]，用鼠标右键单击模型，选择 [对象属性]，将 [可见性] 改成 0，单击 [确定] 就产生了两个关键点。将第一个关键帧移动到第二帧，再将关键帧整体向前移动。然后取消[自动关键点]的记录，这样小灯就从不可见变为可见了，如图 8.035 所示。

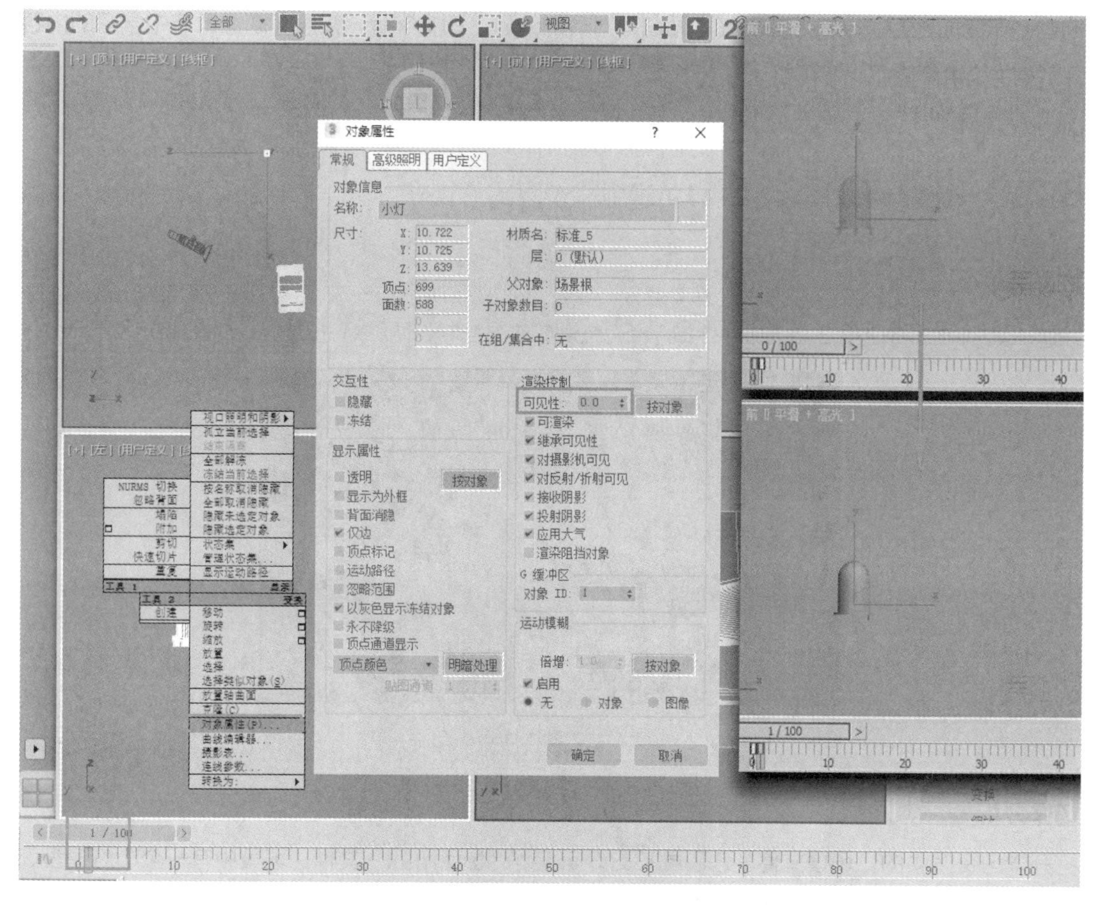

图 8.035

步骤 02：在小灯上方创建泛光灯［Omni001］，调整灯的位置，使用远距衰减，设置［开始］为 1.5，［结束］为 3，然后设置灯的倍增值在 0 帧时为 0，在第 1 帧为 3，如图 8.036 所示。

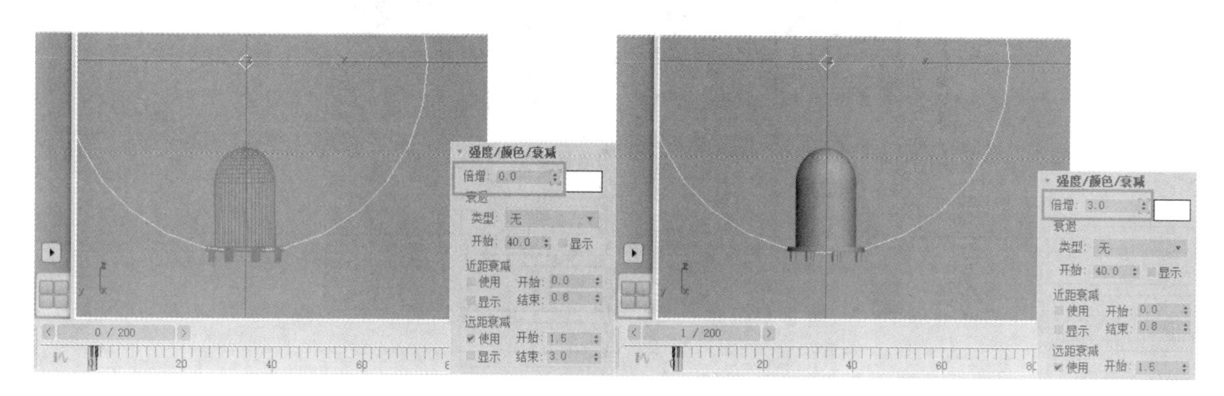

图 8.036

步骤 03：选择灯的模型，执行菜单栏中的［脚本 > MAXScript 侦听器］命令，或按 F11 快捷键，打开［MAXScript 侦听器］窗口，输入“for x=1 to 20 do for y=1 to 20 do (copy $).pos=［5*x,5*y,0］”并按 Enter 键。这是一个循环的递增语句，目的是递增地复制小灯模型，选择泛光灯，再次执行脚本，这样每个小灯的模型上都有了一盏泛光灯。当复制出来的小灯位置不合适时，在光标处输入“select lights”并按 Enter 键来选择所有泛光灯，移动调试一下，使灯光和小灯模型的位置对齐。选择所有灯光和小灯模型，调整其位置，如图 8.037 所示。

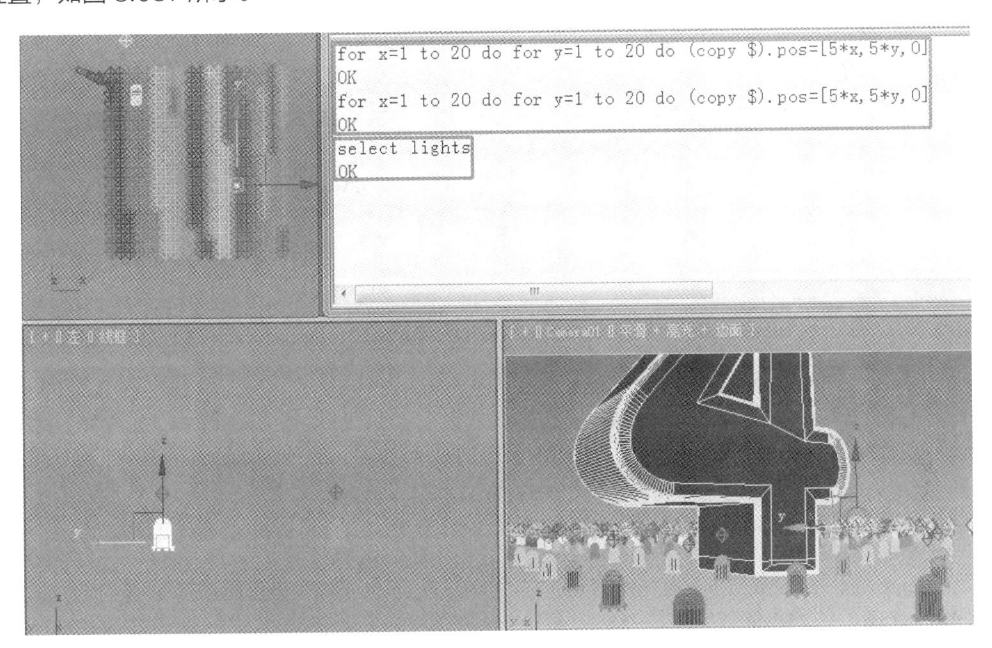

图 8.037

下面制作灯光动画。

步骤 04： 顺序打亮。此时要逐一打亮灯光，所以要按照灯光的名字顺序选择。打开 [从场景选择] 面板，从上到下手动选择所有泛光灯。打开 [MAXScript 侦听器] 窗口，输入“x=0”并按 Enter 键，继续输入“for a in selection do movekeys a (x=x+1)”并按 Enter 键，这也是一个循环递增语句，每一次 x 都在基础值上加 1，也就是每一个灯光的关键帧都比前一个灯光迟一帧，如图 8.038 所示。

图 8.038

步骤 05： 保持所有的灯光都在被选择的状态下，打开 [曲线编辑器]，切换成 [摄影表]，可以看到关键帧的递增，如图 8.039 所示，这样灯光就都亮了。

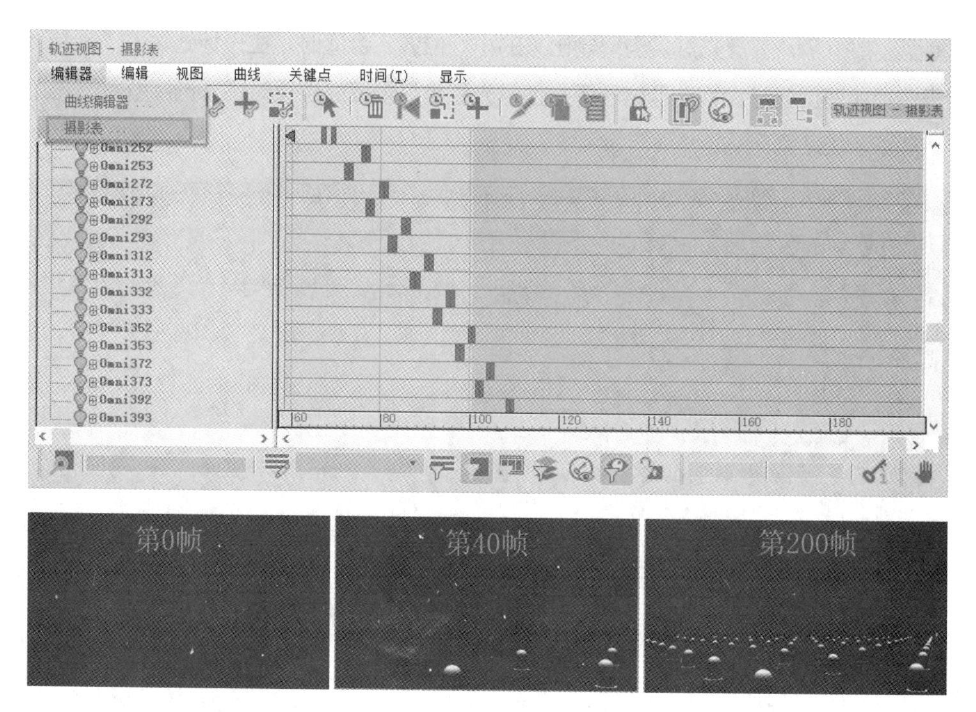

图 8.039

下面制作灯光由近到远亮的效果。

步骤 06: 由摄影机的视角看，想达到的效果是离摄影机近的泛光灯先亮，逐渐打亮离摄影机远的泛光灯。将场景退回到为灯光设置关键帧之前。在场景中创建球体［Shpere001］，将球体放在离摄影机最近的泛光灯附近。将场景中的原始泛光灯删除，选择场景中所有的灯光，在［MAXScript 侦听器］窗口中输入“for a in selection do movekeys a (distance a $sphere001)”并按 Enter 键。这是根据灯光与小球的距离来控制灯光亮的先后顺序，如图 8.040 所示。

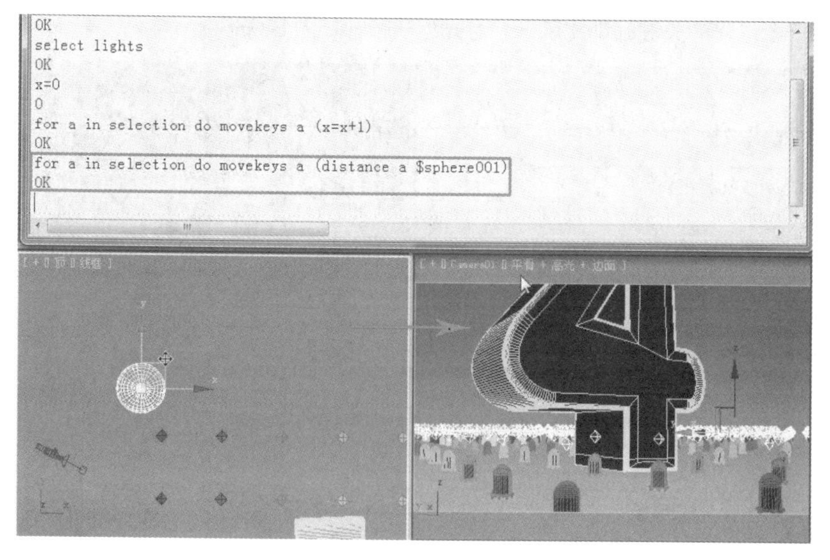

图 8.040

步骤 07： 选择所有的小灯模型，同样输入“for a in selection do movekeys a (distance a $sphere001)”并按 Enter 键，这样小灯模型可见性动画的关键帧也是由与小球的距离来控制，如图 8.041 所示。

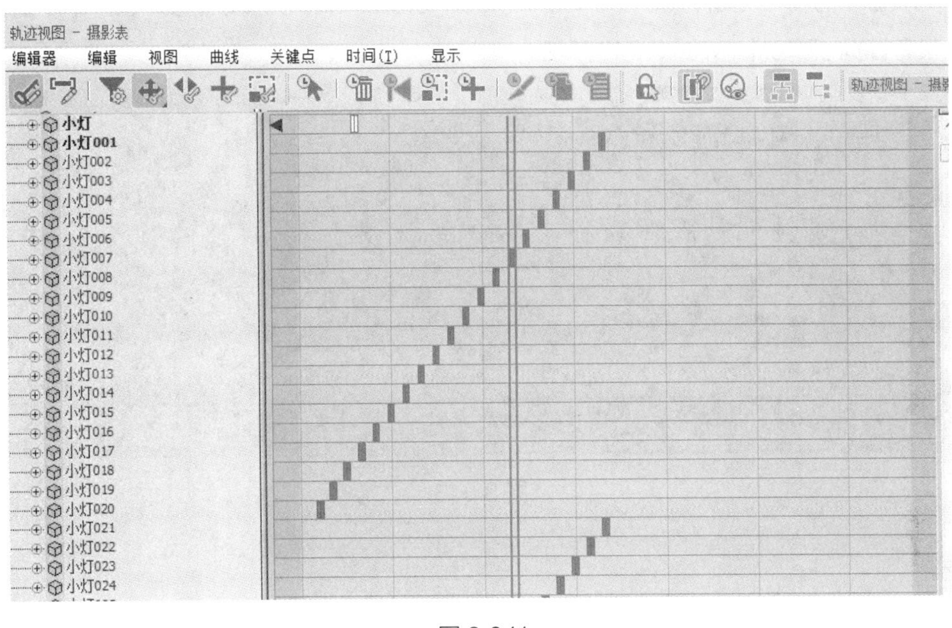

图 8.041

8.3.4 用脚本语言制作材质

范例分析

本案例将使用 MAXScript 脚本语言来调整材质球漫反射颜色、高光的强度等材质的基础属性，给材质指定贴图和 UV 等，来完成面包片材质的制作，如图 8.042 所示。

图 8.042

场景分析

打开学习资源中的“场景文件 \ 第 8 章 \8.3.4\video_start.max”文件，场景中有一个设置好材质的面包机和一个没有材质的面包片，如图 8.043 所示。

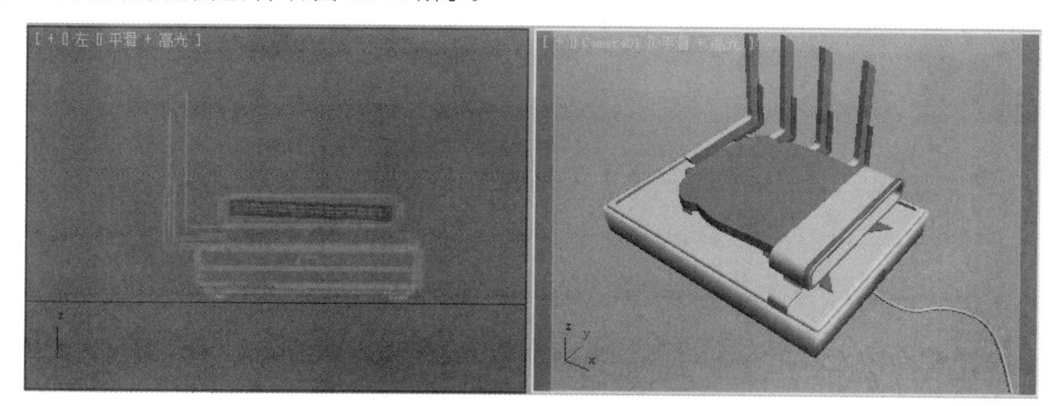

图 8.043

制作步骤

步骤 01： 重置 3ds Max，执行 [脚本 > MAXScript 侦听器] 命令，或按 F11 快捷键，打开 [MAXScript 侦听器] 窗口，如图 8.044 所示。

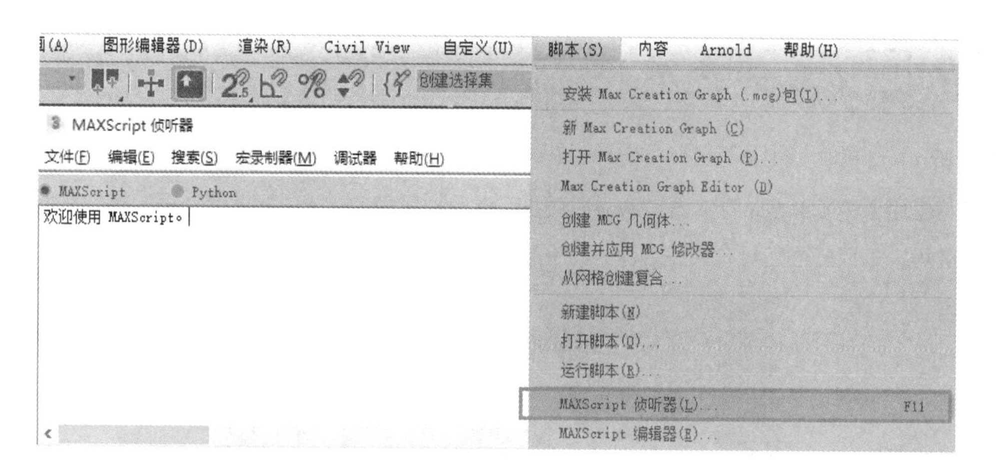

图 8.044

步骤 02： 选择物体。在 [MAXScript 侦听器] 窗口中的光标处输入“select $面包片”，当前场景中名为“面包片”的物体就被选中了，在 3ds Max 中，可以用 select 加物体单词来进行选择，如“select geometry”“select shapes”“select lights”“select cameras”“select helpers”“select objects”等。

步骤 03： 改变材质颜色。在 [MAXScript 侦听器] 窗口中的光标处输入“for m=1 to 24 do meditmaterials [m] =standard diffuse:(random black white)”并按 Enter 键，材质编辑器里的所有材质球都改变了颜色，要将所有颜色恢复为灰色时，输入“for m=1 to 24 do meditmaterials [m] . diffuse=gray”并按 Enter 键，如图 8.045 所示。

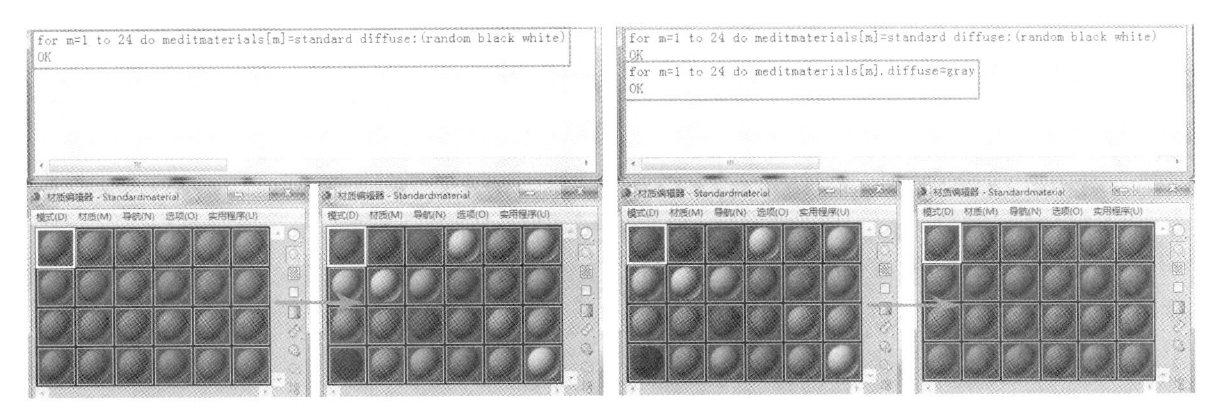

图 8.045

在 3ds Max 里只有“red”“green”“blue”“yellow”“orange”“white”“black”“gray”“brown”为脚本可以识别的颜色单词。当这些单词里没有我们想要的颜色时，可以用 RGB 数值来代替颜色单词，这里输入“for m=1 to 24 do meditmaterials [m] . diffuse=(color 235 125 0)”就可以了，如图 8.046 所示。

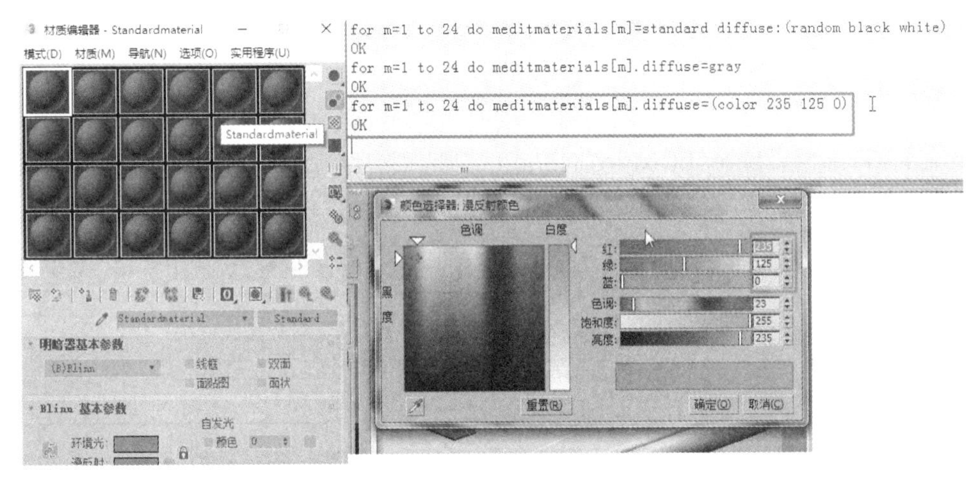

图 8.046

步骤 04：更改属性。在［MAXScript 侦听器］窗口的光标处输入“select $面包片”，选择面包片模型。在材质编辑器中选择第一个材质球，然后在［MAXScript 侦听器］窗口中的光标处输入“$.material=meditmaterials［1］”，括号里面的数字代表材质球的序号，如图 8.047 所示。

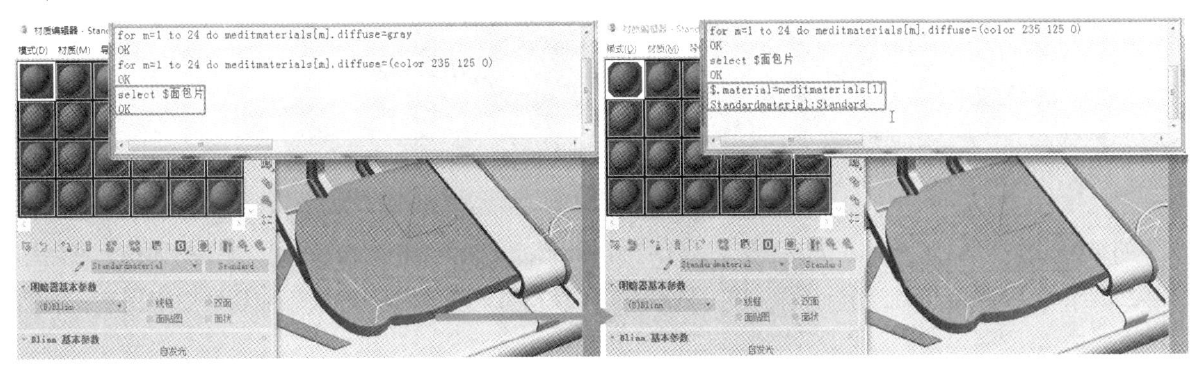

图 8.047

输入“$.material.specular_level=50”并按 Enter 键，设定高光的强度。输入“$.material.specular_color=green”并按 Ener 键，设定高光的颜色。输入“meditmaterials［1］=standard()”并按 Enter 键，重置材质球，如图 8.048 所示。

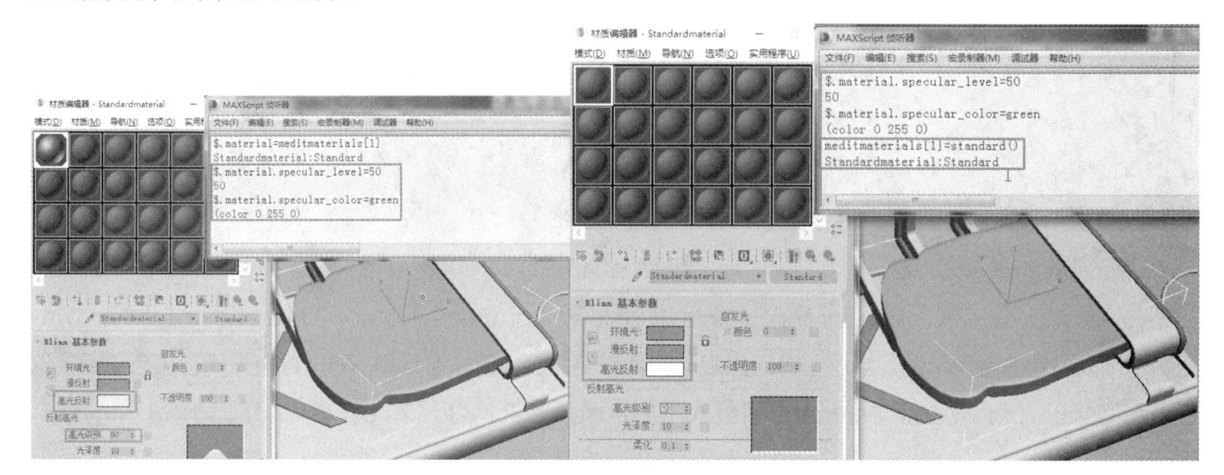

图 8.048

步骤 05：添加贴图。在场景中选择面包片模型，在［MAXScript 侦听器］窗口中的光标处输入“$.material.diffusemap=bitmaptexture filename:"d:\ 面包片 .jpg"”，这张贴图在哪个目录下，引号里就输入什么路径。继续输入“showtexturemap $.material on”并按 Enter 键，显示贴图，如图 8.049 所示。

图 8.049

如果想在［漫反射］中添加遮罩，输入“meditmaterials［1］=standard()”，重置材质球，然后输入“$.material.diffusemap=mask()”并按 Enter 键，就可以看到遮罩已经被添加到材质里面了，如图 8.050 所示。

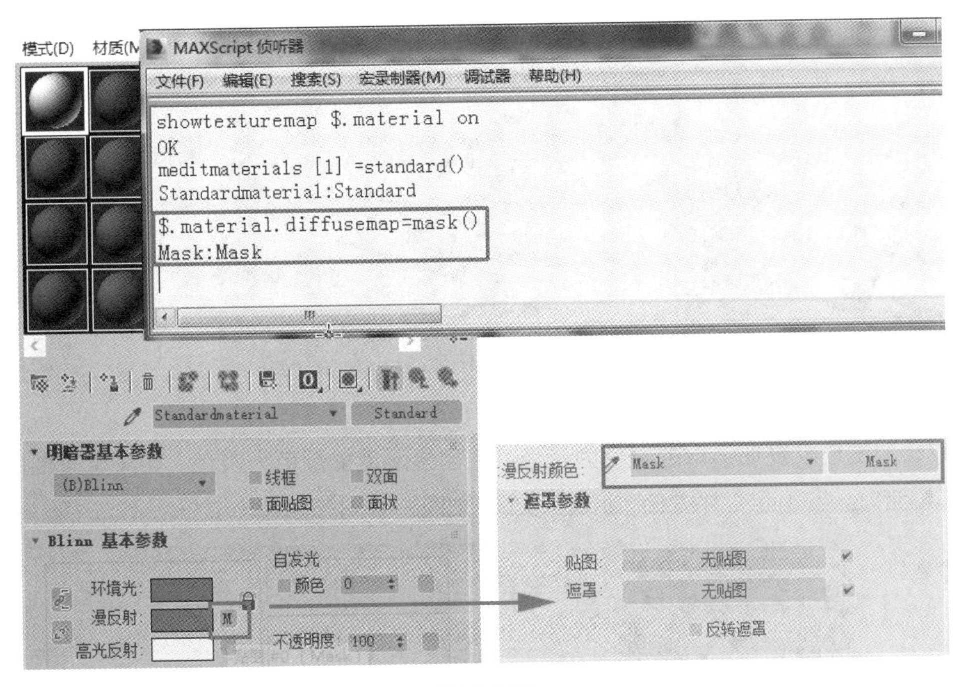

图 8.050

继续输入“$.material.diffusemap.map=bitmaptexture filename:"d:\面包片.jpg"”（此处的地址为笔者制作时的地址，用户可以按照自己的目录进行设置，下同）指定纹理贴图。输入“$.material.diffusemap.mask=bitmaptexture filename:"d:\AXN.jpg"”添加遮罩里的黑白贴图，如图 8.051 所示。

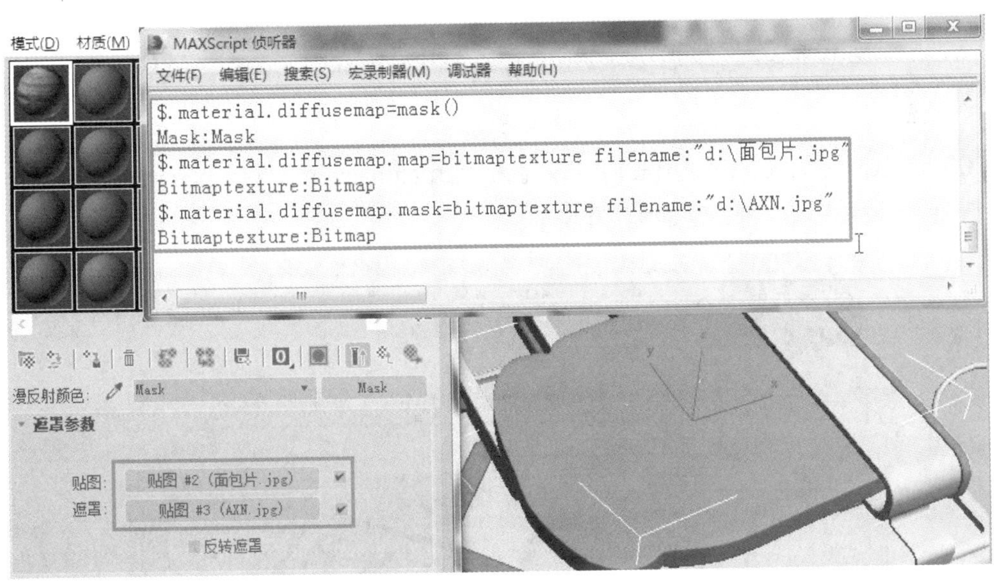

图 8.051

步骤 06：当贴图坐标不正确时，输入“addmodifier $ (uvwmap())”并按 Enter 键，来添加 UVW 贴图修改器，然后通过进入子层级旋转 Gizmo 达到想要的贴图效果，如图 8.052 所示。

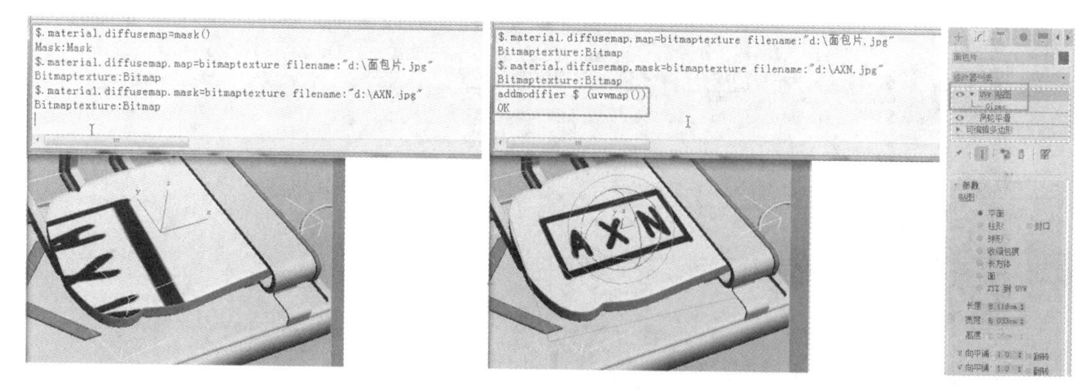

图 8.052

步骤 07：测试渲染发现字母的颜色为灰色，原因是漫反射颜色为灰色，如果想改成白色，输入“$.material.diffuse=white”并按 Enter 键来实现，如图 8.053 所示。

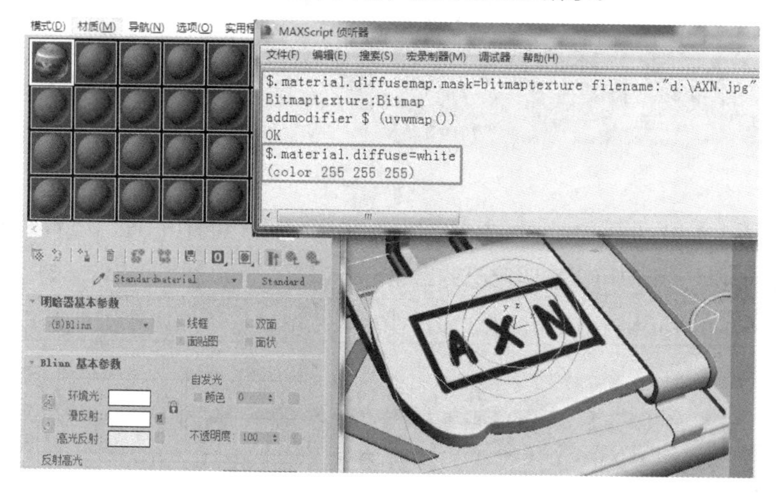

图 8.053

步骤 08：添加凹凸时，仍然可以用脚本执行，输入“$.material.bumpmap=bitmaptexture filename:"d:\面包片凹凸 .jpg"”并按 Enter 键，如图 8.054 所示。

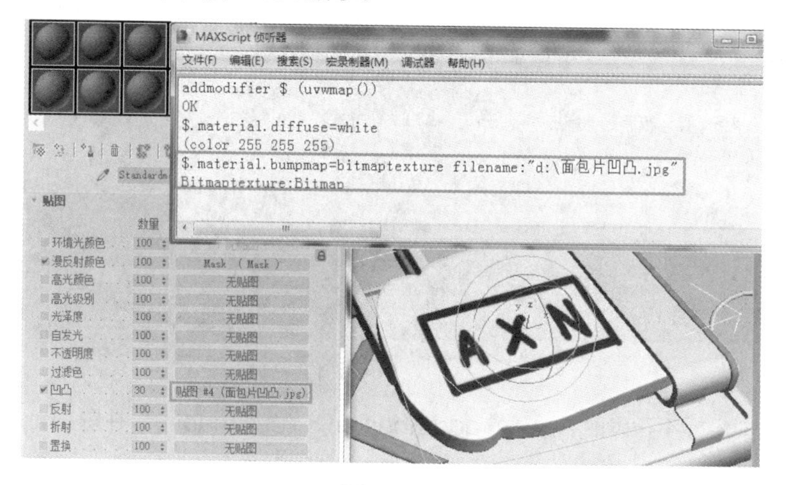

图 8.054

步骤 09： 进入［漫反射颜色］的［遮罩参数］卷展栏，单击贴图按钮进入贴图的编辑界面，设置［坐标］卷展栏中的［贴图通道］为 2，在修改命令面板中将［贴图通道］设置为 2，如图 8.055 所示。

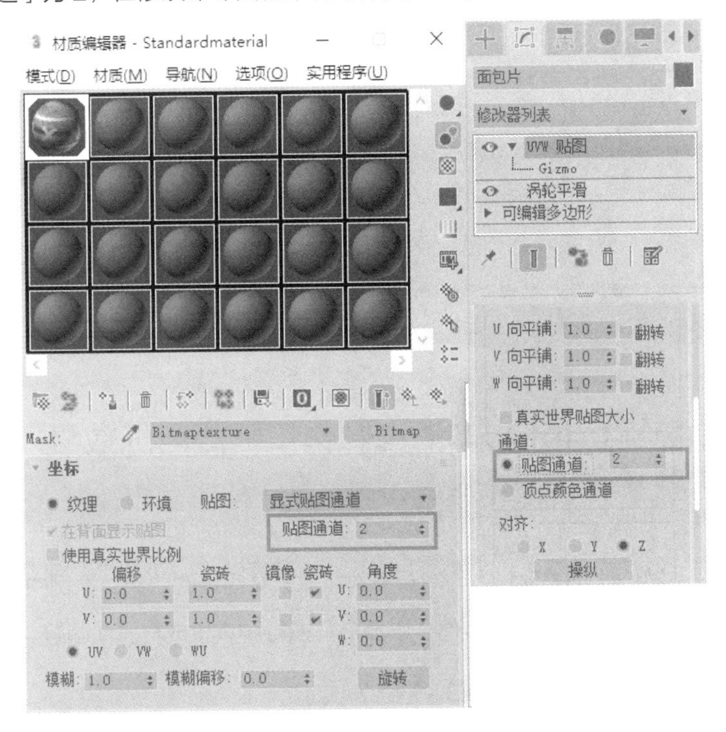

图 8.055

步骤 10： 输入“$.material.diffusemap.mask.coords.v_tiling=2”并按 Enter 键，修改瓷砖数值，继续输入“$.material.diffusemap.mask.coords.v_offset=0.25”并按 Enter 键，修改平铺偏移的数值，如图 8.056 所示。

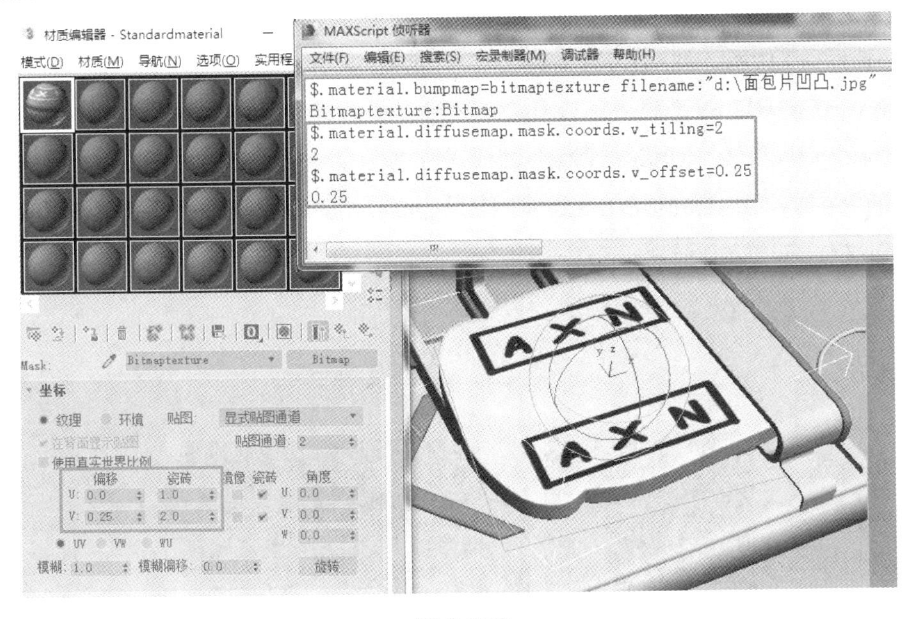

图 8.056

最后进行渲染。

步骤 11： 在［MAXScript 侦听器］窗口中的光标处输入“render()”并按 Enter 键，进行最终的使用默认设置的渲染，如图 8.057 所示。

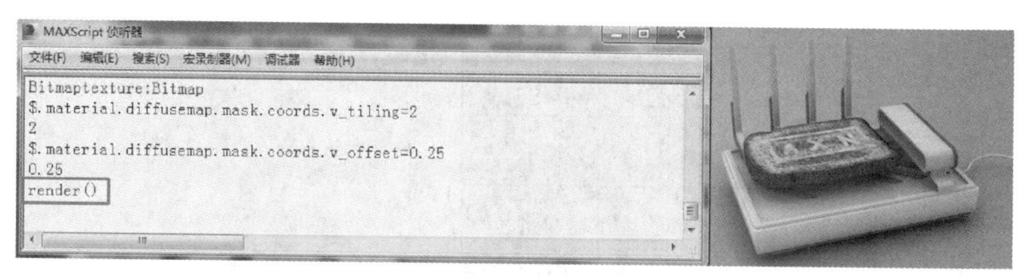

图 8.057

8.3.5 用 MAXScript 脚本语言制作霓虹灯闪烁效果

范例分析

这一案例将使用 3ds Max MAXScript 脚本语言制作霓虹灯闪烁的效果。案例中涉及用脚本语言对材质的设置、偏移关键帧的书写法、更改关键帧差值，以及书写多行脚本生成材质动画等。

场景分析

打开学习资源中的“场景文件 \ 第 8 章 \8.3.5\video_start.max”文件，里面有很多同样大小、没有材质的圆柱组成的方形，如图 8.058 所示。

制作步骤

首先制作漫反射颜色随机动画。

步骤 01： 选择场景中所有的圆柱，并为其赋予一个随机的漫反射颜色。执行菜单［脚本 > MAXScript 侦听器］命令，或按 F11 快捷键，打开［MAXScript 侦听器］窗口。输入“for a in selection do a.material=standard diffuse:(random black white)”并按 Enter 键，场景中的圆柱体颜色产生随机效果，当不喜欢随机的效果时，可以把光标放在此行脚本最后的位置。按 Shift+Enter 组合键，每按一次都会产生一个新的随机的效果，如图 8.059 所示。

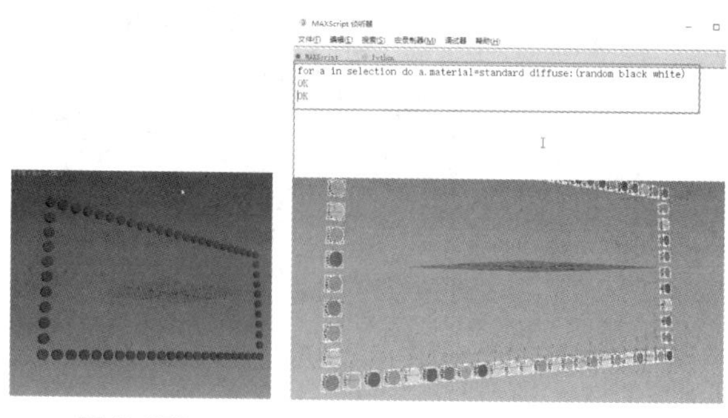

图 8.058　　图 8.059

执行菜单栏中的［脚本 > 新建脚本］命令，选择所有模型，在光标处输入以下脚本。

```
for a in selection do
for t=0 to 100 do
animate on
at time t
a.material.diffuse=(random black white)
```

这组脚本的意思是，对于所有选择的物体，*t* 这个变量从 1 取到 100，每取一次按下一次自动关键点按钮，设置一个关键帧，赋予所有的物体随机的黑到白之间的漫反射颜色。确定选择所有模型，在脚本编辑器中执行［工具 > 计算所有］命令，如图 8.060 所示。

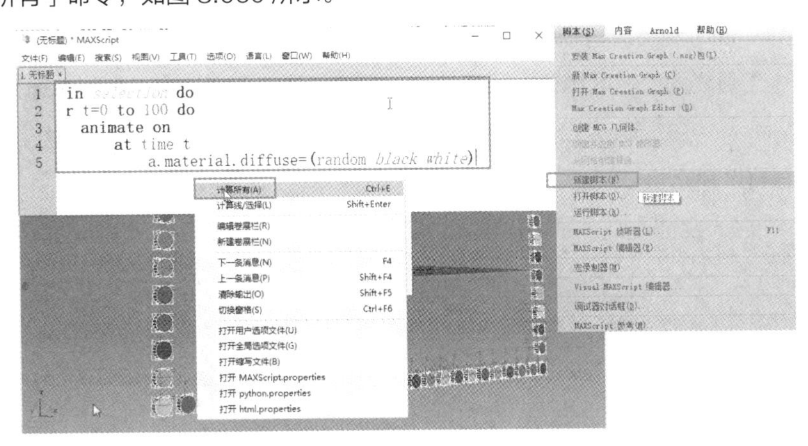

图 8.060

步骤 02：如果想让闪烁的效果变慢，返回到执行［工具 > 计算所有］之前，将脚本编辑器中的第二行改成“for t=0 to 100 by 5 do”，这样是 0 到 100 帧每隔 5 帧取一次关键帧，如图 8.061 所示。然后执行［工具 > 计算所有］命令，这样就得到了渐变的效果。

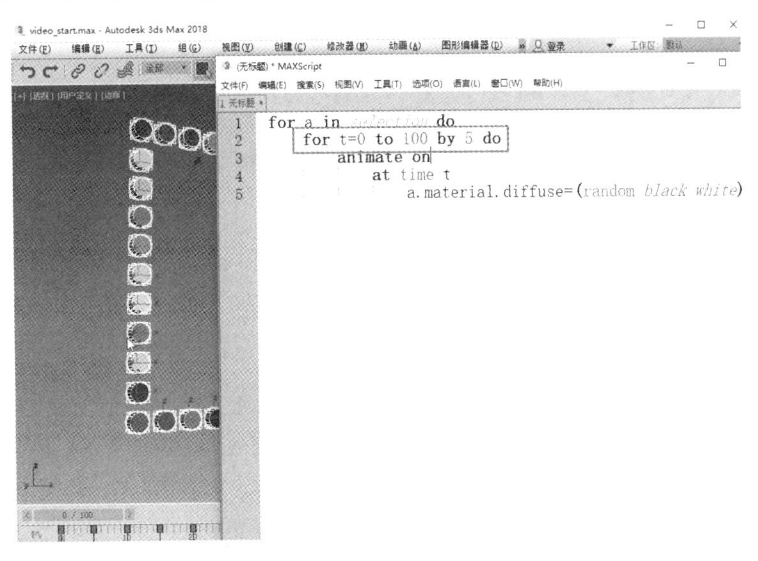

图 8.061

步骤 03：漫反射颜色曲线变更。打开材质编辑器，用吸管随机吸取一个圆柱体的材质，可以看到漫反射颜色在两个关键帧中逐渐地变化，如图 8.062 所示。

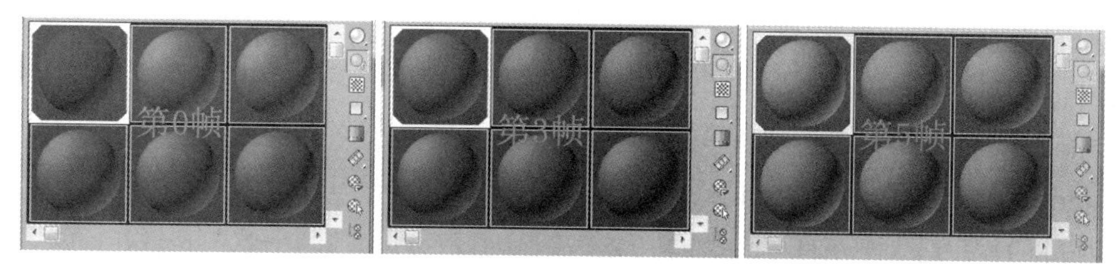

图 8.062

步骤 04：选择场景中的一个模型，打开曲线编辑器，选择［对象 >Standardmaterial> 明暗器基本参数 > 漫反射颜色］，此时漫反射显示的是不规则曲线，这是导致颜色渐变的原因。如果不想要渐变的效果，在曲线编辑器中工具栏的空白区域单击鼠标右键，在弹出的菜单中选择［加载布局 >Function Curve Layout(Classic)］命令，将布局改为经典布局。全选曲线，单击［将切线设置为阶梯式］，将曲线改为［阶跃式直线］，如图 8.063 所示。

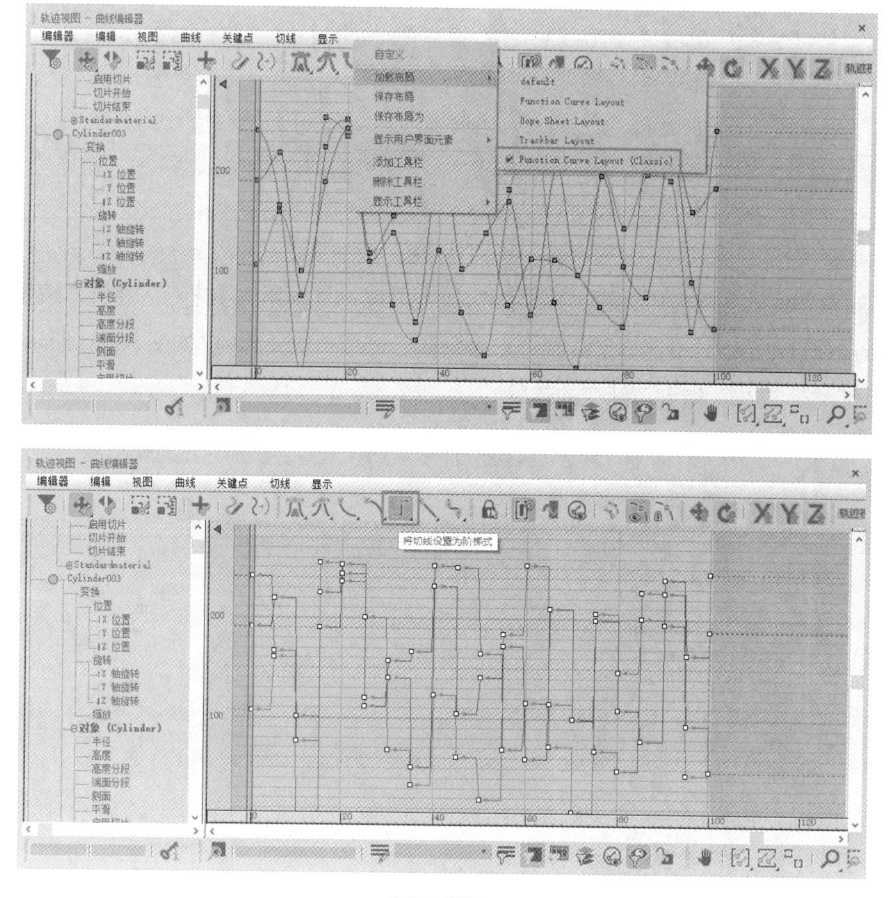

图 8.063

步骤 05：这种手动的调整也可以用脚本语言完成。在脚本侦听器的窗口中输入“for a in selection do a.material.diffuse.keys.intangenttype= #step”并按 Enter 键，intangenttype 为切线类型。这时我们

再打开曲线编辑器，可以看见生成的就是阶跃效果，如图 8.064 所示。

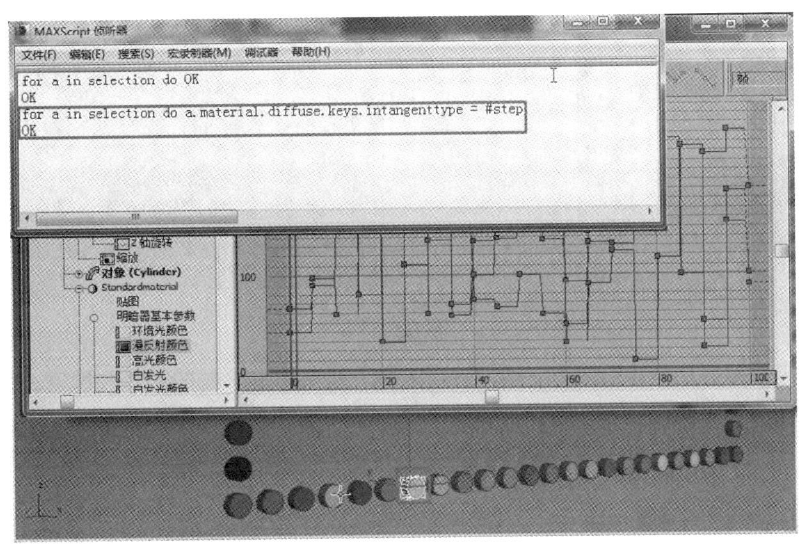

图 8.064

8.3.6 用脚本语言修改物体的控制器

范例分析

在这一案例中，将使用3ds Max MAXScript脚本语言修改物体的[位置控制器]、[旋转控制器]、设置[父子关系] 、 [移动旋转] 对象等，效果如图 8.065 所示。

场景分析

打开学习资源中的“场景文件 \ 第 8 章 \8.3.6\video_start.max”文件，场景中有调好材质的小车和环境，打开 [从场景选择] 面板，可以看到场景中所有物体的名称列表，如图 8.066 所示。

图 8.065

图 8.066

制作步骤

步骤 01： 修改控制器名称。进入 [运动] 面板，打开 [指定控制器] 卷展栏，在场景中选择模型，观察小车的名称，发现 3ds Max 下的名称完全不一样，任意创建一个茶壶来对比名字，如图 8.067 所示。

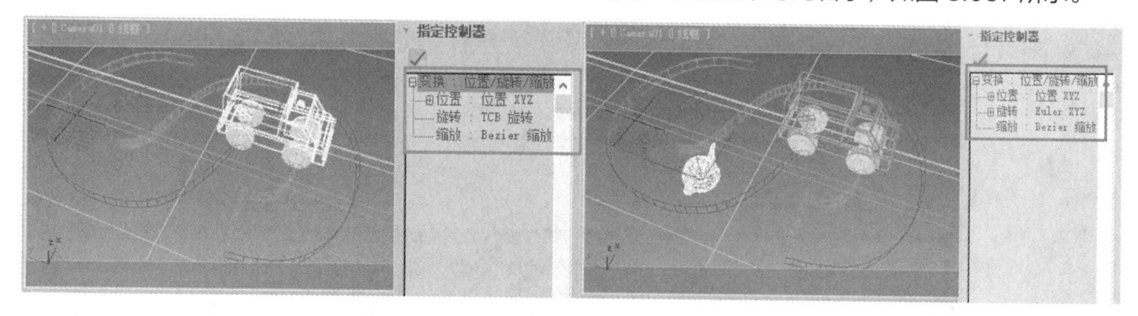

图 8.067

步骤 02： 执行菜单栏中的［脚本 > MAXScript 侦听器］命令，或按 F11 快捷键，打开［MAXScript 侦听器］窗口，选择小车和车轮模型，在［MAXScript 侦听器］窗口中的光标处输入“for a in selection do a.position.controller=position_xyz()”并按 Enter 键，继续输入“for a in selection do a.rotation.controller=euler_xyz()”并按 Enter 键，选择小车，可以看到名称已经改好了，如图 8.068 所示。

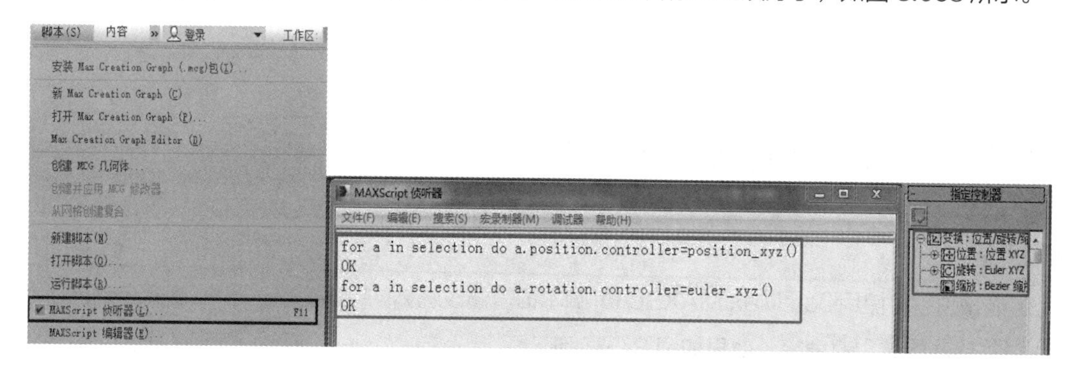

图 8.068

步骤 03： 设置父子关系。输入“select $* 轮 *”并按 Enter 键，选择场景中所有的轮子。在这句脚本中，“$”表示路径名，选择的物体名称前都要加“$”。要注意的是，“轮”用中文输入法输入，“*”一定要用英文输入法输入，如图 8.069 所示。

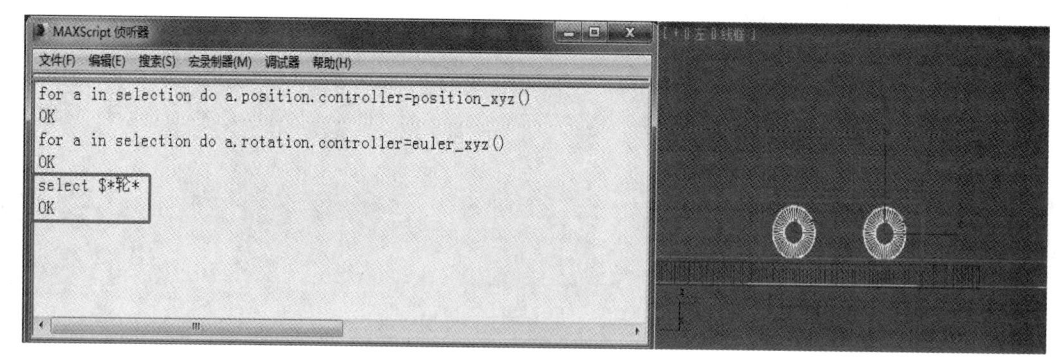

图 8.069

步骤 04： 输入“$.parent=$ 车体”并按 Enter 键，“.”表示属性，当前选择的物体的父对象属性赋予场景中叫“车体”的物体。按 Enter 键后出现的蓝色字体表示输入正确，数字部分是车体的坐标。移动车子，轮子随之移动。单击 [图解试图]，可以看到车子与轮子产生了父子关系，如图 8.070 所示。

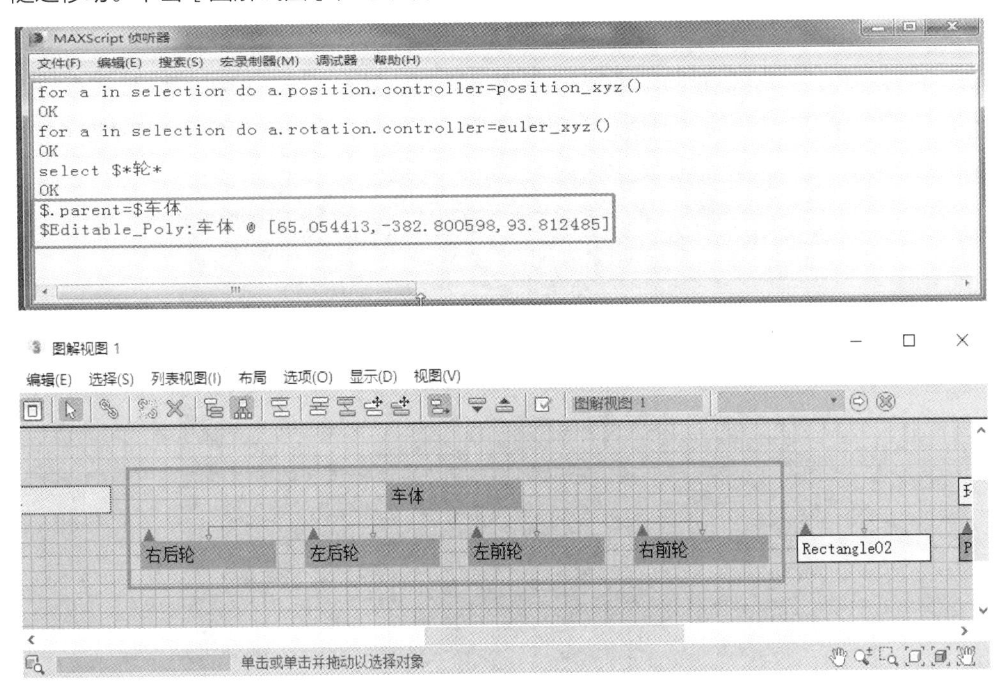

图 8.070

步骤 05：如果想取消父子关系，选择 4 个车轮子，在光标处输入“$.parent=undefined”，移动车体，轮子不动，打开 [图解视图] 窗口，车体和轮子就处于各自孤立的状态了，如图 8.071 所示。

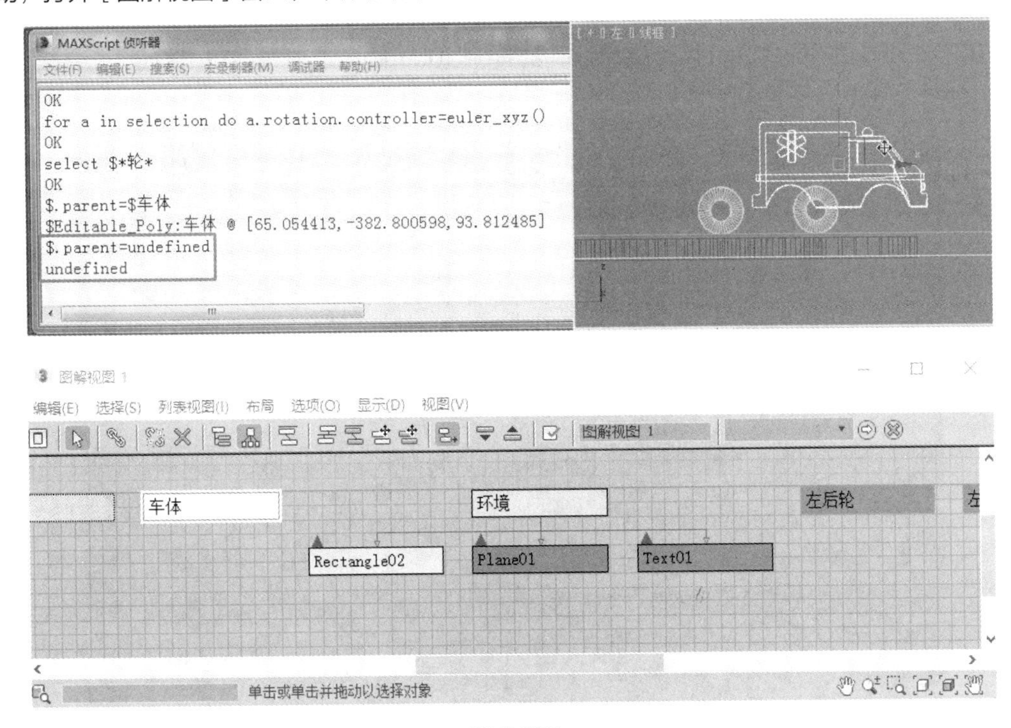

图 8.071

这里我们需要为车体和轮子建立父子关系，所以选择场景中所有的轮子，将光标放在“$.parent=$ 车体”后面，然后按 Shift+Enter 键，再次执行建立父子关系的命令。

步骤 06： 创建动画。当车子的轴向有问题时，选择场景中的模型，打开［层次］面板，按下［仅影响轴］，使用［重置］中的［变换］，使车子的轴向与世界坐标系相同，然后退出［仅影响轴］，如图 8.072 所示。

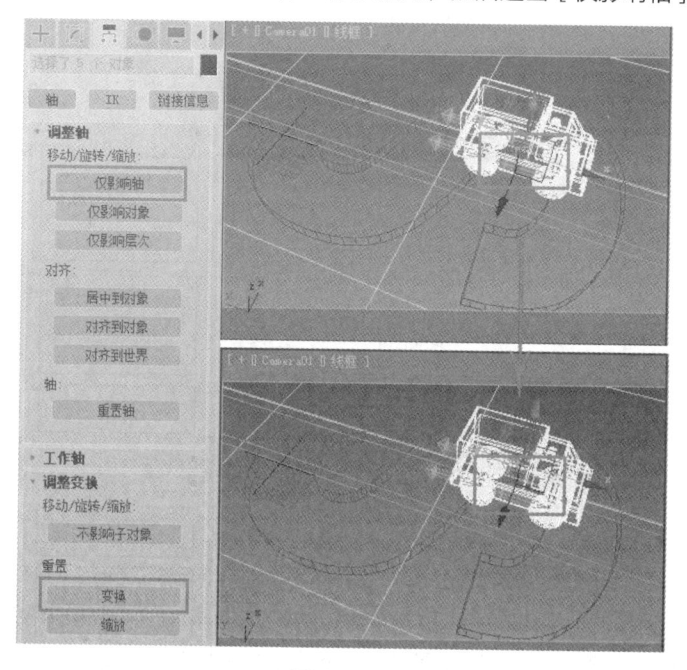

图 8.072

步骤 07： 在脚本侦听器中输入“animate on at time 100 move $ 车体［0,−100,0］”并按 Enter 键，观察小车的移动，如图 8.073 所示。

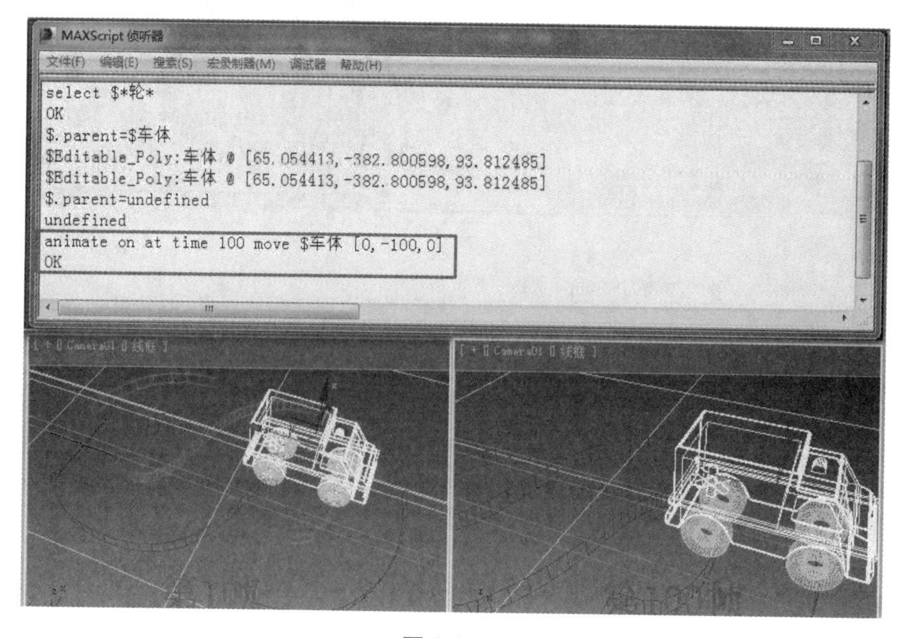

图 8.073

步骤 08： 输入“select $* 轮 *”并按 Enter 键，选择所有的轮子为的是给轮子做旋转动画，继续输入“animate on at time 100 rotate $* 轮 * (angleaxis 720 [1,0,0])”并按 Enter 键，使轮子绕着 x 轴旋转，如图 8.074 所示。

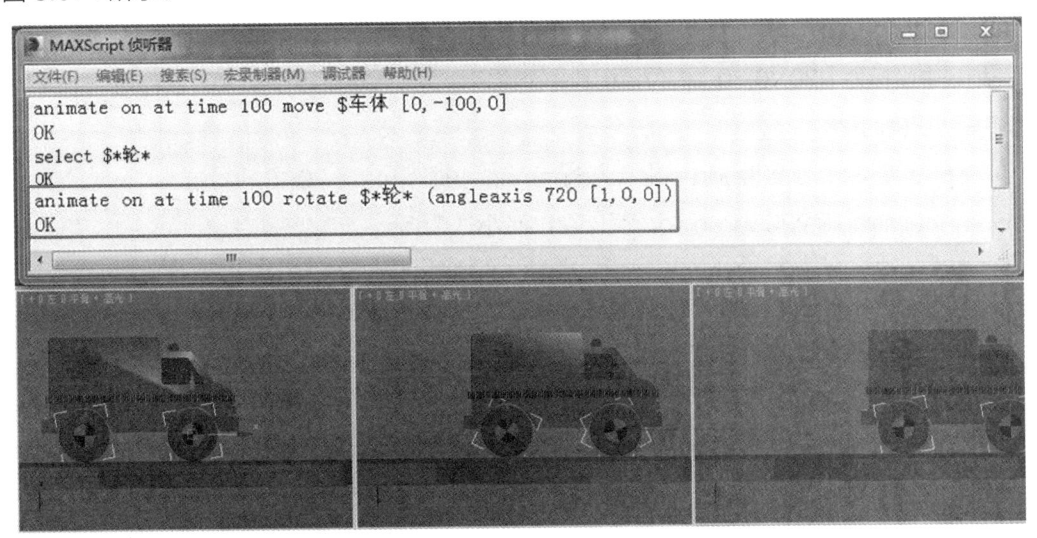

图 8.074

8.4 本章小结

本章通过多个案例讲解了表达式和脚本的各项重要知识，融会贯通地掌握这些知识后，能不能做出优秀的作品，在技术上已经不是问题了，这就取决于读者的艺术修养了。而且还有一点需要读者注意的是，虽然表达式和脚本可以使一些复杂的动画变得简单，但是它也不是任何时候都是制作动画的首选。别忘了关键帧动画还应是 3D 动画的基础。如果总在追求新的东西而不静下心来夯实基础，那就相当于没有打好地基就盖摩天大厦，非倒不可。

8.5 参考习题

1. 下列选项中，不属于可以使用表达式来控制的场景元素是 ________。

   A. 创建参数

   B. 变换

   C. 修改器

   D. 动力学

2. 将场景中的一个物体由 [20,30,50] 坐标位置移动到 [60,70,-20] 坐标位置，下列脚本中不可行的是 ________。

A. $.pos-= [40,40,-70]

B. move $ [40,40,-70]

C. $.pos+= [40,40,-70]

D. $.pos= [60,70,-20]

3. 在场景中坐标为 [20,10,30] 的位置创建一个半径为 20，线框颜色为红色，名称为“小球”的球体，下列脚本中写法正确的是 ________。

A. sphere（radius:20 wirecolor:red name:" 小球 " pos: (20,10,30) ）

B. sphere radius:20 wirecolor:red name:" 小球 " pos: [20,10,30]

C. sphere radius:20 wirecolor:red name:" 小球 " pos: (20,10,30)

D. sphere radius:20,wirecolor:red,name:" 小球 " pos: (20,10,30)

参考答案

1. D　2. A　3. B